Corporate frugal innovation: Eine fallstudienbasierte Untersuchung des Neuproduktentwicklungsprozesses

Dr. Julia Oehler studierte Betriebswirtschaftslehre an der Otto-Friedrich-Universität Bamberg, der Universität Regensburg und der NEOMA Business School in Rouen. Nach ihrem Berufseinstieg in einer externen Unternehmensberatung und ihrer Promotion an der Universität Regensburg am Lehrstuhl für Innovations- und Technologiemanagement ist sie nun im Inhouse Consulting tätig.

Julia Oehler

Corporate frugal innovation: Eine fallstudienbasierte Untersuchung des Neuproduktentwicklungsprozesses

UVK Verlag · München

Autorinnenfoto: © Philipp Jetschina

Bibliografische Information der Deutschen Nationalbibliothek
Die Deutsche Nationalbibliothek verzeichnet diese Publikation in der Deutschen Nationalbibliografie; detaillierte bibliografische Daten sind im Internet über http://dnb.dnb.de abrufbar.

DOI: https://doi.org/10.24053/9783739882277

– ein Unternehmen der Narr Francke Attempto Verlag GmbH + Co. KG
Dischingerweg 5 · D-72070 Tübingen

Internet: www.narr.de
eMail: info@narr.de

CPI books GmbH, Leck

ISBN 978-3-7398-3227-2 (Print)
ISBN 978-3-7398-8227-7 (ePDF)
ISBN 978-3-7398-0632-7 (ePub)

Inhalt

Vorwort und Danksagung

Liebe/r Leser/in,

vor Ihnen liegt das Ergebnis einer fast vierjährigen Reise durch einen unheimlich faszinierenden und abwechslungsreichen Themenkomplex: Frugale Innovation. 2019 durch Zufall entdeckt, hat mich dieser Innovationsansatz nicht mehr losgelassen. Er erschien mir nach kurzer Einarbeitung als ideal geeignet für mein Promotionsprojekt.

In einem Interview wurde ich mit Bewunderung gefragt, wie jemand aus einem Industrieland auf die Idee kommt, sich mit dieser, eher den von Mangel und Knappheiten gezeichneten Schwellen- und Entwicklungsländern zugerechneten Thematik auseinanderzusetzen, da ich in meinem Alltag wohl kaum vergleichbaren Zuständen ausgesetzt sei.
Nun, Sie werden beim Lesen der Arbeit merken, dass frugale Innovationen über den Kontext von Schwellen- und Entwicklungsländern hinausgehen. Sie bieten durch ihr disruptives Potenzial auch für Industrienationen immense Chancen in Bezug auf Herausforderungen unserer Zeit. Nicht zuletzt bin ich auch persönlich, unabhängig von jeglichem ökonomischen Potenzial überzeugt, dass von frugalen Denkansätzen jeder Einzelne profitieren kann.

Die Erstellung dieser Arbeit war ein langer und herausfordernder Prozess. Besonderer Dank ergeht in diesem Zusammenhang an meine beiden Gutachter, Professor Dr. Michael Dowling und Professor Dr. Alexander Brem für die exzellente Betreuung. Bedanken möchte ich mich auch beim Lehrstuhlteam sowie insbesondere bei meiner ehemaligen Kollegin Dr. Yvonne Schmid, die mir in einigen anregenden Diskussionen geholfen hat, das Ziel nicht aus den Augen zu verlieren. Nicht zu vergessen sind auch die zahlreichen Interviewpartner, die neben ihrer wertvollen Zeit sehr interessante Einblicke und v. a. ihre Passion für das Thema mit mir geteilt haben und so einen wesentlichen Anteil am Ergebnis dieser Arbeit haben. Vielen Dank!

Besonderen Dank möchte ich aber meiner Familie und meinem Freund aussprechen, die mich auf dem langen Weg unermüdlich begleitet und unterstützt haben! Auch der Zuspruch aus meinem Freundeskreis hat über das ein oder andere Hindernis hinweggeholfen. DANKE!
Nun wünsche ich eine unterhaltsame und inspirierende Lektüre!

Regensburg, im Mai 2022 Julia Oehler

Abkürzungsverzeichnis

3D	dreidimensional
AFI	Advanced Frugal Innovation
AG	Aktiengesellschaft
B2B	Business-to-Business
B2C	Business-to-Customer
BMBF	Bundesministerium für Bildung und Forschung
BoP	Bottom of the Pyramid
BRICS	Brasilien, Russland, Indien, China, Südafrika
bzgl.	bezüglich
bzw.	beziehungsweise
CEO	Chief Executive Officer
COO	Chief Operating Officer
CO_2	Kohlenstoffdioxid
d.h.	das heißt
DACH	Deutschland, Österreich, Schweiz
DC	Dynamic Capabilities
DIY	Do It Yourself
DM	Developed Market
DNA	Desoxyribonukleinsäure
DT	Design Thinking
EOS	Economies of Scale
et al.	et alii
EU	Europäische Union
Eurostat	Statistisches Amt der Europäischen Union
FA	Fertigungsanforderung
FAU	Friedrich-Alexander-Universität

F&E	Forschung und Entwicklung
FIO	Frugal Innovation Orientation
FIOM	Frugal Innovation Orientation to Market
FIOVS	Frugal Innovation Orientation to Value Shared
FIS	Frugal Innovation Strategy
fNPD	frugal New Product Development
GE	General Electric
ggf.	gegebenenfalls
Hrsg.	Herausgeber
HVM	High Volume Markets
IAO	Institut für Arbeitswirtschaft und Organisation
IP	Innovationsprozess
ITA	Innovation and Technology Analysis
JFY	Jiangsu Jinfangyuan
KMU	Kleine und Mittlere Unternehmen
KPI	Key Performance Indicator
LH	Lastenheft
LPD	Lean Product Development
m	modifiziert
MNC	Multinational Company
MSIT	multidimensionale und systematische Innovationstechnik
MVP	Minimum Viable Product
NASA	National Aeronautics and Space Administration
NC	Numerical Control
NPD	New Product Development
NPE	Neuproduktentwicklung
NPEP	Neuproduktentwicklungsprozess
OECD	Organisation für wirtschaftliche Zusammenarbeit und Entwicklung
OEM	Original Equipment Manufacturer

o.J.	ohne Jahr
o.S.	ohne Seite
PH	Pflichtenheft
QFD	Quality Function Deployment
R&D	Research and Development
RTC	Turkey, Russia, CIS, Middle East, Africa
SME	Small and Medium-sized Enterprise
TCO	Total Cost of Ownership
ToP	Top of the Pyramid
TRIZ	Teoria reshenija izobretatjelskich zadacz
TUHH	Technische Universität Hamburg
u.a.	unter anderem
USD	US-Dollar
usw.	und so weiter
v.a.	vor allem
VoC	Voice of Customer
WoM	Word of Mouth
z.B.	zum Beispiel

1 Einführung in die Thematik

1.1 Relevanz des Forschungsthemas und Problemstellung

„Long practised in developing nations out of sheer necessity, frugal innovation is now becoming a strategic business imperative in developed economies, where consumers demand affordable and sustainable products. [...] No business leader in the 21st century can ignore the paradigm shift[...]."[1]

Carlos Ghosn,
ehemaliger CEO Renault-Nissan

Der ehemalige CEO von Renault-Nissan, Carlos Ghosn, nennt in seinem Zitat als Handlungsmaxime für Unternehmenslenker der Wirtschaftsnationen im 21. Jahrhundert einen Paradigmenwechsel hin zu **frugalen Innovationen**. Auch die Literatur sieht in frugalen Innovationen mit ihren besonderen Eigenschaften ein **neues (technologisches) Innovationsparadigma**[2] und alternatives, disruptives Innovationsmodell.[3] Dieses Modell überdenkt die traditionelle Herangehensweise an Innovation, die geprägt ist von Komplexität und Wissenschaftsgetriebenheit, indem im gesamten Neuproduktentwicklungsprozess (NPEP) eine neue Art des Innovierens praktiziert wird. Der Fokus liegt dabei mehr auf sozialen und ökologischen Bedürfnissen einer Innovation und auf Symbiosen zwischen diesen Aspekten bei der angestrebten Wertgenerierung als im herkömmlichen Innovationsverständnis.[4] Der Kunde mit seinen, oftmals latenten, **Bedürfnissen** steht im Mittelpunkt der Innovation. **Kosten** auf

1 Radjou/Prabhu (2015), o.S.

2 Ein technologisches Paradigma kann als Muster zur Lösung ausgewählter techno-ökonomischer Probleme definiert werden, indem es Prinzipien zur Verfügung stellt. Vgl. Dosi (1982), S. 150.

3 Vgl. Le Bas (2020), S. 78ff.; Micaëlli et al. (2016), S. 40; Knorringa et al. (2016), S. 143; Juhro/Aulia (2019), S. 397; Le Bas (2016a), S. 12 in Anlehnung an Dosi (1982); Haudeville/Le Bas (2016), S. 16.

4 Vgl. Prabhu (2017), S. 5f.; Le Bas (2020), S. 79; Hossain (2021), S. 6; Juhro/Aulia (2019), S. 397; Haudeville/Le Bas (2016), S. 18.

Produktebene werden insbesondere durch **Ausschluss nicht essenzieller Funktionen** eines Produktes als eine neue Art der Kundenorientierung **radikal gesenkt**.[5]

Diese Herangehensweise ist nicht zuletzt deshalb erforderlich, weil Beschränkungen (constraints) in der Umwelt wie z. B. knappe Ressourcen oftmals einen nur unzureichenden Zugang zu Produkten ermöglichen, um Grundbedürfnisse zu stillen.[6, 7] Dies kann Unternehmen dazu zwingen, neue Wege zur Neuproduktentwicklung zu gehen.[8] **Ressourcenknappheit** kann sich neben einem Mangel an Produktionsmaterial und institutionellen Strukturen (z. B. Infrastruktur, Intermediäre), oder immateriellen Ressourcen, wie qualifiziertem Personal, am oberen Ende der Wertschöpfungskette, auch durch fehlende Zahlungskraft der Kunden am unteren Ende ausdrücken.[9] In diesem Fall erwarten Endkunden **erschwingliche Produkte**, die aber dennoch ein **Wertversprechen erfüllen**[10], was dem Verständnis einer frugalen Innovation entspricht.

Veranschaulicht wird dies durch die Betrachtung des **Ursprungs** frugaler Innovationen. Dieser liegt in Jugaad (Hindi für „making do with what one has to solve one`s problems“ oder im Unternehmenskontext „Innovationen auf den Markt bringen trotz beschränkter Ressourcen“[11]), als Ergebnis kreativen Problemlösens angesichts regionaler Armut und Not.[12] In diesem Kontext sollen frugale Innovationen die sozioökonomischen Bedingungen von Millionen von Menschen am Bottom of the Pyramid (BoP) verbessern[13], umgesetzt durch (soziales) Unternehmertum vor Ort, indem der BoP, invertiert zum bisherigen Verständnis, als Schaffer von Innovation gesehen wird.[14]

Das **Konzept des BoP** als Sockel der Einkommenspyramide wurde 1998/1999 eingeführt und wird seitdem von Befürwortern (z. B. London/Hart/Barney 2011) und Kritikern (z. B. Karnani 2011) diskutiert.[15] Ein Literaturüberblick

---

5 Vgl. Wooldridge (2010), S. 2f., S. 11; Prabhu (2017), S. 6.
6 Die Auslegung der Grundbedürfnisse variiert, siehe dazu Alkire (2002), S. 181ff.
7 Vgl. Hammond et al. (2007), S. 15f.; Cunha et al. (2014), S. 202, S. 206.
8 Vgl. Karnani (2017), S. 1f.; Nakata/Berger (2011), S. 350.
9 Vgl. Bhatti/Ventresca (2013), S. 4, S. 11, S. 13ff.; Rao (2019), S. 1; Rao (2020), S. 2; Khanna/Palepu (2010), S. 14-16; Mair/Martí/Ventresca (2012), S. 821.
10 Vgl. Ernst et al. (2015), S. 65, S. 67.
11 Moore (2011), o.S.
12 Vgl. Brem/Wolfram (2014), S. 19.
13 Vgl. Pisoni/Michelini/Martignoni (2018), S. 122; Gupta/Kumar/Karam (2020), S. 500; Wohlfart et al. (2016), S. 5.
14 Vgl. Basu/Banerjee/Sweeny (2013), S. 64; Angot/Plé (2015), S. 4; Altmann/Rego/Ross (2009), S. 47.

über die Anwendung und Entwicklung des Konzepts zeigt ein interdisziplinäres und komplexes Bild des Begriffs mit großen Unterschieden bzgl. BoP-Kontext, Initiativen und Auswirkungen des BoP-Ansatzes.[16]

BoP-Märkte werden dabei als Märkte verstanden, die Ressourcenbeschränkungen ausgesetzt sind[17] und deren Kunden ein geringes verfügbares Einkommen[18] haben.[19] Folglich legen die Kundengruppen am BoP Wert auf die Erfüllung basaler Bedürfnisse wie u. a. Nahrung, Wohnen, Gesundheit und Bildung zu einem erschwinglichen Preis.[20] Die Arbeitsdefinition fasst zusammen:

> „BoP markets are […] defined by a resource-constrained environment and geography in which these consumers live, affecting their ability to address basic needs through products such as food, housing, healthcare and energy."[21]

Im Kontext von **Schwellen- und Entwicklungsländern** (EM für Emerging Market(s)) verfügen BoP-Kunden über geringe finanzielle Ressourcen und technologisches Wissen bzw. Bildung, aber über eine starke Beziehung zu Religion und Kultur sowie Traditionen und feste soziale Beziehungen wie z. B. große Familien.[22] Sie leben überwiegend in geografisch abgelegenen Gegenden mit wenigen institutionellen Strukturen (z. B. Infrastruktur, medizinische Versorgung, Lieferketten und Handel, Kommunikationsnetzwerke, Schutz von geistigem Eigentum) und haben beschränkten Zugriff auf Informationen.[23] Zumeist werden der BoP in Indien und China aufgrund des dort geringen Pro-Kopf-Einkommens, der hohen Preissensitivität, der begrenzten Zugänglichkeit von Ressourcen und der Einstellung der Menschen, Restriktionen und Beschränkungen durch Improvisation zu lösen, als Ursprung frugaler Innovation gesehen.[24] Diese Länder

---

15 Vgl. Prahalad/Lieberthal (1998), S. 71; Karnani (2011); London/Hart/Barney (2011).

16 Vgl. Kolk/Rivera-Santos/Rufín (2014), S. 338ff.

17 Vgl. Gibbert/Hoegl/Valikangas (2014), S. 197ff.; Zeschky/Winterhalter/Gassmann (2014), S. 20ff.

18 Zum verfügbaren Einkommen kursieren verschiedene Zahlen, zwischen weniger als 2 USD am Tag (ausgedrückt in einer international vergleichbaren Kaufkraftparität) aus der ursprünglichen Betrachtung dieser Märkte von Prahalad (2006), über weniger als 8 USD am Tag gemäß der Definition des BoP Innovation Centers, bis hin zu einer eher industriegetriebenen Perspektive bei Knapp et al. (2017), die auch mittlere Einkommen in die Betrachtung einschließt. Kritisch anzumerken ist, dass es sich hierbei um die Obergrenze handelt und der tatsächliche Wert oftmals sehr viel niedriger liegt.

19 Vgl. Kolk/Rivera-Santos/Rufín (2014), S. 351ff.

20 Vgl. Altmann/Rego/Ross (2009), S. 47ff.

21 Cadeddu et al. (2019), S. 22.

22 Vgl. Vadakkepat et al. (2015), S. 1; Bhatti (2012), S. 10; Tiwari/Bergmann (2020), S. 54; Mair/Martí/Ventresca (2012), S. 829; Wooldridge (2010), S. 2; Kahle et al. (2013), S. 225; Hossain (2021), S. 2; Banerjee/Leirner (2014), S. 328; López Santiago et al. (2019), S. 3316.

23 Vgl. Prahalad/Hammond (2002), o.S.; Khanna/Palepu (2010), S. 14-16.

verfügen zur Begünstigung frugaler Innovation über ein idiosynkratisches Innovationssystem mit schwach ausgeprägter Forschung und Entwicklung.[25]

Während in EM folglich eine stark wachsende Mittelschicht mit Nachfrage nach erschwinglichen und qualitativ guten Lösungen zur Existenzsicherung, die Generierung von Arbeitsplätzen und die Erschließung des BoP als Absatzmarkt frugale Innovationen antreiben[26], wurden frugale Innovationen in **Industrieländern** (DM für Developed Market(s)) bisher eher gemieden und mit geringer Qualität assoziiert.[27] Bzgl. der **Relevanz frugaler Innovationen** muss man aber, wie bereits im Eingangszitat ersichtlich wird, auch diese Kategorie von Ländern in die Betrachtung einschließen. Eine Untersuchung der World Bank (2020) zur pandemiebedingten Rezession in EM und DM[28] verdeutlicht die Relevanz eines neuen Innovationsparadigmas auch für **entwickelte Märkte**, die beispielsweise durch die Coronapandemie zu einem ressourcenbeschränkten Umfeld wurden.[29] Die Pandemie trifft ganze Wirtschaftssysteme. Gesundheitssysteme kommen an ihre Grenzen, Arbeitsplätze gehen verloren, das Einkommen der Bevölkerung sinkt und damit auch die Kaufkraft. Zudem sind etablierte Märkte gesättigt und eine reine Fokussierung auf das Premiumsegment seitens der Unternehmen ist nicht länger ausreichend. Dies fordert von ebendiesen die Anwendung neuer Strategien wie z. B. die Bearbeitung von BoP-Märkten, was im Kontext frugaler Innovation erfolgt.[30]

In Industrienationen sind **Treiber** frugaler Innovation, neben der erwähnten Preissensibilität der Kunden, auch sich ändernde Wertevorstellungen wie ein puritanischer Lebensstil und ein steigendes Bewusstsein für nachhaltigen und erschwinglichen Konsum. Folglich fordern Konsumenten zunehmend erschwingliche, benutzerfreundliche und robuste Lösungen statt Overengineering. Hinzu kommen Kostendruck für westliche Unternehmen und starke Konkurrenz aus EM in Form von reverse innovation.[31] Zusammengefasst

---

24 Vgl. Bubel et al. (2015), S. 650f.; George/McGahan/Prabhu (2012), S. 662; Weyrauch/Herstatt (2016), S. 1; Koerich/Cancellier (2019), S. 1081; Maric/Rodhain/Barlette (2016), S. 60; Rao (2013), S. 66; Agarwal et al. (2017), S. 7f.; Bound/Thornton (2012), S. 20; Bhatti (2012), S. 15.

25 Vgl. Micaëlli et al. (2016), S. 45f.

26 Vgl. Herstatt/Tiwari (2015), S. 10; Subrahmanyan/Gomez-Arias (2008), S. 403ff.; Ratten (2019), S. 9f.; Brem/Wolfram (2014), S. 19.

27 Vgl. Agarwal/Brem (2017a), S. 39.

28 Vgl. The World Bank (2020).

29 Vgl. Perera/Badir (2020), S. 3.

30 Vgl. London/Hart (2004), S. 350f.; Herstatt/Tiwari (2015), S. 650f.

31 Wenn Unternehmen aus DM oder EM jegliche Art von Innovationen für EM herstellen (primäre Anwendung also in EM), die dann wiederum (leicht) modifiziert in DM

ermöglichen frugale Innovationen die Verfolgung sozialer Ziele ohne Vernachlässigung wirtschaftlicher Ziele wie eine Optimierung der Anschaffungskosten und Gesamtkosten des Betriebs eines Produktes (total cost of ownership, TCO)[32] und gelten dabei als ressourcenschonend.[33] So erzielt beispielsweise IKEA seit langer Zeit hohe Gewinne mit seinem frugalen Ansatz der Möbelentwicklung.[34] Agarwal/Brem (2017a) sprechen gar von einem „global phenomenon with potential of higher socio-economic impact", v. a. in Verbindung mit Konzepten wie der Kreislaufwirtschaft.[35]

Auch wenn folglich der Ursprung des Konzepts frugaler Innovationen in den Schwellen- und Entwicklungsländern[36] liegt, steigt mittlerweile auch in den Industrienationen das Interesse am Thema.[37] Qualitativ hochwertige **frugale Innovationen** gelten somit als neue **Wachstumsquelle**[38], wie eine Studie von Roland Berger bzw. Knapp et al. (2017) zeigt.[39] Auch auf politischer Ebene (nationale und europäische Förderprojekte) und seitens der Praxis (siehe Erfolgsbeispiele IKEA und Dacia Logan) steigt das Interesse an der Thematik. Nachhaltigkeit und die Einsparung von Ressourcen gelten neben der Adäquatheit im Hinblick auf Wertewandel, konjunkturelle Abkühlung und demografische Entwicklung als weiteres Potenzial frugaler Innovationen, die einen kreativen Umgang mit Ressourcen, die Erschließung neuer Märkte und die Vereinfachung von Produkten ermöglichen.[40] Insbesondere die **Neuproduktentwicklung (NPE)** als Form der Innovation gilt gerade in schnelllebigen und wettbewerbsintensiven Märkten als Erfolgsfaktor für das Überleben von Unternehmen.[41] Die

---

kommerzialisiert werden, so spricht man von reverse innovation, vgl. Basu/Banerjee/Sweeny (2013), S. 67; Agarwal/Brem (2012), S. 2.

32 Vgl. Sjafrizal (2015), S. 41; Gandenberger/Kroll/Walz (2020), S. 101; Siehe Beispiele Rao (2013), S. 72.

33 Vgl. Perera/Badir (2020), S. 1, S. 3, S. 8; Radjou (2020), o.S.; Williamson (2010), S. 343; Altmann/Rego/Ross (2009), S. 47; Herstatt/Tiwari (2020), S. 16ff.; Agarwal/Chung/Brem (2020), S. 139; Rao (2019), S. 1ff.; Agarwal/Brem (2017a), S. 37; Agarwal/Brem (2012), S. 2.

34 Vgl. Herstatt/Tiwari (2015), S. 649ff.

35 Agarwal/Brem (2017a), S. 37.

36 Definition EM nach Albert/Huesig (2019), S. 103: Countries that has some characteristics of a developed market and investing in more productive capacity but does not satisfy standards to be termed a developed market.

37 Vgl. Tiwari/Fischer/Kalogerakis (2017), S. 13ff.; Wohlfart et al. (2016), S. 5; Bhatti/Ventresca (2012), S. 5f.; Le Bas (2016b), S. 5f.; Ratten (2019), S. 10f.

38 Vgl. Juhro/Aulia (2019), S. 397; Le Bas (2016b), S. 5; Bhatti (2012), S. 37.

39 Vgl. Knapp et al. (2017), S. 5.

40 Vgl. Pisoni/Michelini/Martignoni (2018), S. 108; Ratten (2019), S. 4; Herstatt/Tiwari (2015), S. 2.

bisherigen Ausführungen zeigen die Relevanz von Neuproduktentwicklung und v. a. frugalen Innovationen zum Aufbau eines nachhaltigen Wettbewerbsvorteils für Unternehmen in DM.

Wenngleich Potenziale bekannt sind, fehlen Orientierungspunkte für eine langfristig erfolgreiche Umsetzung.[42] Dabei erfordern frugale Innovationen aufgrund ihrer Eigenschaften eine an den sozioökonomischen Kontext **angepasste, strukturierte Herangehensweise**[43], woraus sich auch wegen ihrer hohen Relevanz der **Bedarf für weitere Forschung** auf diesem Gebiet erschließt.[44] Unter Ressourcenbeschränkungen zu operieren erfordert es, Innovation, Produkte und Geschäftsmodelle anzupassen, neue Fähigkeiten innerhalb des Unternehmens und bei den Mitarbeitern auszubilden, sowie eine neue Sichtweise auf Konsumenten als aktive Gestalter statt bedürftige Empfänger einzunehmen.[45] Die Entwicklung frugaler Innovationen als bestimmte Form der Innovation beeinflusst die Art, wie NPE organisiert und kontrolliert wird, was auch die **Prozesse** betrifft.[46] Da sich bisherige Forschung überwiegend mit den Eigenschaften und der definitorischen Abgrenzung frugaler Innovation beschäftigt hat[47], gibt es zur Prozessfrage bisher nur wenig akademische Literatur.[48] Hier setzt die vorliegende Arbeit an, wie das folgende Kapitel zur Zielsetzung sowie den Forschungsfragen darlegt.

1.2 Zielsetzung der Arbeit und Präzisierung der Forschungsfragen

Ziel dieser Arbeit ist es, den Neuproduktentwicklungsprozess marktfähiger corporate frugal innovations in einem Modell ganzheitlich abzubilden. Corporate bedeutet hierbei, dass die frugale Innovation das Ergebnis eines formalen und strukturierten Vorgehens zur NPE ist, was zumeist im Kontext von Unternehmen bzw. auch DM der Fall ist (Details und Unterschiede zu grassroots frugal innovations siehe Kapitel 2.1.1, Tabelle 6). Verschiedene For-

41 Vgl. Brown/Eisenhardt (1995), S. 344.

42 Vgl. Knapp et al. (2017), S. 5.

43 Vgl. Hossain (2018), S. 926; Radjou/Prabhu (2015), S. 11f.; Cadeddu et al. (2019), S. 2.

44 Vgl. Ratten (2019), S. 79; Agarwal et al. (2017), S. 12; Subramaniam/Ernst/Dubiel (2015), S. 10f.; Pisoni/Michelini/Martignoni (2018), S. 107f.; Pansera (2018), S. 10f.

45 Vgl. Altmann/Rego/Ross (2009), S. 51.

46 Vgl. Cadeddu et al. (2019), S. 23f.; Holahan/Sullivan/Markham (2014), S. 329ff.

47 Vgl. Pisoni/Michelini/Martignoni (2018), S. 110ff.

48 Vgl. Cunha et al. (2014), S. 2; Cadeddu et al. (2019), S. 2f.; Agarwal et al. (2017), S. 11.

schungsaufrufe, wie Tabelle 1 zeigt, benennen als Forschungslücke, dass bisher lediglich einzelne Methoden und Ansätze für den NPEP frugaler Innovationen in der Literatur besprochen werden. Es existieren aber, v. a. für den Kontext von DM, kein ganzheitliches Modell oder ein Prozess zur Entwicklung marktfähiger corporate frugal innovations.

Forschungsaufruf	**Quelle**
"However, it is **challenging to develop frugal innovations, especially for firms in developed markets**."	Weyrauch/Herstatt (2016), S. 12
"**What is the process** by which frugal innovation occurs?"	Ratten (2019), S. 11
"[...] frugal innovation is about **redesigning the whole development process** to eliminate unnecessary costs and build resourceful and easy-to-use solutions."	Agarwal/Chung/ Brem (2020), S. 138
"Additionally, the **(re-)definition of the production network structure and processes** based on **heterogeneous capabilities** can contribute to the optimization of the final solution in terms of cost, quality and time to market."	Belkadi et al. (2016), S. 590
"[...] the **process dimension** and exploration of aspects such as resourcefulness (doing more with less), focus on "core features" or being user driven (user friendly, intuitive, accessible etc.) in other context (beyond BOP) did not receive much attention."	Agarwal/Brem (2017a), S. 39
"Moreover, it makes sense at this point to examine in greater detail **which features of frugal innovation could facilitate marketing**."	Dressler/Hüsig (2019), S. 263
„[...] derzeitige Geschäftsstrukturen und **Unternehmenspraktiken in Deutschland wenig förderlich** für die Entwicklung frugaler Innovationen sind."	Kalogerakis/Tiwari/Fischer (2017), S. 6
"Frugal innovation rethinks how products are developed and how innovating is defined. [...] It is, however, inevitable to obtain **more insights in the underlying development patterns, tools and procedures** to receive a generalizable picture on how frugal innovations can be systematically developed."	Brem et al. (2020), S. 1f.
"Especially the scaling potential for production and the **commercialization** of the product are of great interest."	Brem et al. (2020), S. 13

Tabelle 1: Auszug an Forschungsaufrufen zur Fragestellung der Arbeit[49]

49 Eigene Darstellung.

Der Erkenntnisgewinn dieser Arbeit liegt in der Aufstellung eines Entwicklungsprozesses für marktfähige corporate frugal innovations, also frugalen Innovationen, die im Kontext eines Unternehmens entstehen.[50] Dieser umfasst im Sinne der Ganzheitlichkeit auch die Einbindung verschiedener Promotoren und der Umwelt im Allgemeinen. Hierbei wird basierend auf den Forschungsaufrufen anhand von Fallstudien von Unternehmen und damit evidenzbasiert insbesondere erforscht, welche **Prozessphasen** es gibt, welche **Erfolgsfaktoren** (z. B. Unternehmensgröße, Verteilung von Verantwortlichkeiten/Rollen, Einfluss des Managements und des Innovationssystems, Kultivierung eines frugalen Mindsets) eine Rolle spielen, welche **Methoden** Anwendung finden und was die **Marktfähigkeit**[51] der corporate frugal innovation ausmacht. Besonderheiten der NPE frugaler Innovationen werden hierbei ebenfalls herausgearbeitet. Die erarbeiteten Propositionen unterstützen die künftige Implementierung frugaler Innovationen.
Aus der beschriebenen Problemstellung und dem damit einhergehenden Forschungsbedarf erschließt sich folgende **Leitfrage**[52] **der Dissertation**:

> *Wie sollte der Neuproduktentwicklungsprozess von Unternehmen für marktfähige corporate frugal innovation gestaltet sein?*

Dies soll anhand folgender **Forschungsfragen**, welche die dringlichsten Fragen darstellen und Voraussetzung für eine fokussierte Datensammlung sind[53], in der vorliegenden Arbeit beantwortet werden:

1. **Wie** sieht der **Prozess zur Entwicklung** von corporate frugal innovation bei Unternehmen in Industrienationen aus? Gibt es **Besonderheiten** im Prozess für die Entwicklung frugaler Produkte?
2. Welche **Erfolgsfaktoren** spielen eine Rolle bei der Entwicklung von corporate frugal innovation?
3. Welche **Methoden** werden im NPEP für corporate frugal innovation eingesetzt?

---

50 Vgl. Wohlfart et al. (2016), S. 6ff.

51 Hinweis: Hier liegt das Ziel der Arbeit nicht darin, ein Marketingkonzept oder eine Markteintrittsstrategie für frugale Innovation zu entwickeln, sondern zu sehen, wodurch diese marktfähig werden. Diese Informationen sind bereits für die Entwicklung der Innovation und damit den Prozess wichtig.

52 Nach Miles/Huberman/Saldaña (2020), S. 24 eine übergreifende Frage mit maximal 5 Unterfragen.

53 Vgl. Miles/Huberman/Saldaña (2020), S. 22.

4. **Wie** können corporate frugal innovations in Industrienationen **marktfähig** werden?

Die Arbeit bewegt sich entsprechend ihrer Ziele an der Schnittstelle zwischen Grundlagen- und Anwendungsforschung. Zum Zweck der Grundlagenforschung soll sie sowohl zum wissenschaftlichen Erkenntnisgewinn beitragen als auch praxisrelevante Befunde liefern.[54]

Der **wissenschaftliche Beitrag** der Arbeit besteht, wie für Nascent Theory Research üblich, darin, eine Theorie zu liefern, die die Grundlage für weitere Forschung bildet.[55] Durch die Verbindung der beiden Themengebiete „frugale Innovation" und „Neuproduktentwicklung" im Rahmen dieser Arbeit können **als Beitrag für die Wissenschaft** bisher getroffene Annahmen überprüft und neue Erkenntnisse über Schlüsselentscheidungen sowie über Vorgehen und Instrumente zur Bereitstellung marktfähiger, frugaler Produkte für Unternehmen innerhalb einzelner Prozessschritte generiert werden. Bestehende theoretische Ansätze werden somit angepasst und weiterentwickelt.

Gestaltern des Neuproduktentwicklungsprozesses fehlen oftmals effektive und effiziente Methoden, um Forschungsergebnisse in die Praxis umzusetzen.[56] Trotz ihrer zunehmenden Bedeutung für Unternehmen in Industrienationen[57] fehlt in der Praxis bisher eine strukturierte Vorgehensweise zur Entwicklung frugaler Innovationen und es bestehen lediglich Empfehlungen narrativer Art. Für die **unternehmerische Praxis**, insbesondere das Innovationsmanagement, ist daher v. a. die strukturierte Aufbereitung der Anforderungen und Erfolgsfaktoren des Produktentwicklungsprozesses für frugale Innovationen relevant für eine erfolgreiche Umsetzung. Es resultieren aus dieser Arbeit Handlungsoptionen für Ansätze zur Neuproduktentwicklung marktfähiger corporate frugal innovations und nötiger innovationsfördernder Kompetenzen.

1.3 Forschungsmethodik und -design[58]

In der bisherigen Forschung existieren erste Untersuchungen und Ansätze zur Neuproduktentwicklung für frugale Innovationen.[59] Darauf aufbauend soll in

54 Vgl. Döring/Bortz (2016), S. 19.
55 Vgl. Edmondson/McManus (2007), S. 1162.
56 Vgl. Barclay (1992), S. 255, S. 261.
57 Vgl. Bhatti/Ventresca (2012), S. 30; Le Bas (2016a), S. 17.
58 Eine ausführliche Beschreibung des methodischen Vorgehens findet sich in Kapitel 6.
59 Siehe dazu auch Kapitel 3.2.

dieser Arbeit ein umfassendes Rahmenwerk für den Neuproduktentwicklungsprozess frugaler Innovationen entwickelt werden.

In Anlehnung an Edmondson/McManus (2007) besteht das Forschungsprojekt aus den vier Elementen theoretische Vorarbeit, Forschungsfragen und -design sowie dem Beitrag zur Literatur, welche aufeinander abgestimmt sind und sich gegenseitig verstärken, wie aus Abbildung 1 hervorgeht.[60]

Hierzu werden zunächst anhand einer strukturierten Auswertung bisher in Fachartikeln und anderen Dokumenten publizierter Erkenntnisse im Theorie-Verständnis von Hage (1972)[61] Forschungslücken abgeleitet sowie anschließend ein **theoretischer Bezugsrahmen** für die Arbeit gebildet. Als Vorstufe der Theoriebildung ermöglicht dieser einen Abgleich zwischen neuem und in der Literatur vorhandenem Wissen und trägt zum Verstehen von Zusammenhängen bei.[62] Die inhaltlichen Schwerpunkte der Literaturauswertung liegen dabei auf den Forschungsgebieten „frugale Innovation“ und „NPEP“, die umfassend und kritisch dargestellt werden. Des Weiteren werden Propositionen formuliert. Wirkungszusammenhänge innerhalb des Bezugsrahmens werden durch die Theorie der dynamischen Fähigkeiten und durch das Promotorenmodell erklärt.

theoretische Vorarbeit	Forschungsfragen	Forschungsdesign	Beitrag zur Literatur
• Literaturanalyse zur Ermittlung des Status quo der Literatur • Aufdecken von Forschungslücken • Entwicklung eines Bezugsrahmens • Formulieren von Propositionen	• Fokussierung eines relevanten Forschungsbereichs • Formulierung der Leitfrage der Dissertation mit Unterfragen • Beantwortung als Ziel der Arbeit	• Auswahl der Werkzeuge und Verfahren zur Datensammlung sowie Art der gesammelten Daten • Auswahl des Vorgehens zur Datenanalyse	• Weiterentwicklung der Theorie • Infragestellen bisheriger Erkenntnisse und Annahmen • Ableiten von Implikationen für die Praxis

Abbildung 1: Elemente des Forschungsprojekts im Detail[63]

Das gebildete Rahmenwerk und die daraus abgeleiteten Propositionen werden anschließend mithilfe einer **empirischen Untersuchung** analysiert. Im Rahmen der Feldforschung, die reale Probleme in realen Unternehmen anhand von Originaldaten untersucht[64], wird bei der Nascent Theory Research für die

60 Vgl. Edmondson/McManus (2007), S. 1156.

61 Hage (1972) versteht unter Theorie einzelne Themen oder Konzepte, die durch systematische Verknüpfung einen theoretischen Bezugsrahmen, welcher ein Phänomen erklärt, bilden. Vgl. Hage (1972), S. 34, S. 172ff.

62 Vgl. Brem (2018), S. 30f.

63 Eigene Darstellung in Anlehnung an Edmondson/McManus (2007), S. 1156.

Datenerfassung und -analyse v. a. mit qualitativen Methoden gearbeitet.[65] Daher werden in dieser Arbeit Fallstudien nach Yin (2018) erstellt, die nach einer, an das theoretische Sampling angelehnten, Replikationslogik ausgewählt werden.[66] Der Prozess zur Neuproduktentwicklung für corporate frugal innovations soll dabei auf Unternehmensebene die Untersuchungseinheit sein. Neben explorativen Experteninterviews mit offenen Fragestellungen, um immanente Strukturen und Zusammenhänge darzustellen, werden hierzu Dokumente analysiert. Die Daten werden mittels qualitativer Inhaltsanalyse und Codierung ausgewertet. Die Propositionen und der theoretische Bezugsrahmen, die zuvor auf Basis der Literatur und der Forschungsfragen entwickelt wurden, können anhand der Fallstudien überprüft werden.[67] Als Interviewpartner fungieren bei der Feldforschung v. a. Mitarbeiter von Unternehmen. Für die Fragestellung der Dissertation eignen sich aufgrund ihres Expertenwissens Personen, deren Unternehmen frugale Produkte im Portfolio haben und die dort mit Entwicklungsaufgaben betraut sind.

Ziel des methodischen Vorgehens ist die Beurteilung der Propositionen und des theoretischen Bezugsrahmens sowie die Beantwortung der Forschungsfragen basierend auf der gesammelten Evidenz und dem theoretischen Vorwissen aus dem Literaturüberblick, was zur Ableitung von Handlungsoptionen führt.[68]

1.4 Aufbau der Arbeit

Ein research act besteht nach Denzin (1978) aus einer Reise von der Theorie, über die empirische Welt, wieder zurück zur Theorie.[69] So sieht der idealtypische Ablauf eines **Forschungsprojekts** vor, dass zunächst ein Verständnis für das Forschungsproblem zu schaffen ist. Im Anschluss sollen basierend auf bestehenden Forschungsergebnissen, gewonnen aus einer Sichtung der Literatur, zum Forschungsproblem Forschungsfragen sowie ein konzeptionelles Rahmenwerk gebildet werden. Dieses besteht aus allen wichtigen Variablen in Relation zueinander. Anschließend werden diese Inhalte im Forschungsdesign

---

64 Vgl. Edmondson/McManus (2007), S. 1155.
65 Vgl. Edmondson/McManus (2007), S. 1161.
66 Vgl. Eisenhardt (1989), S. 537, S. 545; Yin (2018), S. 55ff.
67 Vgl. Edmondson/McManus (2007), S. 1160ff.; Yin (2018), S. 238; Piore (1979), S. 563.
68 Vgl. Yin (2018), S. 232ff.; Hartley (2004), S. 323ff.
69 Vgl. Denzin (1978), S. 2.

mit der Sammlung und Analyse der Daten verbunden und zuletzt werden die Ergebnisse für den wissenschaftlichen Diskurs veröffentlicht.[70]

In Anlehnung an Denzin (1978) gliedert sich die vorliegende Dissertation daher in einen **theoretischen Teil** als Basis für die Empirie, eine **empirische Untersuchung** bestehend aus Datensammlung und -analyse und die **Zusammenführung von Theorie und Empirie** mit dem Ziel, schlüssige Erklärungen zu finden und so die Forschungsfragen der Arbeit zu beantworten.[71]

Tabelle 2 illustriert den Aufbau der Arbeit.

Einführung	**Kapitel 1:** Relevanz des Themas, Zielsetzung der Arbeit, Forschungsfragen
Theorie	**Kapitel 2:** Inhalte zu frugalen Innovationen und zur Neuproduktentwicklung
	Kapitel 3: Forschungsstand zur Neuproduktentwicklung frugaler Innovation
	Kapitel 4: Theorie der dynamischen Fähigkeiten, Promotorenmodell
	Kapitel 5: Aufstellen der Propositionen und des theoretischen Bezugsrahmens
Empirie	**Kapitel 6:** Beschreibung der Methodik, Fallauswahl, Einzelfalldarstellungen
	Kapitel 7: Fallübergreifende Analyse, Anpassung des theoretischen Bezugsrahmens
Fazit	**Kapitel 8:** Beantwortung der Forschungsfragen, Anpassung des Modells
	Kapitel 9: Ergebniszusammenfassung, Implikationen für Theorie und Praxis, Limitationen, Forschungsbedarf, Schlussbemerkung

Tabelle 2: Aufbau der Arbeit[72]

Nach den einführenden Worten zur Relevanz der Thematik, den Forschungsfragen, der Zielsetzung der Arbeit und dem methodischen Vorgehen in **Kapitel 1** werden in **Kapitel 2** zunächst frugale Innovationen als besonderes Innovationsparadigma eingeordnet und definiert. Neben der Entwicklung des

70 Vgl. Bickman (2004), S. 5ff.; Cooper (1984), S. 114ff.; Döring/Bortz (2016), S. 85f.
71 Vgl. Denzin (1978), S. 2f.
72 Eigene Darstellung.

Paradigmas stehen v. a. die Eigenschaften frugaler Innovationen, bisherige Forschungsfelder, Forschungsbedarfe und der Anwendungskontext DM im Fokus. Als Grundlage der Untersuchung des Entwicklungsprozesses frugaler Innovationen werden dann zunächst der Prozess als Strömung des Innovationsmanagements und anschließend Theorien zum Neuproduktentwicklungsprozess betrachtet. Besondere Aufmerksamkeit im NPEP erhalten dabei die Frage der Marktfähigkeit einer Innovation sowie die Erfolgsfaktoren der NPE.

Kapitel 3 führt die Arbeit dann mit einem Überblick bisheriger Vorgehensweisen sowie Erfolgsfaktoren zur Entwicklung frugaler Innovationen fort und vereint somit die beiden thematischen Schwerpunkte aus den Kapiteln 2.1 und 2.2.

Gegenstand des **Kapitels 4** sind theoretische Erklärungsansätze der Arbeit.

In **Kapitel 5** folgt eine kritische Evaluation des Forschungsstandes sowie die Aufstellung der Propositionen und des theoretischen Bezugsrahmens der Untersuchung zur Beantwortung der Forschungsfragen.

Kapitel 6 erläutert detailliert das methodische Vorgehen und Forschungsdesign der Arbeit. Darauf folgen die Einzelfallanalysen der durchgeführten Fallstudien.

In **Kapitel 7** werden die Ergebnisse fallstudienübergreifend im Hinblick auf die Propositionen analysiert.

Kapitel 8 beantwortet darauf basierend die Forschungsfragen und zeigt ein angepasstes Modell zur NPE für corporate frugal innovation.

Die Arbeit schließt in **Kapitel 9** mit einer Zusammenfassung der Ergebnisse, ihrem Beitrag für Wissenschaft und Praxis sowie Limitationen der Arbeit und einer Skizzierung des weiteren Forschungsbedarfs.

2 Konzeptionelle Grundlagen der Arbeit

In diesem Kapitel werden anhand eines narrativen Literaturüberblicks die Schlagwörter der Themenstellung als konzeptionelle Grundlagen der Arbeit eingeführt, da ihre Kenntnis anhand von Arbeitsdefinitionen und dem Hintergrundwissen eine wichtige Basis für die Beantwortung der Forschungsfragen und die Theoriebildung darstellt.[73] Nach Ausführungen zu Definition, Kriterien, Typen und Forschungsstand zu frugalen Innovationen (Kapitel 2.1.1 mit Kapitel 2.1.3) (Innovation aus Ergebnissicht)[74], folgt eine Darlegung des Hintergrunds und Forschungsstandes zum Neuproduktentwicklungsprozess (Kapitel 2.2.1 mit Kapitel 2.2.4) (Innovation aus Prozesssicht).[75]

2.1 Inhalte zu frugalen Innovationen

Um die für das Verständnis der Forschungsfragen nötigen Grundlagen zu vermitteln, beleuchtet das Kapitel zunächst Definitionen, Kriterien und Typen frugaler Innovation (Kapitel 2.1.1), bevor ein Blick auf Forschungsfelder und Forschungsbedarfe (Kapitel 2.1.2) geworfen wird. Das Kapitel schließt mit einer Betrachtung frugaler Innovation im Anwendungskontext DM (Kapitel 2.1.3).

2.1.1 Definitionen, Kriterien und Typen frugaler Innovation

Entwicklung des Konzepts frugaler Innovation

Wenn auch der **Begriff der frugalen Innovation** neu und das Verständnis sehr vielfältig ist[76], so basieren sie auf Theorien, Bewegungen und Fähigkeiten, die lange zuvor aufkamen. Als Beispiele von den 1960ern bis heute lassen sich z. B. appropriate technology, open innovation, nachhaltige Entwicklung, Etablierung des Internets und steigende Konnektivität sowie Technologietransfer von DM in EM nennen.[77]

---

73 Vgl. Döring/Bortz (2016), S. 165f.

74 Vgl. Crossan/Apaydin (2010), S. 1167.

75 Vgl. Crossan/Apaydin (2010), S. 1166.

76 Vgl. Soni/Krishnan (2014), S. 31; Slezak/Jagielski (2020), S. 83; Bhatti/Ventresca (2013), S. 1.

77 Vgl. Bound/Thornton (2012), S. 18ff.

Hinsichtlich der Entwicklung des Konzepts definieren Tiwari/Herstatt (2020) über die Zeit und wirtschaftliche sowie gesellschaftliche Veränderungen hinweg **vier Wellen der Frugalität**:[78] So prägte die Idee von Frugalität schon seit jeher Philosophen und Religionen in der Forderung eines gemäßigten Lebensstils. In der Wirtschaft propagierten Adam Smith und Alfred Marshall das Konzept (**Frugality 1.0**).

Mit wirtschaftlichem Wachstum nach der Wirtschaftskrise der 1930er Jahre, der Konsumorientierung in Industrienationen und einem steigenden Wettbewerb verwässerte das Konzept zunehmend aus Angst vor einer Hemmung des Aufschwungs. In der Neuzeit adressierten das Thema neue Autoren aus den Organisationswissenschaften und ein neues Publikum aus der Geschäftswelt.[79] So erfolgte bei Schumacher (1973) mit der Bewegung der intermediate und später appropriate technology eine Wiederbelebung von Frugalität. Drucker (2002) proklamierte, dass eine wirksame Innovation einfach und fokussiert sein muss, d. h. auf einen spezifischen, klaren und sorgfältig gestalteten Anwendungsfall ausgerichtet.[80] Auch Henry Ford's Fließband und die lean processes der Japaner sind Beispiele frugaler Innovation.[81] Zeitgleich mit dem Aufkommen neuer Managementphilosophien wie lean management bei Toyota entstand 1987 der Brundtland Bericht Our common future der Weltkommission für Umwelt und Entwicklung an die Vereinten Nationen. Darin wurde erstmalig der Begriff „nachhaltige Entwicklung" definiert und so die weltweite Diskussion über Nachhaltigkeit initiiert, was als weiterer Treiber wirkte.[82] Da die negativen Folgen eines unbeschränkten Konsums auf die Umwelt aber noch nicht so offensichtlich wie heute waren und die frugalen Produkte aus den EM den Kunden in DM nicht angemessen schienen, sondern gar billig und von geringer Qualität, ebbte auch diese zweite Welle wieder ab (**Frugality 2.0**).[83]

Durch das Internet und Open Innovation-Ansätze wurden Forschung und Entwicklung (F&E) und Wertschöpfungsketten globaler. Die Erschließung neuer Märkte und Marktsegmente wurde interessanter.[84] In den 2000ern erstarkten

78 Vgl. Tiwari/Herstatt (2020), S. 45f.

79 Vgl. Pansera (2018), S. 6; Nowlis/Simonson (1996), S. 36, S. 44f.

80 Vgl. Drucker (2002), S. 101; Tiwari/Fischer/Kalogerakis (2017), S. 14ff.; Lastovicka et al. (1999), S. 86ff.; Bound/Thornton (2012), S. 18f.; Tiwari/Herstatt (2020), S. 45f.; Schumacher (1973).

81 Vgl. Soni/Krishnan (2014), S. 31.

82 Vgl. Bound/Thornton (2012), S. 18f.; Weltkommission für Umwelt und Entwicklung (1987).

83 Vgl. Tiwari/Herstatt (2020), S. 45; Agarwal/Brem (2017a), S. 39.

84 Vgl. Bound/Thornton (2012), S. 18f.; Knorringa et al. (2016), S. 145; Prahalad/Hart (2002), o.S.; Prahalad/Mashelkar (2010), S. 135.

dann Schwellen- und Entwicklungsländer wie z. B. die BRICS. Die wachsende, oftmals finanzschwache Mittelschicht fragte Produkte, die bisher nur in unzureichender Qualität, überentwickelt oder gar nicht vorhanden waren, nun mit fokussierten Funktionen und zu erschwinglichen Preisen nach. Da dort auch eigene F&E durchgeführt wurde[85], war die reine Imitation von Innovationen (exnovation[86]) überholt.[87] So etablierten sich in EM kosteneffektive Produkte mit good enough Qualität.[88] Eine zunehmende Sättigung bestehender Märkte in DM feuerte diese Entwicklung an. Außer Acht gelassen wurde zu dieser Zeit die Gefahr des Rebound-Effekts frugaler Innovation und auch Umweltaspekte spielten nur eine untergeordnete Rolle, weshalb auch die dritte Welle abebbte (**Frugality 3.0**).[89]

Nachdem der ehemalige CEO von Renault-Nissan, Carlos Ghosn, bereits 2006 mit frugal engineering den Entwicklungsansatz des Tata Nano beschrieb[90], wurden frugale Innovationen als „Erfindung der Geschäftswelt"[91] zunächst 2010 in der Wirtschaftspresse erwähnt. The Economist schrieb, dass frugale Innovationen robust und einfach zu nutzen sein müssen und dies nicht nur die Umgestaltung eines Produktes meint, sondern der gesamte Produktionsprozess inklusive Geschäftsmodell betroffen ist.[92] Besonderen Auftrieb erfuhr das Thema seither aufgrund vieler Trends wie Nachhaltigkeit, LOVOS-Bewegung[93], „Feature-Müdigkeit" in den DM oder wirtschaftlicher Rezessionen.[94] Die Forderung einer holistischen Sichtweise von Innovation, die neben ökonomischen auch soziale und umweltbezogene Aspekte beachtet, gibt außerdem Nährboden für das Thema.[95] Mit einer eigenen Zeitschrift (Journal of Frugal Innovation), einer eigenen Konferenz (InnoFrugal), Forschungsinstituten (z. B. Center for Frugal Innovation der TUHH[96] oder Frugal Innovation Hub an der Santa Clara University in Kalifornien[97]), Stanford's Design School Extreme Affordability-Trainings und zunehmend mehr Tracks und Beiträgen auf eta-

---

85 Vgl. Agarwal/Brem/Dwivedi (2020), S. 3; Wolfram/Agarwal/Brem (2018), S. 443f.

86 Vgl. dazu Gardner (2002).

87 Vgl. Agarwal/Brem (2012), S. 1.

88 Vgl. Tiwari/Herstatt (2020), S. 45f.; Zanello et al. (2016), S. 885.

89 Vgl. Tiwari/Herstatt (2020), S. 46.

90 Vgl. Soni/Krishnan (2014), S. 31; Sehgal/Dehoff/Panneer (2010), S. 1ff.; Hossain (2018), S. 928.

91 Tiwari/Bergmann (2020), S. 54.

92 Vgl. Wooldridge (2010), S. 4; Soni/Krishnan (2014), S. 31.

93 LOVOS= lifestyle of voluntary simplicity.

94 Vgl. Herstatt/Tiwari (2015), S. 649ff.; Agarwal/Brem (2017a), S. 39.

95 Vgl. Chen/Yin/Mei (2018), S. 2.

96 Details: http://cfi.global-innovation.net/.

97 Details: https://www.scu.edu/engineering/labs--research/labs/frugal-innovation-hub/.

blierten Konferenzen wie der R&D Management-Konferenz fasst das Thema in der Wissenschaft Fuß. Auch die praktische Seite etabliert sich anhand einiger Start-ups, die frugale Produkte herstellen, aber auch anhand globaler Unternehmen, die ihr Produktportfolio umstellen, zusehends.[98] Die Institutionalisierung des Themas zeigt: Frugalität wird wieder zu einem universellen Wert.[99] Die vierte Welle (**Frugality 4.0**) steht unter dem Motto „choice to be frugal" sowie „affordable green excellence" und das Konzept schwappt in die DM über.[100]

Definition frugaler Innovation

Gemäß Oslo Manual ist eine Innovation „a new or improved product or process (or a combination thereof) that differs significantly from the unit's previous products or processes and that has been made available to potential users (product) or brought into use by the unit (process)."[101] Hierin zeigt sich, dass viele **Formen von Innovation** (Produkt, Service, Prozess im Sinne von Veränderungen, wie Produkt/Service erzeugt werden) existieren und sich auf einem Kontinuum zwischen totaler Neuheit und Imitation bewegen sowie unterschiedlichen Einfluss ausüben.[102] Im Gegensatz zur Invention als Idee und technischer Entwicklung von neuen Produkten ist Innovation die Anwendung in Märkten mit dem Ziel der Wertgenerierung.[103] Die **Prozessperspektive** dient als Ausgangspunkt für spätere Betrachtungen in der Arbeit.

In der Literatur zeigen sich verschiedene **Definitionen von Innovation**.[104] Eine umfassende Definition, die auch der Studie von Cadeddu et al. (2019) zugrunde liegt[105], wird für diese Arbeit gewählt:

> *„Innovation is: production or adoption, assimilation, and exploitation of a value-added novelty in economic and social spheres; renewal and enlargement of products, services, and markets; development of new methods of production; and establishment of new management systems."*[106]

---

98 Vgl. Wohlfart et al. (2016), S. 5; Bhatti/Ventresca (2012), S. 24f.
99 Vgl. Tiwari/Herstatt (2020), S. 46; Hanna (2012), S. 352ff.
100 Tiwari/Herstatt (2020), S. 46. Details in Kapitel 2.1.3.
101 OECD/Eurostat (2018), S. 20.
102 Vgl. Zanello et al. (2016), S. 887; Cadeddu et al. (2019), S. 17f.
103 Vgl. Bessant/Tidd (2015), S. 15, S. 39; Prabhu (2017), S. 4.
104 Vgl. Bessant/Tidd (2015), S. 39; Kahn (2018), S. 458f.
105 Vgl. Cadeddu et al. (2019), S. 16f.
106 Crossan/Apaydin (2010), S. 1155.

Diese Sichtweise bezieht das ökonomische und das soziale Spektrum, sowie die Etablierung neuer Methoden und Managementsysteme mit ein. Auch der Aspekt der Vermarktung ist enthalten. Dies alles bietet ideale Anknüpfungspunkte für die Theorie der frugalen Innovationen und die Forschungsfragen dieser Arbeit, da neue Methoden und eine Marktfähigkeit in der Literatur bisher unzureichend betrachtet wurden. Dabei weisen frugale Innovationen die Herausforderung auf, potenzielle Kunden, die vorher „Nicht-Kunden" waren, zu erreichen.[107]

Im Lateinischen bedeutet **frugalis** „einfach, bescheiden, nicht üppig".[108] Das englische Wörterbuch umschreibt die Bedeutung mit „being prudent in saving; the lack of wastefulness".[109] Im Kontext von Innovation heißt dies Bedürfnisse zu stillen, ohne von Ressourcenknappheit oder institutionellen Beschränkungen behindert zu werden.[110] Frugale Innovation reagiert auf diese Beschränkung und verwandelt Knappheiten in Vorteile[111], ganz im Sinne von „Innovation happens where need meets opportunity."[112] **Frugale Innovation** gilt folglich als Konzept bzw. Innovationsstrategie für Produkte oder Dienstleistungen sowohl im B2B-, als auch im B2C-Bereich[113], in einem ressourcenbeschränkten Umfeld.[114]

Primär werden frugale Innovationen daher in und für EM entwickelt[115], wie aus Tabelle 3 anhand der **Unterschiede frugaler zu konventionellen Innovationen** hervorgeht. Während herkömmliche Innovationen für DM auf den neuesten Technologien in Premiumqualität basieren, top-down entwickelt werden und unzählige Funktionalitäten anbieten[116], offerieren frugale Innovationen ein anderes Wertversprechen für ihre Zielmärkte[117], da diese Märkte vielerlei Arten von Beschränkungen aufweisen.[118]

107 Vgl. Tiwari/Kalogerakis/Herstatt (2017), S. 149.
108 Duden (2021).
109 Dictionary (2021).
110 Vgl. López Santiago et al. (2019), S. 3313.
111 Vgl. Bound/Thornton (2012), S. 6.
112 Petrick/Juntiwasarakij (2011), S. 24.
113 Vgl. Hossain (2018), S. 927; Lehner (2016), S.A3ff.; Prabhu (2017), S. 4ff.; Bhatti/Ventresca (2013), S. 3f.; Herstatt/Tiwari (2015), S. 10.
114 Vgl. Santos/Borini/Oliveira Júnior (2020), S. 246, S. 251.
115 Vgl. Hossain/Simula/Halme (2016), S. 132.
116 Vgl. Govindarajan/Ramamurti (2011), S. 194ff.
117 Vgl. Ernst et al. (2015), S. 66ff.; Zeschky/Winterhalter/Gassmann (2014), S. 20, S. 24.
118 Vgl. Ploeg et al. (2020), S. 5; Bhatti (2012), S. 9ff.; Details zu constraints in Agarwal/Oehler/Brem (2021).

Merkmale	Frugale Innovation	Konventionelle Innovation
Treiber	Was wirklich gebraucht wird	Was schön zu haben wäre
Prozess	Von unten nach oben (aufwärts)	Von oben nach unten (abwärts)
Zentrale Eigenschaften	Funktionalität – Robust, leicht, anpassungsfähig, einfach	Attraktivität und Design
Vorkommen	Sich entwickelnde und wachsende Märkte	Entwickelte Märkte

Tabelle 3: Unterscheidungsmerkmale frugaler Innovation zu konventioneller Innovation[119]

Eine vergleichbare Gegenüberstellung findet man bei Schanz et al. (2011) zwischen Low cost-high tech und High-end Innovationen. Erstere sind zur Kosteneinsparung basierend auf Standardtechnologien funktional an eine spezifische Zielgruppe in EM angepasst, sodass sie ebenfalls einfach, gut wartbar, robust und preisgünstig sind.[120] High-end Innovationen, die hauptsächlich in DM kreiert und vertrieben werden, sind teuer, multifunktional und weisen neueste Technologien auf.[121]

Die Forschung gibt aufgrund der Interdisziplinarität des Themas mit Bezug zu den Fachbereichen Wirtschaft, Management, Entwicklung und Engineering[122] verschiedene **Definitionen frugaler Innovation**, die sich in diversen Kontexten entwickelt haben.[123] In **Wellen der Frugalität** folgten auf die **produktorientierten Definitionen (2012/2013)**, welche die Produkteigenschaften und Charakteristika frugaler Innovation diskutieren, die **markt-/prozessorientierten Definitionen (2014/2015)**, welche als Erweiterung Unterschiede und Ähnlichkeiten zwischen den verschiedenen Formen ressourcenbeschränkter Innovation untersuchen. Sie sehen frugale Innovation als Prozess und betonen Ressourcenbeschränkungen im Entstehungskontext frugaler Innovation als

119 Eigene Darstellung in Anlehnung an Basu/Banerjee/Sweeny (2013), S. 67.

120 Vgl. Schanz et al. (2011), S. 307f.

121 Vgl. Schanz et al. (2011), S. 308; Zur Frage EM vs DM beinhaltet Kapitel 2.1.3 weitere Informationen.

122 Vgl. Ploeg et al. (2020), S. 3.

123 Vgl. Hossain (2020), S. 1; Haudeville/Le Bas (2016), S. 10; Slezak/Jagielski (2020), S. 83; Winkler et al. (2020), S. 251; Hossain (2018), S. 926; Khan/Melkas (2020), S. 162; Kroll/Gabriel (2020), S. 35.

Treiber zur Bedürfnisbefriedigung am BoP. Zuletzt sehen die Vertreter der **kriterienorientierten Definitionen (2016/2017)** in regional ausgerichteten Definitionen eine Limitation[124] und proklamieren eine Rückbesinnung auf die Ursprünge des Konzepts. Die Erarbeitung klarer Kriterien erlaubt eine Objektivierung des Forschungsfelds. Folglich lässt sich eine Klassifizierung in frugal und nicht-frugal transparent begründen.[125] Auch ermöglicht sie eine Übertragung frugaler Innovation von EM auf DM und die Abgrenzung von anderen Innovationskonzepten. Rao (2017) folgt diesem Gedanken und definiert, basierend auf dem Fortschritt in Wissenschaft und Technologie, Advanced Frugal Innovation (AFI).[126] In neueren Publikationen werden frugale Innovationen auch als Mindset verstanden, also eine kognitive Orientierung, die den Status quo hinterfragt und nachfolgend die Aufgabenausführung beeinflusst, indem es Managern gelingt z. B. ihre Strategie auch auf kostensensitive Kunden auszudehnen.[127] Zusammengefasst können frugale Innovationen als Mindset, sozio-ökonomische Auswirkung, Prozess/Geschäftsmodell oder Ergebnis in Form eines Produktes oder Services interpretiert werden.[128]

Kriterien frugaler Innovation

Eigenschaften frugaler Innovation im Sinne der Kriterienorientierung werden in Quellen entweder explizit genannt (z. B. Beispiele oder Definitionen) oder lassen sich aus Publikationen ableiten, die frugale Innovation mit anderen Innovationsarten vergleichen.[129] Viele Produkteigenschaften entstammen dabei dem Engineering und gliedern sich in preisbezogene (z. B. Verkaufspreis) und nicht-preisbezogene Faktoren (z. B. Zuverlässigkeit, Anpassungsfähigkeit im Einsatz, Leistung, einfache Handhabung und Wartung).[130] Eine literaturbasierte Untersuchung von Agarwal/Brem/Grottke (2014) von **Merkmalen eines Produktes für EM** identifiziert über die Analyse der semantischen Ähnlichkeit der in der Literatur gesammelten Eigenschaften und eine anschließende Clusteranalyse **acht Charakteristika** (siehe Tabelle 4), deren Bedeutung anschließend durch eine Expertenbefragung unter Produktmanagern großer Unternehmen im

---

124 Vgl. Agarwal et al. (2017), S. 11; Agarwal/Brem (2017a), S. 38.

125 Vgl. Pisoni/Michelini/Martignoni (2018), S. 111f.; Weyrauch/Herstatt (2016), S. 12; Dressler/Bucher (2018), S. 277; Lange/Hüsig/Albert (2021), S. 4.

126 Vgl. Rao (2017), S. 32ff. Details dazu in Kapitel 2.1.3.

127 Vgl. Krohn/Herstatt (2018), S. 13f.; Soni/Krishnan (2014), S. 31ff.

128 Vgl. Pisoni/Michelini/Martignoni (2018), S. 113; Vadakkepat et al. (2015), S. 2; Gandenberger/Kroll/Walz (2020), S. 99f.; George/McGahan/Prabhu (2012), S. 662; Soni/Krishnan (2014), S. 29, S. 34; Kahn (2018), S. 454.

129 Vgl. Dost et al. (2019), S. 1247.

130 Vgl. Rothwell/Gardiner (1984), S. 78f.

Gesundheitsbereich evaluiert wurde. Eine Folgestudie der Autoren im Jahr 2018 untersucht anhand des indischen Gesundheitswesens dann die Einschätzung der Eigenschaften bzw. Produktanforderungen bei Kunden und Produktmanagern, wobei die meisten untersuchten Eigenschaften übereinstimmend für wichtig gehalten wurden.[131]

Eigenschaften	**Beschreibung**
Kostengünstig	Ein gutes Preis-Leistungs-Verhältnis, d. h. Qualität (kein Luxus) zu Preisen, die für BoP-Kunden erschwinglich sind
Einfallsreich	Mit weniger mehr erreichen, minimaler/geringstmöglicher Ressourceneinsatz in der Produktentwicklung
Einfach zu benutzen	Auf den Menschen zugeschnittenes, intuitives Design, das wenige bis gar keine Vorkenntnisse oder Schulungen zur Nutzung erfordert
Nachhaltig	Umweltfreundlich, Berücksichtigung der Auswirkungen auf die Gesellschaft und die Umwelt
Problemorientiert	Bottom-up-Ansatz, bei dem zunächst das Problem betrachtet und dann eine geeignete Lösung entwickelt wird, zugeschnitten auf den Kunden statt technologie- oder produktorientiert
Schnörkellos	Vereinfachung, Suche nach Mindestanforderungen und funktionalen Anforderungen, die den Zweck erfüllen
Schnelle Markteinführung	Rechtzeitige Markteinführung, schnellere Bereitstellung unter Berücksichtigung aller Prozessschritte von der Herstellung bis zum Versand
Bahnbrechend	Schaffung neuartiger, kreativer Lösungen, die den bestehenden Markt aufbrechen und zur Entstehung eines völlig neuen Marktes beitragen

Tabelle 4: Eigenschaften frugaler Innovation[132]

Gemäß der Studie sind Kosteneffektivität, einfache Handhabung und Problemzentrierung die wichtigsten Eigenschaften[133], was deckungsgleich zu den empirischen Untersuchungsergebnissen von Weyrauch/Herstatt (2016) ist. Sie bilden basierend auf einer umfassenden Literaturanalyse und Interviews neun Eigenschaften frugaler Innovation heraus, aus denen sie **drei Hauptmerkmale** ableiten:[134]

131 Vgl. Agarwal/Brem/Grottke (2018), S. 92, S. 96; Agarwal/Brem/Grottke (2014), S. 12.
132 Eigene Darstellung in Anlehnung an Agarwal/Brem/Grottke (2014), S. 12.
133 Vgl. Agarwal/Brem/Grottke (2014), S. 15.

Substanzielle Kostenreduktion: Darunter fallen ein geringerer Kaufpreis und Kosten im Produktlebenszyklus (z. B. Materialkosten, Betriebs- und Entsorgungskosten, Wartungs-bzw. Reparaturkosten) verglichen mit konventionellen Produkten.[135] Während Weyrauch/Herstatt (2016) mit Verweis auf fehlende Literatur keinen absoluten Schwellenwert einer substanziellen Kostenreduktion nennen, sondern von einer Preisreduktion um mindestens ein Drittel bzgl. vergleichbarer, am Markt verfügbarer Produkte reden[136], vergleicht Rao (2013) die Preise von frugalen Innovationen mit herkömmlichen Produkten und Services. Basierend auf einer Internetrecherche bildet sich eine Spannweite von 58-97% Preisreduktion mit einem Durchschnitt von 80 %.[137] Dies ist keine repräsentative Stichprobe, aber ein Anhaltspunkt, wobei erschwingliche Preise im BoP-Kontext immer unter dem Preis liegen, den ToP bezahlt.[138]

Fokus auf Kernfunktionalitäten: Frugale Innovationen sind fokussiert auf für den Endkunden essenzielle Funktionen. Dies spart Material und finanzielle Ressourcen und macht das Produkt nutzerfreundlich, was den Nutzengewinn für die (zumeist) Erstnutzer steigert.[139]

Optimales Leistungsniveau: Frugale Innovationen sind verlässlich, robust und erfüllen Qualitätsstandards, ggf. auch basierend auf neuen Technologien. Ein genaues Verständnis, welches Leistungsniveau (z. B. bzgl. Eigenschaften wie Geschwindigkeit, Kraft, Haltbarkeit im Sinne von durability und Genauigkeit) und welche Qualität tatsächlich gefordert werden, ist die Basis für eine optimale Ausrichtung. Es kann aber vorkommen, dass frugale Innovationen auch ohne Overengineering mehr leisten als High-end Innovationen (z. B. Hupe für indischen Verkehr muss lauter und robuster sein als in deutschen Premiumautos).[140]

Eine Synthese bestehender Diskussionen bzgl. der Eigenschaften frugaler Innovationen ergibt **acht Eigenschaftskategorien** frugaler Innovation, die die genannten Hauptmerkmale beinhalten und weiter ausdifferenzieren, wie Tabelle 5 zeigt.

---

134 Vgl. Weyrauch/Herstatt (2016), S. 6ff.

135 Vgl. Weyrauch/Herstatt (2016), S. 6-8; Bhatti (2012), S. 15; Sjafrizal (2015), S. 41; Tiwari/Kalogerakis/Herstatt (2014), S. 8.

136 Vgl. Weyrauch/Herstatt (2016), S. 8.

137 Vgl. Rao (2013), S. 72.

138 Vgl. Nakata/Weidner (2012), S. 25.

139 Vgl. Weyrauch/Herstatt (2016), S. 6-8; Herstatt/Tiwari (2015), S. 651; Le Bas (2020), S. 81.

140 Vgl. Weyrauch/Herstatt (2016), S. 7-9; Rao (2013), S. 66f.

Eigenschafts-kategorie	**Definition**	**Bezeichnungen in Literatur**
Reduzierung auf Kern-funktionalitäten	Reduktion und Konzentration auf Kernfunktionalitäten und essenzielle Funktionen für Effektivität der frugalen Innovation	functional, concentration on core functionalities, compact design, minimalist features, design that focuses on basic functionality, modest, good enough, quick and effective, limited functionality, only the functionalities that are truly essential
Kostenreduktion aus Kundensicht	Substanzielle Reduzierung des Anschaffungspreises und/oder der Total Cost of Ownership der frugalen Innovation für den Kunden	affordable, low cost, low price, affordability, substantial cost reduction, reducing the cost of ownership, increasing the affordability power of the buyer, affordable prices, avoiding needless costs, cost advantage, low-cost solution, cost-effective, economical, cost-reduced compared with premium counterparts, adapted to BoP's affordability price-point
Geringerer Ressourcen-einsatz für Unter-nehmen	Reduzierung der Herstellungskosten oder des Materialeinsatzes für die frugale Innovation seitens des Unternehmens	constrained resources, lower costs, low cost, minimize the use of material and financial resources in the complete value chain, reducing cost, resource scarcity, reduces material use, scarcity of raw materials, resource saving
Lokale Problemlösung	Abstimmung der Innovation auf lokale Kundengruppe und/oder Aufbau einer lokalen Unternehmensinfrastruktur im Zielmarkt	local, targeted, localized solution, local entrepreneurship, use of local resources
Robustheit	Anpassung des Produktdesigns an Umweltbedingungen des Zielmarkts und/oder der Produktionsstätte	robust, ruggedization
Hohe Qualität	Optimiertes Leistungsniveau durch Konzentration auf gewünschte Funktionalitäten	exceeding quality standards, high quality, performance level, quality is a function of the needs of local customers

Eigenschafts-kategorie	Definition	Bezeichnungen in Literatur
Benutzerfreundlichkeit	Einfache Handhabung und intuitives Design der frugalen Innovation	ease of use, user friendly, easy to use, simplification, adaptable, practical
Nachhaltigkeit	Produktentwicklung und Herstellung unter Beachtung der ökonomischen, sozialen und ökologischen Nachhaltigkeit	sustainable manner, sustainable, powered by renewable resources, environmentally sustainable and lean practices, green marketing objectives, sustainable, sustainability, robust, easy to maintain

Tabelle 5: Eigenschaftskategorien frugaler Innovationen[141]

Auch wenn diese Kriterien zur Abgrenzung frugaler Innovation von anderen Innovationsarten nützlich sind, so weisen sie auch Schwachstellen zur Kategorisierung frugaler Innovationen auf, da sie nur teilweise operationalisiert werden können.[142] Denn trotz gegebener Übereinstimmungen in diversen Definitionen bzgl. einiger Kriterien[143] gilt es zu beachten: Das Verständnis und die Definition frugaler Innovation wird stark von **Kontextfaktoren** wie z. B. den wirtschaftlichen Bedingungen und der Kultur im Zielmarkt beeinflusst.[144] So basieren die zitierten Studien auf Untersuchungen im Kontext der EM. Wie ersichtlich wurde, unterscheiden sich bereits innerhalb der EM die Anforderungen an frugale Innovationen und so auch ihre Eigenschaften. In entwickelten Märkten kommen außerdem weitere Treiber frugaler Innovationen wie z. B. Werte und Lebenseinstellungen hinzu. Der Entwicklungsstand und auch die Kaufkraft der Kunden unterscheiden sich hier wesentlich. Daher sollten die Kriterien unabhängig von bestimmten Zielmärkten formuliert werden.[145] „Frugality should have new features in a developed world!“[146]

141 Eigene Darstellung in Anlehnung an Cadeddu et al. (2019), S. 23; Weyrauch/Herstatt (2016), S. 6ff.; Agarwal/Brem/Grottke (2014), S. 12.

142 Vgl. Altgilbers/Walter/Möhrle (2020), S. 7.

143 Vgl. Hossain/Simula/Halme (2016), S. 132f.; Slezak/Jagielski (2020), S. 88; Le Bas (2020), S. 80f.; Rossetto/Borini/Frankwick (2018), S. 3.

144 Vgl. Albert et al. (2020), S. 292, S. 307; Weyrauch/Herstatt (2016), S. 11f.; Winkler et al. (2020), S. 251.

145 Vgl. Le Bas (2020), S. 90; Bound/Thornton (2012), S. 14; Albert et al. (2020), S. 308; Weyrauch/Herstatt (2016), S. 4, S. 11.

146 Le Bas (2020), S. 90.

Ein Literaturüberblick bestätigt diese Unabhängigkeit, indem er zeigt, dass sich neben den bereits erwähnten vier Wellen über die Jahre eine qualitative Verschiebung in der Definition frugaler Innovationen ergeben hat. Statt sie als Innovation für das untere Segment eines Massenmarktes zu sehen, sollten sie als globales, breiter ausgerichtetes Phänomen mit potenziell größeren, sozio-ökonomischen und ökologischen Auswirkungen gesehen werden.[147] Für diese Arbeit, die ihren Fokus auf Unternehmen aus DM richtet, erfolgt daher eine **Anpassung der Kriterien frugaler Innovation**. Innerhalb der Kostendimension sollte aus der Perspektive des Unternehmens von Kosteneffektivität und aus Sicht des Kunden von wertorientierter Preisgestaltung (die Balance aus Kosten, Preis und Wertversprechen als Maxime) gesprochen werden. Die Konzentration auf Kernfunktionalitäten entspricht im Kontext der DM der Bestrebung nach einer einfachen Handhabung von Produkten und die Dimension der Leistung schließt neben der reinen Produktleistung im Anwendungskontext auch Service, Markenbildung und Produktpositionierung ein. Zur Realisierung der frugalen Innovation ist auch die Nutzung fortschrittlicher Technologie denkbar.[148] Bzgl. der Leistung unterteilen Winkler et al. (2020) ferner das Kriterium von Weyrauch/Herstatt (2016) und definieren second-degree frugal innovation als neue Kategorie frugaler Innovation in einem anderen Umfeld. Da eine Innovation per Definition eine ökonomische Optimierung der Wissensverwertung ist und somit Erfolg auf dem Markt mit sich bringt[149], dieser Erfolg aber stark von den lokalen Marktbedingungen abhängt, beschreiben sie neben der technischen „product-related performance“ (wie sie auch im ursprünglichen Modell vorkommt), die „user-related performance“ (bzgl. Markt oder Nutzer) als Indikator für Erfolg einer frugalen Innovation, insbesondere in DM. Ist das Leistungsniveau zu hoch oder zu niedrig, so gilt dies infolge auch für die Kosten. Die strategische Passung mit Markt und Kunden als Kontextfaktoren ist somit in DM noch wichtiger.[150]

Daraus resultiert für diese Dissertation folgende **Arbeitsdefinition** frugaler Innovation, deren Komponenten sowie ihr Zusammenspiel in Abbildung 2 grafisch veranschaulicht werden:

---

147 Vgl. Agarwal/Brem (2017a), S. 37; Lim/Fujimoto (2019), S. 1018.

148 Vgl. Miesler et al. (2020), S. 2710f.; Bound/Thornton (2012), S. 14, S. 26; Brem et al. (2020), S. 3.

149 Vgl. Vahs/Brem (2013), S. 21; Weyrauch/Herstatt (2016), S. 6ff.; Winkler et al. (2020), S. 251ff.

150 Vgl. Winkler et al. (2020), S. 255ff.

***Frugale Innovationen** sind neue **Produkte oder Dienstleistungen**, die im gesamten **Lebenszyklus** von der Entwicklung, über die Produktion, die Vermarktung bis zur Entsorgung mit einem **minimalen Ressourceneinsatz** (materiell, finanziell und personell) auskommen (Kosteneffektivität) und eine **hohe Qualität** bzgl. Produktleistung, Produktpositionierung und Service aufweisen. Die **Gesamtbetriebskosten** stehen im Verhältnis zu den aus Sicht der Zielkundengruppe **wertgenerierenden Merkmalen**, namentlich Nachhaltigkeit (ökonomisch, ökologisch, sozial), Lokalitätsbezug (Abstimmung auf lokale Kundengruppen, Aufbau lokaler Infrastruktur), Robustheit (Sicherheit) und Benutzerfreundlichkeit (Reduzierung auf Kernfunktionalitäten, einfache Handhabung). Als Bezugspunkt für die optimale Ausprägung der Merkmale dienen als **Kontextfaktoren** die Umweltbedingungen (wirtschaftlich und kulturell) im Zielmarkt.*[151]

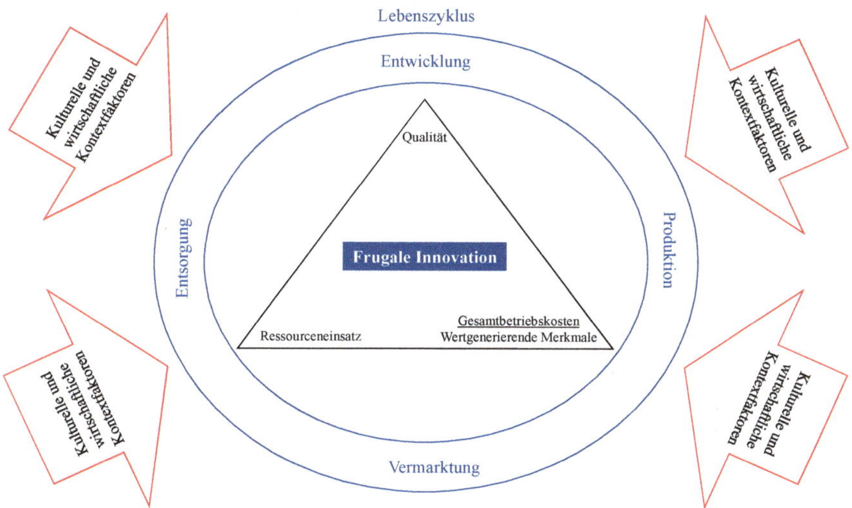

Abbildung 2: Komponenten der Arbeitsdefinition frugaler Innovation[152]

Durch die Relativierung des Preises als Verhältnis und der Kontextabhängigkeit der Leistung erfüllt die Definition die geforderte **Unabhängigkeit von konkreten Attributen, geografischen Gebieten und Einkommensgruppen** wie dem BoP. Um den Bedürfnissen der Kunden gerecht zu werden, wird

151 Eigene Definition in Anlehnung an Herstatt/Tiwari (2015), S. 651; Agarwal/Chung/Brem (2020), S. 138; Dressler/Hüsig (2019), S. 253; Prabhu (2017), S. 4f.; Slezak/Jagielski (2020), S. 101; Soni/Krishnan (2014), S. 31.

152 Eigene Darstellung.

ein Produkt auf die Essenz eines Problems für einen spezifischen Markt zu optimalen Kosten mit minimalem Materialeinsatz unter Einhaltung von Qualitätsstandards und gesetzlichen Normen ausgerichtet – in EM und woanders, für jedes Segment der ökonomischen Pyramide.[153] Sie wird auch der Tatsache gerecht, dass sich frugale Innovationen auf eine große Bandbreite innovativer Lösungen beziehen, von sozialen Lösungen im Non-Profit-Bereich, über Entrepreneure im ländlichen Raum in EM, bis hin zu hochstandardisierten Neuproduktentwicklungen von MNC, ausgerichtet auf preissensitive B2B- und B2C-Kunden.[154] Die Neuheit der frugalen Innovation kann sich auf die Anwendung, das verwendete Material (recycelt oder leicht ersetzbar), das Geschäftsmodell oder eine technische Funktion beziehen. Insgesamt haben alle Funktionen der Innovation eine wertsteigernde Funktion für den Kunden.[155]

Für das korrekte Managen einer Innovation muss man ihre Natur genau verstehen.[156] So fordert die Literatur eine **Begriffsabgrenzung frugaler Innovation von anderen Innovationsarten** wie Jugaad und Gandhian oder constraint-based innovation[157], da die Überlappung mit anderen Konzepten den Forschungsfortschritt verlangsamt.[158] Gemeinsam ist allen Konzepten, dass sie Innovationen beschreiben in EM, aus EM und für EM.[159]

Typen frugaler Innovation

Innerhalb **frugaler Innovation** erfordern **verschiedene Arten** verschiedene Mittel und Neuproduktentwicklungsprozesse, um diese zu generieren. Dabei beeinflusst der Zielmarkt im Wesentlichen die Eigenschaften der frugalen Innovation[160] und die Kenntnis über Spezifika ist Voraussetzung für die Wahl der passenden Vorgehensweise. Ein wesentlicher Unterschied besteht, wie die folgende Tabelle 6 zeigt, zwischen corporate und grassroots frugal innovations.[161]

153 Vgl. Mourtzis et al. (2016), S. 357; Basu/Banerjee/Sweeny (2013), S. 78; Tiwari/Fischer/Kalogerakis (2017), S. 23; Wierenga (2015), S. 9; Ernst et al. (2015), S. 76.
154 Vgl. Tiwari/Fischer/Kalogerakis (2017), S. 18.
155 Vgl. Wierenga (2015), S. 9.
156 Vgl. Christensen/Raynor/McDonald (2015), S. 47.
157 Vgl. Niroumand et al. (2021), S. 362.
158 Vgl. Hossain (2018), S. 926.
159 Vgl. Zedtwitz et al. (2015), S. 23.
160 Vgl. Neumann/Winterhalter/Gassmann (2020), S. 67.
161 Vgl. Wohlfart et al. (2016), S. 5ff.; Wierenga (2015), S. 58ff.; Pisoni/Michelini/Martignoni (2018), S. 116f.; Pansera/Sarkar (2016), S. 1ff.

Corporate frugal innovation		Grassroot frugal innovation
Profitable Marktchance, die ein Unternehmen nutzen möchte (top-down)	**Entstehungskontext**	Problemlösungsidee eines individuellen Erfinders als Teil der Zielgruppe (bottom-up)
Ökologische, ökonomische Nachhaltigkeit durch Economies of Scale (EOS) wegen geringer Gewinnmargen	**Hauptmotivation**	Keine Gewinnerzielungsabsicht, primär soziale und ökologische Nachhaltigkeitsbestrebung, Wahrnehmung eines Problems als Ideentrigger
Komplex, ressourcenintensiv, Nutzung eines ausgearbeiteten Entwicklungsprozesses, F&E-Teams, etablierte F&E-Strukturen nutzen	**Entwicklungsprozess**	Einfach, ressourcenbeschränkt, improvisierter Prozess ohne standardisierte Methoden, Nutzung von Wissen und Erfahrung der Gemeinschaft, maker movement, DIY, trial and error mit vielen Prototypen, keine/kaum Unterstützung durch formale Institutionen
Massenproduktion	**Produktion**	Einzelstücke/Kleinserien, Skalierung und Institutionalisierung über Netzwerke möglich, z.B. Honey Bee Network in Indien
Einhaltung bestimmter (markenspezifischer) Qualitätsstandards	**Qualität**	Gut genug für Zielgruppe und ihre lokalen Bedürfnisse, kein bestimmter Qualitätsstandard, kein Fokus auf Optik, Design und Marketing
Zusammenarbeit mit Kunden und gutes Verständnis der Bedürfnisse der Zielkunden, F&E-Teams	**Erfolgsfaktoren**	Externer Input, crowd-design, WoM und Peer-to-peer Marketing, Distribution durch ad-hoc Verkäufe des Innovators
Kannibalisierung zu High-end Produkten, Markenschäden bei Qualitätsproblemen	**Herausforderungen**	Skalierung, Qualität, unstrukturierter Markteintritt

Tabelle 6: Gegenüberstellung der Arten frugaler Innovation[162]

Der Entwicklungsprozess frugaler Innovation steht dabei im Fokus dieser Arbeit. Brem/Wolfram (2014) zeigen anhand eines dreidimensionalen Rahmenwerks, dass bzgl. „Grad der Strukturierung“ und „Organisation/Komplexität“ grassroots frugal innovation als intuitiver Improvisationsansatz durch die teilweise Nutzung von Netzwerken als Kommunikationsplattform deutlich

162 Eigene Darstellung in Anlehnung an Wohlfart et al. (2016), S. 14.

weniger strukturiert ist als der Ansatz der corporate frugal innovation. Dieser bewegt sich, u. a. bedingt durch den Transfer von Wissen und weil die Erreichung von Spillover-Effekten ein Mindestmaß an Austausch zwischen den Beteiligten erfordert, im mittleren Bereich, was Albert/Hüsig (2019) in ihrem Radardiagramm bestätigen. Erste dokumentierte, replizierbare Prozessansätze finden sich dazu bereits.[163]

Bzgl. „Ausrichtung auf EM“ als Zielmarkt für Neuproduktentwicklung und Vertrieb weisen frugale Innovationen eine beidseitige und damit internationale Perspektive auf.[164] Bzgl. „Nachhaltigkeit“ ist corporate frugal innovation weniger auf soziale Nachhaltigkeit ausgelegt als grassroots-Ansätze[165], wenngleich die Auswirkungen frugaler Innovation auf Nachhaltigkeit in der Literatur grundsätzlich kontrovers diskutiert werden. Fazit der Diskussion ist, dass Nachhaltigkeit kein inhärentes Merkmal frugaler Innovation ist, sondern eine ergänzende Eigenschaft.[166]

Gemeinsam ist beiden Ansätzen, dass sie eine klar definierte, preissensitive Kundengruppe ansprechen und die Produkteigenschaften auf deren wesentliche Bedürfnisse ausrichten. Dabei können, falls gewünscht, auch Funktionen der Innovation über den aktuellen Status quo hinausgehen. Ihr Preis ist verglichen mit konventionellen Lösungen geringer. Für beide Ansätze gelingt die Einsparung von Kosten maßgeblich durch die Rekonstruktion von Produkten (z. B. Reduzierung von Merkmalen, Design, Material) und Prozessen, sodass frugale Innovationen auch für preissensitive Kundengruppen erschwinglich werden.[167] Im Hinblick auf die Kernfunktionalität der Innovation erfolgt dabei keine Reduzierung der Leistungsfähigkeit oder Qualität.[168]

Die Erforschung auf Ebene des Unternehmens ermöglicht es, auf einer praktikablen Basis und nicht zu abstrakt (z. B. auf Ebene einer Branche) Strukturen und Systeme zu beleuchten, die Innovation in einem Unternehmen ermöglichen.[169] Im Fokus dieser Dissertation stehen daher corporate frugal innovations, da hierzu bisher wenig über die Entwicklung bekannt ist und Bedarf an weiteren Studien z. B. zu innovationsförderlichen organisationalen Strukturen und Maßnahmen, ebenso wie zu NPE-Prozessen besteht[170], wie das folgende Kapitel darlegt.

---

163 Vgl. Albert/Huesig (2019), S. 89ff.; Brem/Wolfram (2014), S. 13f.
164 Vgl. Brem/Wolfram (2014), S. 15f.
165 Vgl. Brem/Wolfram (2014), S. 15.
166 Vgl. Weyrauch/Herstatt (2016), S. 10.
167 Vgl. Wooldridge (2010), S. 11, S. 14; Wohlfart et al. (2016), S. 5; Prahalad/Hart (2002), o.S.
168 Vgl. Perera/Badir (2020), S. 3; Kuo/Ng (2016), S. 46; Wohlfart et al. (2016), S. 13, S. 15.
169 Vgl. Crossan/Apaydin (2010), S. 1156.

2.1.2 Forschungsfelder frugaler Innovation und Forschungsbedarfe

Bei der **Identifikation themenrelevanter Literatur** zeigt sich, dass im Themengebiet frugaler Innovation viele häufig zitierte Artikel aus **nicht- oder halbakademischen Quellen** stammen, z. B. Berichte von Unternehmensberatungen oder Regierungsorganisationen.[171] Aufgrund ihrer hohen Relevanz für das Forschungsfeld wurden auch diese weniger wissenschaftlichen Quellen bei der Bearbeitung des Themas konsultiert.[172] Die **akademischen Quellen**, die maßgeblich über den Regensburger Katalog, in einschlägigen Datenbanken (EBSCO Host, ABI/ProQuest Central, Google Scholar, Scopus, Science Direct, AIS Electronic Library, ISI Web of Science), sowie über das Schneeballprinzip gesucht wurden, bestehen aus konzeptionellen Artikeln, Reviews und wissenschaftlichen Fallstudien. Suchbegriffe waren u. a. basierend auf bisherigen Literatursuchen frugal innovation, frugal innovations, frugal engineering, frugal.[173] Publiziert sind die untersuchten Artikel sowohl in etablierten als auch in neuen Journals, wie z. B. dem Journal of Frugal Innovation, in Büchern sowie Arbeits- und Konferenzpapieren. Neben englischer Literatur wurde auch deutsche und französische Literatur betrachtet, um nicht aufgrund der Sprache Ausschlüsse wichtiger Artikel und Beiträge zu verursachen. Was das Veröffentlichungsdatum betrifft, beginnen die Beiträge im Jahr 2000. Erst ab diesem Jahr entstehen moderne frugale Ansätze.[174] Besonders stark entwickelt hat sich die Literatur dann ab 2012 mit einem Hoch in 2016.[175]

Da es **aktuelle Literatur Reviews** und **bibliometrische Analysen** zu frugalen Innovationen gibt[176], wurden diese als zentrale Quellen identifiziert und gesichtet.[177] Sie wurden erst deduktiv anhand der verwendeten Theorien, methodischen Ansätze und thematischen Aspekte strukturiert, um einen Überblick über den Stand der Forschung zum Thema zu erhalten und dann induktiv durch weitere Literaturquellen aus dem Forschungsfeld ergänzt.[178]

170 Vgl. Cadeddu et al. (2019), S. 233ff.; Tiwari/Herstatt (2018), o.S.
171 Vgl. Cadeddu et al. (2019), S. 49; Tiwari/Kalogerakis/Herstatt (2016), S. 4ff.
172 Vgl. Kolk/Rivera-Santos/Rufin (2014), S. 341.
173 Vgl. Weyrauch/Herstatt (2016), S. 4; Pisoni/Michelini/Martignoni (2018), S. 109.
174 Vgl. Prahalad/Hart (2002), o.S.
175 Vgl. Pisoni/Michelini/Martignoni (2018), S. 109.
176 Vgl. Brem et al. (2020), S. 2; Beispiele: Agarwal et al. (2017); Brem/Wolfram (2014); Weyrauch/Herstatt (2016); Tiwari/Kalogerakis (2016).
177 Vgl. Döring/Bortz (2016), S. 163f.
178 Vgl. Döring/Bortz (2016), S. 163ff.

Hossain (2018) zeigt in einem Überblick englischsprachige Literatur zu frugaler Innovation auf und vergleicht das Konzept mit anderen Innovationskonzepten.[179] Bhatti/Ventresca (2012) betrachten in ihrer Untersuchung verschiedene, mit frugaler Innovation verwandte Konzepte. Sie schlussfolgern, dass es keine theoretisch fundierte Definition und kaum konzeptionelle Modelle gibt. Vielmehr entsteht die terminologische Verwirrung aus den verschiedenen Perspektiven auf (frugale) Innovation: Vom Artefakt her, von der Wertschöpfungskette her, vom Mindset her oder aus einer Prozessperspektive.[180] So existieren in Zusammenhang mit frugaler Innovation bisher Strategien zum Redesign von Produkten[181], zur Rekonfiguration von Wertschöpfungsketten[182] oder dem Umbau ganzer Ökosysteme[183].[184]

Pisoni/Michelini/Martignoni (2018), die 113, seit 1990 in wissenschaftlichen Journals, publizierte Artikel untersuchten und anschließend ihre Ergebnisse durch Experteninterviews validierten[185], systematisieren das **Forschungsfeld** frugaler Innovation in **vier Strömungen**, die sich auch in den erwähnten Publikationen und bei Brem et al. (2020)[186] erkennen lassen:

a. **Definition, Herkunft und Evolution frugaler Innovation**: Dazu halten die Autoren fest, dass sich trotz der vorhandenen Übereinstimmungen zwischen den Definitionen[187] eine Entwicklung des Konzepts erkennen lässt (Details s. Kapitel 1.1 und 2.1.1). Bisherige Literatur beschäftigt sich zumeist auf konzeptionelle und weniger auf quantitative Weise mit dem Verständnis des BoP, Quellen, Theorien, Definitionen, und Abgrenzungen frugaler Innovation zu anderen ressourcenbeschränkten Innovationskonzepten.[188]
b. **Ökosystem frugaler Innovation und Hauptakteure**: In ressourcenbeschränkten Umgebungen haben das Ökosystem und seine Akteure für Innovationen eine große Bedeutung. Rahmenwerke für Innovation dienen als wichtiges Tool, um frugale Innovationsansätze zu verstehen (Details

179 Vgl. Hossain (2018), S. 926ff.
180 Vgl. Bhatti/Ventresca (2012), S. 9, S. 39; Bhatti/Ventresca (2013), S. 3.
181 Vgl. Zeschky/Widenmayer/Gassmann (2011).
182 Vgl. Sharma/Iyer (2012).
183 Vgl. Bound/Thornton (2012).
184 Vgl. Bhatti/Ventresca (2013), S. 1, S. 3.
185 Vgl. Pisoni/Michelini/Martignoni (2018), S. 108.
186 Vgl. Brem et al. (2020), S. 1f.
187 Vgl. dazu auch Agarwal et al. (2017), S. 3.
188 Vgl. Hossain (2018), S. 926; Brem et al. (2020), S. 2; Hyypiä/Khan (2018), S. 39; Agarwal et al. (2017); Tiwari/Kalogerakis (2016), S. 21; Pisoni/Michelini/Martignoni (2018), S. 108; Hyypiä/Khan (2018), S. 39.

s. Kapitel 2.1.1 und 3.2). Auch das Ökosystem und die Akteure frugaler Innovation werden beleuchtet.[189]

c. **Innovationsprozess (IP)**: Hier stehen Treiber frugaler Innovation, Eigenschaften und Erfolgsfaktoren des NPEP für frugale Innovationen sowie organisatorische Belange im Fokus (Details s. Kapitel 3).[190]

d. **Implementierung und Diffusion frugaler Innovation**: Diffusionsstrategien stehen neben der Betrachtung des Zusammenhangs zwischen Innovation und Geschäftsmodell im Fokus. Auswirkungen einer Innovation sowie die Bedeutung frugaler Innovation für bestimmte Sektoren werden untersucht.

Folglich behandeln bisherige Diskussionen zu frugaler Innovation strategische, technologische und organisatorische Themen.[191]

Bisher wurden frugale Innovationen hauptsächlich **im Kontext von EM mit Fokus auf den BoP** untersucht und angewendet, wo sie mit ihrer speziellen Herangehensweise an Innovation als erfolgreich gelten, um den Markt zu beherrschen.[192] Ein Großteil der BoP-Bevölkerung befindet sich in EM, weshalb Fälle aus Südostasien, Afrika und Lateinamerika bisher im Fokus der Fachliteratur standen und nur wenige vom BoP in anderen EM oder in DM handeln.[193] Mittlerweile geht die Forschung zu frugalen Innovationen darüber hinaus und betrachtet auch DM, die ähnlich zu den BoP-Märkten in EM auch über preissensible Kunden verfügen. Studien zur Anwendung von BoP-Strategien und frugaler Innovation in entwickelten Ländern sind rar und ihr Potenzial für diese Märkte wird nur allmählich gehoben.[194]

Dabei fällt auf, dass im Kontext frugaler Innovation bisher nur wenige **Theorien** untersucht wurden: die Theorie der Ressourcenabhängigkeit (Bezugspunkt:

---

189 Vgl. Hossain (2018), S. 926; Brem et al. (2020), S. 2; Hyypiä/Khan (2018), S. 39; Agarwal et al. (2017); Tiwari/Kalogerakis (2016); Pisoni/Michelini/Martignoni (2018), S. 108; Hyypiä/Khan (2018), S. 39.

190 Vgl. Hossain (2018), S. 926; Brem et al. (2020), S. 2; Hyypiä/Khan (2018), S. 39; Agarwal et al. (2017); Tiwari/Kalogerakis (2016); Pisoni/Michelini/Martignoni (2018), S. 108; Hyypiä/Khan (2018), S. 39.

191 Vgl. Khan/Melkas (2020), S. 161.

192 Vgl. Mukerjee (2012), o.S.; Brem/Wolfram (2014), S. 5; Pisoni/Michelini/Martignoni (2018), S. 109f.; Lim/Fujimoto (2019), S. 1017.

193 Vgl. Agarwal et al. (2017), S. 3; Kolk/Rivera-Santos/Rufín (2014), S. 348f.; Lange/Hüsig/Albert (2021), S. 2.

194 Vgl. Radjou/Prabhu/Ahuja (2012), o.S.; Angot/Plé (2015), S. 3; Tiwari/Kalogerakis (2016), S. 21; Weyrauch/Herstatt/Tietze (2020), S. 2; Agarwal/Brem (2017a), S. 37; Cunha et al. (2014), S. 206.

Wettbewerb um knappe Ressourcen), die Diffusionstheorie (Bezugspunkt: Distributionskanäle und Logistik, Fließrichtung von Innovationen), die Theorie der disruptiven Innovation, die Institutionentheorie und die Netzwerktheorie (Bezugspunkt: neue Art der Institutionen für frugale Innovation nötig) gelten als wichtig oder fanden bereits Anwendung in der Erforschung frugaler Innovation. Die meisten Untersuchungen entfallen auf den Geschäfts- und Management-Kontext, sowie Überschneidungen zu Engineering, Sozialwissenschaften, Medizin, Volkswirtschaft und Entscheidungslehre.[195] Im Rahmen der Theoriearbeit wurden des Weiteren keine Funde zu theoretischen Erklärungsansätzen **zur Entwicklung frugaler Innovationen** im Sinne neuer Produkte gemacht. Dies deckt sich mit der Feststellung, dass bisherige Untersuchungen zu frugaler Innovation sich aus einer **ex post-Betrachtung** (ends) z. B. mit der Frage nach einem „Warum" und der Untersuchung individueller Produkte und Services, Definitionen, dem Ökosystem und der Implementierung und Diffusion dem Thema gewidmet haben. Weniger ausgeprägt sind **ex ante-Betrachtungen** (means), die das „Wie" im Sinne eines Entwicklungsprozesses frugaler Innovation analysieren.[196]

So ist insbesondere für Unternehmen in DM die Entwicklung frugaler Innovationen eine Herausforderung, da die Bedürfnisse und kulturellen Aspekte in DM sich zum BoP in EM signifikant unterscheiden. Bedürfnisse in DM sind beeinflusst durch Wohlstand und Technologie, am BoP getrieben von Einschränkungen und Knappheiten.[197] Auch durch Strukturen und Geschäftspraktiken in DM wie z. B. dem Mindset von Ingenieuren, ohne Kostenfokus Merkmale zum Produkt hinzuzufügen, einer Wettbewerbsorientierung, die zu Lean Management und Kosteneinsparung statt radikal neuem Design führt und der Nutzung kapitalintensiver High-tech Prozesse[198] muss v. a. das „Wie" näher erforscht werden.[199] Es gilt, den Innovationsprozess an die Umwelt der lokalen Kunden anzupassen, um unnötige Kosten zu vermeiden und benutzerfreundliche Lösungen zu entwickeln[200] sowie Widerstand von Mitarbeitern und

---

195 Vgl. Hossain (2018), S. 928ff.; Santos/Borini/Oliveira Júnior (2020), S. 253; Ernst et al. (2015), S. 65.

196 Vgl. Brem et al. (2020), S. 3, S. 12; Ploeg et al. (2020), S. 2; Tiwari/Fischer/Kalogerakis (2017), S. 18; Zeschky/Widenmayer/Gassmann (2014), S. 259; Micaëlli et al. (2016), S. 52; Reis/Fernandes/Armellini (2021), S. 1; Ratten (2019), S. 88.

197 Vgl. Viswanathan/Sridharan (2012), S. 52.

198 Vgl. Tiwari/Fischer/Kalogerakis (2017), S. 26f.; Tiwari/Kalogerakis (2020), S. 113f.; Kaplinsky (2011), S. 193; Shekar/Drain (2016), S. 272ff.

199 Vgl. Weyrauch/Herstatt (2016), S. 12; Tiwari/Kalogerakis (2020), S. 115; Nakata/Weidner (2012), S. 31.

Management zu überwinden, denn: „Frugal innovation rethinks how products are developed and how innovating is defined."[201]

Bei der Unterscheidung des Neuproduktentwicklungsprozesses in DM und dem frugalen Ansatz am BoP in EM zeigen sich **fünf, zu beachtende Gaps** in Tabelle 7.[202]

	Emerging Markets	**Developed Markets**
Performance gap	Beste Produkte zu guten bzw. mittelmäßigen Produkten reduzieren	Good-better-best-Ansatz: Solventen Kunden beste Produkte anbieten
Infrastructure gap	Produkte müssen Defizite der Infrastruktur adressieren	Produkte sind für nahezu defizitfreie Infrastruktur konzipiert
Sustainability gap	Bedarf an nachhaltigen Technologien aufgrund starker Auswirkungen fehlender Nachhaltigkeit	Geringe Auswirkungen des Konflikts zwischen ökonomischer und ökologischer Nachhaltigkeit
Regulatory gap	Unzureichende Regularien in Schwellenländern fördern keine Innovationsbemühungen	Überregulation kompliziert Innovation und verteuert Produkte
Preferences gap	Unterschiede in der Umwelt, im Klima, in der Ernährung usw. führen zu unterschiedlichen Verhaltensweisen, Gewohnheiten und Vorlieben der Nutzer, die es im NPEP zu berücksichtigen gilt.	

Tabelle 7: Gaps zwischen Emerging und Developed Markets[203]

Die Unterschiede in den Tabellen 3 und 6 zeigen, dass neue Kundengruppen beispielsweise aus EM mit anderen Anforderungen[204] auch aufgrund geringerer Margen nicht zum Geschäftsmodell westlicher Unternehmen passen.[205] Es ergibt sich daraus ein **Forschungsbedarf** zum Neuproduktentwicklungsprozess für ressourcenbeschränkte Anwendungsfälle[206] wie frugale Innovation, ebenso wie zum Umbau von Wertschöpfungsketten und Geschäftsmodellen. Um Ressourcen auf eine andere Weise zu nutzen, benötigt es neue Innovati-

200 Vgl. Agarwal/Chung/Brem (2020), S. 138; Brem/Wolfram (2014), S. 6; Haudeville/Le Bas (2016), S. 13.

201 Brem et al. (2020), S. 1.

202 Vgl. Trimble (2012), S. 19ff.; Brem/Wolfram (2014), S. 10; Viswanathan/Sridharan (2012), S. 52.

203 Eigene Darstellung.

204 Vgl. Wohlfart et al. (2019), S. 219; Lange/Hüsig/Albert (2021), S. 5.

205 Vgl. Zeschky/Widenmayer/Gassmann (2011), S. 39f.

206 Vgl. Beise-Zee/Herstatt/Tiwari (2018), S. 347.

onsstrategien und -praktiken.[207] Forschung kann hierzu darauf abzielen, Techniken und Verfahren aufzuzeigen, mit denen die Input- und Outputkosten bei der Entwicklung neuer Produkte und Dienstleistungen minimiert werden[208], was Grundlage für Erschwinglichkeit und Kosteneffektivität ist.[209] Auch Rolle und Einbezug des Kunden in den Innovationsprozess mit seinem (impliziten) Wissen als Konsument, Co-Designer oder Produzent[210] sowie erforderliche Fähigkeiten von Mitarbeitern stehen im Fokus der Forschung.[211] Was die Größe des Unternehmens betrifft, unterliegen kleine, mittlere und MNC unterschiedlichen Herausforderungen und Chancen. Große Unternehmen benötigen andere Ansätze und Erfolgsfaktoren, um frugale Innovationen zu entwickeln, was eine wichtige Forschungslücke ist.[212] SME wurden im Gegensatz zu MNC bisher wenig untersucht[213], wenngleich die Dringlichkeit dieser zusätzlichen Kompetenz bei kleinen und mittleren Unternehmen stärker bewusst wurde[214], da gerade SME vor der Herausforderung stehen, Entwickler und Anwender zu verbinden und einen Lösungsprozess zu orchestrieren.[215] Auch die Anwendung bisheriger Forschungsergebnisse über Branchen hinweg und in Hochtechnologiebranchen erfordert weitere Forschung[216], kontextspezifisch, transdisziplinär und branchenspezifisch.[217] Bisher standen neben dem produzierenden Sektor die Branchen Automobil, Energie und Telekommunikation im Fokus. Einige Untersuchungen wurden branchenübergreifend durchgeführt.[218] Ferner werden Studien, die frugale Innovationsvorhaben in verschiedenen Ländern wie z. B. den westlichen Märkten untersuchen, benötigt.[219] Viele Fälle fokussieren bisher Länder wie Indien, weshalb andere geografische Regionen zur Literatur über frugale Innovation beitragen.[220] Kroll/Gabriel (2020) führen Forschungsfragen

207 Vgl. Vadakkepat et al. (2015), S. 2; Bhatti (2012), S. 35; Tiwari/Fischer/Kalogerakis (2017), S. 29f.; Zeschky/Widenmayer/Gassmann (2014), S. 257; Bhatti/Ventresca (2012), S. 2; Ahuja/Chan (2020), S. 90.

208 Vgl. Bhatti/Ventresca (2013), S. 19.

209 Vgl. Agarwal/Brem (2012), S. 2, S. 5.

210 Vgl. Praceus/Herstatt (2017), S. 113; Ernst et al. (2015), S. 76; Brem et al. (2020), S. 13.

211 Vgl. Gandikota (2021), S. 30.

212 Vgl. Hossain (2018), S. 934f.; Niroumand et al. (2021), S. 362; Rosca/Arnold/Bendul (2017), S. 133ff.

213 Vgl. Lange/Hüsig/Albert (2021), S. 5.

214 Vgl. Kroll/Gabriel (2020), S. 43; Ploeg et al. (2020), S. 2.

215 Vgl. Kroll/Gabriel (2020), S. 44.

216 Vgl. Dost et al. (2019), S. 1255; Agarwal et al. (2017), S. 3.

217 Vgl. Kalogerakis/Tiwari/Fischer (2017), S. 1, S. 3.

218 Vgl. Agarwal et al. (2017), S. 11; Pisoni/Michelini/Martignoni (2018), S. 109f.; Lim/Fujimoto (2019), S. 1017.

219 Vgl. Le Bas (2020), S. 91; Ernst et al. (2015), S. 76.

220 Vgl. Hossain (2021), S. 6.

nach relevanten Zielgruppen frugaler Innovation in Unternehmen in DM an, ebenso welche Eigenschaften marktfähige frugale Lösungen aus DM verglichen mit anderen frugalen Innovationen aufweisen sollten.[221] Des Weiteren befassen sich bisherige Artikel im Wesentlichen mit dem BoP in EM und grassroots frugal innovations.[222] Die Perspektive der corporate frugal innovation blieb bisher unerforscht in der Literatur.[223] Allerdings beschränken sich frugale Innovationen nicht mehr nur auf EM, sondern Regionen auf der ganzen Welt etablieren sich als Inkubatoren von Innovation[224] und die verwendeten Technologien lassen Advanced Frugal Innovation als neue Kategorie von Innovationen zu[225] mit einer weltweit hohen Relevanz[226], wie Kapitel 2.1.3 näher ausführt. Auch modulare Merkmale frugaler Innovation und ihre vorteilhafte Gestaltung sollten näher untersucht werden.[227]

Insgesamt befinden sich die Literatur und das akademische Wissen zu frugalen Innovationen noch in einem „**embryonic/nascent stage**", wie Hossain (2018) in seinem Literaturüberblick festhält und es auch andere Autoren bestätigen. Theoriegetriebene Studien sind erforderlich.[228] **Multiple, cross-sektorale Fallstudien in DM**, die auf bisherigen Erkenntnissen aus der Literatur aufbauen und sie empirisch anreichern und generalisierbarer machen[229], sollten Unterschiede im Produktinnovationsprozess untersuchen, ebenso wie Unterschiede zwischen kleinen, mittleren und großen Unternehmen.[230] Es sollten bei der qualitativen Untersuchung frugaler Innovation auch Propositionen zum Einsatz kommen, die dann getestet werden.[231] Erste Strukturen, Klassifizierungen und Frameworks der ex-post Perspektive auf frugale Innovation sollten um ex-ante Forschung ergänzt werden, um herauszufinden, wie man zu einer frugalen Innovation kommt.[232]

---

221 Vgl. Kroll/Gabriel (2020), S. 38f.
222 z.B. Hossain/Levänen/Wierenga (2020); Zeschky/Widenmayer/Gassmann (2011); Hossain (2017).
223 Vgl. Ploeg et al. (2020), S. 2.
224 Vgl. Petrick/Juntiwasarakij (2011), S. 25.
225 Vgl. Rao (2019), S. 1.
226 Vgl. Agarwal/Brem (2017b), S. 115.
227 Vgl. Lange/Hüsig/Albert (2021), S. 31.
228 Hossain (2018), S. 933.
229 Vgl. López Santiago et al. (2019), S. 3318; Dost et al. (2019), S. 1255; Cadeddu et al. (2019), S. 253.
230 Vgl. Brem/Ivens (2013), S. 44.
231 Vgl. Hossain (2018), S. 933.
232 Vgl. Brem et al. (2020), S. 2.

Da der **Innovationsprozess** grundsätzlich als wichtige Komponente der Betrachtung von Innovation gilt[233] und Forscher in den vergangenen Jahren viel Aufmerksamkeit auf NPE im Kontext erschwinglicher Innovationen und die Auswirkungen auf die Leistung des Unternehmens legten[234], fokussiert sich diese Arbeit auf diese Strömung frugaler Innovationsforschung. Der Prozess gilt neben Produkt und Kontext im multidimensionalen Verständnis frugaler Innovation als Aspekt, der noch nicht stark erforscht wurde bisher[235], aber wichtiger Bestandteil frugaler Innovation ist, z. B. zur Erhöhung der Effizienz und zur Reduzierung von Kosten[236] und schlichtweg Voraussetzung, um aus einer Idee oder frugalen Denkweise überhaupt ein Produkt zu generieren.[237] Rao (2017) betont die Wichtigkeit einer Philosophie bzw. eines methodischen Ansatzes, um einen unmissverständlichen Gebrauch des frugalen Ansatzes und den Ausschluss von Missbrauch zu gewährleisten.[238] Ein NPEP für einen speziellen Sektor wie bei Winterhalter et al. (2017) für Medizin wäre wünschenswert, mit Darlegung, welche Werkzeuge zur NPE (z. B. agile Methoden, 3D-Druck) zur Kosten- und Zeiteinsparung in den verschiedenen Phasen des NPEP nützlich sind und welche Unterstützungsmöglichkeiten für frugale Innovation bestehen (z. B. finanzielle für Start-ups, Training für Marketingtools).[239] Bisher gibt es nur wenige konzeptionelle Modelle, um weitere Forschung darauf aufzubauen.[240] Bei allem Vorwissen fehlen Studien zu frugalen **Innovationspraktiken** im Entwicklungsprozess von SME in DM.[241] Da zurzeit noch keine Best Practices zur Generierung frugaler Innovation verbreitet sind[242], ist es das Ziel, Unternehmen und Unternehmern zur Entwicklung frugaler Innovation eine **Guideline** bzw. ein **institutionelles Framework** an die Hand zu geben.[243] Dabei sollten bisherige Erkenntnisse zu Vorgehensweisen in anderen Kontexten, Ländern und Branchen repliziert werden, da sich in anderen Zusammenhängen andere Ergebnisse zeigen können.[244]

233 Vgl. Bessant/Tidd (2015), S. 12, S. 21.
234 Vgl. Ernst et al. (2015), S. 65.
235 Vgl. Agarwal/Brem (2017a), S. 39.
236 Vgl. Moore (2011), o.S.; Agarwal/Brem/Grottke (2014), S. 3; Wooldridge (2010), S. 14.
237 Vgl. Soni/Krishnan (2014), S. 44.
238 Vgl. Rao (2017), S. 35.
239 Vgl. Cadeddu et al. (2019), S. 254; Winterhalter et al. (2017), S. 3ff.
240 Vgl. Bhatti/Ventresca (2013), S. 1.
241 Vgl. Hyypiä/Khan (2018), S. 39.
242 Vgl. Kalogerakis/Tiwari/Fischer (2017), S. 1.
243 Vgl. Brem et al. (2020), S. 13; Juhro/Aulia (2019), S. 398; Simula/Hossain/Halme (2015), S. 1567.
244 Vgl. Brem et al. (2020), S. 13.

Auch die Zusammenarbeit verschiedener **Akteure**, die in den Innovationsprozess frugaler Innovation involviert sind, sollte untersucht werden[245], beispielsweise der Einfluss von Entscheidungsträgern in DM durch Anreizsetzung, Aufzeigen der Machbarkeit frugaler Innovation und ggf. Übernahme von Transitionskosten, die beim Übergang vom klassischen Paradigma zu einem frugalen Ansatz entstehen[246] bzw. die Vorgabe von Designstandards[247] oder die Rolle von Forschungseinrichtungen und Universitäten bei der Unterstützung der Implementierung frugaler Innovation in Unternehmen in Form einer Wissensquelle.[248] Auch die Rollen von Managern und ihre Erfahrungen bzw. Fähigkeiten gelten als Einflussfaktor auf frugale Innovation, der einer Untersuchung bedarf.[249]

Wenn eine Entdeckung nicht über das Labor hinausgeht, so bleibt es eine Erfindung, aber es ist keine Innovation. Da es aber frugale Innovation heißt, müssen unbedingt auch die Produktion und das Schaffen eines **ökonomischen Mehrwerts** für das Unternehmen betrachtet werden[250] und das Marketing näher erforscht werden[251], was durch die Frage nach Marktfähigkeit abgedeckt werden soll. Neben einer frugalen Produktlösung benötigt es ein Gesamtkonzept, im Rahmen dessen mithilfe einer Markenstrategie ein erfolgreicher Markteintritt vorbereitet wird.[252]

Um es zusammenzufassen: „Despite the demand for successfully developing frugal innovations, only few studies have dedicated themselves to the how to do so. It is useful to analyze the features and particularities of the frugal innovation process (fNPD) in the light of the characteristics of the conventional new product development process (NPD)"[253], wie es Wooldridge (2010) inhaltlich bestätigt.[254]

Die Betrachtung frugaler Innovation im Kontext von MNC in DM ist Bestandteil des nächsten Kapitels.

---

245 Vgl. Pisoni/Michelini/Martignoni (2018), S. 110ff., S. 122f.

246 Vgl. Kroll/Gabriel (2020), S. 49; Prabhu (2017), S. 3; Liefner/Losacker/Rao (2020), S. 772; Mazzucato (2018), S. 803ff.

247 Vgl. Lim/Fujimoto (2019), S. 1028.

248 Vgl. Niroumand et al. (2021), S. 348; Slezak/Jagielski (2020), S. 102.

249 Vgl. Ploeg et al. (2020), S. 27f.

250 Vgl. Garcia/Calantone (2002), S. 112.

251 Vgl. Tiwari/Fischer/Kalogerakis (2017), S. 30.

252 Vgl. Knapp et al. (2017), S. 22.

253 Brem et al. (2020), S. 2.

254 Vgl. Wooldridge (2010), S. 4.

2.1.3 Anwendungskontext Developed Markets (DM)

Forschung sowie Definitionen zu frugalen Innovationen waren **bisher auf einkommensschwache Kunden in EM fokussiert.**[255] Diese starke Beziehung zwischen der Diskussion frugaler Innovation und dem BoP in EM zeigt sich in der Betrachtung der Literatur und der Fallstudien mit Bezug zu EM.[256]

Dabei zeigen sich in Tabelle 8 signifikante **Unterschiede zwischen ressourcenbeschränkter und konventioneller Produktentwicklung** in EM bzw. DM mit Auswirkungen auf den Entwicklungsprozess für Innovation.[257]

Kriterium	Aufstrebende Länder (EM)	Entwickelte Länder (DM)
(Unternehmens-)Ziele	Sicherung des Überlebens durch Marktanpassung neuer Produkte in Schwellenländern	Wettbewerbsvorteile und Leistungssteigerung durch verbesserte Innovation
Ressourcen für Innovation	Keine gezielte Finanzierung	Gezielte, zweckgebundene Finanzierung
Märkte der Kunden	Sehr kleiner Markt für Innovation	Großer Markt für Innovation
Preise	Innovation radikal, wenn Preise niedriger sind als bei früheren Optionen	Hoch bei radikaler Innovation
Umwelt	Mangel an wichtigen Ressourcen	Ausreichend Ressourcen verfügbar
Infrastruktur	Bekanntlich schwach	Als verfügbar vorausgesetzt
Technologie	Verfügbare wissenschaftliche und technologische Kenntnisse weitgehend nicht anwendbar	Technologie kann für kommerzielle Zwecke genutzt werden
Institutionen	Institutionelle Lücken	Marktinstitutionen gut entwickelt
Politik	Begrenzte staatliche Unterstützung für Innovationen	Staatliche Unterstützung und Anreize für Innovation
Fokus der Innovation	Low end Disruption	Inkrementelle Innovation

Tabelle 8: Unterschiede bzgl. Produktentwicklung zwischen EM und DM[258]

255 Vgl. López Santiago et al. (2019), S. 3313; Slezak/Jagielski (2020), S. 88.

256 Vgl. López Santiago et al. (2019), S. 3317; Hossain (2020), S. 1f.

257 Vgl. Sharma/Iyer (2012), S. 601; Sharma/Jha (2016), S. 509.

Auch wenn sich diese in EM beobachteten Ansätze der Innovation von konventionellen Theorien und Annahmen zu Innovation in DM unterscheiden,[259] sind viele Forscher basierend auf **„second-wave"-Studien**[260] überzeugt, dass dieses Paradigma auch für **entwickelte Märkte** Relevanz und Potential besitzt und CEOs in westlichen Unternehmen Prinzipien der frugalen Innovation etablieren sollten, um Mehrwert für den Kunden und die Gesellschaft zu schaffen, schneller und besser, aber mit weniger Ressourcen.[261] Dies wird gestützt durch die Erkenntnis aus einem Literaturüberblick zu Eigenschaften und Implikationen frugaler Innovationen für die Gesellschaft. Es geht nicht nur um gesellschaftliche Inklusion der Ärmsten der Welt, sondern allgemeiner um einen besseren Lebensstandard, Nachhaltigkeit und ein verbessertes Wohlbefinden.[262] Die Wissenschaft hat diesbezüglich in industrialisierten Ländern, Top of the Pyramid (TOP), Kundengruppen identifiziert, die einen BoP darstellen, indem sie in einer gewissen Weise unterversorgt sind.[263] Die Definition von BoP wurde über eine rein einkommensbasierte Definition zu einem vieldimensionalen Konzept entwickelt, das auch materielle Entbehrung, mangelnde Bildung, Krankheit, Verletzlichkeit, Unterdrückung, Ausgrenzung[264] sowie ethische und nachhaltigkeitsbezogene Aspekte einbezieht[265], aus denen sich verschiedene Bedürfnisse ergeben.[266] Angot/Plé (2015) sehen in reichen Ländern außerdem eine bisher unbediente Kundengruppe am BoP in finanzieller Unsicherheit, auch als Spätfolge der Finanzkrise 2007 und sich daraus ergebender Arbeitslosigkeit.[267] Wenngleich sich in vielen Ländern eine natürliche Knappheit von Ressourcen feststellen lässt, merkt Pansera (2018) zudem kritisch an, dass Knappheit von Ressourcen auch sozial konstruiert sein kann, um bestimmten Gruppen den für Wachstum und Wohlstand nötigen Zugang zu verwehren.[268] Dabei gilt als ressourcenbeschränkt eine Umgebung, die neue Herausforderungen bietet, ohne zusätzliche Ressourcen zur Verfügung zu stellen.[269] Anhand dieser Definition

258 Eigene Darstellung in Anlehnung an Sharma/Jha (2016), S. 509.

259 Vgl. Sharma/Jha (2016), S. 507.

260 Vgl. Bound/Thornton (2012); Kroll et al. (2016); Radjou/Prabhu (2015); Das BMBF hat bereits verschiedene Projekte initiiert, um das Potential frugaler Innovation zu erforschen innerhalb der Innovation and Technology Analysis (ITA), vgl. BMBF (2014).

261 Vgl. Fraunhofer ISI/Nesta (2016); Nesta/Fraunhofer ISI (2016); Höfer (2016), o.S.; Tiwari/Herstatt (2020), S. 41.

262 Vgl. Kahn (2016), S. 7f.; Cunha et al. (2014), S. 206.

263 Vgl. Simula/Hossain/Halme (2015), S. 1567.

264 Vgl. Kolk/Rivera-Santos/Rufin (2014), S. 361.

265 Vgl. Molina-Maturano/Bucher/Speelman (2020), S. 1.

266 Vgl. Albert/Huesig (2019), S. 103.

267 Vgl. Angot/Plé (2015), S. 13.

268 Vgl. Pansera (2018), S. 6ff.

wird bereits ersichtlich, dass Ressourcenknappheit unabhängig vom Entwicklungsstatus eines Landes auftreten kann.[270] So lässt sich der Kerngedanke frugaler Innovation, „doing more and better with less" auf Konsumenten in allen BoP-Märkten der Welt anwenden.[271]

Diese Sichtweisen gehen deutlich über die Annahme einer grundsätzlichen Knappheit von Ressourcen im globalen Süden der Welt als Umstand frugaler Innovation hinaus und lassen so zu, den Radius der Anwendung frugaler Innovation auf den globalen Norden zu erweitern[272], was in dieser Arbeit erfolgt. Die in Kapitel 1.1 erfolgte BoP-Definition wird daher für den DM-Kontext erweitert:

> *BoP-Märkte zeichnen sich durch eine ressourcenbeschränkte Umwelt aus und beeinträchtigen Konsumenten in der Erfüllung basaler Bedürfnisse. In DM sind in BoP-Kontexten neue basale Bedürfnisse wie Internet, Bildung und Gesundheit zu beobachten, welche frugale Innovation erfordern.*[273]

In dieser Arbeit wird folglich der **BoP-Kontext in DM** adressiert, da **corporate frugal innovations** untersucht werden sollen, welche zumeist im Kontext von DM entstehen und den dortigen BoP adressieren. Dieser unterscheidet sich, neben den bereits in Kapitel 2.1.3 beschriebenen fünf Lücken, vergleichbar vom BoP in EM, wie corporate frugal innovation von grassroot frugal innovation (vgl. Kapitel 2.1.1).[274] Es bestehen **Unterschiede** in den Bedürfnissen der Zielgruppen in EM und DM, was z. B. Sicherheitsanforderungen für frugale Autos betrifft. In DM treffen Annahmen des BoP, die für EM getroffen werden (z. B. Mangel an materiellen und finanziellen Ressourcen seitens der Konsumenten, Nutzung von Erfahrungswissen statt Ausbildung seitens der Produzenten sowie fehlende Infrastruktur und institutionelle Unterstützung) und auf die frugale Innovation eine Antwort zur sozialen Inklusion liefern sollen nicht immer zu.[275] So soll keine absolute Höhe des verfügbaren Einkommens im Fokus stehen, sondern die Frage, ob Konsumenten mit ihren verfügbaren Ressourcen ein bestehendes Bedürfnis befriedigen können. Dies kann Konsumenten aus der Unter-, Mittel- oder Oberschicht betreffen und hängt vom jeweiligen Bedürfnis ab. Deckungs-

---

269 Vgl. Baker/Nelson (2005), S. 353.

270 Vgl. Hossain (2018), S. 929f.

271 Vgl. Banerjee/Leirner (2014), S. 330.

272 Vgl. Reis/Fernandes/Armellini (2021), S. 4f.

273 Eigene Definition in Anlehnung an Cadeddu et al. (2019), S. 22; Kolk/Rivera-Santos/Rufin (2014), S. 361.

274 Vgl. Basu/Banerjee/Sweeny (2013), S. 64, S. 68.

275 Vgl. Kahle et al. (2013), S. 225; Winkler et al. (2020), S. 251ff.

gleich sind Annahmen teilweise in der Zielsetzung frugaler Innovation, die Komplexität reduzieren sollen und Ressourcen sparen.[276]

Was die **Treiber frugaler Innovation** betrifft, so fördern in Schwellen -und Entwicklungsländern die demografische Entwicklung mit einer alternden Gesellschaft, die intuitive Lösungen mit optimaler Leistung erwartet, eine steigende Zahl von F&E-Talenten, steigende Bedürfnisse, ein größer werdender Markt, finanzielle Beschränkungen, Defizite in der Infrastruktur, politische Regelungen, eine langfristige Wettbewerbsfähigkeit und spezielle Arten der Finanzierung frugale Innovation.[277] Bezogen auf DM, spricht Radjou (2020) von einer frugal economy, die den an seine Grenzen gekommenen Kapitalismus (Do more with more) ablöst, indem sie effizienter, agiler, sozial- und umweltverträglicher ist (Do better with less). Angetrieben wird diese Neustrukturierung ganzer Wertschöpfungsketten von Trends wie B2B-Sharing, Micromanufacturing und Regeneration.[278] Auch bei Mangel an qualifiziertem Personal oder Infrastruktur wie Krankenhäusern können frugale Innovationen für DM eine Chance sein. Das Aravind-Beispiel oder Narayana Health in Indien zeigen: Kleinschrittige Arbeitsteilung mit hoher Spezialisierung erlaubt die Ausführung eines Arbeitsschrittes auch ohne langjährige Ausbildung vorab. Nur für anspruchsvolle Teile der Operation wird medizinisches Fachpersonal eingesetzt.[279] Frugale Innovationen haben somit als Reaktion auf ihren ressourcenbeschränkten Entstehungskontext extreme Kostenvorteile verglichen mit bestehenden Lösungen.[280] Auch der durch Ressourcenersparnis bedingte Zusammenhang frugaler Innovationen mit Nachhaltigkeit, der in einigen Publikationen diskutiert wird[281], dient vielen Kunden in DM, mehr noch als die geringen Kosten, als Kaufanreiz frugaler Innovation, welche eine verantwortungsbewusste Art des Innovierens darstellt.[282] In Anbetracht einer immer größeren technischen Komplexität sehnen sich Kunden nach einfachen, schlanken und intuitiven Lösungen.[283] Dieses Leistungsüberangebot (technology overshooting) führt zu

276 Vgl. Pisoni/Michelini/Martignoni (2018), S. 117.

277 Vgl. Agarwal/Brem (2012), S. 1; Kalogerakis/Tiwari/Fischer (2017), S. 10; Bhatti/Ventresca (2013), S. 8; Agarwal/Brem (2017a), S. 37, S. 40.

278 Vgl. Radjou (2020), o.S.

279 Vgl. Bound/Thornton (2012), S. 16.

280 Vgl. Zeschky/Widenmayer/Gassmann (2011), S. 39, S. 42.

281 Vgl. Tiwari/Kalogerakis (2016), S. 7.

282 Vgl. Tiwari/Herstatt (2020), S. 46; Radjou/Prabhu/Ahuja (2012), o.S.; Prahalad (2006), o.S.; Weyrauch/Herstatt (2016), S. 1ff.; Brem/Wolfram (2014), S. 11, S. 19; Hossain (2021), S. 2; Prahalad/Mashelkar (2010), S. 134; Tiwari/Kalogerakis (2016), S. 21; Brem/Ivens (2013), S. 43ff.; Kroll/Gabriel (2020), S. 35.

283 Vgl. Agarwal/Brem (2017a), S. 40.

einem Marktvakuum[284] und Unzufriedenheit der Nutzer, wie die Featuritis Curve in Abbildung 3 darstellt. Hier können frugale Innovationen als Kontrast zu überentwickelten und damit kostenintensiven Produkten (Overengineering) ansetzen[285] und durch ein fokussiertes Leistungsangebot zur Zufriedenheit des Nutzers beitragen.

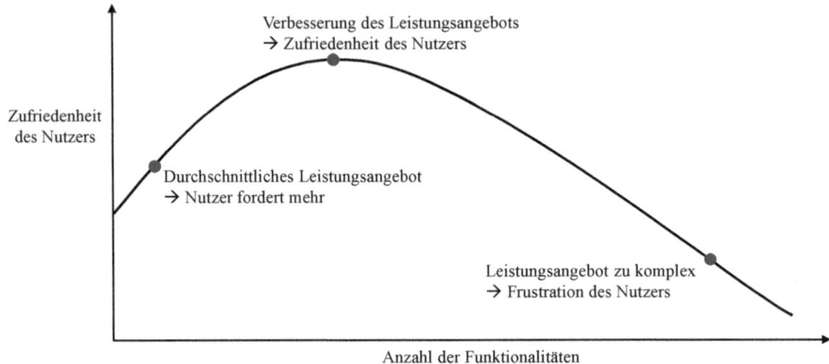

Abbildung 3: Featuritis Curve[286]

Infolge der beschriebenen kontextbezogenen Unterschiede haben frugale Innovationen bis zum Auftreten in DM, trotz eines ähnlichen Verständnisses zu frugalen Innovationen in EM[287], eine **kontextbezogene Wandlung bzgl. ihres Fokus** vollzogen[288], wie Abbildung 4 zusammenfassend zeigt.

284 Vgl. Dowling/Hüsig (2004), S. 3.
285 Vgl. Tiwari/Herstatt (2013), S. 2.
286 Eigene Darstellung in Anlehnung an Sierra (2005).
287 Vgl. Weyrauch/Herstatt (2016), S. 6.
288 Vgl. Winkler et al. (2020), S. 251ff.

Abbildung 4: Kontextbezogene Wandlung frugaler Innovation[289]

Im Gegensatz zu den ursprünglichen grassroot frugal innovations in EM, die unter Knappheit entstehen, wird bei AFI intentionell ein Fokus auf Kostenkontrolle und Einsparung von Ressourcen gelegt (artificial constraint), sodass sie ebenfalls auf Kernfunktionalitäten fokussiert sind. Für ein optimales Leistungsniveau wird wissenschaftlicher und technologischer Fortschritt in Form eines frugalen Produktdesigns und Engineerings sowie qualifizierter Mitarbeiter integriert.[290]

Die globale Diffusion frugaler Innovation steht nicht weiter im Fokus dieser Arbeit. Dennoch sei erwähnt, dass erste **Pioniere** aus dem Westen wie die Renault SA bereits die Bedürfnisse kosten- und umweltbewusster Kunden in DM adressieren. Dabei stellen preisbewusste Kunden und Ressourcenknappheit „bigger is better“- Geschäftsmodelle des Westens infrage[291] und können neue Geschäftsmodelle in DM auslösen.[292] So entstehen aus Problemen neue Vorteile, wie das Beispiel der Einführung von just-in-time und Qualitätszirkeln durch Toyota in Japan zeigt, da Land knapp und Material sehr teuer waren.[293] Durch

289 Eigene Darstellung in Anlehnung an Agarwal/Brem (2017a), S. 39.
290 Vgl. Rao (2017), S. 32ff.; Rao (2019), S. 2.
291 Radjou/Prabhu (2015), S. 14f.
292 Vgl. Bhatti (2012), S. 12; Basu/Banerjee/Sweeny (2013), S. 78; Pisoni/Michelini/Martignoni (2018), S. 107.
293 Vgl. Wooldridge (2010), S. 2.

frugale Innovation können auch in DM Unternehmen ihre Strategie auf minimale Funktionalität und geringe Kosten umstellen.[294] Auch zeigen Konsumenten aus DM Interesse an dieser Art von Innovation.[295]

Waren einige DM in der Vergangenheit dennoch nicht erfolgreich bei der Etablierung frugaler Ansätze[296], zeigt dies **Herausforderungen**. Gerade Unternehmen in den DM fürchten, dass sich frugale Produkte mit bestehenden Produktlinien in der gleichen geografischen Region **kannibalisieren**.[297] Hier braucht es einen Paradigmenwechsel auf Management-Ebene, indem sich Manager stärker auf die Chancen frugaler Innovation fokussieren, ihre Eigenschaften verinnerlichen und mehr Macht und Verantwortung an lokale Niederlassungen überlassen, um vor Ort zu innovieren.[298] Zudem kann die gezielte Kommunikation der Unterschiede zwischen den Angeboten, die Nutzung unterschiedlicher Distributionsnetzwerke und eine adäquate Segmentierung von Zielgruppen durch unterschiedliche Nutzenversprechen Abhilfe schaffen.[299] Auch gegen Vorbehalte der Kunden in DM, welche für gewöhnlich von einer Innovation ein „Mehr“ an Funktion zu einem teuren Preis erwarten und frugale Innovation als Downgrade wahrnehmen, gilt es, den Mehrwert des frugalen Innovationsparadigmas durchzusetzen, bei dem lediglich unnötige Produktmerkmale gespart werden und das Produkt den Anforderungen immer noch gerecht wird.[300] Striktere Regulierungen z. B. hinsichtlich Produktsicherheit können die Umsetzung frugaler Innovation in DM ebenfalls erschweren.[301]

Da frugale Innovationen, wie beschrieben, aus einer Vielzahl von Quellen und in Kontexten mit unterschiedlichem Entwicklungsstand entstehen, ist es schwierig, verschiedene Arten in eine Standardstruktur einzubinden. Für Unternehmen, die mit frugaler Innovation erfolgreich sein wollen, ist es entscheidend, diese im Hinblick auf ihre Treiber und Ursprünge zu verstehen. So können corporate frugal innovations hochtechnologisch und anspruchsvoll sein.[302] Diese Arbeit elaboriert den Entstehungskontext von corporate frugal innovations im DM-Kontext.

---

294 Vgl. Pisoni/Michelini/Martignoni (2018), S. 108.

295 Vgl. Flatters/Willmott (2009), S. 108f.

296 Vgl. Basu/Banerjee/Sweeny (2013), S. 64.

297 Vgl. Hang/Chen/Subramian (2010), S. 22; Angot/Plé (2015), S. 11; Wohlfart et al. (2016), S. 8, S. 13.

298 Vgl. Zeschky/Widenmayer/Gassmann (2011), S. 40ff.; Zeschky/Widenmayer/Gassmann (2014), S. 258f., S. 270f.; Zeschky/Winterhalter/Gassmann (2014), S. 24f.

299 Vgl. Angot/Plé (2015), S. 11.

300 Vgl. Angot/Plé (2015), S. 10.

301 Vgl. Angot/Plé (2015), S. 10.

2.2 Inhalte zur Neuproduktentwicklung

Im Fokus der Dissertation steht die Erforschung des Neuproduktentwicklungsprozesses für frugale Innovationen. Um dieses Untersuchungsfeld zu präzisieren, definiert das Kapitel zunächst den Prozess als Strömung des Innovationsmanagements (Kapitel 2.2.1), bevor in einem knappen Literaturüberblick Vorgehensmodelle zur Neuproduktentwicklung erläutert werden (Kapitel 2.2.2). Das Ziel des Forschungsprojekts ist es u. a., die Marktfähigkeit frugaler Innovation zu beleuchten, weshalb Kapitel 2.2.3 den Aspekt der Marktfähigkeit näher untersucht. Abgeschlossen wird das Kapitel mit einer Vorstellung von Erfolgsfaktoren im Neuproduktentwicklungsprozess (Kapitel 2.2.4).

2.2.1 Prozess als Dimension und Strömung des Innovationsmanagements

Die Innovationsforschung untersucht zum einen auf **Makroebene** Innovationsverhalten von Ländern, in Branchen und die Entwicklung von Technologien über die Zeit, aber auch auf **Mikroebene**, wie ein neues Produkt entwickelt werden kann.[303] Innovation ist folglich ein Begriff mit vielen Bedeutungen und stützt sich auf Theorien aus einer Vielzahl verschiedener Disziplinen[304], weshalb die Literatur kein integrierendes Konzept bietet.[305] Wolfe (1994) schreibt dazu: „As a consequence, the most consistent theme found in the organizational innovation literature is that its research results have been inconsistent."[306] Eine umfassende Beschreibung von Innovation, die als Ausgangspunkt für spätere Autoren gilt,[307] stammt von Schumpeter (1912), der in seinen Ausführungen fünf Arten von Innovation nennt: die Einführung neuer Produkte oder neuer Produktionsmethoden, die Eröffnung neuer Märkte, die Erschließung neuer Quellen für Input-Faktoren und die Bildung neuer Marktstrukturen in bestehenden Branchen.[308] Innovation ist folglich nicht nur ein Artefakt, das aus einer Aggregation von Wissen entsteht, oder ein einzelnes Ereignis, sondern muss im Kontext des Unternehmens und als **Prozess aus Entscheidungen und ihrer Durchsetzungen** innerhalb desselben verstanden werden. **Ausgangspunkt**

302 Vgl. Hossain (2018), S. 933.
303 Vgl. Brown/Eisenhardt (1995), S. 343.
304 Vgl. Crossan/Apaydin (2010), S. 1165.
305 Vgl. Camisón-Zornoza et al. (2004), S. 334.
306 Wolfe (1994), S. 405.
307 Vgl. Camisón-Zornoza et al. (2004), S. 334.
308 Vgl. Schumpeter (1912), S. 548.

ist dabei die **Invention** (zeitpunktbezogen). Es entsteht durch eine erstmalige Verknüpfung von Theoriebausteinen oder Methoden eine Problemlösung, deren Durchsetzung im Unternehmen zur neuartigen Erfüllung von Unternehmenszielen als **Innovation** (prozessbezogen) gilt. Eine Innovation erfordert die ökonomische Verwertung einer Invention.[309] Mathematisch ausgedrückt:

Innovation= theoretical conception+ technical invention+ commercial exploitation[310]

Die mannigfaltige Verwendung des Begriffs spiegelt sich auch in einer Vielzahl an Definitionen für Innovation wider. Gemeinsam ist allen Definitionen, dass Innovation einen gewissen Grad an Neuheit sowie eine Form der ökonomischen Verwertung impliziert und dass sie die Multidimensionalität von Innovation hinsichtlich des Innovationsobjekts abbilden.[311]

Verbesserungen am etablierten Prozess wie die Nutzung neuer Methoden oder Elemente, die ihn meist effizienter machen, sind als **Prozessinnovationen** und damit mögliches Ergebnis zu verstehen und können ebenfalls zu **Produktinnovationen**, also der Entwicklung neuer, auf Marktbedürfnisse ausgerichteter Produkte führen, sind aber nicht zu verwechseln mit dem **Innovationsprozess**.[312] Produktinnovation steht zusätzlich mit Effektivität in Verbindung, da über Kosteneinsparungen hinaus v. a. ein Angebot in Form eines neuen oder verbesserten Produktes generiert werden soll.[313] Sie betreffen also neben der Faktorkombination auch die Verwertung am Markt, wo die Innovation neue Zwecke oder alte Zwecke in neuer Weise erfüllt (Effektivität).[314] Im Fokus dieser Arbeit steht mit dem NPEP die prozessuale Perspektive von Innovation. Diese beinhaltet auch den Aspekt, dass Innovation als **Interaktion zwischen Individuen** innerhalb eines Unternehmens, zwischen Unternehmen und mit unternehmensexternen Personen erfolgt.[315] Daher wird folgende, kombinierte **Definition für Innovation** zugrunde gelegt:

> „Innovation is the management of all the activities involved in the process of idea generation, technology development, manufacturing and marketing of a new (or improved) product or manufacturing process or equipment[316][through] interaction

309 Vgl. Pleschak/Sabisch (1996), S. 1; Hauschildt et al. (2016), S. 74f.; Van de Ven (1986), S. 604; Trott (2008), S. 10ff.

310 Trott (2008), S. 14.

311 Vgl. Camisón-Zornoza et al. (2004), S. 334; Slappendell (1996), S. 107.

312 Vgl. Garcia/Calantone (2002), S. 112; Kahn (2018), S. 456; Crossan/Apaydin (2010), S. 1168; Camisón-Zornoza et al. (2004), S. 335.

313 Vgl. Kahn (2018), S. 456; Trott (2008), S. 16.

314 Vgl. Hauschildt (2005), S. 26.

315 Vgl. Fischer/Varga (2002), S. 725.

between individuals within the system, both internally within the firm and between members of the firm and outside organizations."[317]

Das **Wissenschaftsgebiet Innovationsmanagement**[318], also die **„dispositive Gestaltung von Innovationsprozessen"**[319] **bzw. ein systematischer Planungs-, Entscheidungs- und Kontrollprozess, der alle Aktivitäten zur Entwicklung und Einführung marktfähiger Leistungen umfasst**[320], blickt auf einen langen Entwicklungsprozess zurück. Mit der 4. Kondratieff-Welle begann die Forschung, den Fokus weg von einzelnen Personen hin zu Technologien bei der Innovation zu verlagern. Bereits im 19. Jahrhundert beobachteten Ökonomen wirtschaftliches Wachstum als Folge technologischen Fortschritts. Zwei wesentliche Autoren auf diesem Gebiet waren Dr. Roy Rothwell und Joseph A. Schumpeter, der als einer der ersten Ökonomen die Wichtigkeit neuer Produkte als Wachstumsanreiz feststellte. Neue Produkte seien im Wettbewerbskampf ein stärkerer Hebel als bloße Preisreduktionen.[321] Als Hauptaufgabe des Innovationsmanagements etablierte sich, wie **akademische Forschung zu Innovation** in Reviews anhand diverser Analyseeinheiten (z. B. Unternehmen, Untereinheit eines Unternehmens, Branche, Region) und Typen von Innovation (z. B. Produkt, Prozess, Geschäftsmodell) zeigt[322], auch die Steuerung und Organisation des **Innovationsprozesses**.[323] D.h., Einflüsse auf den Prozess sind zu regulieren, um das gewünschte Resultat zu erzielen. Im Ergebnis weist die Literatur zu Innovation in Organisationen dabei **drei**

316 Trott (2008), S. 15.

317 Fischer/Varga (2002), S. 725.

318 Hierunter versteht man Planung, Organisation und Kontrolle von Innovationsprozessen und die Schaffung der dazu internen und externen Rahmenbedingungen (vgl. Pleschak/Sabisch (1996), S. 9). Entrepreneurship beschäftigt sich hingegen mit der Rolle eines individuellen Unternehmens und fokussiert das Wachstum eines zunächst kleinen Unternehmens (vgl. Trott (2008), S. 12).
Zur Abgrenzung: F&E-Management kann als weiter gefasster Begriff betrachtet werden als das Innovationsmanagement, da es sowohl Erfindungsprozesse als auch Innovationsprozesse umfasst. Da jedoch F&E-Management in der Regel auf einen bestimmten Ansatz des Innovationsmanagements ausgerichtet ist, kann das Innovationsmanagement als der umfassendere der beiden Begriffe betrachtet werden. (vgl. Ortt/van der Duin (2008), S. 523).

319 Hauschildt et al. (2016), S. 67.

320 Vgl. Vahs/Brem (2013), S. 28.

321 Vgl. Schumpeter (1939), S. 5ff.

322 Vgl. Crossan/Apaydin (2010), S. 1154f.; Camisón-Zornoza et al. (2004), S. 334ff.

323 Vgl. Žižlavský (2013), S. 2; Trott (2008), S. 6; Schumpeter (1939), S. 84f.; Kuo/Ng (2016), S. 45; Trott (2008), S. 53; Hauschildt et al. (2016), S. 67; Ortt/van der Duin (2008), S. 523; Vahs/Brem (2013), S. 28.

Strömungen mit unterschiedlichen Foki auf: Diffusion von Innovationen, Innovationskraft von Organisationen und **Prozesstheorien** zur Innovation. Letztere steht im Mittelpunkt dieser Dissertation, die anhand des Neuproduktentwicklungsprozesses in der Organisation das Wie und Warum der Entwicklung von Innovationen untersucht.[324] Hierzu gehören Aktivitäten zur Initiierung, zum Portfoliomanagement, zur Entwicklung und Umsetzung, zum Projektmanagement sowie zur Kommerzialisierung einer Innovation, wie die folgende Definition zeigt:[325]

> *Ein Innovationsprozess, als erfolgskritischer Schlüsselprozess im Unternehmen[326], ist die verlässliche, wiederholbare und konsistente Umwandlung von Ressourcen einer Organisation als Input in einen Output bzw. die Ziele der Organisation[327] über einen definierten Zeitraum[328] anhand einer Abfolge von Ereignissen oder Aktivitäten in jeder Phase der Entwicklung einer Innovation.*[329]

Die formalisierten Ansätze von Innovationsprozessen[330] weisen jeweils einen starken **Kontextbezug** auf, d. h. Innovationsmanager konfigurieren einen geeigneten Innovationsprozess in Abhängigkeit des unternehmensbezogenen Kontexts. Dieser umfasst die Innovationsart, Form und Aufbau des Unternehmens, die Branche und das Land mit seiner Kultur.[331] Diese Flexibilität ermöglicht eine optimale Ausgestaltung von Prozessfaktoren wie Aufgaben, Verantwortung und Kompetenzen, was zum Erfolg der Innovation beiträgt.[332] Eben diesen Anspruch an künftige Forschung erhebt bereits ein Literatur Review von Craig/Hart (1992).[333] So nimmt Innovationsmanagement eine ganzheitliche Sichtweise ein und gestaltet neben dem einzelnen Prozess auch das **Innovationssystem**. Dieses besteht aus Elementen wie Menschen in informatorischen und disziplinarischen Beziehungen mit spezifischen Aufgaben, Ideen, aber auch

---

324 Vgl. Wolfe (1994), S. 407ff.; Kahn (2018), S. 457ff.; Crossan/Apaydin (2010), S. 1155, S. 1164, S. 1166.

325 Vgl. Crossan/Apaydin (2010), S. 1173.

326 Žižlavský (2013), S. 2, S. 5; Cooper (1996), S. 465f.; Zur Einordnung der Prozessperspektive in der Innovationsforschung siehe Wolfe (1994) und für eine Diskussion des Prozessbegriffs aus einer strategischen bzw. betriebswirtschaftlichen Perspektive siehe Van de Ven (1992).

327 Zairi (1997), S. 64.

328 Ellwood/Grimshaw/Pandza (2017), S. 510ff.

329 Garud/Tuertscher/Van de Ven (2013), S. 775ff.; Ortt/van der Duin (2008), S. 523.

330 Details s. Kapitel 2.2.2.

331 Vgl. Ortt/van der Duin (2008), S. 522f., S. 528.

332 Vgl. Vahs/Brem (2013), S. 225.

333 Vgl. Craig/Hart (1992), S. 38.

Materialien, Finanzströmen und Maschinen, die zur Herstellung eines Produktes oder einer Dienstleistung eingesetzt werden.[334]

Die Formalisierung von Schumpeters Überlegungen durch Interpretatoren, insbesondere im Kontext der technology-push/demand-pull-Debatte, führte zu ersten sequenziellen Modellen[335], wobei auch Camisón-Zornoza et al. (2004) in ihrer Meta-Analyse die Phasen des Innovationsprozesses als Dimension bisheriger Literatur aufdecken.[336] Da die Komplexität wächst, werden Prozessmodelle mit Phasen für das Produktentwicklungsmanagement immer wichtiger.[337] Rothwell (1992) analysierte als erster führender Autor die Entwicklung verschiedener **Innovationsprozessmodelle** historisch.[338] Innovationsmanagement und Neuproduktentwicklung hängen diesbezüglich stark miteinander zusammen. Der **Neuproduktentwicklungsprozess** gilt **als Unterprozess** von Innovation. Während der Innovationsprozess die Phasen der Ideenfindung und -auswahl bis hin zur erfolgreichen Markteinführung des Produktes umfasst, dient der Produktentwicklungsprozess dagegen nur der Strukturierung der Produktentwicklungsaktivitäten.[339] Es sollen Bedingungen geschaffen werden, die es der Organisation ermöglichen, ein neues Produkt zu entwickeln. Der Gesamtprozess wird transparent und mithilfe typischer Aufgaben und Methoden lenkbar. Dies ist insbesondere angesichts steigender Komplexität von Prozessen umso wichtiger. Bei der eigentlichen Entwicklung geht es dann darum, Geschäftschancen in ein tangibles Produkt zu transformieren.[340] So sind bislang einige Studien mit Best Practices zur Neuproduktentwicklung entstanden[341] sowie diverse Ansätze zur NPE über verschiedene Disziplinen hinweg[342], die nun dargelegt werden.

334 Vgl. Utterback/Abernathy (1975), S. 641; Hauschildt et al. (2016), S. 90f.; Van de Ven (1986), S. 591f.

335 Vgl. Godin (2006), S. 655ff.; Hauschildt et al. (2016), S. 67.

336 Vgl. Camisón-Zornoza et al. (2004), S. 334.

337 Vgl. Browning/Ramasesh (2007), S. 217ff.

338 Vgl. Rothwell (1992), S. 236.

339 Vgl. Gaubinger et al. (2015b), S. 180.

340 Vgl. Trott (2008), S. 29, S. 388; Vahs/Brem (2013), S. 231; Browning/Ramasesh (2007), S. 218.

341 Vgl. Cadeddu et al. (2019), S. 3f.

342 Vgl. Lawson (2015), o.S.; Cadeddu et al. (2019), S. 24.

2.2.2 Modelle zur Neuproduktentwicklung: Entwicklung von 1950 bis in die Gegenwart

Historie der NPE

Die Literatur zur **Neuproduktentwicklung** ist sehr vielfältig. Sie umfasst Fallstudien verschiedener Branchen, Unternehmen und Produkte.[343] Wissenschaftler aus diversen Fachrichtungen wie Marketing und F&E haben sich dem Thema interdisziplinär angenommen, wobei sich Studien im Fokus (Generalist: Untersuchung vielfältiger Variablen hinsichtlich Auswirkungen auf NPEP versus Spezialist: Untersuchung bestimmter Variablen), in der verwendeten Methodik, der Analyseebene, der Messung von Erfolg und der Art der Produktentwicklung unterscheiden.[344] Erforscht werden Fragestellungen zur strategischen Ausrichtung, der Rolle des Top-Managements, Erfolgsfaktoren, sowie auch Fragestellungen auf operativer Ebene zum Prozess der Neuproduktentwicklung mit Modellen zu Aktivitäten, Phasen sowie funktionsübergreifenden Rollen, wie die Definition zusammenfasst:[345]

> *Neuproduktentwicklung umfasst das Management aller Disziplinen, die in die Entwicklung neuer Produkte einbezogen sind (Ideenfindung, Marketing, Economics, Produktionsmanagement, F&E, Design und Engineering, Kommerzialisierung)*[346] *mit dem Ziel, Effektivität und Effizienz des Produktentwicklungszyklus zu verbessern.*[347]

In einem **Literaturüberblick zur Produktentwicklung** zeigen Brown/Eisenhardt (1995) drei Strömungen innerhalb des fragmentierten Forschungsfeldes auf (product development as rational plan: finanzielle Performance als Fokus, communication web: Kommunikation im Fokus und disciplined problem solving: der eigentliche Produktentwicklungsprozess im Fokus), welche trotz Überschneidungen jeweils bestimmte Aspekte der Produktentwicklung fokussieren. Die Autoren diskutieren die Strömungen sowie sich aus ihnen ergebende Erfolgsfaktoren in einem Modell. Dieses weist neben der Wichtigkeit von Agenten wie Teammitglieder, Projektleitung, Geschäftsleitung, Kunden und Zulieferer auf den Unterschied zwischen product effectiveness und process performance hin. So spielt neben Produktfaktoren wie z. B. Mehrwert für den Kunden, technische Leistungsfähigkeit, geringe Kosten und früher Eintritt in er-

343 Vgl. Brown/Eisenhardt (1995), S. 345.
344 Vgl. Craig/Hart (1992), S. 6f.
345 Vgl. Craig/Hart (1992), S. 14ff., S. 36f.
346 Vgl. Trott (2008), S. 389; Craig/Hart (1992), S. 20.
347 Vgl. Cooper (1994), S. 4, S. 14.

folgsversprechende Märkte auch die **interne Organisation der Produktentwicklung** eine erfolgsentscheidende Rolle. Die Perspektive disciplined problem solving, die sich aus Studien zu japanischen Produktentwicklungspraktiken entwickelte, sieht NPE als Balanceakt zwischen autonomer Problemlösung durch das Projektteam und einem tonangebenden, visionären Management. Diese Aspekte werden allesamt durch den **Produktentwicklungsprozess** als eine Aneinanderreihung von Phasen, die beschreiben, wie ein Unternehmen Ideen in marktfähige Produkte umwandelt, abgebildet.[348] Cooper (1994) definiert: „New Product Process: a formal blueprint, roadmap, template or thought process for driving a new product project from the idea stage through to market launch and beyond."[349] Prozesselemente sind die Phasen, die Aktivitäten in den Phasen, die Gates, die Pflichtergebnisse und die Gate-Kriterien.[350]

Eines der ersten Rahmenwerke, um den Zusammenhang zwischen Wissenschaft, Technologie und Wirtschaft zu verstehen, war das lineare Modell der Innovation. Primär untersucht von amerikanischen Forschern, entwickelte es sich in drei Stufen und besagt im Ergebnis, dass Innovation mit Grundlagenforschung beginnt, gefolgt von angewandter Forschung und Entwicklung und mit Produktion und Distribution endet. Der Ursprung dieses Modells ist nicht abschließend dokumentiert.[351] Vor allem die Erkenntnisse dieses Modells aus der dritten Entwicklungsstufe zu Aktivitäten wie Produktion und Distribution korrelieren mit Studien aus den 1950ern. Diese untersuchten erstmals den Innovationsprozess in der Wirtschaft und fokussierten sich mit interdisziplinärem Blick auf die Generierung neuen Wissens, die Anwendung dieses Wissens zur Entwicklung von Produkten und Prozessen sowie die kommerzielle Verwertung dieser Produkte und Services mit dem Ziel, finanziellen Ertrag zu generieren. Die Erkenntnis darüber, dass Unternehmen sich diesbezüglich unterschiedlich verhalten, verschob den Fokus der Betrachtungen auf die Frage, wie einzelne Unternehmen mit ihren internen Strukturen und Ressourcen Innovation erfolgreich managen. Dies führte zu einem Wechsel der bisherigen Perspektive, eine Innovation aus Verhalten von Individuen zu erklären.[352]

Gerade wenn man von einer **Kontextabhängigkeit dieses Innovationsprozesses** ausgeht[353], ergibt sich die Notwendigkeit einiger operativer und strategi-

348 Vgl. Brown/Eisenhardt (1995), S. 343, S. 352f., S. 359; Trott (2008), S. 404f.; Kahn et al. (2012), S. 458.

349 Cooper (1994), S. 3.

350 Vgl. Cooper/Edgett/Kleinschmidt (2004), S. 44.

351 Vgl. Godin (2006), S. 639ff.

352 Vgl. Trott (2008), S. 8f.; Bernstein/Singh (2006), S. 562f.

scher Entscheidungen zur Ausgestaltung des Prozesses: Verlaufen Aktivitäten parallel oder sequenziell? Welcher Grad an Flexibilität ist angemessen? Gibt es Iterationsschleifen?[354]

In der Literatur finden sich mittlerweile viele **Prozessmodelle**, die sehr praxiserprobt und oft zitiert sind und genau diese Entscheidungen und Aktivitäten von Unternehmen zur Neuproduktentwicklung abbilden. Auf dieser Tatsache aufbauend lässt sich festhalten, dass es nicht das eine richtige Prozessmodell gibt, sondern je nach Zielsetzung mehrere wissenschaftlich anerkannte Modelle.[355]

Niosi (1999) betrachtet F&E-Prozesse und identifiziert dabei, ähnlich wie Miller (2001) und Liyanage/Greenfield/Don (1999)[356], vier Generationen: „The first generation brought the corporate R&D laboratory. The second generation adapted project management methods to R&D. The third brought internal collaboration between different functions in the firm. The fourth adds routines designed to make more flexible the conduct of the R&D function through the incorporation of the knowledge of users and competitors."[357] Rogers (1996), ebenso wie Rothwell (1992), systematisieren bisherige Ansätze in **fünf Generationen**. Dabei gleicht jede Weiterentwicklung die Nachteile der vorherigen Generation aus.[358] Veränderungen basieren auf sich verändernden Einstellungen bzw. einem sich wandelnden Zeitgeist.[359] Insbesondere die sozio-ökonomischen Entwicklungen, wie die fortschreitende Industrialisierung in der westlichen Hemisphäre und andere kontextbezogene Faktoren wie der technologische Fortschritt sowie der Bedeutungswandel von Innovation, führten zu Veränderungen bei den Innovationsansätzen.[360] Ausgehend von einem **technology-push-Modell** in den 1960ern, wo Innovation als linearer Prozess durch unternehmensinterne Forschung und den Wunsch nach technologischem Fortschritt getriggert wurde[361], folgte mit dem **market-/need-pull-Modell** eine stärkere Einbindung der Kundenbedürfnisse als Quelle der Innovation[362], was schließlich über die

---

353 Vgl. Trott (2008), S. 532.

354 Vgl. Ortt/van der Duin (2008), S. 530.

355 Vgl. Verworn/Herstatt (2000), S. 1; Trott (2008), S. 403.

356 Vgl. Liyanage/Greenfield/Don (1999), S. 372ff.; Miller (2001), S. 26ff.; Niosi (1999), S. 111ff.

357 Niosi (1999), S. 117.

358 Vgl. Rogers (1996), S. 33ff.; Rothwell (1992), S. 236f.; Ortt/van der Duin (2008), S. 524. Für eine Beurteilung der Ansätze mit Vor- und Nachteilen und jeweilige Kontextfaktoren s. Ortt/van der Duin (2008), S. 525f.

359 Vgl. Žižlavský (2013), S. 3.

360 Vgl. Brown/Eisenhardt (1995), S. 375; Schilling/Hill (1998), S. 68.

361 Vgl. Godin (2006), S. 639ff.; Ortt/van der Duin (2008), S. 525.

interaktiven und integrierten Modelle, welche erstmalig auch das Wie der Innovation mit Phasen etc. näher untersuchten, in **Networking Modelle** mit interdisziplinärer Zusammenarbeit unternehmensintern, sowie Einbezug externer Stakeholder in Netzwerken wie bei **Open Innovation** Ansätzen mündete.[363]

Phasenmodelle

Nach dieser kurzen historischen Abhandlung der Modelle zur Neuproduktentwicklung, folgt nun eine genauere Betrachtung der **Phasenmodelle**. Phasenmodelle, die den Innovationsprozess auf diskrete Phasen aufteilen, variieren im behandelten Schwerpunkt und Detailgrad.[364] Cooper (1994) nennt zwischen vier und sechs Phasen.[365] Mit wenigen, generischen Phasen sind Phasenmodelle universell anwendbar, besitzen aber auch nur eine geringe Aussagekraft für den speziellen Kontext einer Branche oder Organisationsform und vice versa.[366] Trotz aller Unterschiede gleichen sich die Modelle darin, dass sie eine **Aneinanderreihung von Entscheidungen** darstellen, die **auf einer technischen und kommerziellen Bewertung basieren**.[367] Einig sind sich viele Quellen hinsichtlich der **Hauptphasen Ideengenerierung**, **Ideenakzeptierung/-konkretisierung** und **Ideenrealisierung/-kommerzialisierung**[368], die wiederum in den jeweiligen Modellen noch unterschiedlich untergliedert werden.[369] Gerpott (2005, siehe Abbildung 5) zeigt die Zuordnung der Phasen zu einem IP im engeren Sinn, im erweiterten Sinn und im weitesten Sinn auf, wobei sich Start- und Endpunkt des Prozesses unterscheiden, die Produkteinführung per Definition aber immer Bestandteil ist.[370] Die frühen Phasen des IP, zu denen Ideenfindung/-generierung, Ideenbewertung, Auswahl, Produktdefinition und Businessplan gehören[371], werden als Frontend, die umsetzungsorientierten Phasen als Backend bezeichnet.[372]

---

362 Vgl. Ortt/van der Duin (2008), S. 525.

363 Vgl. Ortt/van der Duin (2008), S. 526; Trott (2008), S. 408ff.; Gaubinger et al. (2015b), S. 177.

364 Vgl. Verworn/Herstatt (2000), S. 2; Ortt/van der Duin (2008), S. 524; Craig/Hart (1992), S. 21. Für eine Darstellung wesentlicher Prozessmodelle siehe Vahs/Brem (2013), S. 231ff.

365 Vgl. Cooper (1994), S. 4.

366 Vgl. Vahs/Brem (2013), S. 231; Verworn/Herstatt (2000), S. 2.

367 Vgl. Craig/Hart (1992), S. 21.

368 Vgl. Vahs/Brem (2013), S. 233; Thom (1980), S. 53; Gerpott (2005), S. 51ff.

369 Vgl. Hauschildt et al. (2016), S. 22.

370 Vgl. Gerpott (2005), S. 48ff.

371 Vgl. Cooper (2008), S. 217; Vahs/Brem (2013), S. 368.

372 Vgl. Vahs/Brem (2013), S. 239.

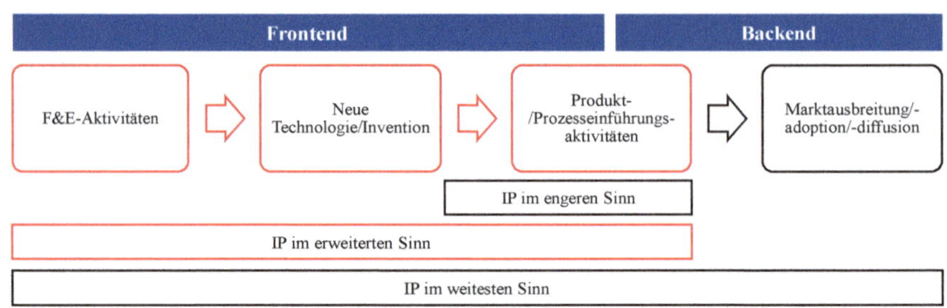

Abbildung 5: Ausprägungen des Innovationsprozesses[373]

Diese Arbeit folgt der **Betrachtung des IP im erweiterten Sinn**, d. h. sie betrachtet neben der Ideenfindung, Evaluation der Idee, Hervorbringung eines Prototyps und Entwicklung, im letzten Schritt die Verfügbarkeit des Produktes in den Distributionskanälen, nicht jedoch die Diffusion, da Aktivitäten in diesem Zusammenhang oftmals dem täglichen Management und weniger dem NPEP zuzuordnen sind.[374]

Im englischsprachigen Raum, wo in den sechziger Jahren von der NASA bereits Phased-Review-Prozesse zur Standardisierung der Zusammenarbeit entwickelt wurden (u. a. durch formalisierte Entscheidungen nach jeder Phase), dominieren v. a. die **Stage-Gate-Modelle** von Booz/Allen/Hamilton (1982) und Cooper (1994)[375] als Bestandteil der Stage-Modell-Forschung, welche Wolfe (1994) innerhalb der Prozesstheorien als eine Aneinanderreihung von Stufen definiert. Der Vorteil dieser Phasenmodelle ist grundsätzlich die Systematisierung der Entwicklung, welche sonst ungerichtet abläuft, und die Reduzierung von Unsicherheit durch Schaffung von Transparenz und einem gemeinsamen Verständnis. Dies verbessert neben der Geschwindigkeit und Effizienz auch die Kommunikation im Team und mit dem Management und reduziert Bürokratie, weshalb viele Unternehmen das Stage-Gate-Modell anwenden.[376]

Die Basis der meisten Stage-Gate-Modelle bildet das auf Umfragen, Interviews und Fallstudien basierte Stufenmodell von Booz/Allen/Hamilton (1982) in Abbildung 6.[377]

---

373 Eigene Darstellung in Anlehnung an Gerpott (2005), S. 49.

374 Vgl. Gerpott (2005), S. 49f.; siehe auch Kapitel 2.2.1.

375 Vgl. Verworn/Herstatt (2000), S. 11; Cooper (1994), S. 4; Booz/Allen/Hamilton (1982).

376 Vgl. Verworn/Herstatt (2000), S. 4; Cooper (1994), S. 3, S. 14; Lenfle/Loch (2010), S. 42; Wolfe (1994), S. 411.

377 Vgl. Booz/Allen/Hamilton (1982); Bhuiyan (2011), S. 748.

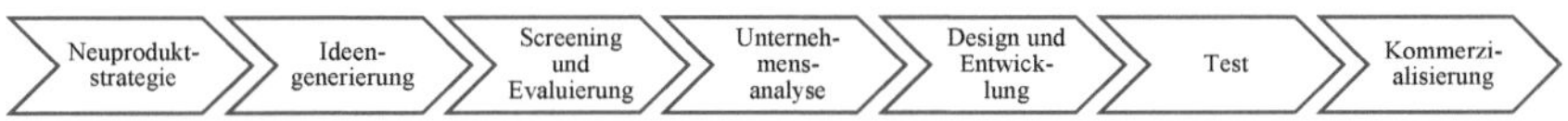

Abbildung 6: Stufenmodell nach Booz/Allen/Hamilton (1982)[378]

Das ursprüngliche **Stage-Gate-Modell von Cooper** aus den 1980ern, welches als Meilenstein in der Entwicklung von Innovationsprozessmodellen gilt, ist ein normatives Modell[379], das multiple Stage-Gate-Vorgehensweisen und Erfolgsfaktoren aus erfolgreichen Projekten zur Neuproduktentwicklung zu Handlungsempfehlungen konsolidiert.[380] „Stage-Gate is a conceptual and operational map for moving new-product projects from idea to launch and beyond – a blueprint for managing the new-product development process to improve effectiveness and efficiency".[381]

Wie Abbildung 7 zeigt, besteht Produktinnovation dabei aus einer vorgegebenen Abfolge von Stufen, beginnend mit der Ideengenerierung, gefolgt von Entwicklungs- und Implementierungsphase, die jeweils aus Aktivitäten bzw. Aufgaben zur Weiterentwicklung des Projekts und Reduktion von Unsicherheit bestehen. Das Projektteam erledigt diese cross-funktional. Den Einstieg in jede Phase bildet ein Gate, welches als Entscheidungspunkt über die Fortführung des Projekts (go/kill) und Qualitätskontrolle dient. Anhand von Entscheidungskriterien (must-meet- und should-meet-Kriterien zur Priorisierung) treffen Gatekeeper mithilfe von Pflichtergebnissen (deliverables), welche Projektteam und Projektleiter als Input liefern, die Entscheidung über den Fortgang des Projekts. Das Ergebnis des Gates ist neben der Entscheidung auch ein Aktionsplan für die nächste Phase.[382]

378 Eigene Darstellung in Anlehnung an Booz/Allen/Hamilton (1982).

379 Vgl. Verworn/Herstatt (2000), S. 2: Nach Zielsetzung lassen sich normative, deskriptive und didaktische Modelle differenzieren.

380 Vgl. Verworn/Herstatt (2000), S. 2; Cooper (2014), S. 20; Lenfle/Loch (2010), S. 42; Gaubinger et al. (2015a), S. 32; Cooper (2017), S. 99.

381 Cooper (2017), S. 99; Cooper (2008), S. 214.

382 Vgl. Cooper (1994), S. 4; Cooper (2017), S. 117; Sommer et al. (2015), S. 35; Cooper (2008), S. 214f.

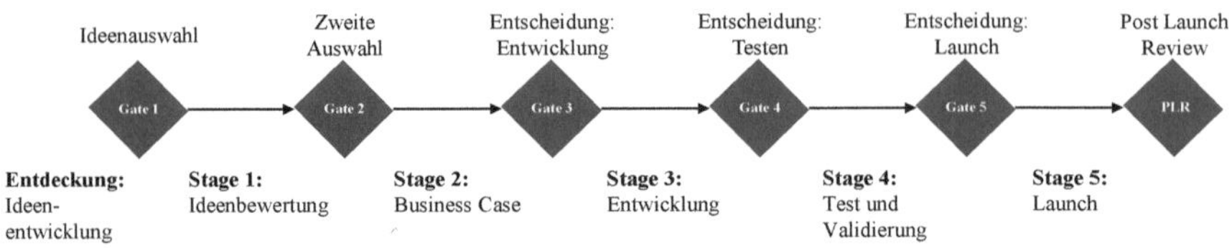

Abbildung 7: Stage-Gate-Modell nach Cooper (2008) [383]

Das Frontend nimmt im Stage-Gate-Modell eine erfolgskritische Rolle ein.[384] Dem Prozess voraus geht daher eine ausführliche Vorabanalyse von Kontextfaktoren. Diese beinhaltet eine detaillierte Marktbeurteilung sowie den Einbezug von Kundenmeinungen (voice-of-customer). Durch die Zusammenarbeit mit Lead Usern im Rahmen von Interviews oder Camping out werden die Schmerzpunkte (=Probleme, Wünsche, Präferenzen, Ablehnungen, Kaufkriterien) der Kunden aus erster Hand erfahren. Ziel dieser Analysen ist neben der Ermittlung der Marktattraktivität (Marktgröße, Segmente und Marktpotenzial) die Erarbeitung eines ansprechenden Wertversprechens, wobei das Produkt ein wesentliches Kundenproblem löst und im Vergleich zum Wettbewerb dem Nutzer einen einzigartigen Mehrwert bietet. Bereits bei der Produktdefinition sollten angestrebte Zielsetzungen dieses Wertversprechens berücksichtigt werden.[385] Die Zusammenarbeit mit Kunden spielt auch im weiteren Verlauf des Prozesses eine wichtige Rolle, wenn Prototypen bzw. minimum viable products (MVP) getestet und anhand von Kundenfeedback modifiziert werden.[386] Um den Lösungsrahmen abzugrenzen, sollte im Rahmen der Vorabprüfung auch die technische Machbarkeit potenzieller Lösungen geprüft werden (proof of concept). Ebenfalls zum Umfang einer Vorabanalyse von Kontextfaktoren zählen eine Verfügbarkeitsbetrachtung von Ressourcen sowie die Prüfung finanzieller Folgen und Risiken des Projekts.[387] Weiterer Bestandteil der Vorabprüfung ist eine Wettbewerbsanalyse, wobei Produkte, Preise, Technologien, Produktionsverfahren und Marketingstrategien der Wettbewerber hierbei im Fokus stehen.[388] Es empfiehlt sich ein Soft-Launch vor dem Ende des Prozesses mit dem eigentlichen Launch des Produktes.[389]

383 Eigene Darstellung in Anlehnung an Cooper (2008), S. 215.
384 Vgl. Cooper (2008), S. 217.
385 Vgl. Cooper (2017), S. 108ff.
386 Vgl. Cooper (2017), S. 109.
387 Vgl. Cooper (2017), S. 111; Cooper (2016), S. 26.
388 Vgl. Cooper (2017), S. 109.
389 Vgl. Cooper (2017), S. 109.

Vorteile für Unternehmen bei der Nutzung dieses Konzepts sind gut erforscht und dokumentiert. Das Stage-Gate-Verfahren ist eine gute Methode, um den Neuproduktentwicklungsprozess von der Ideenfindung bis zum Launch des Produktes zu strukturieren und mit klaren Entscheidungspunkten zur Eliminierung nachteiliger Projekte sowie transparenten Erwartungen zu lenken. Daraus resultieren kürzere Entwicklungszyklen und eine höhere Erfolgsrate bei Neuprodukten.[390] Da er somit auch die Marktfähigkeit von Produkten einschließt, ist dieser Ansatz im Rahmen dieser Dissertation besonders geeignet.

Neben den durch Studien herausgestellten Vorteilen dieses Ansatzes gibt es auch **Kritik**, die durch die Konzeption des Stage-Gate-Modells direkt oder durch eine mangelhafte Implementierung begründet wird. In der Praxis beobachtete Innovationsprozesse können nicht auf eine lineare Abfolge von Stufen und Phasen reduziert werden, wie es das Stage-Gate-Modell suggeriert, welches voraussetzt, dass Ziele planbar sind und die Mittel zur Erreichung der Ziele identifizierbar. Vielmehr zeichnen sich in der Praxis nicht-lineare Zyklen ab, da eine vollständige Projektdefinition ex-ante unrealistisch ist.[391] Steigender Wettbewerb und zunehmende Geschwindigkeit, Globalisierung und weniger Vorhersagbarkeit lassen schlussfolgern, dass der ursprüngliche Ansatz zu sequenziell, zu wenig flexibel und anpassbar ist. Die Gates sind zu finanzbasiert und fix und das gesamte System ist zu bürokratisch, um kürzeren Produktlebenszyklen als Entwicklungszyklen adäquat zu begegnen.[392] Innovative Projekte benötigen ein iteratives und paralleles Vorgehen, welches Phasen und Pflichtergebnisse an den Kontext anpasst.[393]

Agilität wurde zunächst in der Softwareentwicklung, dann in unterschiedlichen technischen und betriebswirtschaftlichen Bereichen eingeführt, um durch adaptive Planung und sukzessive Bereitstellung von Ergebnissen in einem iterativen Vorgehen mit festen Zeitvorgaben eine flexible Reaktion auf Veränderungen zu ermöglichen.[394] **Agilität** im Kontext von Projektmanagement, dessen auch die Produktentwicklung produzierender Unternehmen bedarf, ist definiert als „the capacity to change the project plan and the active involvement of customer in the development process"[395] und ermöglicht so die Überprüfung oder Anpassung

390 Vgl. Cooper (2017), S. 100; Cooper (2016), S. 26; Cooper (2008), S. 213.
391 Vgl. Van de Ven (2017), S. 40; Lenfle/Loch (2010), S. 44, S. 46.
392 Vgl. Cooper (2014), S. 20; Sommer et al. (2015), S. 34; Hughes/Chafin (1996), S. 89f., S. 103; Vahs/Brem (2013), S. 238.
393 Vgl. Lenfle/Loch (2010), S. 48.
394 Vgl. Edwards et al. (2019), S. 3; Cooper (2016), S. 21.
395 Conforto et al. (2016), S. 670.

des Produktdesigns im Verlauf der Entwicklung.[396] Um diesen Nachteil des klassischen Stage-Gate-Ansatzes zu kompensieren, wurde eine **agile Variante mit Scrum** entwickelt.[397] Es wurden Praktiken adaptiert und aus der agilen IT-Neuproduktentwicklung in den traditionellen Stage-Gate-Prozess integriert, wobei das **Next Generation Stage-Gate-Modell** mit Eigenschaften beider Systeme entstanden ist, wie Abbildung 8 zeigt.[398]

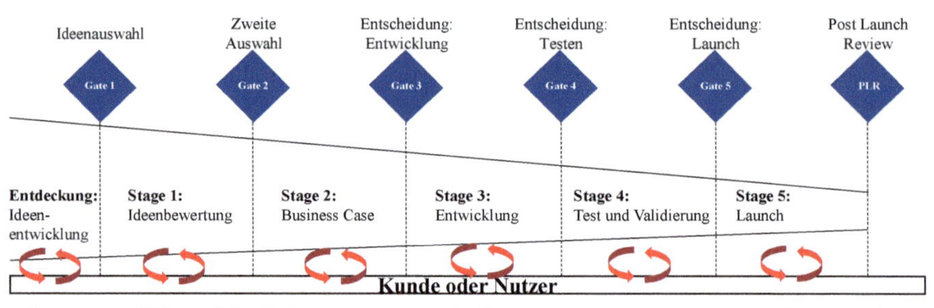

Abbildung 8: Next Generation Stage-Gate-Modell[399]

Das hybride Modell flexibilisiert durch die **Einbindung agiler Elemente** (z. B. dynamische Tools wie Burn-Down-Chart und Product Backlog statt statischer Tools wie Gantt Charts, Meilensteinpläne[400]) bisherige Stage-Gate-Modelle. Ihre Integration erfolgt vornehmlich in der Entwicklungs- und Teststufe eines Neuproduktentwicklungsprojekts[401], wobei Unternehmen mit fortgeschrittener Erfahrung auch zur Vorentwicklung und Machbarkeitsbewertung davon Gebrauch machen.[402] Wie beim traditionellen Stage-Gate-Modell, finden in den fünf Phasen die Erledigung von Aufgaben bzw. die Aktivitäten des Innovationsprozesses statt. An den Gates werden Entscheidungen getroffen. Aber nach dem Triple A-System (adaptive, agile und accelerated) ist der Prozess anpassungsfähiger, schlanker und schneller.

Eine spiralförmige und iterative Entwicklung ermöglicht einen frühen und regelmäßigen Austausch mit dem Kunden und die Einarbeitung von Feedback.

---

396 Vgl. Edwards et al. (2019), S. 7.
397 Vgl. Sommer et al. (2015), S. 34ff.
398 Vgl. Cooper (2014), S. 20; Cadeddu et al. (2019), S. 26f.; Cooper (2016), S. 21; Sommer et al. (2015), S. 36; Cooper (2008), S. 216.
399 Eigene Darstellung in Anlehnung an Cooper (2017), S. 49.
400 Vgl. Sommer et al. (2015), S. 41; Edwards et al. (2019), S. 7.
401 Vgl. Cooper (2016), S. 23f.
402 Vgl. Edwards et al. (2019), S. 8.

So werden Veränderungen in den Bedürfnissen rechtzeitig erkannt und Fehlentwicklungen vorgebeugt. In Iterationen lässt sich die Produktdefinition inklusive Design und Wertversprechen anhand von getesteten Prototypen und Integration von Feedback schrittweise schärfen. Flexibilität bedeutet, die Aktivitäten und Pflichtergebnisse pro Phase bzw. Gate projektspezifisch und passend zu den Erfordernissen des Marktes bzw. Unternehmens zu gestalten, sodass sich kürzere Prozesse (z. B. durch Zusammenfassen von Phasen) und projektspezifische Dokumente/Ergebnisse ergeben (je nach Risiko, Unsicherheit und Umfang des Projekts).[403]

Flexiblere Entscheidungskriterien sollten nicht nur finanzbasiert sein, sondern auch strategischer und damit stärker von ganzheitlicher Natur (z. B. Nutzung von Scorecards mit Mix aus finanziellen, wettbewerbsbezogenen und strategischen Kriterien). Das Weiterkommen an den Gates kann, statt binär ausgeprägt zu sein, an Bedingungen geknüpft sein. Dann kommt es auf die Situation an, welche Informationen für das Weiterkommen in die nächste Phase zwingend vorliegen müssen und ggf. auch nachgereicht werden können. Das Einbinden agiler Elemente wie Sprints ist ebenfalls Bestandteil und soll Bürokratie sowie unnötige Aktivitäten reduzieren. Eine strikte Fokussierung der Ressourcen, z. B. ein cross-funktionales Team, welches bestenfalls zu 100%[404] einem Neuproduktentwicklungsprojekt mit multifunktionalem Charakter zugeordnet ist, kombiniert mit einem verantwortlichen Projektmanager in Matrixorganisation, beschleunigen die Durchlaufzeit. Dem zuträglich ist auch eine zeitlich parallele Ausführung der diskret einer Phase zugeordneten Aktivitäten innerhalb einer Prozessstufe statt Sequenzierung und einer spezialisierten, linearen, funktionsorientierten Abhandlung des NPEP. Sobald zuverlässige Informationen vorliegen, sollte der Prozess fortschreiten, statt auf Vollständigkeit von Informationen zu warten. Sorgfältigere Arbeit am Prozessbeginn im Sinne der Vorabanalyse von Kontextfaktoren spart ebenso Zeit.[405] Selbstorganisation der Teams ist ebenfalls zuträglich, sodass sich unterschiedliche Zeitspannen für verschiedene Phasen und Aktivitäten schlussendlich synchronisieren lassen und Engstellen im Prozess diesen nicht zum Erliegen bringen. Insgesamt sollte das Projektteam (bzw. zumindest ein enger Kreis) über das gesamte Projekt hinweg „responsible", „committed" und „accountable"[406] für das Projekt sein.[407]

---

403 Vgl. Cooper/Edgett/Kleinschmidt (2002), S. 44f.; Cooper (2008), S. 216; Cooper (2017), S. 50.

404 Vgl. Cooper (2016), S. 26.

405 Vgl. Cooper (2014), S. 21ff.; Cooper (2017), S. 106; Takeuchi/Nonaka (1986), S. 137ff.; Verworn/Herstatt (2000), S. 2ff.; Trott (2008), S. 403f.; Cooper (1994), S. 3f., S. 9ff.; Cooper (2008), S. 224ff.

Die Kommunikation im Team verbessert sich durch tägliche Meetings anstelle schriftlicher Dokumentation als Form des Austauschs.[408] Dennoch handeln die Teams nicht ganz autonom, da durch das Management eine subtile Kontrolle erfolgt (z. B. durch die Besetzung der Teams, eine offene Arbeitsumgebung, den Einbezug von Kunden).[409]

Die **Integration von Stage-Gate und agilen Methoden**, deren Verschmelzung erstmals IT-Unternehmen vornahmen[410], erfordert für Produkte einige Anpassungen, da die beiden Vorgehensweisen in ihrer Intension unterschiedlich ausgerichtet sind.[411] Hinsichtlich des inkrementellen Charakters weisen Produkte andere Eigenschaften als Software auf, wonach z. B. Sprints länger als die gewöhnlichen 1-4 Wochen sind. Zudem müssen Aufgaben anders auf die Sprints aufgeteilt werden und die Definition von done für Inkremente eines Sprints angepasst werden: Für Produkte können keine funktionsfähigen Inkremente gebildet werden, stattdessen haben die Iterationen jeweils eine Produktversion zwischen Konzept und Prototyp zum Ergebnis.[412]

Die **Vorteile des hybriden Modells für die NPE**, welches Vorteile beider Ansätze kombiniert und so schnellere Releases, eine bessere Reaktion auf sich ändernde Kundenanforderungen (early proof of concept prototypes) und bessere Kommunikation im Team erwirkt[413], wurden für MNC von Sommer et al. (2015) anhand multipler Fallstudien untersucht und positive Effekte wurden bestätigt. Sie korrelieren u. a. mit besserem Wissensaustausch und Kommunikation im Team sowie damit einhergehender höherer Produktivität und besserem Reaktionsvermögen auf Veränderungen, mit besserer Ressourcenkoordination und Priorisierung, höherer Sichtbarkeit sowie Empowerment des Teams.[414] Die betrachteten Unternehmen modifizierten ihre verwendeten NPEP, um Schwachstellen zu eliminieren, wobei Stage-Gate und Scrum jeweils auf unterschiedlichen Planungsebenen mit verschiedenen Intentionen angewendet wurden, wie Abbildung 9 zeigt.[415]

---

406 Cooper (2017), S. 108.
407 Vgl. Cooper (2017), S. 106ff.
408 Vgl. Verworn/Herstatt (2000), S. 4f.; Cooper (2016), S. 21; Takeuchi/Nonaka (1986), S. 139f.
409 Vgl. Takeuchi/Nonaka (1986), S. 143.
410 Vgl. Edwards et al. (2019), S. 6.
411 Vgl. Cooper (2016), S. 22.
412 Vgl. Cooper (2014), S. 25; Cooper (2016), S. 21, S. 23, S. 27.
413 Vgl. Cooper (2016), S. 21, S. 26.
414 Vgl. Sommer et al. (2015), S. 34ff., S. 41, S. 43.
415 Vgl. Sommer et al. (2015), S. 37, S. 39, S. 42f.; Cooper (2016), S. 22f.

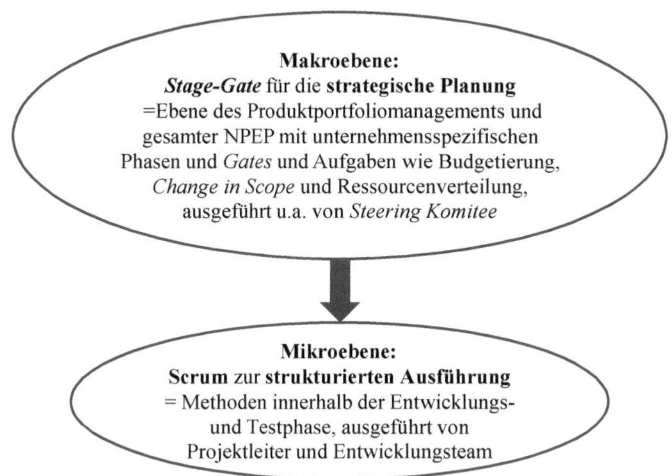

Abbildung 9: Ebenen im NPEP[416]

Für SME untersuchten Edwards et al. (2019) das hybride Modell und resümierten, dass sich die time-to-market, der gesamte NPEP sowie die Erfolgsrate verbessert haben, da durch regelmäßige Meetings die Kommunikation und Ressourcenaufteilung im Team besser wurde und die Kundenorientierung durch die Nutzung von Personas, User Stories oder Voice-of-customer stieg.[417]

Dennoch listen die Studien von Sommer et al. (2015) und Edwards et al. (2019) als **Herausforderungen** auch fehlende Skalierbarkeit, Schwierigkeiten bei der adäquaten Teambesetzung, eine ausufernde Zahl von Meetings, fehlende Unterstützung durch das Management mangels Überzeugung vom neuartigen Vorgehen, Überforderung der Mitarbeiter durch zusätzliche Tools und die korrekte Nutzung der flexiblen Tools (z. B. Dailys und Backlog), was ihre Flexibilität einschränkt.[418]

In der **deutschsprachigen Literatur** werden neben den Modellen von Cooper Prozessmodelle dargestellt, die im Aufbau an die amerikanischen Phasenmodelle erinnern, aber zusätzlich die Möglichkeit des Abbruchs des Prozesses oder den parallelen Ablauf von Phasen zeigen, sowie den Prozess um ein Innovationscontrolling erweitern.[419] Ulrich/Eppinger (1995) geben als weitere

416 Eigene Darstellung.
417 Vgl. Edwards et al. (2019), S. 1, S. 27.
418 Vgl. Sommer et al. (2015), S. 36; Edwards et al. (2019), S. 9, S. 27.

Details auch die Aufgaben der einzelnen Funktionen während der Phasen der Produktentwicklung an, wobei sämtliche Funktionen des Unternehmens in alle Phasen des Prozesses integriert sind. Tabelle 9 zeigt einen Auszug an Aufgaben im NPEP.[420]

Phase / Funktion	Konzeptentwicklung	Entwurf auf Systemebene	Detailgestaltung	Test und Verfeinerung	Produktionsanlauf
Marketing	-Marktsegmente definieren -Lead user identifizieren -Wettbewerbsprodukte identifizieren	-Produktvarianten und Erweiterung der Produktfamilie planen	-Marketingplan entwickeln	-Werbematerial vorbereiten -Launch vorbereiten -Feldtests unterstützen	-frühzeitige Produktion bei Schlüsselkunden platzieren
Design	-Machbarkeit des Produktkonzepts prüfen -Designkonzepte entwickeln -Prototypen bauen und testen	-Entwicklung alternativer Produkteigenschaften -Subsysteme und Schnittstellen festlegen -Designkonzept verfeinern	-Teilegeometrie festlegen -Materialauswahl -Toleranzen vergeben -Dokumentation zur Kontrolle des industriellen Designs vervollständigen	-Test auf Zuverlässigkeit, Lebensdauer und Leistung durchführen -behördliche Genehmigungen einholen -Änderungen am Design einarbeiten	-Produktionsergebnisse frühzeitig beurteilen

419 Vgl. Verworn/Herstatt (2000), S. 7ff.; Gaubinger et al. (2015a), S. 32; Vahs/Brem (2013), S. 354ff.

420 Vgl. Verworn/Herstatt (2000), S. 4; Ulrich/Eppinger (1995), S. 15.

Phase / Funktion	Konzeptentwicklung	Entwurf auf Systemebene	Detailgestaltung	Test und Verfeinerung	Produktionsanlauf
Fertigung	-Herstellkosten schätzen -Produktion auf Machbarkeit prüfen	-Zulieferer von Schlüsselkomponenten bestimmen -Make-buy-Analyse -Montageplan ausarbeiten	-Produktionsprozesse für Einzelteile definieren -Entwurfswerkzeuge -Qualitätssicherungsprozesse festlegen -Beginn der Beschaffung von Werkzeugen mit langer Vorlaufzeit	-Anlauf der Lieferanten unterstützen -Herstellungs- und Montageverfahren verfeinern -Arbeitskräfte schulen -Qualitätssicherungsprozesse verfeinern	-Betrieb des gesamten Produktionssystems aufnehmen
Andere Funktionen	-Finanzen: wirtschaftliche Analyse -Recht: Patentangelegenheiten untersuchen	-Finanzen: Make-buy-Analyse unterstützen -Service: Serviceangelegenheiten bestimmen		-Vertrieb: Verkaufsplan erstellen	

Tabelle 9: Auszug von Aufgaben im NPEP[421]

Bezogen auf die **Arbeit mit Lasten- und Pflichtenheft** als Besonderheit im Entwicklungsprozess produzierender Unternehmen im deutschsprachigen Raum ist das Modell von Ebert/Pleschak/Sabisch (1992) zu nennen. Die einzelnen Schritte des NPEP sowie die Einbindung von Lasten- und Pflichtenheft sind in Abbildung 10 dargestellt. Das Lastenheft (LH) umfasst die Anforderungen des Kunden, im Pflichtenheft (PH) werden diese in technische Spezifikationen übersetzt.[422]

---

421 Eigene Darstellung in Anlehnung an Ulrich/Eppinger (1995), S. 15.
422 Vgl. Verworn/Herstatt (2000), S. 7; Ebert/Pleschak/Sabisch (1992), S. 148.

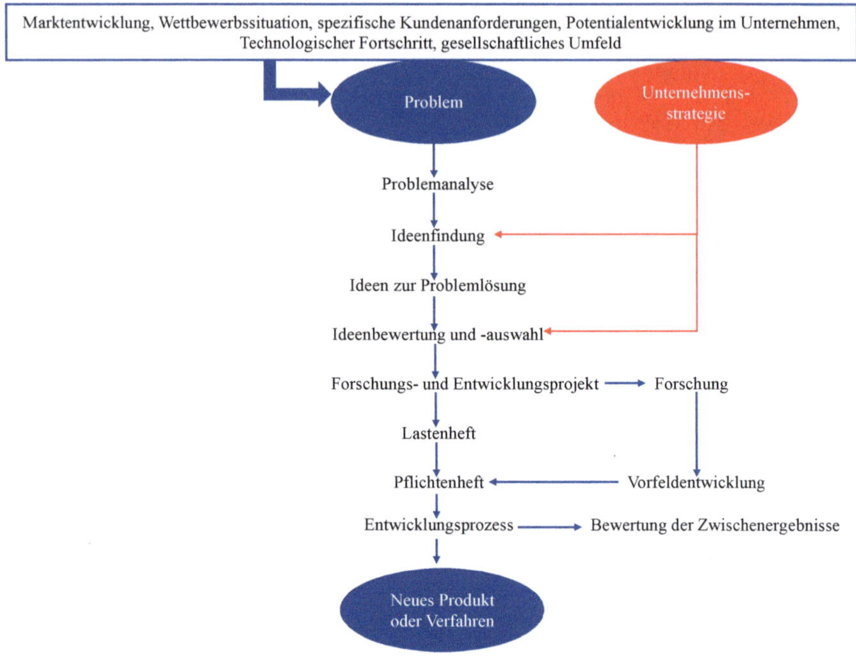

Abbildung 10: Entwicklungsprozess mit Lasten- und Pflichtenheft[423]

Seit den 2000ern hat sich die **Entwicklung neuer Modelle verlangsamt**, u. a. da der Open Innovation Ansatz sich sehr gut anpassen lässt an diverse NPE-Strategien in heutigen Unternehmen. Dabei werden Innovationsprozessmodelle in allen Phasen strukturiert nach außen hin geöffnet, sodass Innovation durch den Zugang zu sowie die Nutzung und die Aufnahme von Wissen über die Grenzen des Unternehmens hinweg erfolgt.[424] Beim Outside-In-Prozess werden Ideen außerhalb des Unternehmens generiert und nach innen gebracht, z. B. durch Integration von Kunden und Lieferanten. Im Inside-Out-Prozess werden unternehmensintern generierte Ideen extern z. B. durch Lizenzierung umgesetzt. Die Verknüpfung beider Prozesse wird als Coupled Process bezeichnet.[425]

Auch werden **vermehrt einzelne Forschungsfelder stärker fokussiert** wie z. B. Tools für das Projektmanagement (z. B. agile Methoden), einzelne Phasen des NPEP (z. B. fuzzy front end), Techniken für einzelne Phasen sowie

423 Eigene Darstellung, vereinfacht, in Anlehnung an Ebert/Pleschak/Sabisch (1992), S. 148.
424 Vgl. Vahs/Brem (2013), S. 241; Chesbrough (2017), S. 35.
425 Vgl. Vahs/Brem (2013), S. 241; Chesbrough (2017), S. 35.

die Erfolgseinflüsse einzelner Phasen des NPEP durch die in den Phasen zu treffenden Entscheidungen und ihre Auswirkungen.[426] Schließlich existieren viele verschiedene Modelle zur Neuproduktentwicklung, da die Vorgehensweisen oftmals spezifisch auf ein Unternehmen zugeschnitten sind.[427]

Da nicht das für die Zeit dominante Innovationsprozessmodell herangezogen werden sollte, sondern ein Modell, welches zum Kontext passt, findet Coopers agiler Ansatz im Rahmen dieser Dissertation Anwendung.[428] Die Vorteile des Modells wie Strukturiertheit, klare Entscheidungspunkte/-kriterien, transparente Erwartungen an das Team in Form der Pflichtergebnisse und die Nutzung von Best Practices, sind umfangreich untersucht und angesichts kürzerer Produktlebenszyklen oftmals als gute Praktik dokumentiert.[429] Das Stage-Gate-Modell lässt eine ausgeprägte Marktorientierung zu und sieht den Kunden als integralen Bestandteil des NPEP (im Gegensatz zum Ingenieur-getriebenen Vorgehen). Dies verspricht z. B. durch eine scharfe Produktdefinition die Marktfähigkeit des Produktes.[430] Die agile Variante adressiert zudem, neben der Einbindung agiler Elemente wie Iterationen, sich schnell verändernde Märkte und Bedürfnisse, auch durch die Nutzung verschiedener Versionen des Prozesses je nach Umfang, Komplexität und Risiko der NPE[431], weshalb Stage-Gate-Modelle in vielen Unternehmen zur NPE Anwendung finden.[432] Trotz aller genannter Vorteile des Modells, aufgrund derer es zunächst als Grundgerüst für die Untersuchung dieser Arbeit herangezogen wird, werden die bereits erwähnten Schwächen des Modells adressiert und Adaptionen im Hinblick auf Besonderheiten frugaler Innovationen vorgenommen. Dieses Vorgehen der Modifikation wird von vielen Unternehmen praktiziert, die z. B. *Open Innovation Stage-Gate*-Ansätze nutzen und wurde auch empirisch als tauglich befunden.[433]

---

426 Vgl. Kotsemir/Meissner (2013), S. 10ff.; Di Benedetto (2013), S. 420ff.; Cadeddu et al. (2019), S. 29f.

427 Vgl. Cadeddu et al. (2019), S. 31f.; Tatikonda/Montoya-Weiss (2001), S. 167f.

428 Vgl. Ortt/van der Duin (2008), S. 522.

429 Vgl. Cooper (2016), S. 26; Sommer et al. (2015), S. 43; Bessant/Francis (1997), S. 189f., S. 196; Cooper (2000), S. 54.

430 Vgl. Cooper (1994), S. 6; Holland/Gaston/Gomes (2000), S. 239.

431 Vgl. Edwards et al. (2019), S. 5.

432 Vgl. Cooper (2000), S. 54.

433 Vgl. Ettlie/Elsenbach (2007), S. 20ff.; Grönlund/Sjödin/Frishammar (2010), S. 106ff.

2.2.3 Marktfähigkeit von Innovationen

Per Definition wird eine Invention erst zu einer Innovation, wenn sie sich auf einem Markt durchsetzt.[434] Dabei stellt insbesondere die Annahme des Produktes durch den ersten Anwender (Referenzkunde, lead user, Zielkunde) eine Hürde dar.[435]

> *„In der Phase der Ideenumsetzung sollen die zuvor ausgewählten Ideen zu marktfähigen und wirtschaftlich erfolgreichen Produkten oder Dienstleistungen entwickelt werden."*[436]

Dies zeigt, dass unabhängig vom Zielmarkt, neben der innerbetrieblichen Perspektive der NPE auch die **Marktperspektive und -orientierung** des Prozesses als marktbasierter Erfolgsbeitrag nicht vernachlässigt werden darf.[437] Während der Aktivitäten in den Bereichen Marketing, Finanzierung und Engineering, interagieren Marktteilnehmer mit dem Unternehmen. So sollte der Prozess auch auf externe Faktoren der Umwelt bzw. des Kontexts der Vermarktung ausgerichtet sein, woraus ein komplexes System entsteht.[438] Um eine spätere Diffusion der Innovation zu ermöglichen, sollten Bedürfnisse und Präferenzen möglicher Kunden und Nutzer sowie der Kundennutzen des Produktes bestimmt werden, was durch Marktorientierung gelingt. Daraus sind wiederum Entscheidungen zur Produktqualität und Überlegenheit des Produktes gegenüber dem Wettbewerb abzuleiten.[439]

Pleschak/Sabisch (1996) definieren in ihrem Modell zur NPE ein **marktfähiges Produkt** als das Ergebnis einer Produktionseinführung und als Ausgangspunkt für den darauffolgenden Prozessschritt der Markteinführung mit Diffusion.[440] Eine Produktidee auf die kommerzielle Nutzung auszurichten und damit Marktorientierung zu implementieren, erfordert Marketingfähigkeiten.[441] Diese Fähigkeiten beziehen sich auf Prozesse des Unternehmens mit dem Ziel, Wissen, Fähigkeiten und Ressourcen des Unternehmens so anzuwenden, dass den Pro-

---

434 Vgl. Hauschildt et al. (2016), S. 78f.

435 Vgl. Hauschildt et al. (2016), S. 78f.

436 Vahs/Brem (2013), S. 369.

437 Vgl. Craig/Hart (1992), S. 39; Durst et al. (2018), S. 469; Morgan/Vorhies/Mason (2009), S. 909.

438 Vgl. Žižlavský (2013), S. 5; Krishnan/Ulrich (2001), S. 11f.; Bhuiyan (2011), S. 766f.; Trott (2008), S. 28ff., S. 76; Cooper (2017), S. 103; Durst et al. (2018), S. 457f.

439 Vgl. Hauschildt et al. (2016), S. 79f.; Morgan/Vorhies/Mason (2009), S. 910.

440 Vgl. Pleschak/Sabisch (1996), S. 24.

441 Vgl. Wheelwright/Clark (1992a), S. 81ff.; Millson (2013), S. 320; Morgan/Vorhies/Mason (2009), S. 909.

dukten und Dienstleistungen angesichts der Marktbedingungen ein Mehrwert verliehen wird.[442]

Marketingfähigkeiten in Bezug auf Produktdesign, Qualität und Abgrenzung zur Konkurrenz werden als ein zentrales Element für die Vermarktung neuer Produkte auf heimischen und internationalen Märkten identifiziert, um näher an den Markt und Kunden zu kommen und schneller auf sich ändernde Anforderungen reagieren zu können.[443] Diese Sichtweise zeigt, dass auch die Kommerzialisierung ein Bestandteil des Innovationsprozesses ist[444], weshalb diese Arbeit auch die Marktfähigkeit von frugalen Innovationen betrachtet (z. B. durch das Testen am Markt bzw. mit Kunden). Die Diffusion von Innovationen und hierzu erforderliche Aktivitätenbündel in der Phase der Kommerzialisierung wie z. B. das Abschätzen der möglichen Absatzmengen und -preise, das Prozedere bei der Markteinführung, Post-Launch Reviews sowie die Gestaltung der Vertriebswege und Distributionsnetze[445] sind hingegen nicht Bestandteil der Arbeit.

Im Kontext frugaler Innovation ist die Betrachtung von Marktfähigkeit wichtig, da frugale Innovationen innerhalb der ressourcenbeschränkten Innovationsformen auch die Anwendung einbeziehen, was die Charakterisierung von Santos/Borini/Oliveira Júnior (2020) in Anlehnung an Zeschky/Winterhalter/Gassmann (2014) in der nachfolgenden Abbildung 11 auf der obersten Eben der Pyramide zeigt.[446]

442 Vgl. Vorhies/Harker/Rao (1999), S. 1175.

443 Vgl. Durst et al. (2018), S. 461f., S. 469; Morgan/Vorhies/Mason (2009), S. 917.

444 Vgl. Crossan/Apaydin (2010), S. 1174.

445 Vgl. Hauschildt et al. (2016), S. 79f.; Crossan/Apaydin (2010), S. 1174.

446 Vgl. Santos/Borini/Oliveira Júnior (2020), S. 248; Zeschky/Winterhalter/Gassmann (2014), S. 26.

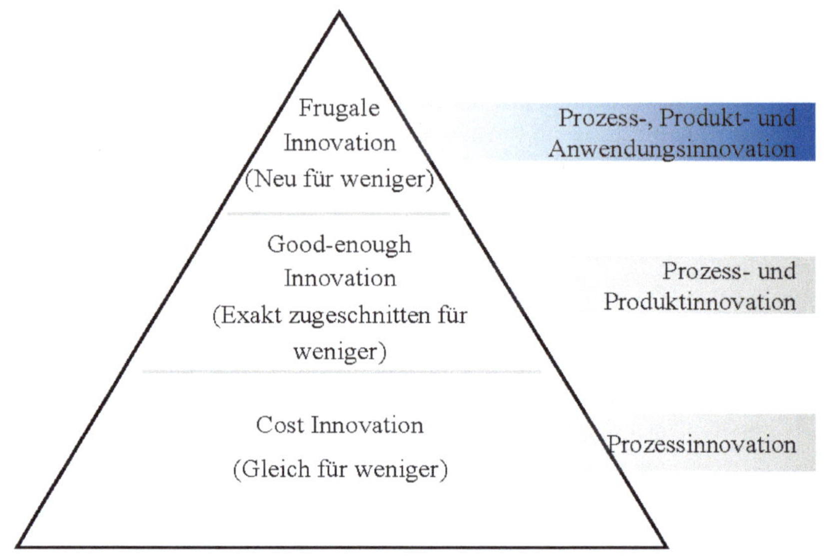

Abbildung 11: Anwendungsbezug frugaler Innovation[447]

Um dieser Tatsache Rechnung zu tragen, bezieht diese Arbeit in die Fragestellung den Aspekt der Marktfähigkeit einer corporate frugal innovation ein. Daneben existieren in der Literatur weitere Erfolgsfaktoren, wie das nächste Kapitel zeigt.

2.2.4 Erfolgsfaktoren der Neuproduktentwicklung

Die Ursachen für Innovationserfolg haben sich als **Erfolgsfaktoren** herausgebildet.[448] In der Erfolgsfaktorenforschung für neue Produkte werden folglich Faktoren, die notwendig und gleichzeitig Garantie für kommerziellen Erfolg der Produkte sind, untersucht.[449] Messbarer Erfolg einer NPE bedeutet dabei, dass die neuen Produkte so profitabel sind, dass das Unternehmen durch sie seine Umsatz- und Gewinnziele erreicht.[450] Cooper/Kleinschmidt (1987) nutzen für ihre Studie beispielweise die Profitabilität des Produktes, den Marktanteil, den Gewinnanteil und den Umsatz als Messgrößen für den Erfolg, Brown/Eisenhardt

---

447 Eigene Darstellung in Anlehnung an Zeschky/Winterhalter/Gassmann (2014), S. 26.

448 Vgl. Hauschildt et al. (2016), S. 69.

449 Vgl. Bhuiyan (2011), S. 750.

450 Vgl. Ernst (2001), S. 311, S. 317.

Gewinnanteil und den Umsatz als Messgrößen für den Erfolg, Brown/Eisenhardt (1995) führen zusätzlich die Passung des Produktes mit den Bedürfnissen der Marktteilnehmer und den Fähigkeiten des Unternehmens an.[451] Erfolgsfaktoren dienen als Basis für das Screening von Neuproduktentwicklungsprojekten und liefern Einblicke, wie diese gemanagt werden sollten.[452]

Kritische Erfolgsfaktoren sollten in den NPEP einbezogen werden.[453] Bezogen auf das Stage-Gate-Modell, besitzt jede Phase eine Zusammenstellung von Erfolgsfaktoren.[454]

Die **Forschung** dazu lässt sich zurückverfolgen auf generalistische Untersuchungen und die Ergebnisse der SAPPHO-Studie 1974, die erstmalig systematisch erfolgreiche und erfolglose Innovationen untersuchte und daraus Interventionsstrategien ableitete. Im Projekt „NewProd" untersuchte letztlich Cooper (1980) 77 Variablen, die den Erfolg der NPE beeinflussen und identifizierte elf Faktoren für (Miss-)Erfolg[455], die seitdem von vielen empirischen Untersuchungen zu Erfolgsfaktoren für Innovation gefolgt wurden.[456] Verdichtet wurden bisherige Studien durch Literaturüberblicke und Meta-Analysen, die gefundene Erfolgsfaktoren systematisieren. Dabei gelangen die Analysen zu unterschiedlichen Befunden, was auf inhaltliche und methodische Defizite hinweist.[457] Ernst (2002) fasst in seiner Aufarbeitung neben Schwachstellen die wichtigsten Erkenntnisse bisheriger empirischer Arbeiten zu **Erfolgsfaktoren der Neuproduktentwicklung** zusammen. Fokussiert werden dabei nur Faktoren, die aktiv durch interne Aktivitäten des Managements beeinflusst werden können.[458] Cooper/Kleinschmidt (1987) identifizierten solche Faktoren basierend auf vorangegangenen Forschungen und Hypothesentests als besonders erfolgsrelevant.[459] Auf den Ergebnissen ihrer Studie, die sehr oft zitiert wird, bauen viele andere Autoren ihre Arbeit auf.[460] Um eine Kontrollgruppe zu haben, untersuchen sie in Abgrenzung zu vorherigen Studien, ähnlich zum Projekt „SAPPHO" und dem Projekt „NewProd", auf paarweise vergleichende Art und Weise erfolgreiche und erfolglose Neuproduktentwicklungen.[461] Dabei

451 Vgl. Cooper/Kleinschmidt (1987), S. 177f.; Brown/Eisenhardt (1995), S. 346.
452 Vgl. Cooper/Kleinschmidt (1987), S. 169.
453 Vgl. Cooper (2000), S. 54.
454 Vgl. Edwards et al. (2019), S. 4.
455 Vgl. Cooper (1980), S. 277ff.; Rothwell (1974), S. 58ff.
456 Vgl. Barclay (1992), S. 255ff.
457 Vgl. Hauschildt et al. (2016), S. 69ff.; Craig/Hart (1992), S. 4, S. 6.
458 Vgl. Ernst (2002), S. 1, S. 3.
459 Vgl. Cooper/Kleinschmidt (1987), S. 169, S. 182.
460 Vgl. Ernst (2002), S. 3, S. 8.
461 Vgl. Cooper/Kleinschmidt (1987), S. 171; Cooper (1980), S. 277ff.; Rothwell (1974), S. 58ff.

zeigen sich in Anlehnung an Cooper/Kleinschmidt (1995) bzw. Ernst (2002) **fünf Kategorien von Erfolgsfaktoren für konventionelle NPE**[462], die auch bereits im Literaturüberblick von Craig/Hart (1992) als Schlüsselthemen ermittelt werden und sich in **strategische** (in Abbildung 12 weiß hinterlegt) und **projektbezogene** (in Abbildung 12 blau hinterlegt) Kategorien aufteilen lassen.[463]

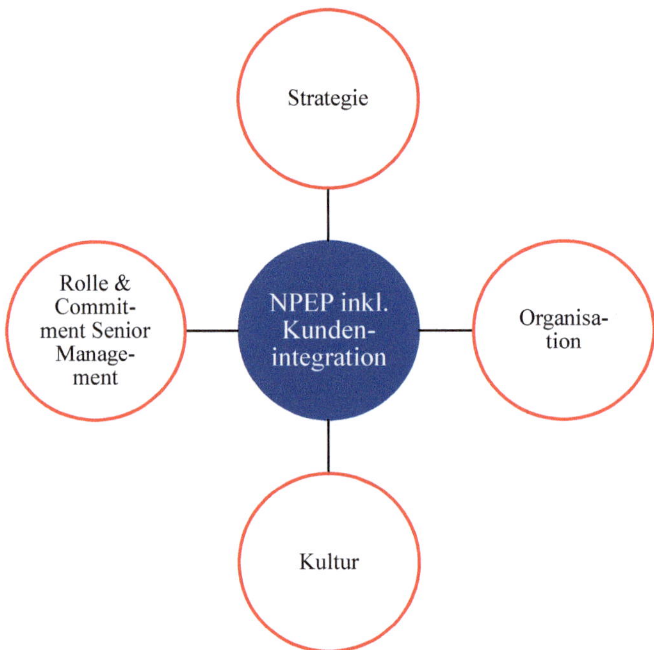

Abbildung 12: Kategorien von Erfolgsfaktoren[464]

Strategische Kategorien

Für die **Strategie** sollten die grundsätzlichen Ziele des NPE-Programms definiert werden. Die Bedeutung ihrer Erreichung muss klar kommuniziert werden, sowie durch die strategische Ausrichtung einzelner NPE-Projekte gesichert werden.[465] Oberste Maxime ist dabei, Produkte anzubieten, die dem Kunden einzigartigen Mehrwert bieten, beispielsweise anhand der Produktqualität und

462 Vgl. Ernst (2002), S. 3, S. 14; Cooper/Kleinschmidt (1995).
463 Vgl. Craig/Hart (1992), S. 14f.
464 Eigene Darstellung in Anlehnung an Ernst (2002), S. 14.

eines guten Preis-Leistungs-Verhältnisses in Anbetracht der Kundenbedürfnisse und des Wettbewerbs.[466]

Zur Realisierung der genannten Faktoren stellt sich die Frage, welche Art der **(Projekt-) Organisation** auf Ebene des Unternehmens gewählt werden sollte.[467] Dabei muss beachtet werden, dass die Mitarbeiter im Projektteam und die Projektleitung neben Linientätigkeiten ausreichend Zeit und andere Ressourcen für die NPE haben und, dass die Projektleitung, gerade bei interdisziplinären Teams, Zugang zu allen Teammitgliedern hat.[468] Debattiert werden in diesem Kontext Vor- und Nachteile einer matrix- oder projektbasierten Struktur.[469]

Zusätzlich zur Struktur fördert ein **unternehmerisches Klima** den Erfolg. Erhalten Mitarbeiter z. B. einen Teil ihrer Arbeitszeit und ggf. Kapital für die unabhängige Weiterentwicklung eigener Ideen und ggf. bereits gestoppter Projekte, steigert dies das Verantwortungsbewusstsein und Engagement des gesamten Teams für den ganzen Innovationsprozess.[470]

Projektbezogene Erfolgsfaktoren

Conditio sine qua non für den Erfolg ist aber immer das **Vorliegen eines informellen oder formalen Prozesses zur NPE,** was in immer mehr Unternehmen der Fall ist[471] und welcher im Fokus dieser Arbeit steht. Qualitätsmerkmale eines Prozesses sind dabei seine Lückenlosigkeit, Qualitätsprüfpunkte und eine besondere Beachtung der Frontend- und marktzugewandten Aktivitäten.[472]

Innerhalb des NPEP haben sich **vier wesentliche Erfolgsfaktoren** herausgebildet[473]:

1. **Qualität der Planungen vor Eintritt in die Entwicklungsphase**: Erste Evaluierung von Ideen, technische und marktorientierte Machbarkeitsstudie, kommerzielle Bewertung des Projekts; Beschreibung von Produktkonzept, Zielmarkt und Nutzengewinn des Kunden auch gegenüber Wettbewerbsprodukten

---

465 Vgl. Ernst (2002), S. 28; Agrawal/Bhuiyan (2014), S. 477; Bhuiyan (2011), S. 751; Craig/Hart (1992), S. 16f.

466 Vgl. Cooper (2000), S. 55; Cooper/Kleinschmidt (1987), S. 181.

467 Vgl. Ernst (2002), S. 15, S. 31; Craig/Hart (1992), S. 19.

468 Vgl. Ernst (2002), S. 31; Ernst (2001), S. 76; Craig/Hart (1992), S. 32.

469 Vgl. Holland/Gaston/Gomes (2000), S. 232.

470 Vgl. Ernst (2002), S. 15; Ernst (2001), S. 77.

471 Vgl. Ernst (2002), S. 31; Daim/Brem/Tidd (2019), S.xvi; Barczak/Griffin/Kahn (2009), S. 4, S. 7, S. 14.

472 Vgl. Cooper (2017), S. 103f.

473 Vgl. Ernst (2001), S. 76ff.; Brown/Eisenhardt (1995), S. 346.

2. **Kontinuierliche kommerzielle Bewertung über alle Phasen des NPEP**: Prozessorientiertes Controlling mit Entscheidungspunkten an bestimmten Meilensteinen über die Fortführung des Projekts
3. **Ausrichtung aller Schritte des NPEP an den Bedürfnissen des Marktes**: Ergründung und Verständnis der Kundenbedürfnisse, Überlegenheit und Benefit des Produktes nur durch frühe „needs-and-wants"-Studie garantiert, zum Teil unausgesprochene Bedürfnisse[474]
4. **Unterscheidung zwischen Marktorientierung und Kundenintegration**: Ausrichtung des NPEP an den Bedürfnissen des Kunden und des Marktes versus Kunde als Nachfrager

Die Beziehungen zwischen einem Erfolgsfaktor und dem Erfolg der NPE sind zumeist linear, bestimmte Zusammenhänge sind hingegen nicht-linear.[475]

Ein **definierter Ablauf und Inhalt des NPEP**, die **prozessbegleitende Bewertung und Steuerung** sowie die **Vorarbeiten mit kommerzieller Projektbewertung** hinsichtlich Profitabilität sind signifikant linear positiv abhängig. D.h. ein Prozess mit klaren Aktivitäten für alle Phasen wie Entwicklung, Testung und Markteinführung, sowie eine prozessbegleitende Steuerung durch das Management inklusive Entscheidungspunkten, stellen, neben einer detaillierten Analyse der Profitabilität vor Beginn der Entwicklung, wichtige Erfolgsfaktoren für die NPE dar.[476] Die vorbereitende Arbeit in den frühen, der Entwicklung vorgelagerten Phasen des NPEP wie die Ideenfindung, ein initiales Screening, Analysen aus technologischer, marktbezogener (Größe, Segmente, Wettbewerb) und finanzieller Sicht sowie die Definition des Produktes in Form eines Konzepts mit Positionierung, Vorzügen, Preis und Merkmalen sind ausschlaggebend für den Produkterfolg.[477] Das Screening sollte formalisiert anhand fester **Go/Kill-Entscheidungspunkte bzw. Gates** vorgenommen werden. In Anlehnung an Muss-Kriterien wie Machbarkeit und strategische Eignung und Sollte-Kriterien wie Attraktivität des Marktes und Vorteil des Produktes, die u. a. Bestandteil der Produktdefinition sind, wird immer wieder informationsbasiert und ggf. unter Einsatz eines Scoringmodells über eine weitere Zuführung von Ressourcen und damit die Fortführung des Projekts entschieden.[478]

474 Cooper (2000), S. 56.
475 Vgl. Ernst (2001), S. 312.
476 Vgl. Ernst (2001), S. 312.
477 Vgl. Ernst (2002), S. 8; Bhuiyan (2011), S. 757; Cooper/Kleinschmidt (1987), S. 180; Cooper (1988), S. 237, S. 241, S. 244; Cooper (2000), S. 56.
478 Vgl. Cooper (1988), S. 242f.; Cooper (2000), S. 56f.; Cooper/Kleinschmidt (1987), S. 180.

Für die vorgelagerten Aktivitäten wie z. B. die Ideengenerierung ist neben dem Einsatz geeigneter Instrumente wie z. B. Brainstorming die Stimme des Kunden ein wichtiger Erfolgsfaktor. In Form von Interviews oder mithilfe von Fokusgruppen kann ein regelmäßiger Kontakt zum Kunden und seinen Bedürfnissen hergestellt werden.[479] Ernst (2002) stellt fest, dass **Kundenintegration** nicht gleichbedeutend mit Marktorientierung ist.[480] Die Integration von Kunden und Lieferanten in den NPEP gilt als Erfolgsfaktor[481], wobei ein nicht-linearer Zusammenhang besteht: Eine zu hohe Einbindung führt zu „Kundengetriebenheit", was im schlimmsten Fall die Profitabilität des Produktes schmälert. Zu wenig Einbindung des Kunden führt zu Mangel an Informationen. Hier liegt somit ein Optimierungsproblem vor.[482] Kundenintegration ist insbesondere in den frühen Phasen des NPEP zur Ideengewinnung und Sicherstellung des Verständnisses der Kundenbedürfnisse bzw. Preissensitivität sowie in den späten Phasen des NPEP nach der Entwicklung in der Phase des Testens mit Prototypen und Produkttests zur Gewinnung qualitativer Informationen als Feedback wichtig.[483] Es gilt zu beachten, dass Kunden sich hinsichtlich ihrer Fähigkeit, wertvolle Beiträge zur NPE zu liefern, unterscheiden. Auch die Rolle des Kunden in den verschiedenen Phasen variiert von Ressource in der Ideenphase, über Co-Creator und Testperson für Prototypen hin zu Nutzer.[484] In einer ersten Untersuchung zur Entwicklung von Instrumenten für die Wissenschaft zeigte sich, dass in 81 % der untersuchten Fälle die primären Ideen für Produkte und teilweise auch Prototypen sowie in Ansätzen die Diffusion eines Produktes nicht von den Unternehmen stammen und initiiert werden, sondern von Nutzern in den Innovationsprozess eingespeist werden (was auch Projekt SAPPHO bzgl. chemischer Produkte zeigte[485]). Der locus of innovation kann folglich in Abhängigkeit der Eigenschaften des Produktes und der Branche variieren und ist als Prozessvariable zu sehen.[486]

---

479 Vgl. Cooper (1988), S. 241f.; Cooper (2000), S. 56.

480 Vgl. Ernst (2002), S. 8. Zu Marktorientierung siehe Kapitel 2.2.3.

481 Vgl. Brown/Eisenhardt (1995), S. 371f.

482 Vgl. Ernst (2001), S. 312f.

483 Vgl. Ernst (2002), S. 31; Ernst (2001), S. 76; Agrawal/Bhuiyan (2014), S. 477ff.; Bhuiyan (2011), S. 754, S. 760; Rothwell et al. (1974), S. 289; von Hippel (1976), S. 228f.; Herrmann/Schaffner (2005), S. 383; Cooper/Edgett/Kleinschmidt (2004), S. 51; Cooper (2000), S. 56.

484 Vgl. Trott (2008), S. 406; Nambisan (2002), S. 395; Cooper/Edgett/Kleinschmidt (2004), S. 49.

485 Vgl. dazu auch Rothwell (1977), S. 192, S. 201: Bei Project SAPPHO wurden in einer vergleichenden Analyse von gepaarten erfolgreichen und erfolglosen Innovationen in der chemischen Industrie und für wissenschaftliche Instrumente Kriterien für deren (Miss-) Erfolg untersucht.

Zur Ideenfindung hat sich die Arbeit mit **Lead Usern** bewährt.[487] Nach von Hippel (1986) handelt es sich hierbei um Nutzer, die bereits gegenwärtig Umständen und sich daraus ergebenden Bedürfnissen ausgesetzt sind, welche für die Allgemeinheit erst in der Zukunft relevant werden. Außerdem profitieren sie signifikant von einer Lösung für diese Bedürfnisse und können ggf. auch bereits Produktkonzepte oder Designdaten zur Verfügung stellen.[488] Im Gegensatz zu gewöhnlichen Nutzern, die aufgrund der Vertrautheit mit einem Produkt Schwierigkeiten haben, neue Anwendungsformen oder Produktmerkmale zu ersinnen, was Forschung im Bereich der Problemlösung bestätigt[489], und damit der Marktforschung keine Informationen über den Status quo hinaus geben können[490], sind Lead User als Vorhersager von Bedürfnissen v. a. in sich schnell entwickelnden Branchen mit kurzen Produktlebenszyklen erfolgskritisch.[491]

Um Nischenprodukte zu verhindern, sollte unbedingt neben der Kundeneinbindung auch **Marktforschung** betrieben werden[492], um die Anforderungen, Merkmale und Funktionalitäten des Produktes zu definieren.[493]

Die **Unterstützung des NPEP durch das Top-Management** in Form der Vorgabe von Vision und strategischer Ausrichtung ist ebenfalls erfolgskritisch.[494] Genauere Untersuchungen zur Rolle des Top-Managements und dessen Verhalten bei Neuproduktentwicklung ergaben, dass Engagement (d. h. Führung und Motivation des Teams, Bereitstellung von Ressourcen über das F&E-Budget hinaus), regulatorischer Fokus (d. h. je nach Phase im NPEP eher risikoaverse bzw. risikoaffine Vorgehensweise), unternehmerische Orientierung (d. h. Autonomie, Proaktivität, Lernen, Leistungsbedürfnis), organisationales Lernen, Stellung in internen und externen Netzwerken, internationale Orientierung und die Neigung, künftige Veränderungen und den Umgang mit diesen zu antizipieren, erfolgskritisch sind.[495] Cooper/Kleinschmidt (1987) beobachten dabei, dass sowohl erfolgreiche als auch erfolglose Projekte über Unterstützung aus dem Management verfügten.[496] Diesen besonderen Zusammenhang untersucht

486 Vgl. Von Hippel (1976), S. 220, S. 227, S. 230f.
487 Vgl. Cooper (2000), S. 56.
488 Vgl. Von Hippel (1986), S. 791, S. 796.
489 Vgl. Von Hippel (1986), S. 792.
490 Vgl. Von Hippel (1986), S. 796.
491 Vgl. Von Hippel (1986), S. 791, S. 796.
492 Vgl. Ernst (2001), S. 325; Barczak/Griffin/Kahn (2009), S. 4, S. 13.
493 Vgl. Cooper/Edgett/Kleinschmidt (2004), S. 49.
494 Vgl. Ernst (2002), S. 24; Barczak/Griffin/Kahn (2009), S. 9, S. 16; Bessant/Francis (1997), S. 196; Cooper (2000), S. 57.
495 Vgl. Sedighadeli/Kachouie (2013), S. 1, S. 14ff.; Brown/Eisenhardt (1995), S. 371.
496 Vgl. Cooper/Kleinschmidt (1987), S. 181.

Ernst (2001) näher und stellt, genauso wie beim Faktor der Projektleitung, einen nicht-linearen Zusammenhang fest. Mit zunehmender Unterstützung steigt die Profitabilität an, bevor sie dann nach Überschreiten eines Optimums wieder abnimmt. Dies lässt schlussfolgern, dass z. B. eine gewisse Knappheit der für das Projekt verfügbaren Ressourcen förderlich für dessen Profitabilität ist. Auch kann ein starkes Team substituierend für beide Faktoren wirken.[497]

Bisherige Forschung[498] beschäftigte sich daher neben der Prozessstruktur auch mit **funktionalen Rollen und Personen in der Produktentwicklung**, welche es zur erfolgreichen Anwendung des NPEP und im Sinne der Arbeitsteilung je Prozessphase benötigt. Je komplexer das Unternehmenssystem ist, desto mehr mannigfaltige Akteure beeinflussen in Arbeitsteilung durch ihre Aktionen die Produktleistung.[499] Projektteam, Management und Zulieferer regulieren Geschwindigkeit und Produktivität durch Informationen und Ressourcen und damit die Effizienz des Prozesses. Projektleitung, Kunden und Management steuern durch Input und klare Vorgaben die Effektivität des Produktes (d. h. Übereinstimmung mit Fähigkeiten des Unternehmens und Bedürfnissen des Marktes). Effizienz und Effektivität bestimmen insgesamt den finanziellen Erfolg des Produktes.[500] Was die Forschung zu **NPE-Teams** betrifft, ist die Aussage eindeutig, dass diese durch Übernahme operativer Tätigkeiten der Produktentwicklung eine kritische Rolle einnehmen. Ihre Zusammensetzung, Prozesse und Arbeitsorganisation beeinflussen die Leistung des Prozesses von der Konzeptionalisierung bis hin zur Implementierung.[501] Die Erforschung von Eigenschaften eines solchen Teams bezieht sich aber bisher hauptsächlich auf Innovationsteams im Allgemeinen und Erfolgsfaktoren der NPE, nicht aber auf Teams mit dem konkreten Ziel der Neuproduktentwicklung. Dabei agieren diese Teams oftmals in nicht-routinierten, ressourcenbeschränkten und besonders konfliktgeladenen Kontexten, sodass sich Ergebnisse anderer Forschungskontexte nicht ohne Weiteres übertragen lassen. Gemäß einer Meta-Analyse sind aber bestimmte Variablen, welche Tabelle 10 listet, für eine erfolgreiche Entwicklung entscheidend:[502]

---

497 Vgl. Ernst (2001), S. 313.

498 Für einen Überblick über Autoren und Werke siehe Chakrabarti/Hauschildt (1989), S. 162f.

499 Vgl. Chakrabarti/Hauschildt (1989), S. 170.

500 Vgl. Brown/Eisenhardt (1995), S. 375, S. 366ff.; Trott (2008), S. 11, S. 520f.; Chakrabarti/Hauschildt (1989), S. 161, S. 165.

501 Vgl. Brown/Eisenhardt (1995), S. 367; Chakrabarti/Hauschildt (1989), S. 169; Takeuchi/Nonaka (1986), S. 137ff.

502 Vgl. Sivasubramaniam/Liebowitz/Lackman (2012), S. 803, S. 806; Holland/Gaston/Gomes (2000), S. 233.

Führung des Teams	Charismatischer und transformativer Teamleiter mit partizipativem, befähigendem und kommunikativem Stil
Teamfähigkeit	Fähigkeit zum Umgang mit komplexen NPE-Projekten, vorherige Teamerfahrung
Externe Kommunikation	Informationsaustausch mit Personen außerhalb des Teams, in anderen Bereichen der Organisation oder außerhalb der Organisation
Klarheit der Ziele	Grad der Übereinstimmung der Ziele innerhalb des NPE-Teams
Gruppenzusammenhalt	Persönliche Bindung der Gruppenmitglieder zueinander

Tabelle 10: Erfolgsfaktoren im Team zur NPE[503]

Innerhalb des Projektteams dienen Gatekeeper bzw. Champions als Verbindung nach außen und bereichern das Projekt durch externes Wissen, was wiederum Menge und Varianz an Informationen und damit die Qualität des Prozesses erhöht.[504] Die Projektleitung agiert als Verbindung zwischen dem Projektteam und dem Senior Management und verfügt hierzu idealerweise durch eine hohe hierarchische Position über Entscheidungsgewalt und organisationsweite Autorität, um ausreichend Ressourcen für das Projekt zu akquirieren. Visionskraft verhilft ihr, Fähigkeiten des Unternehmens und Bedürfnisse des Marktes zu einem effektiven Produktkonzept zusammenzubringen.[505] Darüber hinaus ist es erwiesenermaßen erfolgsfördernd, wenn das Team cross-funktional aufgebaut ist.[506] Teams mit Mitgliedern aus mehr als einer Funktion im Unternehmen, und damit diversen Fähigkeiten, verfügen über eine größere Menge und Varianz an Informationen zum Design eines Produktes. Das bessere Verständnis verbessert den Prozess, gerade an Schnittstellen, und lässt Schwierigkeiten frühzeitig antizipieren.[507] Auch einer Überlappung der Phasen eines NPEP zum Zweck der Verkürzung von Entwicklungszeiten sind cross-funktionale Teams zuträglich.[508]

503 Eigene Darstellung in Anlehnung an Sivasubramaniam/Liebowitz/Lackman (2012), S. 806.

504 Vgl. Brown/Eisenhardt (1995), S. 367; Chakrabarti/Hauschildt (1989), S. 169.

505 Vgl. Sivasubramaniam/Liebowitz/Lackman (2012), S. 803, S. 817; Brown/Eisenhardt (1995), S. 370.

506 Vgl. Holland/Gaston/Gomes (2000), S. 231; Daim/Brem/Tidd (2019), S.xvi; Barczak/Griffin/Kahn (2009), S. 4; Agrawal/Bhuiyan (2014), S. 479; Cooper (2000), S. 57.

507 Vgl. Trott (2008), S. 534; Brown/Eisenhardt (1995), S. 367; Ernst (2002), S. 31; Ernst (2001), S. 76; Craig/Hart (1992), S. 32.

508 Vgl. Gerwin/Barrowman (2002), S. 938f.

Für **funktionsübergreifende Teams** entstammen aus einem systematischen Literaturüberblick kritische Erfolgsfaktoren, die in Tabelle 11 folgen.[509]

Kategorie	Erfolgsfaktoren
Aufgabengestaltung	Empowerment, formale aber flexible Prozesse, Kundenfokus, herausfordernde und bedeutungsvolle Aufgaben
Teamzusammensetzung	Mischung bzgl. Funktionen/fachlichen Hintergründen der Teammitglieder, Auswahl der Teamleiter, klare Rollen und Verantwortlichkeiten, Teamzugehörigkeit
Organisationaler Kontext	Klare Mission des Managements, strategische Anpassung zwischen Funktionen, Management als Champions und Unterstützer, Ressourcenausstattung, Training erforderlicher Fähigkeiten, Anerkennung der Teamleistung, Koordination der Teamarbeit, Wissensmanagement
Interne Prozesse	Teamziele, Vision und Fähigkeiten des Teamleiters, regelmäßige Kommunikation und Austausch, kreative Problemlösung, konstruktive Konfliktlösung
Externe Prozesse	Abgrenzung zu externen Prozessen und Aktivitäten
Psychosoziale Gruppenmerkmale	Gegenseitiger Respekt, Vertrauen, Lernbereitschaft, Teamzusammenhalt

Tabelle 11: Erfolgsfaktoren cross-funktionaler Teams[510]

Gefordert wird im Innovationsprozess zusätzlich auch der Einsatz von und die Unterstützung durch Schlüsselpersonen, die innovationserfahren sind.[511] In der deutschsprachigen Literatur hat sich in diesem Kontext das Promotorenmodell entwickelt. **Promotoren** liefern arbeitsteilig Beiträge zur Überwindung interner Barrieren bei der Neuproduktentwicklung.[512]

Trotz der prägnanten Darstellung von Erfolgsfaktoren in der Literatur bleibt **Kritik** am methodischen Niveau vieler Arbeiten im Bereich der NPE zu äußern, da sie beispielsweise neuere Formen der Datensammlung und -bewertung nicht nutzen. Dies verwehrt die Messbarkeit von Konstrukten, sodass in vielen Studien z. B. Angaben zu Reliabilitätskoeffizienten fehlen.[513] Auch die Praktik

509 Vgl. Holland/Gaston/Gomes (2000), S. 231, S. 239.
510 Eigene Darstellung in Anlehnung an Holland/Gaston/Gomes (2000), S. 249f.
511 Vgl. Hauschildt et al. (2016), S. 71; Folkerts/Hauschildt (2002), S. 21.
512 Vgl. Ernst (2002), S. 23; Details s. Kapitel 4.2.

vieler Untersuchungen, lediglich eine Schlüsselperson pro Unternehmen zu befragen, stellt die Validität der Ergebnisse infrage. Dieser informant bias variiert nach funktionaler Zugehörigkeit und hierarchischer Stellung des Befragten und sollte bei künftigen Studien durch Einbezug von mindestens zwei Informanten reduziert werden.[514] Statt einer Operationalisierung durch einzelne Variablen sollte bei der Methodik außerdem eher auf Konstruktbildung zurückgegriffen werden.[515] Zudem gilt für alle Erfolgsfaktoren, dass ihre Wirkung in Abhängigkeit von Kontextfaktoren variieren kann, da u. a. Längsschnittstudien zur Abschätzung der zeitlichen Stabilität bisheriger Befunde fehlen. So beeinflussen auch Lerneffekte und die dynamische Entwicklung von Fähigkeiten die Erfolgswirkung bestimmter Faktoren.[516]

513 Vgl. Ernst (2002), S. 32f.; Ernst (2001), S. 314.
514 Vgl. Ernst (2002), S. 34; Ernst (2001), S. 315f., S. 321.
515 Vgl. Ernst (2001), S. 321.
516 Vgl. Ernst (2001), S. 323.

3 Forschungsstand zur Neuproduktentwicklung frugaler Innovation

Kennzeichen einer guten wissenschaftlichen Arbeit ist es, dass sie zur Leitfrage zunächst den aktuellen Forschungsstand hinsichtlich des Umfangs, der Qualität und der Ausrichtung kritisch reflektiert.[517] Ziel des Kapitels ist es daher, die Literatur zur Neuproduktentwicklung frugaler Innovation darzustellen. Kapitel 3 gibt einen Überblick über den aktuellen Forschungsstand zur Neuproduktentwicklung für frugale Innovationen (Kapitel 3.1). Neben bisherigen Prozessmodellen (Kapitel 3.2) werden auch besondere Herangehensweisen vorgestellt (Kapitel 3.3). Das Kapitel schließt mit einer Präsentation der Erfolgsfaktoren der NPE frugaler Innovation (Kapitel 3.4).

3.1 Literaturüberblick mit zentralen Ergebnissen zum NPEP für frugale Innovation

Bisher hat sich die Forschung nahezu ausschließlich mit Prozessen konventioneller Neuproduktentwicklung in wohlhabenden Marktumgebungen befasst. Künftig werden sich Unternehmen aber, bedingt durch wirtschaftliche Abschwünge, steigenden Wettbewerb (aus EM), zur Erschließung bisher unerreichter Kundengruppen am BoP und durch den Druck, ökologisch nachhaltige Produkte zu entwickeln, stärker mit beschränkten Ressourcen und Knappheiten auseinandersetzen müssen.[518] Aus den vorangegangenen Diskussionen in Kapitel 2 zeigt sich die Notwendigkeit einer **kontinuierlichen Verbesserung der Modelle zur NPE** aufgrund sich verändernder **Umwelteinflüsse**, was insbesondere auch in Bezug auf frugale Innovationen gilt.[519] Bisherige Verfahren zur Neuproduktentwicklung wurden v. a. im Kontext einkommensstarker Märkte, großteils in DM, untersucht.[520] Für den **Kontext der BoP-Märkte**, wie z. B. Schwellen- und Entwicklungsländer, woher frugale Innovationen stammen, forderten Forscher daraufhin, traditionelle Einstellungen und Vorge-

517 Vgl. Döring/Bortz (2016), S. 163f.

518 Vgl. Cunha et al. (2014), S. 207f.

519 Vgl. Barczak/Griffin/Kahn (2009), S. 14; Rothwell (1994), S. 7, S. 15; Cadeddu et al. (2019), S. 24; Kotsemir/Meissner (2013), S. 17.

520 Vgl. Cadeddu et al. (2019), S. 12; Le Bas (2016a), S. 17; Radjou/Prabhu/Ahuja (2012), o.S.; Viswanathan/Sridharan (2012), S. 51.

hensweisen zum NPEP und seine Praktiken weiterzuentwickeln,[521] um diesen Märkten gerecht zu werden.[522] Diese Notwendigkeit ergibt sich u. a. daraus, dass BoP-Kunden nicht billigere und vereinfachte Premiumprodukte fordern, sondern qualitativ hochwertige, angepasste und preiswertere Produkte.[523]

Bereits aus dem Vorschlag Prahalads (2010), der zwölf Prinzipien einführte, um Innovationen für den BoP zu generieren, was als einer der ersten Ansätze zur Entwicklung frugaler Innovation gilt, geht hervor, dass es aufgrund des Kriteriums des geringeren Preises bei guter Qualität **kein Prozess eines einfachen De-Featurings** ist[524] bzw. „not just about redesigning products; it involves rethinking entire production processes and business models."[525] Indem während Design, Entwicklung und Produktion frugaler Produkte der Verbrauch von Ressourcen minimiert wird, ohne dabei Kompromisse bei der Qualität zu machen, können z. B. finanzielle Restriktionen der Kunden zu Vorteilen der frugalen Innovation werden.[526] Außerdem stellen Beschränkungen für etablierte Innovationsprozesse auf dem Weg zu einer erfolgreichen Entwicklung und Kommerzialisierung eines Produktes Barrieren und Nachteile dar.[527] Bei Herangehensweisen zu frugaler Innovation werden durch Reframing aus Knappheiten Chancen.[528] Erfolgsbeispiele wie der frugale Kühlschrank ChotuKool bestätigen die These, dass erfolgreiche frugale Innovationen neben ihrer BoP-spezifischen Ausrichtung das Ergebnis eines spezifischen Prozesses für NPE mit speziellen Praktiken sind.[529] Die **NPE frugaler Innovationen** ist dabei der Prozess, nutzerfreundliche, adäquate und erschwingliche Lösungen für Probleme im ressourcenbeschränkten Kontext zu finden.[530]

Obwohl Produktinnovation in ressourcenbeschränkten Kontexten so alt wie Kreativität ist, ist es als **akademisches Feld** noch sehr unbearbeitet und

521 Vgl. Petrick/Juntiwasarakij (2011), S. 24; Cadeddu et al. (2019), S. 24.

522 Vgl. Prahalad (2012), S. 6f.; Simanis (2012), S. 120ff.; Subramaniam/Ernst/Dubiel (2015), S. 5ff.; Winter/Govindarajan (2015), S. 82f.; Cadeddu et al. (2019), S. 1f.; Lehner/Koldewey/Gausemeier (2018), S. 25.

523 Vgl. Nakata (2012), S. 4; Cadeddu et al. (2019), S. 1f.

524 Vgl. Prahalad (2010), S. 49ff.

525 Wooldridge (2010), S. 4.

526 Vgl. Vadakkepat et al. (2015), S. 1.

527 Vgl. Brem et al. (2020), S. 2.

528 Vgl. Khanna/Palepu (2006), o.S.; Lim/Fujimoto (2019), S. 1017; Levänen et al. (2016), S. 2; Hossain/Levänen/Wierenga (2020), S. 374; Bhatti (2012), S. 18; Bound/Thornton (2012), S. 14; Cunha et al. (2014), S. 209.

529 Vgl. Cunha et al. (2014), S. 206, S. 208; Pisoni/Michelini/Martignoni (2018), S. 116ff.; Zeschky/Winterhalter/Gassmann (2014), S. 23f.; Cadeddu et al. (2019), S. 1f.

530 Vgl. Brem et al. (2020), S. 1.

verfügt zumeist über anekdotische Evidenz und Unternehmenspraktiken.[531] Daher werden bei der Erforschung dieses Themas auch viele nicht-akademische Quellen untersucht.[532] Die Verbindung der theoretischen Felder „Frugale Innovation“ und „Neuproduktentwicklungsprozess“ liefert Klarheit über benötigte Tools und Techniken, um den Kundenbedürfnissen am BoP gerecht zu werden.[533] Die Pionierarbeit von Cunha et al. (2014) bietet eine Ergänzung zu Literaturüberblicken traditioneller NPE wie von Brown/Eisenhardt (1995). In ihrem Literaturüberblick zur NPE im ressourcenbeschränkten Kontext untergliedern sie die bisherige Literatur in drei Strömungen[534]: Bei Bricolage werden vorhandene Ressourcen auf neue Weise verwendet. Bei Improvisation erfolgt dies unter Zeitdruck, sodass Planung und Ausführung parallel erfolgen, wobei daraus resultierende Risiken in Kauf genommen werden. Bei frugaler Innovation als dritter Strömung beginnt die Entwicklung von Grund auf. Knappheit als unabänderbare Gegebenheit ist dabei eine Chance, unnötige Kosten grundsätzlich zu vermeiden, statt sie zu senken.[535] Bisherige Forschung, die zumeist aus Fallstudien und Veröffentlichungen in Kooperation mit Unternehmensvertretern, die frugale Innovation ausüben, besteht, betrachtet frugale Innovation hauptsächlich im Kontext von EM.[536] Frugale Innovationen werden außerdem oftmals als Endprodukt beschrieben, wobei die Frage, wie Beschränkungen die Ideenfindung und Entwicklung frugaler Produkte beeinflussen, unbeantwortet bleibt. Aus Sicht des Managements ist es jedoch sehr relevant, aus einer ex-ante Perspektive zu verstehen, wie frugale Innovationen entwickelt werden können.[537]

Erste Studien untersuchen Design Thinking, User Innovation und Open Innovation auf ihre Eignung für frugale Innovation. Es bleibt dennoch eine Forschungslücke bzgl. proaktiver Herangehensweisen und des Entwicklungsprozesses mit Richtlinien und Methoden in der Forschungsliteratur zu frugaler Innovation.[538] Diese versuchen einige Autoren mit ersten Ansätzen zur NPE für frugale Innovationen zu füllen. Tabelle 12 zeigt **bisherige Forschungsbeiträge** mit Bezug zum Neuproduktentwicklungsprozess frugaler Innovation.

---

531 Vgl. Cunha et al. (2014), S. 203, S. 206, S. 208.
532 Vgl. Cadeddu et al. (2019), S. 49; Tiwari/Kalogerakis/Herstatt (2016), S. 4ff.
533 Vgl. Cadeddu et al. (2019), S. 2f.
534 Vgl. Cunha et al. (2014), S. 207; Brown/Eisenhardt (1995), S. 343.
535 Vgl. Cunha et al. (2014), S. 202ff.
536 Vgl. Cunha et al. (2014), S. 206.
537 Vgl. Brem et al. (2020), S. 1.
538 Vgl. Agarwal/Oehler/Brem (2021), S. 739, S. 748; Annala/Sarin/Green (2018), S. 111; Agarwal et al. (2017), S. 8f.; Subramaniam/Ernst/Dubiel (2015), S. 9; Cadeddu et al. (2019), S. 3f.; Schleinkofer et al. (2019), S. 609ff.

Autor(en)	**Beitrag zur Forschung**
Sehgal (2010)	Erfolgsfaktoren für frugal engineering
Viswanathan/Sridharan (2012), Rao (2013)	Grundlegende Regeln und Prinzipien zur Entwicklung frugaler Innovationen
Weyrauch (2018)	Untersuchung der Kriterien und des Vorgehens bei der Produktentwicklung
Agarwal/Brem/Grottke (2018)	Produktentwicklungsstrategie für frugale Produkte in und für EM
Lehner/Koldewey/Gausemeier (2018)	Prozessmodell für pattern-basierte Entwicklung frugaler Innovation
Cadeddu et al. (2019)	Frugale Innovationspraktiken indonesischer Start-ups
Liu/Wang/Feng (2019)	Ansatz der multidimensionalen und systematischen Innovationstechnik (MSIT) als Modell zur NPE frugaler Innovation
Hossain/Levänen/Wierenga (2020)	Analyse der Voraussetzungen, Einflussfaktoren und Ergebnisse frugaler Innovation
Weyrauch/Herstatt/Tietze (2020)	Objective-Conflict-Resolution Approach (OCR) zur Entwicklung frugaler Innovation
Brem et al. (2020)	Ex-ante Betrachtung frugaler Innovation; Analyse von Design und Konstruktion eines frugalen Produktes; Vergleich mit bisherigen NPEP und Erfolgsfaktoren
Agarwal/Oehler/Brem (2021)	Constraint-basierte Sichtweise auf den NPEP frugaler Innovation

Tabelle 12: Forschungsbeiträge zum NPEP frugaler Innovation[539]

Innovationsmethoden als Dimension innerhalb der Forschung[540] wurden bisher nur sehr verstreut in der Literatur thematisiert.[541] Dabei zeigt ein Literaturüberblick von de Waal/Mention (2020) im Kontext von EM, dass frugale Innovation einen signifikant anderen Weg einschlägt als traditionelle NPE. Verglichen zu Best Practices aus westlichen Märkten sind somit **für frugale Innovationen Anpassungen** in Schlüsselbereichen erforderlich, wie Tabelle 13 zeigt.[542]

539 Eigene Darstellung.
540 Vgl. Ploeg et al. (2020), S. 3.
541 Vgl. Reis/Fernandes/Armellini (2021), S. 2.
542 Vgl. de Waal/Mention (2020), S. 160f.

Schlüsselbereich	**Aktivität speziell für NPE frugaler Innovation**
Erkennen von Gelegenheiten	Phantasievolles Problemlösen, Verbesserung existierender Produkte, Wertmaximierung für Kunden, Minimierung inessenzieller Kosten, Beachtung von necessity innovations
Innovationsstrategie	Streben nach sozialer Befähigung, inclusive und reverse innovation und ökologischen Belangen, Verlernen traditioneller NPE-Praktiken, Bricolage, Vorbereitung auf unerwartete Marktbedingungen
Forschung und Entwicklung	Co-Entwickeln mit lokalen Akteuren, Verwendung lokalen Materials und F&E, Vereinfachung von Prozessen, Reduktion Materialeinsatz, Prototypentests mit lokalen Konsumenten
Engineering	Dfx-Prinzipien (z. B. multiple Zwecke, Modularität), Abgewöhnung traditioneller Praktiken, Vermeidung ressourcenintensiver Praktiken, innovationsspezifische Praktiken
Personalmanagement	Anstellung kulturkundiger, lokaler Mitarbeiter, Nutzung von „Unternehmen als Brücken", Einbindung kritischer Entscheider
Produktion	Outsourcing zu lokalen Produzenten, Realisierung wenig kapital- und arbeitsintensiver Strategien, manuelle Herstellung statt Automatisierung
Marketing und Vertrieb	Identifikation Grundbedürfnisse, Aufdecken latenter Bedürfnisse, Verständnis für Anwendungskontext Produkt, ehemals Nicht-Kunden akquirieren, frugale Verpackung, Bildungsauftrag an Schulen, high-volume low-price Strategie
Supply Chain Management, Service	Ausrichtung Lieferkette auf lokale Bedingungen, Leapfrogging der Infrastrukturdefizite, Einbezug lokaler Akteure, Ressourcen und Vertriebskanäle

Tabelle 13: Konzeptueller Rahmen für die erforderlichen Anpassungen für NPE frugaler Innovation[543]

Die Auswertung bestehender Literatur zum Innovationsprozess frugaler Innovationen von Pisoni/Michelini/Martignoni (2018) befasst sich bisher v. a. mit Voraussetzungen, Treibern, Erfolgsfaktoren und organisatorischen Angelegenheiten des Innovationsprozesses. Als **Ausgangsvoraussetzung** spielt das Ökosystem der Innovation mit den lokalen Gegebenheiten eine wichtige Rolle.[544] Bestimmte Faktoren wie Knappheit finanzieller und personeller Ressourcen, eine entsprechende Innovationskultur, unangemessene Infrastruktur,

543 Eigene Darstellung in Anlehnung an de Waal/Mention (2020), S. 160.

544 Vgl. Pisoni/Michelini/Martignoni (2018), S. 116ff.

schwache Institutionen sowie deren Versagen begünstigen die Entstehung eines ressourcenbeschränkten Ökosystems und ermöglichen so die Entwicklung erschwinglicher Produkte.[545] Da Neuproduktentwicklung ein Unterfangen mit multidisziplinären und cross-funktionalen Aufgaben und Aktivitäten ist, müssen die „Regeln" für frugale Innovation aus verschiedenen Facetten (z. B. Entwicklungsprozess, Mindset, F&E-Strukturen) betrachtet werden.[546] Damit Unternehmen notwendige Fähigkeiten entwickeln können, ist es wichtig, ein generalisierbares Bild bzgl. Tools und Vorgehensweisen zur systematischen Entwicklung frugaler Innovation zu erhalten.[547] Es folgt daher eine Übersicht bisheriger Prozessmodelle.

3.2 Prozessmodelle

Auch wenn einige Ansätze zur NPE am BoP existieren und als Inspirationsquelle herangezogen werden können[548], ist es unerlässlich, frugale Innovation als spezielle Innovationsart zu untersuchen, die, wie andere neue Innovationsansätze, einen angepassten Ansatz anstelle eines generischen BoP-Ansatzes erfordern.[549] Reis/Fernandes/Armellini (2021) schreiben, dass es bisher nur **drei Publikationen** gibt, die die geforderte **ex-ante Perspektive** auf frugale Innovation einnehmen: Pisoni/Michelini/Martignoni (2018) zeigen erstmalig den prozessorientierten Forschungsstrang für frugale Innovation auf, indem sie bisherige Erkenntnisse sammeln und die Bedeutung des Innovationsprozesses für das Erreichen frugaler Innovation herausstellen. Brem et al. (2020) illustrieren anhand einer Fallstudie aus Brasilien, wie ein frugaler NPEP implementiert werden kann, Agarwal/Oehler/Brem (2021) untersuchen constraint-based thinking als Herangehensweise an die NPE frugaler Innovation anhand multipler Fallstudien.[550] Ergänzend wurden im Rahmen der Literaturrecherche außerdem Lehner/Koldewey/Gausemeier (2018), Cadeddu et al. (2019), Liu/Wang/Feng (2019) sowie Weyrauch/Herstatt/Tietze (2020) ermittelt, welche ebenfalls chronologisch in dieser Arbeit betrachtet werden. Anzumerken ist, dass nicht alle Ansätze auf Fallstudien basieren, sondern teilweise ausschließlich theoretische

545 Vgl. Pansera/Owen (2015), S. 308; Soni/Krishnan (2014), S. 29; Sharma/Iyer (2012), S. 599ff.

546 Vgl. de Waal/Mention (2020), S. 152.

547 Vgl. Brem et al. (2020), S. 2.

548 z.B. Subramaniam/Ernst/Dubiel (2015).

549 Vgl. Cadeddu et al. (2019), S. 24; Kotsemir/Meissner (2013), S. 17.

550 Vgl. Reis/Fernandes/Armellini (2021), S. 2, S. 5f.; Pisoni/Michelini/Martignoni (2018); Brem et al. (2020); Agarwal/Oehler/Brem (2021).

Überlegungen darstellen. Außerdem unterscheiden sich die Ansätze auch in ihrem Detailgrad, sodass zu manchen Vorgehensweisen ausgereifte Beschreibungen, zu wieder anderen hingegen nur kurze Charakterisierungen vorliegen, wie sich nachfolgend zeigt.

3.2.1 Lehner/Koldewey/Gausemeier (2018)

Die Autoren schlagen einen **vierphasigen Prozess** vor, wie Abbildung 13 zeigt. Ausgangspunkt für die Entwicklung einer frugalen Innovation ist ein existierendes (westliches) Produktkonzept bzw. Geschäftsmodellkonzept, welches auf ein EM anzupassen ist. Dabei kommen neben gewöhnlichen Instrumenten im Innovationsprozess wie z. B. einer Umweltanalyse oder einer Bewertung der Marktattraktivität zur Identifikation eines geeigneten Zielmarkts auch Instrumente zur Analyse von Bereichen, die für frugale Innovation relevant sind, zum Einsatz. Analysiert werden dabei Umweltbedingungen wie Infrastruktur, Kultur, Regulierung, aber auch Bedürfnisse der Bevölkerung und die jeweiligen Auswirkungen auf das westliche Produkt. Anhand von Matrizen werden Probleme, Bedürfnisse und das Produkt (-konzept) bzw. Geschäftsmodell in Verbindung gesetzt. Für sich wiederholende Probleme werden **Pattern**, die auf bereits bestehenden frugalen Innovationen basieren, eingesetzt. Existiert kein Pattern oder eine passende Kombination von Pattern, werden mithilfe von Kreativitätstechniken wie Brainstorming Ideen entwickelt, zyklisch evaluiert hinsichtlich Passung zu Umweltbedingungen und Kundenanforderungen und ggf. adaptiert. Im letzten Schritt werden die Ideen bzw. Lösungen zu einem Produktkonzept kombiniert.[551]

551 Vgl. Lehner/Koldewey/Gausemeier (2018), S. 17ff.

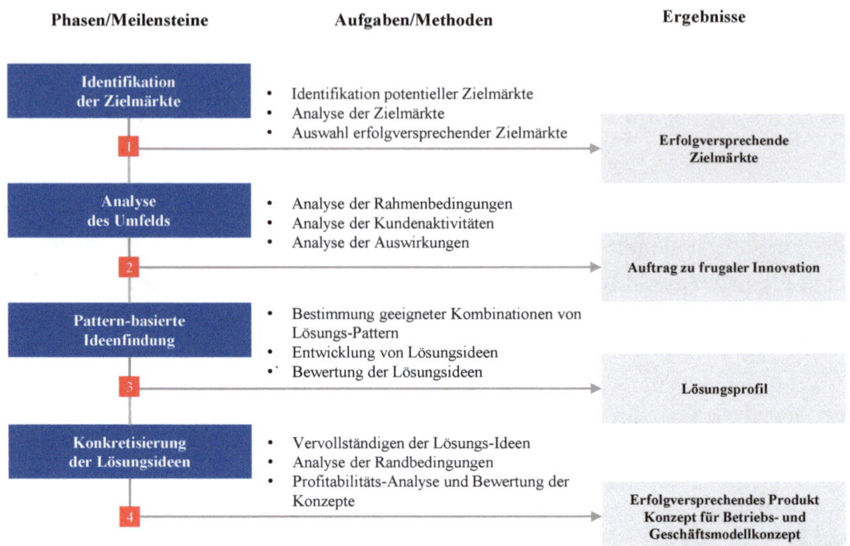

Abbildung 13: Modell nach Lehner/Koldewey/Gausemeier (2018)[552]

Die Anwendbarkeit dieses Ansatzes setzt voraus, dass ein ähnliches Problem besteht, auf das ein bereits vorhandenes Lösungspattern angewendet werden kann,[553] und entspricht daher nur in Ansätzen der geforderten ex-ante Perspektive auf die NPE frugaler Innovation.

3.2.2 Cadeddu et al. (2019)

Cadeddu et al. (2019) mappen die Ergebnisse eines Literaturüberblicks und zweier Fallstudien aus indonesischen Unternehmen zur Entwicklung frugaler Innovation auf einen konventionellen NPEP für entwickelte Länder. Ziel war es herauszufinden, mit welchen Methoden und Tools Unternehmen frugale Produkte für BoP-Märkte in EM entwickeln und die Entscheidungen der Entscheidungsträger entlang des Prozesses zu untersuchen. Aufgeteilt in vier Phasen und neun Schritte geben die Autoren Grundsätze sowie 15 Praktiken zu Ideenfindung, Design, Entwicklung, Herstellung und Vertrieb frugaler Innovationen, wie in Abbildung 14 dargestellt ist.[554]

552 Eigene Darstellung in Anlehnung an Lehner/Koldewey/Gausemeier (2018), S. 18.
553 Vgl. Weyrauch/Herstatt/Tietze (2020), S. 2.
554 Vgl. Cadeddu et al. (2019), S. 3f., S. 34ff., S. 47ff.

Abbildung 14: Frugale Innovationspraktiken je Phase des NPEP[555]

Im **fuzzy front end** dient die erste Phase der Entwicklung von Möglichkeiten und Ideen für neue Produkte. Bisherige Literatur zu frugaler Innovation zeigt,

555 Eigene Darstellung in Anlehnung an Cadeddu et al. (2019), S. 107.

dass Ideen für frugale Innovationen meist aus market-pull entstehen, v. a. aus Beschränkungen, mit denen die BoP-Kunden konfrontiert sind (z. B. kein sauberes Trinkwasser als Trigger für neue Wasserleitung) und aus denen sich eine Marktlücke erschließt (=1. Praktik). Zur Generierung von Ideen sind Tools und Techniken zu präferieren, die externe Ideenquellen nutzen (=2. Praktik), z. B. Nachhaltigkeitsziele der Regierung oder die VoC-Technik über Fokusgruppen, soziale Medien oder Lead User.

In einem zweiten Schritt findet die Evaluierung der Möglichkeiten hinsichtlich Passung und Wert für potenzielle Konsumenten unter Einbezug marktbezogener Informationen statt. Bei frugalen Innovationen betrachtet das Unternehmen die Bedürfnisse der BoP-Kunden und diesen gegenüber die Fähigkeiten des Unternehmens, um das Marktpotenzial und den Wert der Innovation abzuschätzen (=3. Praktik). Kenntnis des BoP-Marktes und der Bedürfnisse der Kunden hat Priorität gegenüber technischen Aspekten des Konzepts. Außerdem ist in dieser Phase zu prüfen, ob das passende Geschäftsmodell zur Verfügung steht (=4. Praktik), d. h. ob das Unternehmen die erforderlichen internen und externen Ressourcen und Fähigkeiten besitzt (z. B. Umgang mit Beschränkungen), um den nächsten, ressourcenintensiveren Schritt zu gehen. Iterationen zwischen beiden Schritten sind möglich.[556]

Die Phase **Konzeptentwicklung** betrachtet anschließend in einem Dreischritt marktbezogene, technische und ökonomische Aspekte. Für die Marktstudie sollen Probleme aus der Kundenperspektive verstanden werden. Hierzu kann sie in Präsenz vor Ort erstellt werden, um den Nutzungskontext optimal zu verstehen. Sie berücksichtigt drei Bedürfnisse der BoP-Kunden (=5. Praktik): Hinsichtlich affordability sollten neben dem reinen Produktpreis, einem kostengünstigen Betrieb sowie Wartung auch zusätzliche kostenbezogene Vorteile für den Kunden berücksichtigt werden (z. B. neben Lagerung von Lebensmitteln ist auch Straßenverkauf aus mobilem und leichtem und damit noch platzsparendem Kühlschrank möglich). Die Preisfestlegung sollten die Unternehmen weniger auf ihre finanziellen Ziele basieren, sondern vielmehr darauf, was die Kunden als erschwinglich wahrnehmen. Neben den primären Kundenbedürfnissen sollen auch complementary needs wie Optik oder Langlebigkeit sowie der product usage context bei der Lösungsfindung beachtet werden. Dies gelingt durch Nutzung feldbasierter Tools und Techniken für das NPEP-Team, also physisch vor Ort zu sein oder den Anwendungskontext zu simulieren (=6. Praktik), was auch gegen den Mangel an Marktdaten für BoP hilft.

556 Vgl. Cadeddu et al. (2019), S. 54ff.; S. 217-223.

In der technischen Studie werden, unter Fokussierung der primären Funktionalität des frugalen Produktes (must-haves), mit dem Ziel der Kostenreduktion und einer zielgerichteten Leistungssteigerung der für den Kunden essenziellen Funktionalitäten sowie der Spezifikation des Geschäftsmodells (=7. Praktik) Designs erarbeitet. Es bietet sich an, bereits vorhandene Basistechnologien, die Primärfunktionen erfüllen und einen, zum angestrebten Produkt, vergleichbaren Leistungsoutput haben, zu nutzen und das Produktkonzept an diese anzupassen (=8. Praktik). Daraus resultieren ebenfalls geringere Kosten und eine einfachere Nutzung, da weniger Wissen für die Bedienung erforderlich ist.

Die Evaluierung prüft anschließend das Konzept neben der technischen Leistung hinsichtlich ökonomischer Aspekte und des Wertversprechens. Für frugale Innovation empfehlen die Autoren die Verwendung spezieller, auf den BoP ausgerichteter Kriterien (siehe kriterienbasierte Definition frugaler Innovation in Kapitel 2.1.1) sowie die Einbindung des Konsumenten in die technische und ökonomische Studie anhand eines Prototypentests. Dies ermöglicht eine Bewertung im Nutzungskontext (=9. Praktik).[557]

In der **Produktentwicklung**, dem Backend des NPEP, steht in zwei ressourcenintensiven und strukturierten Schritten die Umwandlung des ausgewählten Produktkonzepts in ein physisches Produkt auf der Agenda. Bei frugalen Innovationen haben bei Make-or-buy-Entscheidungen lokale Zulieferer und Ressourcen zwecks geringerer Logistikkosten, schnellerer Entscheidungen und einfacherer Wartung sowie des Einbezugs lokaler Besonderheiten wegen geografischer Nähe Vorrang, solange die Qualität des Produktes sichergestellt werden kann. Sollte das Verhältnis zwischen Qualität und Leistungsfähigkeit sowie Kosten verletzt werden, kommt ein lokaler Bezug nicht infrage (=10. Praktik). Als Techniken für frugales Design kommen DfX-Techniken zum Einsatz, wie z. B. Design for Modularity[558] oder Design for Multiple Purposes[559], was ebenfalls eine modulare Architektur der Produkte nach sich zieht (=11. Praktik).

Beim Testen sollte der Prototyp einer frugalen Innovation schnellstmöglich im Feld mit Nutzern des Zielmarktes getestet werden. Die Nutzung in realistischer Umgebung eröffnet Diskrepanzen zwischen den Funktionen des Produktes und den Erwartungen bzw. Wahrnehmungen der Nutzer. Dies ermöglicht Korrekturen und Anpassungen (=12. Praktik).[560]

---

557 Vgl. Cadeddu et al. (2019), S. 64ff.; S. 224-232.
558 Vgl. Ray/Ray (2011).
559 Vgl. Viswanathan/Sridharan (2012).
560 Vgl. Cadeddu et al. (2019), S. 85ff.; S. 235-241; Nakata/Weidner (2012), S. 23.

Im Rahmen der **Kommerzialisierung** als finaler Phase des NPEP erfolgt die Markteinführung der frugalen Innovation. Für den Markttest sollten lokale Netzwerke für Werbung und Vertrieb genutzt werden (=13. Praktik). Dabei ist es möglich, vom lokalen Marktwissen und Kanälen der Nichtregierungsorganisationen, einer hohen Loyalität und einem Vertrauen der Kunden zu lokalen Anbietern, sowie geringeren Kosten und einem geringeren Investitionsrisiko zu profitieren und gleichzeitig den Nutzern Wissen zum Produkt zu vermitteln. Es empfiehlt sich die Nutzung von Word of mouth und sozialer Infrastruktur zur Steigerung des Bewusstseins und der Attraktivität, da anderweitige Infrastruktur oft nur mäßig vorhanden ist in Entwicklungsländern. Preisstrategien für das Marketing müssen entsprechend angepasst werden. Zusätzlich braucht es eine intensivierte Werbestrategie bei BoP-Kunden mithilfe von Trainings und Produktdemonstrationen, damit diese die Anwendung und den Mehrwert des Produktes verstehen (=14. Praktik) und Vertrauen aufbauen. Im Rahmen der Anwendung lässt sich das Produkt ggf. noch einmal vereinfachen.

Beim Produktionsanlauf für frugale Innovationen sollte eine langfristig ausgerichtete, mit einer kleinen Produktionsmenge beginnende Strategie statt einer schnellen Produktionssteigerung verfolgt werden. Die geringe Menge sichert Qualitätsstandards. Zudem stehen lokal oftmals nicht ausreichend Produktionskapazität und Arbeitskräfte zur Verfügung. Diese Strategie ermöglicht zudem einen schnelleren Markteintritt, wobei kleinere Produktionsmengen auch flexibler und einfacher Anpassungen für spezielle Kundenwünsche realisieren lassen (=15. Praktik).[561]

Zu beachten ist dabei, dass sich alle 15 vorgestellten Praktiken auf neue frugale Produkte für BoP-Märkte in EM und dortige Entscheidungen, Tools und Techniken frugaler Innovatoren beziehen. Sie sind des Weiteren nicht dazu da, genau zu beschreiben, was frugale Innovatoren tun, sondern informieren vielmehr, was die bisherige Literatur sowie die Innovatoren der Fallstudien für wichtig befunden haben und verfeinern somit bestehende Praktiken der NPE für die spezifische Anwendung auf frugale Innovationen.[562] Dabei wird der konventionelle NPEP zugrunde gelegt, ohne genauer auf Anpassungen der Phasen oder Gates einzugehen.

561 Vgl. Cadeddu et al. (2019), S. 97ff.; S. 245-248.
562 Vgl. Cadeddu et al. (2019), S. 47ff.; S. 3f.

3.2.3 Liu/Wang/Feng (2019)

Der Ansatz der multidimensionalen und systematischen Innovationstechnik (MSIT) als Modell zur NPE frugaler Innovation bedient sich Konzepten aus der morphologischen Analyse, die nach Strukturierung eines Problems Lösungsräume für dieses konzipiert.[563] Um Schwachstellen dieses Konzepts auszugleichen, schlagen die Autoren zusätzlich die Nutzung von **Verfahren aus TRIZ**[564], wie die Widerspruchsmatrix zur Eliminierung technischer Widersprüche und Aufdecken kreativer Lösungen, beim Produktdesign vor.[565]

Ausgangspunkt des Modells sind, wie Abbildung 15 zeigt, Bedürfnisse bzw. Bedarfe im Frontend. Des Weiteren sollen die **Innovationstools „Dimensionen"** (space, environment, structure, function, mechanism, material, dynamic system, process, human-machine relationship dimensions) und **„Algorithmen"** (decomposition and removal, partial optimisation, permutation and combination, substitution, dynamics, self-service and balance, friendliness and coordination, serialisation and intangibility, and intellectualisation), die wiederum TRIZ-Innovationsprinzipien enthalten, zur Lösungsgenerierung für frugale Innovation entlang der NPEP-Phasen angewendet werden. Mithilfe der Innovationsprinzipien decken die Algorithmen Probleme des ressourcenbeschränkten Umfelds frugaler Innovation auf und verbinden diese mit Lösungen.[566]

563 Vgl. Liu/Wang/Feng (2019), S. 284.
564 Für Details zum Ansatz: https://triz-journal.com.
565 Vgl. Liu/Wang/Feng (2019), S. 284ff.
566 Vgl. Liu/Wang/Feng (2019), S. 280, S. 286ff.

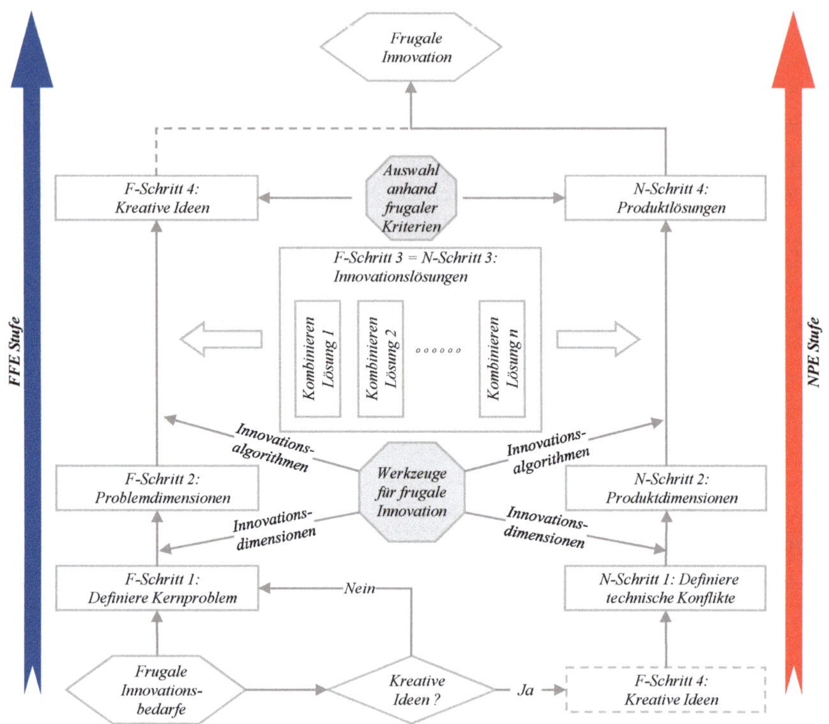

Abbildung 15: MSIT-Analyseschritte nach Liu/Wang/Feng (2019)[567]

Auch wenn das MSIT-Framework im untersuchten Fallbeispiel Ressourcen, Zeit und Kosten einsparen konnte und damit für frugale Innovationen geeignet ist, sind einige Dimensionen nicht validiert durch die Eigenschaften frugaler Innovation. Zudem wurde es bisher nur anhand einer Fallstudie getestet.[568] Obwohl das Modell das Frontend durch eine separate Darstellung vom NPEP betont, bleibt unklar, wie genau die Algorithmen funktionieren und es fehlen konkrete Handlungsanweisungen zur operativen Entwicklung frugaler Innovation.

567 Vgl. Liu/Wang/Feng (2019), S. 294.
568 Vgl. Liu/Wang/Feng (2019), S. 305.

3.2.4 Brem et al. (2020)

Brem et al. (2020) entwickelten einen empirisch basierten Neuproduktentwicklungsprozess für ein frugales Produkt auf Basis einer Fallstudie zu Müllsammlern in Brasilien. Ausgehend von Design und Konstruktion eines neuartigen Fahrzeugs wurden Frugalität, welche sich in geringeren Produktkosten, einem steigenden Einkommen und besserer sozialer Akzeptanz der Müllsammler manifestiert, und **Aktivitäten** sowie **Erfolgsfaktoren des Prozesses für NPE frugaler Innovation** im Vergleich mit konventioneller NPE bestimmt. Ein Vergleich in Tabelle 14 zeigt, dass sich die Verfahren hauptsächlich hinsichtlich des Prozesses, des Produktes, der Strategie und der Ressourcen unterscheiden, wohingegen bzgl. Management, Team und Klima auch Überschneidungen vorliegen.[569]

Frugale NPE	Dimension	Konventionelle NPE
Ausgerichtet an lokalen Bedürfnissen und Präferenzen, essenzielle Funktionen, einfach zu bedienen, optimiertes Design, gutes Preis-Leistungs-Verhältnis	**Produkt**	Ausgerichtet an Marktbedürfnissen und globalen Präferenzen, einzigartig und überlegen, Wettbewerbsprodukte, exzellentes Preis-Leistungs-Verhältnis
Fokus auf Designschritte, Lokalisierung, Vereinfachung des Set-ups, Modularität	**Prozess**	Fokus auf fuzzy front end, hohe Qualität, Phasenmodelle, skalierbare Produktplattform bzw. -architektur
Kurzfristig, lokal, Bedürfnisse erkunden, Fokus auf neue Technologien und EM-Kontext, Skalierung NPE	**Strategie**	Langfristig und unternehmensweit, Fokus auf Synergien und bekannte Märkte/Technologien, Aufbau NPE
Substitution nicht verfügbarer und Nutzung vorhandener Ressourcen	**Ressourcen**	Verfügbarkeit und Angemessenheit von Ressourcen
Lokale Einbindung, lokale Akteure	**Management**	Unterstützung, Einbindung
Zusammenarbeit mit lokalen, externen Akteuren, Unterstützung der Grundlagenforschung	**Team**	Multidisziplinäres, cross-funktionales Team

569 Vgl. Brem et al. (2020), S. 1ff.

Frugale NPE	Dimension	Konventionelle NPE
Fokus auf Team und Diversität	**Klima**	Fokus auf Entrepreneurship, Innovation

Tabelle 14: Gegenüberstellung der Erfolgsfaktoren frugaler und konventioneller NPE[570]

Die Studie trägt außerdem dazu bei, das **Wie der Neuproduktentwicklung frugaler Innovation** zu beleuchten, indem ein Beispiel gegeben wird, wie kontextrelevante Bedürfnisse und Beschränkungen sowie Kriterien frugaler Innovation auf der einen Seite und Prozessschritte der Neuproduktentwicklung auf der anderen Seite konfiguriert, integriert und orchestriert werden können.[571] Für das Design des Produktes wurde auf bereits aus der Literatur bekannte Bedürfnisse und frugale Eigenschaften bzw. Pattern frugaler Produktentwicklung zurückgegriffen, welche im Laufe des Prozesses beständig evaluiert und angepasst wurden.[572]

Das Prozessrahmenwerk der Autoren stellt schließlich eine **Kombination zweier Prozesse** aus einem Prozess zur Entwicklung eines Produktdesigns und einem Prozess zur ergonomischen Analyse dar, wie Abbildung 16 zeigt. Beide Prozesse wurden an Stellen, an denen Informationen ausgetauscht werden, welche in einem Prozess generiert wurden und dem anderen Prozess als Input dienen, miteinander verbunden. Produktplanung und -entwicklung übernehmen dabei am Gate Pflichtergebnisse wie z. B. Produktpositionierungsmatrix, Informationen zu technischen Aspekten und ergonomische Empfehlungen für ein detailliertes Design aus dem ergonomischen Prozess als Input und integrieren so die Bedürfnisse in den Designprozess. Diese Kombination ermöglicht es, neben der frugalen Innovationsperspektive auch die Bedürfnisperspektive in den NPEP einzubringen und im Austausch mit den Endnutzern einen permanenten Abgleich zwischen den realen und angestrebten Bedingungen zu erlangen.[573]

570 Eigene Darstellung in Anlehnung an Brem et al. (2020), S. 5.
571 Vgl. Brem et al. (2020), S. 2.
572 Vgl. Brem et al. (2020), S. 2, S. 6.
573 Vgl. Brem et al. (2020), S. 6ff.

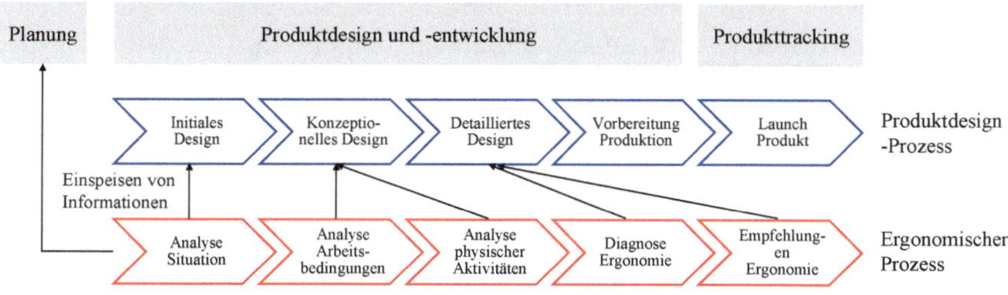

Abbildung 16: Kombination zweier Prozesse zur NPE einer frugalen Innovation[574]

Zur ausführlichen Identifikation der Bedürfnisse und Anforderungen an das Produkt fanden neben dem Einsatz halbstrukturierter Interviews mit den Müllsammlern und einer Beobachtung/Videoaufzeichnung ihres Verhaltens auch Workshops statt. Hierbei wurden mit Kreativitätstechniken wie Brainstorming und Visualisierungen sowie Bisociation angestrebte Produkteigenschaften identifiziert und evaluiert. Diese Ergebnisse waren Grundlage für den Zeitplan, das Team und notwendiges Material für die Entwicklung bzw. Konstruktion des frugalen Produktes. Während der Produktion in Co-Creation mit den Endnutzern wurden weitere Anpassungen vorgenommen. Anschließend wurde in der Phase des Produkttrackings der entwickelte Prototyp in der realen Arbeitsumgebung getestet und Endnutzer wurden hinsichtlich Effizienz und Komfort befragt.[575] Die nachfolgende Abbildung 17 zeigt in vereinfachter Form das Vorgehen.

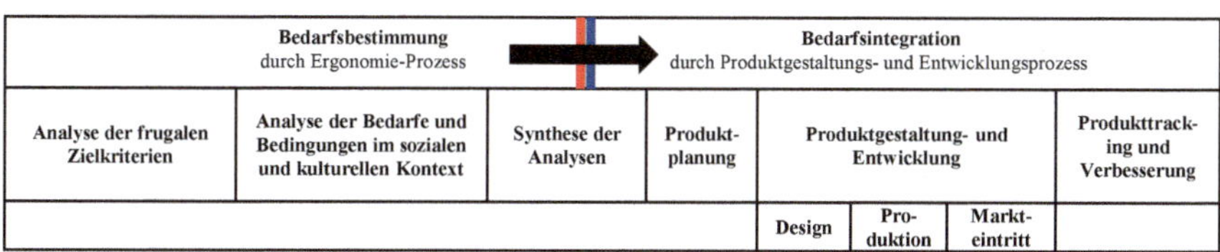

Abbildung 17: Modell nach Brem et al. (2020)[576]

Die Kommerzialisierung des Produktes war aufgrund der ex-ante Ausrichtung nicht Gegenstand der Untersuchung, weshalb diese Phase im Rahmenwerk

574 Eigene Darstellung in Anlehnung an Brem et al. (2020), S. 7.
575 Vgl. Brem et al. (2020), S. 6ff.
576 Eigene Darstellung in Anlehnung an Brem et al. (2020), S. 10.

nicht vorgesehen ist.[577] Die Autoren fordern zudem, das vorgeschlagene Modell in zukünftigen Studien auf andere Branchen, Länder und Problemkontexte anzuwenden, um Generalisierungen für das Design frugaler Produkte möglich zu machen.[578]

3.2.5 Weyrauch/Herstatt/Tietze (2020)

Der **Objective-Conflict-Resolution Approach (OCR)** zur Konzeptentwicklung frugaler oder auch disruptiver Innovationen ist das Ergebnis einer 19-monatigen Aktionsforschung in einem amerikanischen Maschinenbauunternehmen, mit dem Ziel, sowohl für EM als auch DM frugale Innovationen zu entwickeln. Die resultierende, 2017 patentierte frugale Innovation war dabei günstiger, weniger ressourcenintensiv und anwendungsfreundlicher als vorherige Lösungen.[579]

Dem Vorgehen zugrunde liegt ein Prozess mit den Phasen Ziel, Parameter, Konflikt und Auflösung, wie Abbildung 18 darlegt. In mehreren Workshops wurden die Mitarbeiter verschiedener Hierarchieebenen und Funktionen, die am NPEP in Form eines Stage-Gate-Prozesses beteiligt sind, und zum Teil auch Kunden durch den Prozess geführt. Nach der Bestimmung und Priorisierung der Entwicklungsziele, basierend auf den Bedürfnissen, werden Parameter als Stellschrauben zur Erreichung der Ziele definiert. Eventuell auftretende Konflikte zwischen diesen werden lokalisiert und basierend auf, nach Priorisierung geordneten, Konflikt-Statements aufgelöst. Oberste Prämisse ist stets, Ressourcen und damit auch Kosten zu reduzieren.[580]

577 Vgl. Brem et al. (2020), S. 7, S. 12.
578 Vgl. Brem et al. (2020), S. 13.
579 Vgl. Weyrauch/Herstatt/Tietze (2020), S. 1f., S. 11.
580 Vgl. Weyrauch/Herstatt/Tietze (2020), S. 3ff.

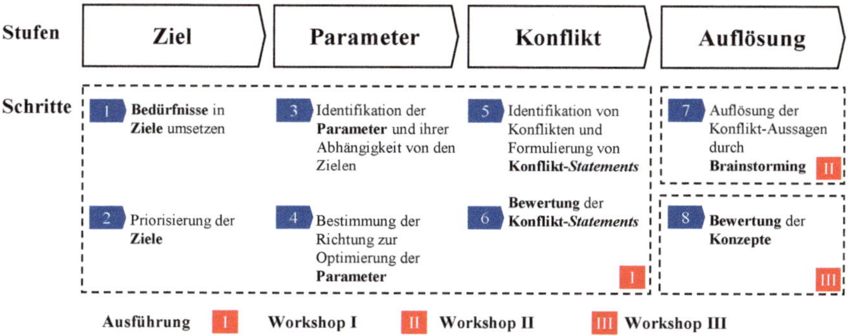

Abbildung 18: Modell nach Weyrauch/Herstatt/Tietze (2020)[581]

Der Ansatz ist für den Erhalt einer langfristigen Perspektive kompatibel mit anderen Ansätzen wie z. B. Target Costing, Wertanalyse bzw. Value Engineering. Diese stellen sicher, dass die durch OCR entstandenen Potenziale auch realisiert werden.[582] Vorteilhaft ist auch, dass er einfacher als z. B. TRIZ zu implementieren ist.[583] Unklar bleibt, welche Phase des OCR in welcher Phase des NPEP stattfindet bzw. wie beide Prozesse kompatibel sind.

3.2.6 Agarwal/Oehler/Brem (2021)

Seinen Ursprung findet das Modell bei Cromwell (2018), der aufzeigt, dass Beschränkungen einen Problemraum für Kreativität eröffnen und eine Mischung verschiedener Beschränkungen die Anzahl und Kreativität an möglichen Lösungen erhöhen kann. Die Beschränkung ist dabei ein Symptom und die zugrunde liegende Ursache wie z. B. fehlende Ressourcen, Wissen oder Regeln kann als Treiber der Innovation verstanden werden.[584] Im Rahmen der theory of constraints entwickelten Cox/Spencer (1999) die thinking processes, um von den sichtbaren Beschränkungen anhand einer root-cause-Analyse auf die zugrunde liegenden Ursachen zu kommen. Mithilfe eines cause-effect-Diagramms werden dann ungewünschte Effekte in angestrebte Effekte umgewandelt, woraus Lösungen entwickelt werden können.[585]

581 Eigene Darstellung in Anlehnung an Weyrauch/Herstatt/Tietze (2020), S. 5.
582 Vgl. Weyrauch/Herstatt/Tietze (2020), S. 12f.
583 Vgl. Weyrauch/Herstatt/Tietze (2020), S. 1f., S. 11.
584 Vgl. Cromwell (2018), S. 1ff.; Agarwal/Oehler/Brem (2021), S. 741, S. 746; Cunha et al. (2014), S. 202.
585 Vgl. Cox/Spencer (1999).

Zur Entwicklung frugaler Produkte führen Agarwal/Oehler/Brem (2021) basierend auf Ergebnissen der Literatur und zweier Fallstudien, einen **constraint-based-thinking-Ansatz** ein. In einem systematischen und iterativen Prozess werden sichtbare und zugrunde liegende Ursachen verschiedener Beschränkungen ermittelt und aus einer ex-ante Perspektive als Grundlage bzw. Treiber für Produktmerkmale und Anforderungen an das frugale Produkt herangezogen. Der Ansatz sieht die Aufteilung in einen **Problem- und Lösungsraum** vor, wie aus Abbildung 19 hervorgeht. Die Ebene des Problemraums hilft, multiperspektivisch, d. h. aus Sicht der Endnutzer aber auch des Herstellers, Beschränkungen bzgl. Nutzern, Markt, Herstellung, Infrastruktur und Umwelt für das zu entwickelnde Produkt zu identifizieren und zu fokussieren. Mit der Frage „Warum“ soll ermittelt werden, warum das Produkt auf dem Markt benötigt wird und worin die hauptsächliche Herausforderung im Markt besteht. Der Lösungsraum hingegen nutzt Beschränkungen, um das „Was“ in Form von Anforderungen und Merkmalen, die das Produkt darauf basierend benötigt, auszumachen.

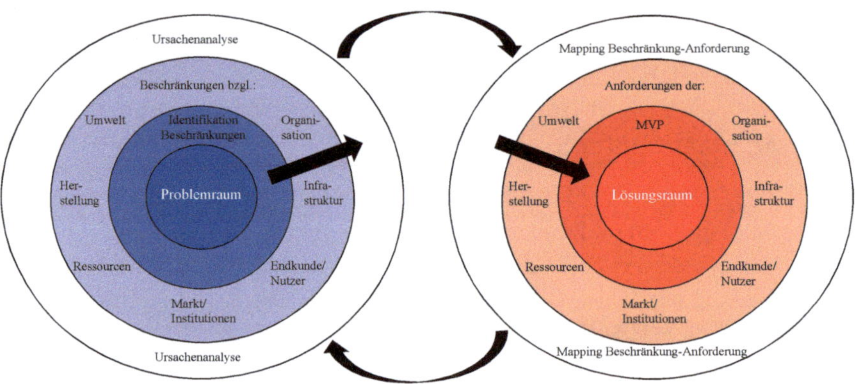

Abbildung 19: Modell nach Agarwal/Oehler/Brem (2021)[586]

Innerhalb der Räume erfolgen **vier Schritte**: Zuerst sollten Knappheiten und bestehende Limitationen für die NPE identifiziert werden. Anschließend sollte für jede Knappheit eine Ursachenanalyse durchgeführt werden, um zugrunde liegende Ursachen für Beschränkungen zu ermitteln. Auf die gefundenen Ursachen werden dann entsprechende Produkteigenschaften bzw. Anforderungen an das Produkt gemappt. Diese klare Verknüpfung hilft, Overengineering zu

586 Eigene Darstellung in Anlehnung an Agarwal/Oehler/Brem (2021), S. 747.

vermeiden. Aus dem Mapping und den damit gewonnen Anforderungen an das frugale Produkt wird ein MVP bzw. Prototyp erstellt. Dabei kann auch noch einmal eine Filterung bzw. Priorisierung der ermittelten Merkmale und Anforderungen, die ggf. konfliktär sind, vorgenommen werden.[587]

Ein Praxisbeispiel zeigt die Vorgehensweise noch einmal auf: Zur Entwicklung des GE Baby Warmers Lullaby führte das GE-Team zunächst Marktbefragungen, Feldbesuche und Interviews durch, um die Bedürfnisse der indischen Kunden sowie vorliegende Beschränkungen zu ermitteln. Davon leiteten sie anschließend Anforderungen an das Produkt, wie die Priorisierung von Kosten, Benutzerfreundlichkeit und Robustheit ab, welche sich umgekehrt einer jeweiligen Beschränkung zuordnen ließen.[588]

3.3 Besondere Vorgehensweisen zur Entwicklung frugaler Innovationen

Im Zusammenhang mit der Entwicklung frugaler Innovationen wird unabhängig von einem Prozessmodell in einigen Quellen die Anwendung bestimmter Methoden, Innovationstechniken und Vorgehensweisen empfohlen.[589] Da diese innerhalb oder in Ergänzung eines formalen Prozesses zur NPE frugaler Innovation zielführend sind, werden nun die aus der Literatur aufgefundenen Vorgehensweisen kurz vorgestellt.

Lean Product Development (LPD)

Reis/Fernandes/Armellini (2021) untersuchen die Nutzung von Prinzipien aus dem Lean Product Development für frugale Innovation mit dem Ziel der Abfallvermeidung. Dazu nehmen die Autoren, basierend auf bisheriger Literatur, zunächst eine Kategorisierung von „Abfall/Verschwendung", der/die im NPEP entsteht und die Effizienz des Prozesses reduziert, vor. In einer Matrix verbinden sie die Kategorien mit Praktiken[590] aus der Theorie des LPD, wiederum basierend auf 310 Studien.[591] Ziel ist, für jede Art von Abfall die beste Praktik zu dessen Vermeidung zu identifizieren[592], ohne aber darauf einzugehen, wie genau und

587 Vgl. Agarwal/Oehler/Brem (2021), S. 739ff.

588 Vgl. Agarwal/Oehler/Brem (2021), S. 745.

589 Vgl. Liu/Wang/Feng (2019), S. 280.

590 Eine Praktik ist im Sinne der Autoren ein Tool bzw. eine Methode, die Verschwendung reduziert, indem eine Aufgabe/ein Schritt der NPE verbessert wird. Vgl. Reis/Fernandes/Armellini (2021), S. 11.

591 Vgl. Reis/Fernandes/Armellini (2021), S. 1, S. 9, S. 13.

592 Vgl. Reis/Fernandes/Armellini (2021), S. 3.

wie gut diese Praktik Müllvermeidung zulässt, da dies Bestandteil vorheriger Literatur ist.[593] Die Verbindungen zwischen LPD-Praktiken und Abfallkategorien aus den verschiedenen Phasen des NPEP dienen als Ausgangspunkt eines ex-ante Entwicklungsmodells frugaler Innovation, da mit der Matrix eine frugale Innovation geplant werden kann. Tabelle 15 zeigt die Zuordnung von Abfall-/Verschwendungskategorie im NPEP und empfohlener Praktik aus dem LPD zur Vermeidung.[594]

Abfall/Verschwendung	**Praktiken**
Warten Unnötiger Transport Übermäßige Bearbeitung Mangel an Disziplin	Befähigung
Mängel Wieder-Erfindung Begrenzte IT-Ressourcen Berichtigung von Informationen	Mitarbeiterschulung
Unnötiger Transport Inventar Überproduktion	Kanban

Tabelle 15: LPD-Praktiken zur Abfallvermeidung[595]

Kritisch anzumerken bleibt, dass Prinzipien aus dem lean development mit dem Ziel einer besseren Wettbewerbsfähigkeit oftmals nur eine Erhöhung der Prozesseffizienz und damit verbunden geringere Kosten zum Ziel haben, ohne jedoch das Endprodukt in den Fokus zu nehmen. Dies begründet einen wesentlichen Unterschied zur Entwicklung frugaler Innovation, welche Knappheiten zum Ausgangspunkt haben. Wenn lean development aber als Praktiken zur Müllvermeidung verstanden werden, so können sie auch zum NPEP frugaler Innovation beitragen.[596]

Kreativitätstechniken

Auch wenn einfach anzuwendende Kreativitätstechniken wie das Brainstorming, mit denen Lösungsalternativen zu bestimmten Problemfeldern gesammelt werden können, ursprünglich auf traditionelle Innovationen ausge-

593 Vgl. Reis/Fernandes/Armellini (2021), S. 11.
594 Vgl. Reis/Fernandes/Armellini (2021), S. 22.
595 Eigene Darstellung in Anlehnung an Reis/Fernandes/Armellini (2021), S. 19.
596 Vgl. Reis/Fernandes/Armellini (2021), S. 2, S. 22, S. 28.

richtet waren[597], erlauben sie neue Sichtweisen auf Innovation.[598] Daher zeichnet sich in der Literatur eine Empfehlung zu ihrer Nutzung für frugale Innovationen ab. Den Zeitpunkt des Einsatzes geben viele Quellen insbesondere zu Beginn des Prozesses im Rahmen der Ideengenerierung an[599], andere Quellen eher in der Mitte des Prozesses zur Ideenakzeptanz.[600]

Zusätzlich zu Kreativitätstechniken sollten für die angestrebte Zielerreichung im NPEP frugaler Innovation weitere Verfahren wie QFD und TRIZ, die systematischer und regelgeleiteter ablaufen, angewendet werden,[601] insbesondere bei Ergebnislosigkeit der Kreativitätstechniken.[602]

Teoria reshenija izobretatjelskich zadacz (TRIZ)

Bei der Theorie des erfinderischen bzw. widerspruchsorientierten Problemlösens sollen Konflikte zwischen Produktmerkmalen durch Erfahrungswissen der Erfinder gelöst werden.[603] Bestenfalls wird diese Methode im Anschluss an Ad-hoc-Verfahren, welche zur Ideengenerierung eingesetzt werden, verwendet, um erste Ergebnisse ausgerichtet auf die Ziele frugaler Innovation weiter auszuarbeiten.[604]

Quality function deployment (QFD)

Bei der Anwendung von Qualitätswerkzeugen in der NPE geht es weniger um die technische Gestaltung eines Produktes, als vielmehr darum, die Bedürfnisse des Kunden in technische Anforderungen umzusetzen.[605] QFD fördert ein besseres Verständnis der Kundenbedürfnisse und kann dazu beitragen, Barrieren zwischen Abteilungen und Funktionen im Unternehmen aufzulösen.[606]

Die Anforderungen des Kunden bilden dabei die Grundlage für die gesamte Entwicklung. Der Kunde gewichtet die gewünschten Funktionen eines Produktes, welche dann im House of Quality in einer Struktur aus Matrizen in gewichtete Produktbestandteile überführt werden. Somit garantiert QFD

597 Vgl. Liu/Wang/Feng (2019), S. 283.
598 Vgl. Tiwari/Herstatt (2013), S. 11; Brem et al. (2020), S. 13.
599 Vgl. Brem/Freitag (2015), S. 20f.; Brem et al. (2020), S. 13; Kalogerakis/Lüthje/Herstatt (2010), S. 430f.; Šoltés et al. (2017), S. 6.
600 Vgl. Lehner/Koldewey/Gausemeier (2018), S. 20f.
601 Vgl. Brem/Freitag (2015), S. 20f.; Brem et al. (2020), S. 13; Tiwari/Herstatt (2013), S. 11.
602 Vgl. Ulrich/Eppinger (2012), S. 371f.
603 Vgl. Tiwari/Herstatt (2013), S. 19; Möhrle (2010), S. 373ff.; Daim/Brem/Tidd (2019), S.xvii.
604 Vgl. Tiwari/Herstatt (2013), S. 19f.; Brem et al. (2020), S. 13; Balakrishnan (2012), S. 10ff.
605 Vgl. Möhrle (2005), S. 313; Daim/Brem/Tidd (2019), S.xvii.
606 Vgl. Trott (2008), S. 123.

bereits zu Beginn des NPEP die Ermittlung und direkte Umsetzung der Kundenanforderungen in den Entwicklungsprozess. Die Entwicklungsaktivitäten werden im Sinne einer frugalen Innovation auf das Wesentliche fokussiert, was Entwicklungszeit und v. a. Kosten reduziert und die Passgenauigkeit erhöht[607], ohne dass die Vorgehensweise jedoch einen Fokus auf Kostenreduktion legt.[608]

Analogieansatz

Die qualitativen Ansprüche, die angestrebte Einfachheit und die Kostenziele frugaler Innovationen im Sinne einer affordable excellence erfordern den Einbezug externen Wissens in die Entwicklung frugaler Innovationen. Analogien aus anderen Branchen und aus der Biologie können entlang des gesamten NPEP genutzt werden, um Entwicklungskosten zu senken und die Prozesseffizienz zu verbessern. Beispielsweise verwendete GE für das frugale EKG-Gerät MAC 400 einen Drucker, der primär in Indien zum Ausdrucken für Fahrkarten Verwendung findet.[609]

Design Thinking (DT)

In einem agilen, iterativen Vorgehen werden bei Design Thinking als Prozess Lösungen zu Problemfeldern generiert. Mit ethnographischem Datensammeln, Brainstorming und schnellem Prototyping, um ungedeckte Kundenbedürfnisse aufzudecken und bedarfsgerechte Lösungen zu entwickeln, integriert der Ansatz für frugale Innovation erfolgskritische Praktiken, die Empathie, den Einbezug lokaler Talente, das Aufbauen von Beziehungen und die Einsparung von Kosten ermöglichen.[610] Schleinkofer et al. (2019) präsentieren einen auf frugale Innovation angepassten DT-Prozess iterativ zu durchlaufender Schritte, deren Adaptionen für frugale Innovation Abbildung 20 zeigt.[611] Anhand einer SWOT-Analyse stellen die Autoren außerdem fest, dass sich DT für frugale Innovation im EM-Kontext v. a. durch einen engen Kontakt zum Nutzer, eine starke Fokussierung der Nutzerbedürfnisse und die Möglichkeit, Kosten einzusparen durch Eliminierung unnötiger Komponenten als vorteilhaft erweist. Risiken zeigen sich durch eine starke Fokussierung auf den Nutzer, der teilweise nur schwer erreichbar ist. Zu starke Kundeneinbindung heterogener Kundenwünsche kann außerdem zu einem Verlust der Fokussierung führen.[612]

---

607 Vgl. Möhrle (2005), S. 314f.
608 Vgl. Weyrauch (2018), S. 199f.
609 Vgl. Herstatt/Tiwari (2015), S. 12f.; Tiwari/Kalogerakis/Herstatt (2017), S. 156ff.
610 Vgl. Holm/Reuterswärd/Nyotumba (2019), S. 304; Schleinkofer et al. (2019), S. 611.
611 Vgl. Schleinkofer et al. (2019), S. 611ff.
612 Vgl. Schleinkofer et al. (2019), S. 612.

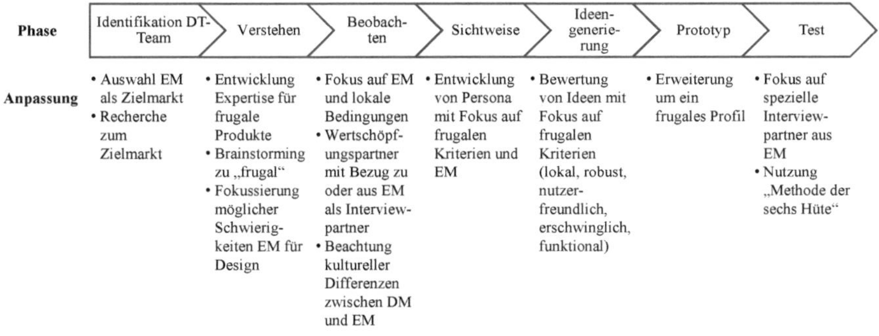

Abbildung 20: Adaptionen im DT-Prozess für frugale Innovation[613]

Besondere Beachtung findet im Kontext frugaler Innovation für EM, auch um die lokale Distanz zu überwinden, die Zusammenstellung eines DT-Teams. Alle Schritte weisen einen starken Bezug zu EM und den Kriterien frugaler Innovation auf.[614] Teilweise sind die Lösungen inspiriert durch die Zusammenführung unterschiedlicher Konzepte aus Entwicklungsländern und Industrienationen. So wurde Aravind für die Abwicklung von Behandlungen bei Augenerkrankungen inspiriert durch Grundsätze der McDonald's Hamburger University: Fließband, geringe Kosten, hohe Qualität durch genaue Planung.[615] Überwiegend besteht in der Literatur die Ansicht, dass DT während des gesamten Entwicklungsprozesses und in Kombination mit anderen Vorgehensweisen, wie z. B. Brainstorming, angewendet werden kann[616], um im Anschluss an die Ideengenerierung diese detaillierter auszuarbeiten.[617]

Zielkostenrechnung

Dieses Verfahren, bei dem statt der üblichen Voll- oder Teilkostenrechnung mit Gewinnaufschlag, eine retrograde Betrachtung der Kosten stattfindet, eignet sich für frugale Innovationen besonders, da es von Beginn an den Kunden, seine präferierten Produktfunktionen sowie Zahlungsbereitschaft -und Fähigkeit beachtet.[618] Ergänzt werden kann die Zielkostenrechnung durch wertanalytische Maßnahmen.

613 Eigene Darstellung in Anlehnung an Schleinkofer et al. (2019), S. 614.
614 Vgl. Schleinkofer et al. (2019), S. 613f.
615 Vgl. Altmann/Rego/Ross (2009), S. 50.
616 Vgl. Holm/Reutersward/Nyotumba (2019), S. 303; Wohlfart et al. (2016), S. 16; Brown/Katz (2011), S. 382; Schleinkofer et al. (2019), S. 614; Šoltés et al. (2017), S. 7.
617 Vgl. Brem et al. (2020), S. 13.

Wertanalyse

Bei der Wertanalyse, welche zur Entwicklung und Verbesserung von Produkten eingesetzt werden kann[619], wird basierend auf Wissen über die vom Kunden geforderten Funktionen des Produktes in einer systematischen Vorgehensweise das Verhältnis aus Funktionen zu Kosten erhöht, also der Wert (Nutzen/Aufwand) des Produktes gesteigert. Lösungsalternativen werden evaluiert und darauf basierend behalten oder verworfen. Dies gilt auch im Anwendungsfall frugaler Innovationen, wobei besonders die Gebrauchsfunktionen, also jene aus Kundensicht zwingend erforderlichen Funktionen, sichergestellt werden müssen.[620]

Geschäftsmodellprinzipien

Das Fraunhofer IAO hat umfangreiche Prinzipien zur digitalen Geschäftsmodellentwicklung vorgeschlagen, unter denen sich auch Prinzipien zur Entwicklung frugaler Innovationen finden. Prinzip 35 No Frills fokussiert Entwickler beispielsweise auf Essenzielles und lässt sie alles wegstreichen, was nicht zur Kernleistung eines Produktes gehört. So bietet beispielsweise IKEA Möbel mit gutem Design zu günstigem Preis, aber die Kunden übernehmen die Abholung aus dem Lager und den Zusammenbau, was folglich nicht zur Kernleistung des Produktes gehört. Bei Prinzip 39 Keep it Short and Small werden Produkte in kleinen Portionen verkauft, um sie erschwinglich zu machen und den Platzbedarf zu reduzieren. Ähnlich soll bei Prinzip 37 Razor and Blade die Kaufbarriere klein gehalten werden, indem ein günstiges Basisprodukt angeboten wird, zudem es dann teurere Erweiterungsprodukte gibt, welche teilweise technisch abhängig sind. Prinzip 41 Re-Use Resources setzt auf die Nutzung bewährter Vorgängermodelle statt aktueller Versionen und die Umwidmung von Ressourcen oder ihre Nutzung auf neue Weise.[621]

Neben der Betrachtung einzelner Praktiken zeigen sich in der bisherigen Literatur auch Erfolgsfaktoren zur NPE frugaler Innovation, wie das nächste Kapitel zeigt.

---

618 Vgl. Herstatt/Tiwari (2015), S. 12.

619 Vgl. Miles (1964); Götz (2007).

620 Vgl. Altmann/Engberg (2016), S. 48, S. 51; Corsi/Di Minin/Piccaluga (2014), S. 31, S. 29ff.; Herstatt/Tiwari (2015), S. 11.

621 Vgl. Wohlfart/Woyke (2020), S. 25ff.; Fortwingel (2020), S. 38f.

3.4 Erfolgsfaktoren der NPE frugaler Innovation

Die Entwicklung frugaler Innovation erfordert eine veränderte Perspektive auf Kunden, Innovation und das Unternehmen. Sehgal/Dehoff/Panneer (2010) diskutieren bereits Erfolgsfaktoren für das frugal engineering. Kumar/Puranam (2012) nennen ebenfalls sechs Prinzipien als fundamental für die Entwicklung frugaler Innovation: robustness, portability, defeaturing, leapfrog technology, mega-scale production, and service ecosystem.[622] Radjou/Prabhu (2015) schlagen weiterhin sechs Prinzipien als erfolgskritisch vor: engage and iterate, flex your assets, create sustainable solutions, shape customer behaviors, cocreate value with prosumers, and make innovative friends.[623] Aus dem Ansatz von Brem et al. (2020) gehen, basierend auf Voruntersuchungen anderer Autoren, die Identifikation von Bedürfnissen, die Nutzung angemessener Tools sowie die Integration kultureller Aspekte in den Entwicklungsprozess frugaler Produkte als wichtige Faktoren hervor.[624] Die sich zeigenden Übereinstimmungen in den Faktoren aus den genannten Quellen werden nachfolgend genauer betrachtet.

Um Produkte auf Kernfunktionalitäten auszurichten, muss für die NPE ein Verständnis des Kunden und insbesondere, wie er das Produkt verwendet, gegeben sein.[625] Dies zeigte sich auch im Falle der constraint-basierten Entwicklung als Voraussetzung, um spezifische Produktanforderungen und Funktionalitäten zu definieren.[626] Es benötigt daher genaue **Kenntnis des Anwendungskontexts**, um ein frugales Produkt hinsichtlich Bedürfnissen und Preiserwartungen der Kunden adäquat zu gestalten.[627] Um ein tiefes Verständnis zu erlangen und spätere Kosten zu vermeiden, sollten insbesondere für die frühe Phase und die, die Entwicklung vorbereitenden Aufgaben **ausreichend Ressourcen** zur Verfügung gestellt werden.[628]

Co-Creation mit künftigen Nutzern, also ein aktives Mitwirken des Nutzers am Entwicklungsprozess, hat sich hierzu als probates Mittel erwiesen, da es durch die Nähe bei der gemeinsamen Ideenfindung, Design und Produktion eine entscheidende Rolle bei der Schaffung eines gemeinsamen Werts für Ver-

---

622 Vgl. Kumar/Puranam (2012), S. 14ff.; Sehgal/Dehoff/Panneer (2010), o.S.

623 Vgl. Radjou/Prabhu (2015), S. 19ff.

624 Vgl. Brem et al. (2020), S. 4f.

625 Vgl. Sehgal/Dehoff/Panneer (2010), o.S.

626 Vgl. Agarwal/Oehler/Brem (2021), S. 746; Viswanathan/Sridharan (2012), S. 59.

627 Vgl. Brem et al. (2020), S. 11; Annala/Sarin/Green (2018), S. 110; Viswanathan/Sridharan (2012), S. 59.

628 Vgl. Brem et al. (2020), S. 13.

braucher und Erzeuger spielt. Der Verbraucher hilft dem Innovator außerdem den sweet spot zu finden, der eine signifikante Kostensenkung ermöglicht.[629] Ist eine direkte Zusammenarbeit mit künftigen Nutzern nicht möglich, sollten zumindest Personen einbezogen werden, die die Umgebung sehr gut kennen[630], um das Produkt, statt aus globaler Perspektive, nach lokalen Präferenzen und Bedürfnissen zu entwickeln. Die Ideenfindung zu Beginn des Prozesses sollte systematisch und tiefgehend erfolgen.[631] Die ermittelten Bedürfnisse müssen via Schnittstelle in den Entwicklungsprozess eingespeist werden, damit sie auch berücksichtigt werden.[632] Neben einem Stage-Gate-orientierten Aufbau des Prozesses ist eine iterative Vorgehensweise im Prozess wichtig, um basierend auf Feedback des Kunden Verbesserungen und Veränderungen vorzunehmen.[633]

Auch das bereits angesprochene **Design** ist erfolgskritisch. Es gilt in seinen verschiedenen Ausprägungen (z. B. Produkt, Verpackung, Werbung) als wichtige Säule, um aus den ermittelten Anforderungen und Bedürfnissen eine wirtschaftlich nutzbare frugale Innovation zu machen.[634] Gerade während der Designphase werden funktionale, strukturelle, und relationale Vereinfachungen, die Frugalität ermöglichen, geschaffen.[635] Aktuelle Produktentwicklungsprozesse für frugale Designs sind primär fokussiert auf die Eliminierung von Komponenten, auf Kompromisse bei der Qualität und auf die Reduzierung von Funktionalität, Benutzerfreundlichkeit und ästhetischer Wirkung mit dem Ziel, Kosten zu sparen. Dies wirkt sich bisweilen negativ auf die Akzeptanz bei potenziellen Konsumenten frugaler Innovationen aus.[636] Frugale Produkte unterscheiden sich aufgrund ihrer Eigenschaften im Spannungsfeld zwischen Kostenersparnis und Kundenzufriedenheit von konventionellen Produkten und erfordern daher neue Tools und Herangehensweisen.[637]

Im Hinblick auf die **organisatorische Gestaltung** frugaler Innovationsprozesse hat sich gezeigt, dass die **Teamzusammensetzung** und die Motivation der Beschäftigten bzw. das **Innovationsklima** ausschlaggebende Faktoren sind.[638] Auch Diversität ist erfolgskritisch, v. a. der Einbezug der lokal ansässigen

629 Vgl. Annala/Sarin/Green (2018), S. 110f.
630 Vgl. Brem et al. (2020), S. 13.
631 Vgl. Brem et al. (2020), S. 11.
632 Vgl. Brem et al. (2020), S. 11.
633 Vgl. Brem et al. (2020), S. 11.
634 Vgl. Basu/Banerjee/Sweeny (2013), S. 64f., S. 70; Jagtap et al. (2013)/(2014).
635 Vgl. Lim/Fujimoto (2019), S. 1027f.
636 Vgl. Singh/Seniaray/Saxena (2020), S. 1ff.
637 Vgl. Jagtap et al. (2014), S. 527ff.; Ray/Ray (2011), S. 223, S. 226.
638 Vgl. Weiss/Hoegl/Gibbert (2011), S. 203ff.

und damit kulturkundigen Mitarbeiter ist wichtig und kann den Prozess bzgl. Zugang zu schwer erreichbaren Kundengruppen, Problemlösung und Entscheidungsfindung verbessern.[639] Dies gelingt in EM u. a. durch die besonderen Fähigkeiten der lokalen Bevölkerung, schnell kosteneffektive Produkte in einer ressourcenarmen Umgebung zu entwickeln.[640] Ein cross-funktionales Team, wodurch sich Kommunikation verbessert und Silodenken entgegenwirken lässt, erhöht zudem die Chancen, Kosteneinsparungspotenziale zu finden. Zu diesem Zweck sollten auch Zulieferer stärker als bisher in die Entwicklung einbezogen und als Teil des Unternehmens betrachtet werden. In Abstimmung mit diesen lässt sich das Kostengefüge für ein Produkt optimieren.[641]

Auch die **Bildung innovativer Fähigkeiten** gilt neben dem Wissensmanagement als erfolgsrelevant.[642] Perera/Badir (2020) erarbeiten in ihrem Konferenzpapier Empfehlungen für das Management von Produktionsunternehmen, wie diese mithilfe frugaler Innovation den Herausforderungen der Corona-Pandemie begegnen können. Zunächst halten sie, wie Radjou (2020) auch[643], den Aufbau eines **frugalen Mindsets** bei den Mitarbeitern v. a. in DM für eine Grundvoraussetzung.[644] Studien der TUHH zeigen, dass v. a. bei deutschen Ingenieuren kulturbedingt oftmals hochpreisige Hightech-Produkte anstelle frugaler Lösungen auf der Agenda stehen. So sollte von Beginn an ein geringeres Budget für Innovation eingeplant werden, damit daraus schlussendlich auch ein geringerer Produktpreis resultiert.[645]

Des Weiteren empfehlen Perera/Badir (2020) **Economies of Scale** und **Scope** anzuwenden. Sofern frugale Innovationen für den Massenmarkt gemacht sind, wie am BoP, sind Skalierungseffekte kein Problem. Die Verwendung von günstigen Technologien lässt die Amortisierungszeit zudem verkürzen.[646] Diese Denkweise lässt sich nicht ganz auf DM übertragen. Es kann natürlich sein, dass die Skalierung durch die Ressourcenknappheit begrenzt wird. In beiden Fällen müssen Unternehmen auf Economies of Scope setzen. Durch die Nutzung der gleichen Ressourcen bzw. bestehender Assets für verschiedene Produkte,

---

639 Vgl. Shankar/Hanson (2013), S. 8, S. 15f.; Ehrenmann/Warschat (2013), S. 20; Corsi/Di Minin/Piccaluga (2014), S. 28, S. 33f.; Altmann/Rego/Ross (2009), S. 50f.

640 Vgl. Kumar/Puranam (2012), S. 14, S. 16; Radjou/Prabhu (2015), S. 2f.; Zanello et al. (2016), S. 888.

641 Vgl. Sehgal/Dehoff/Panneer (2010), o.S.

642 Vgl. Lim/Han/Ito (2013), S. 391ff.; Bencsik/Machova/Toth (2016), S. 85ff.

643 Vgl. Radjou (2020), o.S.

644 Vgl. Perera/Badir (2020), S. 6.

645 Vgl. Tiwari/Fischer/Kalogerakis (2017); Krohn/Herstatt (2018).

646 Vgl. Perera/Badir (2020), S. 7.

und somit den Aufbau einer Plattform, können die Kosten ebenfalls gesenkt werden.[647]

Einen weiteren Erfolgsfaktor sehen die Autoren in der **kontinuierlichen, integrierten Herstellung** des frugalen Produktes an einem Ort, anstatt große Mengen jeweils in Chargen an teils weit verteilten Standorten zu produzieren.[648] Auch durch die Technik der **Bricolage** kann der Ressourcenknappheit und somit Realisierung frugaler Innovation geholfen werden.[649]

Das Arbeiten in **Ökosystemen der Innovation** wird ebenfalls als förderlich für frugale Innovation angeführt. Um frugale Eigenschaften zu erhalten, müssen Innovatoren in einem Netzwerk mit verschiedenen internen und externen Akteuren zusammenarbeiten.[650] Externes Wissen von Universitäten oder Nichtregierungsorganisationen kann erforderlich sein, wie Beispiele aus Indien zeigen.[651]

Verbunden mit dem Gedanken des Ökosystems, ist zuletzt auch eine **modulare Architektur** eines Produktes hilfreich, um Kosten zu sparen. Durch die separate Herstellung einzelner Komponenten und die Aufteilung auf verschiedene Akteure können Ressourcen effizienter genutzt werden.[652] Es sollten, in Anlehnung an die Beschränkung auf Kernfunktionalitäten, nur Funktionen integriert werden, die funktional erforderlich sind und zugleich auch kulturellen und sozialen Werten und Normen des Zielmarktes entsprechen.[653]

Lokalisierung und **bottom-up-Herangehensweise** lassen sich als weitere Erfolgsfaktoren bestätigten.[654] F&E vor Ort gibt klare Einblicke in die Bedürfnisse und den Anwendungskontext. Lokal verfügbares Wissen und Fähigkeiten können genutzt werden. Die Eindrücke vor Ort können Ideen und Kreativität triggern.[655] Um weniger von globalen Lieferketten abhängig zu sein, kann die Lokalisierung von Innovationsaktivitäten ebenfalls hilfreich sein. Diese lässt sich leichter umsetzen, je frugaler die Innovation ist, weil beispielsweise dann

---

647 Vgl. Sharma/Iyer (2012), S. 600ff.

648 Vgl. Perera/Badir (2020), S. 9; Radjou/Prabhu (2015), S. 54-60.

649 Vgl. Perera/Badir (2020), S. 9; Sharma/Iyer (2012), S. 600; Cunha et al. (2014), S. 203ff.

650 Vgl. Perera/Badir (2020), S. 10; Ray/Ray (2011), S. 220f., S. 225f.

651 Vgl. Tiwari/Herstatt (2012), S. 254ff.

652 Vgl. Perera/Badir (2020), S. 11f.; Sharmelly/Ray (2018), S. 159ff.; Lim/Fujimoto (2019), S. 1028; Ray/Ray (2011), S. 220f., S. 225f.

653 Vgl. Brem et al. (2020), S. 12.

654 Vgl. Brem et al. (2020), S. 12.

655 Vgl. Zeschky/Widenmayer/Gassmann (2011), S. 41; Pisoni/Michelini/Martignoni (2018), S. 118; Shankar/Hanson (2013), S. 8, S. 15f.

auch vor Ort verfügbare Komponenten verwendet werden können, statt teurere Komponenten zu importieren.[656] Im Rahmen der bottom-up-Herangehensweise ist es wichtig, vom Bedürfnis her zu entwickeln und grundsätzlich alle Merkmale eines Produktes infrage zu stellen, statt es vom Status quo ausgehend zu vereinfachen oder auf bedürfnisunabhängige Ziele hin zu entwickeln.[657] Dies deckt sich mit der Empfehlung zur Einbindung des Kunden. Die Verwendung lokal verfügbarer Materialien trägt ebenfalls zur Erschwinglichkeit bei.[658]

Die meisten Untersuchungen zu derartigen **Erfolgsfaktoren** für frugale Innovation beziehen sich auf den **EM-Kontext**. Die Studie von Winkler et al. (2020) untersucht als Pionier die Gründe für Erfolg und Scheitern frugaler Innovation in DM. Ihre Implementierung hängt demnach stark von den Marktbedingungen ab.[659] Aufgabe dieser Arbeit wird es auch sein, die Erfolgsfaktoren bei den untersuchten Unternehmen aus dem DM-Kontext zu überprüfen.

Auch wenn die Erforschung frugaler Innovation aus Prozessperspektive bereits Erfolgsfaktoren und organisationale Eigenschaften, die wichtig sind zur Entwicklung frugaler Innovationen, hervorgebracht hat, ist die Anzahl der Publikationen, die sich mit dem Prozess beschäftigen dennoch gering. Es ist daher unerlässlich, tiefere Einblicke in die Entwicklungsvorgehen zu erhalten sowie Tools zu erkunden, um ein Bild zu erhalten, wie frugale Innovationen systematisch entwickelt werden können. Nur so verbreitet sich das Konzept und Unternehmen können Fähigkeiten aufbauen, um frugale Produkte zu entwickeln.[660]

---

656 Vgl. Radjou/Prabhu (2015), S. 54-60.

657 Vgl. Sehgal/Dehoff/Panneer (2010), o.S.; Nakata/Weidner (2012), S. 30; Basu/Banerjee/Sweeny (2013), S. 63f., S. 67; Rosca/Bendul (2015), S. 1f., S. 7.

658 Vgl. Hossain (2018), S. 931.

659 Vgl. Winkler et al. (2020), S. 251ff.

660 Vgl. Brem et al. (2020), S. 2.

4 Theoretische Erklärungsansätze

Um die Fähigkeiten zur Neuproduktentwicklung und die Einbindung des Kunden in den Prozess zu erklären, werden in der Forschung viele Theorien aus verschiedenen Fachbereichen angewendet, u. a. die Theorie der dynamischen Fähigkeiten und das Promotorenmodell.

Die Theorie der dynamischen Fähigkeiten (Kapitel 4.1) soll in dieser Arbeit herangezogen werden, um Erfolgsfaktoren, insbesondere Fähigkeiten und Methoden, zur Entwicklung frugaler Innovationen zu untersuchen. Mit dem Promotorenmodell (Kapitel 4.2) können Verantwortlichkeiten, Rollen und der Einfluss des Innovationssystems auf die Neuproduktentwicklung frugaler Innovation beleuchtet werden. Da in dieser Arbeit, über Führungskräfte hinaus, weitere Rollen und Beteiligte des arbeitsteiligen NPE betrachtet werden, spricht dies für die Hinzuziehung des Promotorenmodells im Gegensatz zu anderen personenbezogenen Theorien wie z. B. der Upper Echelon Theorie, welche Crossan/Apaydin (2010) für eine Leadership-Betrachtung im Innovationskontext vorschlagen.[661] Das Promotorenmodell ist weiterhin geeignet, da es als empirisch bestätigtes Paradigma[662] auch bereits für Untersuchungen im Change Management angewendet wurde und frugale Innovation für Unternehmen in DM ebenfalls eine Veränderung darstellt.

Nachfolgend werden beide Theorien sowie Hauptkritikpunkte kurz beschrieben, bevor ihr jeweiliger Erklärungsbeitrag im Rahmen der Forschungsfragen dieser Arbeit beleuchtet wird.

4.1 Dynamic Capabilities (DC)

Die langfristige Wettbewerbsfähigkeit eines Unternehmens hängt u. a. von dessen **Fähigkeiten zur Neuproduktentwicklung** (z. B. Wissen, Prozesse, Mindset, Problemlösungsmechanismen) ab.[663] (Erfolgreiche) Neuproduktentwicklung basiert wiederum auf den Fähigkeiten einer Organisation. Fähigkeiten bzw. Kompetenzen werden dabei synonym verwendet und umfassen nach

661 Vgl. Crossan/Apaydin (2010), S. 1167.
662 Vgl. Hauschildt (1998), S. 237.
663 Vgl. Wheelwright/Clark (1992a), S. 70; Bessant/Francis (1997), S. 190f.; Takeuchi/Nonaka (1986), S. 144.

Grant (1991) das Zusammenspiel individueller Ressourcen (Struktur), um eine bestimmte Aufgabe oder Tätigkeit auszuführen (Prozesse).[664]

Mithilfe **dynamischer Fähigkeiten** in Ergänzung zu adäquaten Ressourcen und Strategien, können Unternehmen branchenunabhängig die Dynamik in einer zunehmend volatilen Umwelt und sich ergebende Chancen im Innovationsmanagement wie z. B. bei der Neuproduktentwicklung in besserer Abstimmung mit Bedürfnissen des Marktes nutzen.[665] Daraus ergibt sich eine wissenschaftliche Relevanz der Betrachtung dynamischer Fähigkeiten im Kontext dieser Dissertation.

Dynamische Fähigkeiten sind „the firm`s ability to integrate, build, and reconfigure internal and external competences to address rapidly changing environments."[666] Die Basis für dynamische Fähigkeiten bildet der **Resource-Based-View**, welcher allerdings nichts über die Praxis der Ressourcenkoordination und -bündelung aussagt.[667] Fähigkeiten entstehen dabei nach Penrose (2009) aber durch eben diese Bündelung strategischer Ressourcen.[668] **Ordinary Capabilities** („doing things right"[669], oftmals bezeichnet als Best Practices) beschreiben dazu relevante Fähigkeiten (der Mitarbeiter) auf operativer Ebene zur Erledigung von, in Prozessen eingebetteten, Aufgaben aus Verwaltung, Betrieb und Leitung.[670] Auf strategischer Ebene, insbesondere für den Kontext schneller und unvorhersehbarer Veränderung, erklärt diese Theorie aber nicht ausreichend, wie und warum Unternehmen nachhaltige Wettbewerbsvorteile erzielen.[671] Wettbewerbsvorteile basieren auf schwer zu imitierenden Ressourcen des Unternehmens und erodieren, sobald sie imitierbar oder replizierbar werden und die Marktnachfrage sich verändert. Es liegt daher nahe, dass Erfolg in Zeiten des raschen technologischen Wandels von der Verfeinerung interner technologischer, organisatorischer und verwaltungstechnischer Prozesse im Unternehmen abhängt.[672]

---

664 Vgl. Teece/Pisano/Shuen (1997), S. 516f.; Teece (2014), S. 328; Grant (1991), S. 120; Danneels (2002), S. 1102.

665 Vgl. Boscoianu/Prelipcean/Lupan (2018), S. 3498ff.; Mousavi/Bossink (2017), S. 1263ff.; Teece et al. (1997), S. 509; Rodrigues/Gohr/Calazans (2020), S. 4; Teece (2014), S. 330, S. 334.

666 Teece/Pisano/Shuen (1997), S. 516.

667 Vgl. Barney (1991), S. 99ff.; Teece (2014), S. 340.

668 Vgl. Penrose (2009), S. 62ff., S. 66ff.

669 Teece (2014), S. 331.

670 Vgl. Teece (2014), S. 328, S. 330.

671 Vgl. Eisenhardt/Martin (2000), S. 1106.

672 Vgl. Teece/Pisano/Shuen (1997), S. 509, S. 513.

Es entwickelte sich die **Theorie der Dynamic Capabilities**[673], welche in sich schnell verändernden Umwelten als Quelle eines nachhaltigen Wettbewerbsvorteils gilt, indem **dynamische Fähigkeiten/Metakompetenzen**[674] kontinuierlich die primären Fähigkeiten des Unternehmens weiterentwickeln und auf lohnende Aktivitäten, d. h. solche, die Umsatz generieren, ausrichten.[675] Dynamisch bezieht sich auf die Fähigkeit, Kompetenzen zu erneuern, um der volatilen Umwelt gerecht zu werden.[676]

Alle **Arten dynamischer Fähigkeiten** spielen eine Rolle bei der Entwicklung innovationsbezogener operativer Fähigkeiten, welche sie auf die Entwicklung neuer strategischer Ziele hin kanalisieren.[677] Dynamische Fähigkeiten umfassen dabei drei Arten für den Umgang mit internen und externen Ressourcen und Fähigkeiten:[678]

Prozesse zum Anpassen (Sensing): In einer schnelllebigen Umwelt sind die Kundenbedürfnisse, technologischen Möglichkeiten und Aktivitäten des Wettbewerbs in ständiger Bewegung.[679] Sie umschreiben die Fähigkeiten des Unternehmens, Veränderungen in der Umwelt aufzuspüren, Kundenbedürfnisse zu identifizieren und technologische Chancen zu ermitteln (F&E).[680]

Prozesse zum Integrieren (Seizing): Aufgespürte Chancen bzgl. Markt oder Technologie müssen durch neue Produkte genutzt werden, d. h. Mobilisierung von Ressourcen, Investition in Entwicklung, um aufgedeckte Potenziale zu nutzen und anschließend zu kommerzialisieren.[681]

Prozesse zum Rekonfigurieren (Reconfiguring): Zur Nutzung technologischer Chancen benötigen Unternehmen die Befähigung, Fähigkeiten und Ressourcen, den sich verändernden Anforderungen entsprechend, zu verändern und neu zu kombinieren.[682]

---

673 Vgl. Teece/Pisano/Shuen (1997), S. 510; Teece (2007), S. 1344.

674 Das Managerial Lever als Meta-Konstrukt verbindet Führung mit Ergebnissen auf Ebene der Organisation und ermöglicht zentrale Innovationsprozesse. Vgl. Crossan/Apaydin (2010), S. 1171f.

675 Vgl. Eisenhardt/Martin (2000), S. 1106; Teece et al. (1997), S. 515; Teece (2007), S. 1319; Teece (2014), S. 328f.

676 Vgl. Teece/Pisano/Shuen (1997), S. 515; Danneels (2002), S. 1110; Rodrigues/Gohr (2021), S. 1.

677 Vgl. Ellonen/Jantunen/Kuivalainen (2011), S. 459, S. 473f.

678 Vgl. Teece/Pisano/Shuen (1997), S. 515; Teece (2007), S. 1341, S. 1344; Teece (2014), S. 332.

679 Vgl. Teece (2007), S. 1322.

680 Vgl. Teece (2007), S. 1322; Teece (2014), S. 332.

681 Vgl. Teece (2007), S. 1326; Teece (2014), S. 332.

682 Vgl. Teece (2014), S. 332.

Dynamische Fähigkeiten beziehen sich folglich auf Prozesse wie den **Neuproduktentwicklungsprozess**, da das Unternehmen durch ihn zur richtigen Zeit das Richtige tun kann, d. h. marktfähige neue Produkte entwickeln. Hierzu ist die Ressourcenkonfiguration des Unternehmens zu verändern (d. h. Neues lernen, Bestehendes neu kombinieren), um auch unter neuen Bedingungen zur Wertschöpfung fähig zu sein. Dabei zeigt sich, dass neue Produkte, deren Anforderungen zur Entwicklung und Kommerzialisierung eine hohe Übereinstimmung mit Fähigkeiten des Unternehmens aufweisen, erfolgreicher sind.[683,684]

Für Produktinnovationen ist dabei auf erster Ebene[685] eine Kombination aus **Technologiefähigkeiten** (z. B. Wissen bzgl. Produktion, Engineering, Qualitätssicherung) **und Marktfähigkeiten** (z. B. Identifikation von Kundengruppen, Verständnis von Kundenbedürfnissen, Etablierung von Vertriebskanälen) notwendig, um angemessene Produktmerkmale zu kreieren und dieses Produkt dann zu erstellen. Für die Verbindung aus Technologie und Kundenwünschen[686] hat das Unternehmen entweder bereits die nötigen Fähigkeiten oder muss diese aufbauen.[687]

Aus Sicht der DC sind **spezifische Fähigkeiten** nötig, um **nachhaltigkeitsorientierte Innovationen** zu implementieren.[688] Frugale Innovationen können hinsichtlich ihrer Eigenschaften und Zielsetzung unter nachhaltige Innovation, die neben ökonomischen auch ökologische und soziale Aspekte mit langem Zeithorizont berücksichtigen[689], subsumiert werden und werden in der Literatur bereits als Ausprägungsform diskutiert (siehe Kapitel 2.1). Nachhaltigkeitsorientierte DC sind die Fähigkeiten des Unternehmens, Kompetenzen und Ressourcen zu integrieren, aufzubauen und zu rekonfigurieren, um Nachhaltigkeit in Reaktion auf Anforderungen des Marktes in die Produktinnovation einzubauen.[690]

---

683 Vgl. Ellonen/Jantunen/Kuivalainen (2011), S. 459, S. 473f.; Danneels (2002), S. 1095ff., S. 1115; Eisenhardt/Martin (2000), S. 1105ff.; Teece (2014), S. 331, S. 333.

684 Teece (2014), S. 343 merkt hierzu kritisch an, dass NPE, die Eisenhardt/Martin (2000) als dynamische Fähigkeit identifizieren, eher primäre Fähigkeiten sind.

685 Danneels (2002), S. 1112ff. betrachtet auch Meta-Fähigkeiten auf zweiter Ebene, die für diese Arbeit nicht relevant sind.

686 Vgl. Dougherty (1992), S. 195f.

687 Vgl. Rodrigues/Gohr (2021), S. 1; Danneels (2002), S. 1102f.; Ellonen/Jantunen/Kuivalainen (2011), S. 461f.; Danneels (2002), S. 1105 zeigt hierzu eine Matrix möglicher Kombinationen aus Technologie und Kunde.

688 Vgl. Hofmann/Theyel/Wood (2012), S. 542.

689 Vgl. Ketata/Sofka/Grimpe (2015), S. 60, S. 62f.

690 Vgl. Dangelico/Pujari/Pontrandolfo (2017), S. 490ff.; Hofmann/Theyel/Wood (2012), S. 542.

Da nachhaltige Innovationen aufgrund divergierender Ausrichtungen bzw. ihrer **Multidimensionalität**[691] komplexer sind und komplexeres Wissen erfordern, benötigen Unternehmen bestimmte Fähigkeiten, um diese zu entwickeln[692], genauer ordinary und secondary capabilities, wozu bisher erst wenige Ansätze[693] basierend auf der Theorie der Dynamic Capabilities und Fallstudien aus DM existieren.[694] Daher muss sich die Literatur insbesondere im Hinblick auf dynamische Fähigkeiten für nachhaltigkeitsorientierte Innovationen noch entwickeln.[695]

Ein systematischer Literaturüberblick über Studien, die sich auf grüne Produktinnovation beziehen[696], zeigt auf, welche DC und Erfolgsfaktoren für die Entwicklung nachhaltigkeitsorientierter Innovationen erforderlich sind. Die Ergebnisse, die auf nachhaltigkeitsbezogenen (Nachhaltigkeit nach der triple-bottom-line Perspektive[697] wie bei Adams et al. (2016)) oder sozialen Produktinnovationen hauptsächlich aus Fallstudien im produzierenden Gewerbe basieren, zeigen sieben DC, für deren Entwicklung wiederum kritische Faktoren erforderlich sind.[698] Die Autoren fordern eine empirische Bestätigung ihrer Literaturergebnisse beispielsweise anhand von **Fallstudien**, die aufzeigen, wie die DC und kritischen Faktoren in ihrem Bezugsrahmen die Entwicklung nachhaltigkeitsorientierter Innovationen beeinflussen.[699]

Im Kontext frugaler Innovation zeigt eine Fallstudienuntersuchung zur Identifizierung von Prozessen und Strukturen für den Wissenstransfer, dass sich Unternehmen in zwei Kategorien einteilen lassen, je nachdem, ob sie direkte Erfahrung im Zielmarkt haben (z. B. Verkaufsbüro, Logistiknetzwerk, Produk-

---

691 Elkington (1998) spricht hier von einer Verschiebung des traditionellen Paradigmas einer eindimensionalen Gewinnorientierung beim Innovieren hin zu einer triple bottom line.

692 Vgl. Rodrigues/Gohr/Calazans (2020), S. 3; Ketata/Sofka/Grimpe (2015), S. 60f., S. 69.

693 z.B. Dangelico/Pujari/Pontrandolfo (2017); Ketata/Sofka/Grimpe (2015); Hofmann/Theyel/Wood (2012).

694 Vgl. Zhou et al. (2018), S. 516ff.; Inigo/Albareda/Ritala (2017), S. 515ff.; Rodrigues/Gohr/Calazans (2020), S. 2.

695 Vgl. Dangelico/Pujari/Pontrandolfo (2017), S. 503f.; Rodrigues/Gohr/Calazans (2020), S. 3; Rodrigues/Gohr (2021), S. 17.

696 Enthaltene Studien u.a.: Ketata/Sofka/Grimpe (2015); Wu et al. (2015); Halme/Korpela (2014); Inigo/Albareda (2019); Hansen/Sondergard/Meredith (2002); Ghisetti/Marzucchi/Montresor (2015); Zhou et al. (2018); Van Kleef/Roome (2007); He et al. (2018); Rahman et al. (2015).

697 Vgl. Cavalcanti Barros Rodrigues/Gohr/Calazans (2020), S. 1.

698 Vgl. Rodrigues/Gohr (2021), S. 1ff.; Adams et al. (2016), S. 180ff.

699 Vgl. Rodrigues/Gohr (2021), S. 18.

tionsstätte) oder zuvor nicht physisch präsent waren dort und ggf. nur Mitarbeiter mit persönlicher Erfahrung aus dem Zielmarkt beschäftigen. Entlang der drei Phasen des Wertschöpfungsprozesses ergeben sich pro Kategorie Besonderheiten. Unternehmen des nicht-aktiven Clusters sind stärker mit einem Zu- und Abfluss von externem, lokalen Wissen über den Zielmarkt konfrontiert und arbeiten vermehrt mit externen Partnern zusammen. In aktiven Unternehmen hingegen muss vorhandenes Wissen nutzbar gemacht werden. Für die andauernden Interaktionen im Neuproduktentwicklungsprozess muss implizites Wissen in explizites Wissen gewandelt werden.[700]

Abbildung 21 setzt die Arten dynamischer Fähigkeiten mit DC für nachhaltigkeitsorientierte Innovationen und im Speziellen mit DC für frugale Innovation in Verbindung.

700 Vgl. Neumann/Böhm/Wecht (2017), S. 415, S. 421ff.

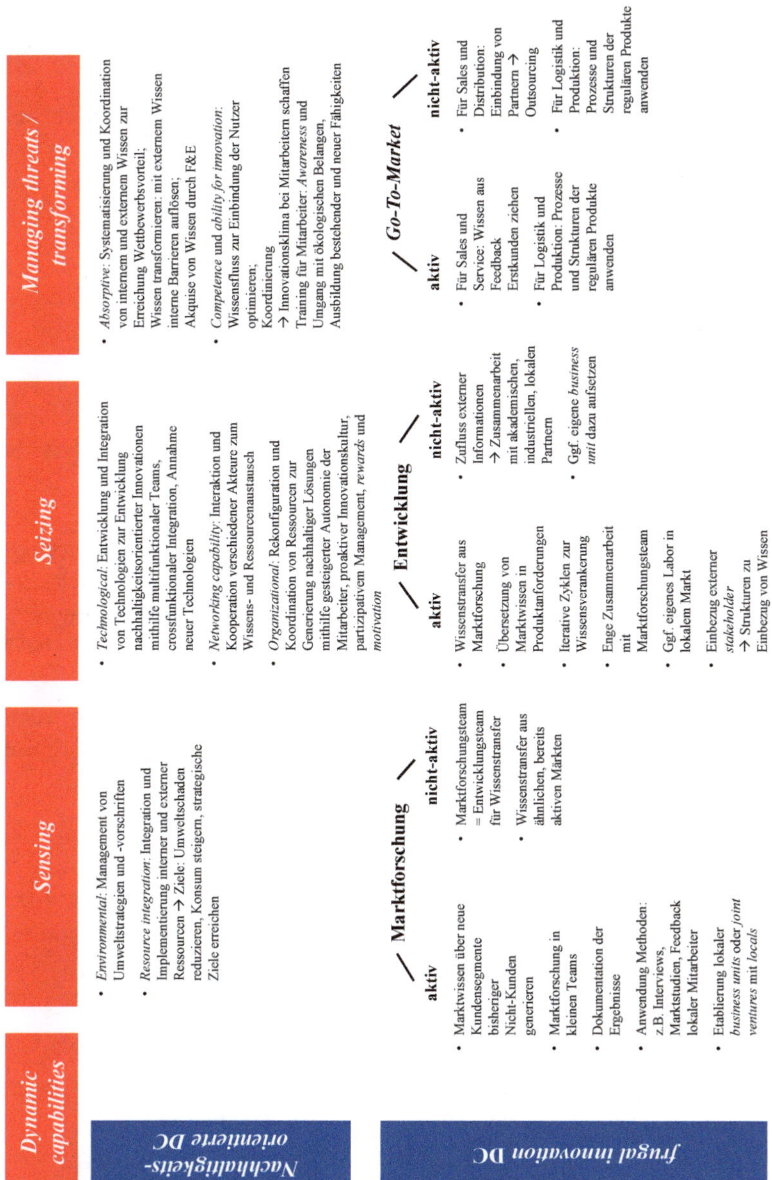

Abbildung 21: Dynamische Fähigkeiten bzgl. nachhaltigkeitsorientierter Innovationen und insbesondere frugaler Innovation[701]

Für frugale Innovation sind dynamische Fähigkeiten sehr relevant, da die gemäß der Theorie betrachteten Fähigkeiten sich nicht auf die Branche allein, sondern auf das gesamte Ökosystem beziehen, d. h. Organisationen, Institutionen und Einzelpersonen, die Einfluss auf das Unternehmen und die Kunden und Lieferanten des Unternehmens haben.[702] Zudem eignet sich die Theorie zur Untersuchung auf Ebene der Organisation als eine der Determinanten von Innovation.[703]

4.2 Promotorenmodell

Innovation ist nicht das Unterfangen eines einzelnen Unternehmers, sondern entsteht durch **Interaktion von Menschen in einem institutionellen Kontext.**[704] Neben der Struktur der Organisation sind für Innovation auch die handelnden Akteure relevant und der NPEP kann nicht von ihren Aktivitäten getrennt betrachtet werden. Es wird im Innovationsmanagement aber nicht nach Personen oder Positionen gefragt, sondern es werden üblicherweise Funktionen oder Rollen definiert.[705] Einige Studien der NPE untersuchen Rollen im Prozess und Fähigkeiten der Rolleninhaber, sowie die Arbeitsteilung im Innovationsmanagement[706], wobei eine Vielzahl an Bezeichnungen entstanden ist.[707] Roberts/Fusfeld (1980) identifizieren fünf Rollen für erfolgreiche Innovation, die jeweils von einer Person oder auch in Personalunion ausgeführt werden: Ideengenerierung, Entrepreneuring/Championing, Projektleitung, Gatekeeping und Sponsoring/Coaching.[708]

Der Begriff der **Rolle** ist im Modell im Sinne der Organisationstheorie zu verstehen[709]: „A role is defined as an organized set of behaviors belonging to an identifiable office or position“.[710] Das bedeutet, dass einer Person anhand definierter Eigenschaften und Funktionen eine Promotorenrolle zugeordnet

701 Eigene Abbildung in Anlehnung an Neumann/Böhm/Wecht (2017), S. 421ff.; Rodrigues/Gohr (2021), S. 15.

702 Vgl. Teece (2007), S. 1325.

703 Vgl. Crossan/Apaydin (2010), S. 1167.

704 Vgl. Van de Ven (1986), S. 601, S. 604f.

705 Vgl. Bessant/Francis (1997), S. 196; Hauschildt/Chakrabarti (1998), S. 70.

706 Vgl. Hauschildt et al. (2016), S. 92; Craig/Hart (1992), S. 20, S. 27; Übersicht zu empirischen Forschungsergebnissen in Hauschildt/Chakrabarti (1998), S. 71-75.

707 Vgl. Hauschildt/Chakrabarti (1998), S. 70.

708 Vgl. Roberts/Fusfeld (1980), S. 39f.

709 Vgl. Folkerts/Hauschildt (2002), S. 8.

710 Mintzberg (1973), S. 54.

wird.[711] Dadurch wird die eindeutige Zuordnung von Rollen zu Personen aufgelöst und Rollenexklusivität ist nicht mehr zwingend gegeben, wonach eine Person mehrere Rollen als Rollenkombination oder mehrere Personen eine Rolle übernehmen (Rollenpluralität).[712]

Um die Zusammenhänge der Rollen darzustellen und Forschungsaufrufen nach den Fragen, wer, wann, in welcher Weise in den NPEP eingebunden werden sollte,[713] zu begegnen, existieren Modelle wie das **Promotorenmodell** mit dem **Fachpromotor**, **Machtpromotor**, **Prozesspromotor** sowie **Beziehungspromotor** mit den jeweiligen **Leistungsbeiträgen** und **Machtquellen**. Analog dazu definieren Chakrabarti/Hauschildt (1989) mit Expert, Sponsor und Champion ein Modell, welches auf den Neuproduktentwicklungsprozess zur Produktinnovation als eine Form der organisatorischen Innovation und seine Parteien zur Arbeitsteilung übertragbar ist. Der Fachpromotor verfügt über technisches Wissen, der Machtpromotor stellt erforderliche Ressourcen zur Verfügung und trifft Entscheidungen. Der Prozesspromotor agiert als Verbindung und Übersetzer der technischen Anforderungen bzw. Vermittler zwischen externen Parteien sowie internen Unternehmensfunktionen.[714]

Witte führte 1973 erstmalig den Begriff des **Promotors in die Innovationsliteratur** ein und setzte einen Kontrapunkt zur vorherrschenden Annahme, es existiere ein individuell agierender Champion.[715] Das höchst gültige Promotorenmodell als Konzept der Arbeitsteilung im Innovationsmanagement basiert auf großzahligen, methodisch vielfältigen, empirischen und zugleich praxisbezogenen Studien.[716] Das Modell fußt auf der Annahme, dass ein Innovationsprozess nicht automatisch abläuft, sondern stets auf die Bereitschaft und Fähigkeit zur Mitwirkung verschiedener Personen angewiesen ist. Diese erledigen z. B. Informationssuche oder Beschlussfassung.[717] Als Aneinanderreihung von Entscheidungen treten im Innovationsprozess immer wieder hemmende **Barrieren** auf, die überwindbar sind.[718] **Willensbarrieren** (Nicht-Wollen) der Mitarbeiter versuchen den gut bekannten Status quo zu sichern und einen ungewissen neuen Zustand zu vermeiden. **Fähigkeitsbarrieren** (Nicht-Wissen) bilden

711 Vgl. Folkerts/Hauschildt (2002), S. 8; Hauschildt/Chakrabarti (1998), S. 70.
712 Vgl. Folkerts/Hauschildt (2002), S. 20.
713 Vgl. Craig/Hart (1992), S. 40.
714 Vgl. Chakrabarti/Hauschildt (1989), S. 166ff.; Hauschildt/Chakrabarti (1998) S. 77; Gemünden/Walter (1998), S. 115; Lechler (1998), S. 182.
715 Vgl. Folkerts/Hauschildt (2002), S. 7.
716 Vgl. Hauschildt/Gemünden (1998), S. 2.
717 Vgl. Witte (1998), S. 12.
718 Vgl. Witte (1998), S. 13.

ab, dass Innovation oftmals neue Ansprüche zur Nutzung des Neuen stellt, welchen man durch Fachwissen und Lernen gerecht werden kann.[719] Bei beiden Barrieren handelt es sich um personalisierte Prozesswiderstände, für deren Überwindung es folglich Menschen bedarf, genauer diversen Promotoren[720], also „Personen, die einen Innovationsprozess aktiv und intensiv fördern" und sich mit dem Prozesserfolg identifizieren (Theorem der Arbeitsteilung).[721] **Machtpromotoren** überwinden „Nicht-Wollen"-Barrieren mit hierarchischem Potential (d. h. bestimmte Position in der Aufbauorganisation mit hinreichend formalem Einfluss, auf Belohnung und Anreiz ausgerichteter Führungsstil, Sanktionierung von Opponenten) und **Fachpromotoren** beheben Barrieren des „Nicht-Wissens" mit objektspezifischem Fachwissen (Korrespondenztheorem). Der Durchsetzungsprozess einer Innovation ist erfolgreich, wenn Macht- und Fachpromotoren koalieren und gut koordiniert sind (Interaktionstheorem).[722]

Untersuchungen zeigen, dass Fachpromotoren der technologischen Opposition entgegenwirken, Machtpromotoren den wirtschaftlichen Barrieren.[723] Auch in der inner- und zwischenbetrieblichen Zusammenarbeit sind Promotoren zur Überwindung von Widerständen und Barrieren wichtig.[724] Hier unterstützen sozial-kompetente **Beziehungspromotoren** die Zusammenarbeit mit (externen) Partnern durch Nutzung ihres Netzwerks und Dialogführung mit Schlüsselpersonen. **Prozesspromotoren** übernehmen mithilfe ihrer Koordinationsfähigkeiten die Abstimmung und Steuerung von Prozessen.[725]

Die **Gespannstruktur** (d. h. mindestens zwei Personen in zwei unterschiedlichen Rollen) und die **Troika-Struktur** (d. h. mindestens drei Personen als Promotoren, je ein Macht-, Prozess- und Fachpromotor) sind dabei überlegene Konstellationen. Hier werden die Promotoren am ehesten bemerkt, sind am aktivsten und weisen die effizientesten Entscheidungen auf, d. h. z. B. Machtpromotoren gleichen die Verzögerungen, die durch Fachpromotoren verursacht werden, wieder aus und vice versa.[726] Dabei sind Rollen meist exklusiv besetzt (v. a. Machtpromotoren), aber Rollenkombination und -aufteilung sind v. a.

719 Hauschildt et al. (2016), S. 76 nennen auch noch Interaktions-, Kommunikations- und Wissensbarrieren, welche aber als ursächlich oder kongruent für/mit Willens- und Fähigkeitsbarrieren gesehen werden können und daher nicht näher ausgeführt werden.

720 Vgl. Witte (1998), S. 14f.; Hauschildt et al. (2016), S. 74.

721 Witte (1998), S. 15; Witte (1973), S. 15ff., S. 28f.; Hauschildt/Keim (1997), S. 160.

722 Vgl. Hauschildt/Kirchmann (1998), S. 92ff.; Folkerts/Hauschildt (2002), S. 7; Witte (1998), S. 16; Witte (1973), S. 15ff., S. 28f.

723 Vgl. Folkerts/Hauschildt (2002), S. 19.

724 Vgl. Gemünden (1998), S. 63.

725 Vgl. Gemünden/Walter (1998), S. 119ff.

726 Vgl. Folkerts/Hauschildt (2002), S. 10; Witte (1998), S. 30ff., S. 40.

auf operativer Ebene nicht untypisch (z. B. Prozess- und Fachpromotor).[727] Abbildung 22 zeigt die Beziehungen beispielhafter Promotoren aus dem NPEP.

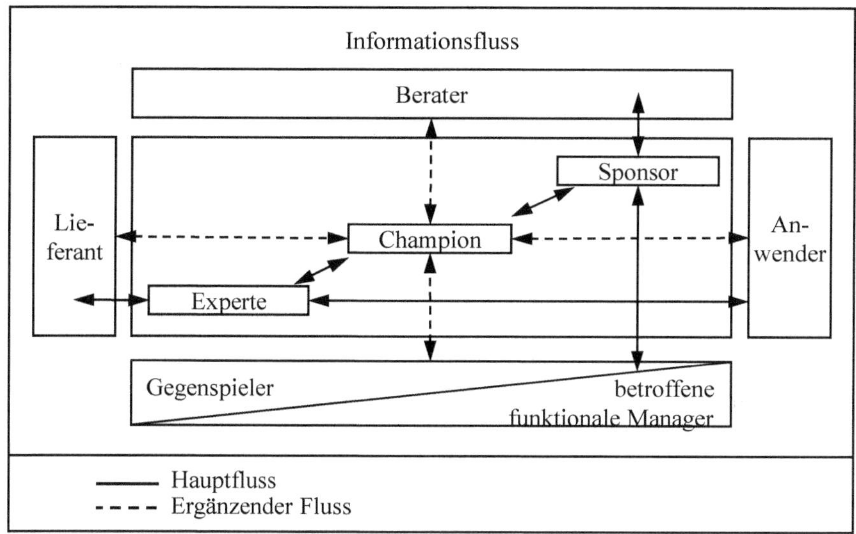

Abbildung 22: Promotorenmodell in Anwendung auf NPE[728]

„Innovationsmanagement ist Projektmanagement, aber von Projekten eigener Art."[729] Diese Aussage impliziert, dass die operative Umsetzung einer Innovation, wie z. B. Neuproduktentwicklung, gewöhnlich über Projekte[730] erfolgt. Kritiker monieren, dass das Promotorenmodell als deskriptives Konzept mit nicht-formal eingesetzten Personen (ihre Aktivität wird lediglich durch organisationsgestalterische Maßnahmen ermöglicht) für die **Praxis des Projektmanagements** als normatives Konzept mit formal bestimmten Personen, die definierte Aufgaben ausführen, spezifiziert werden muss.[731] Aus vielen Quellen geht z. B. nicht hervor, ob ein product champion die gleiche Person wie der Projektleiter ist.[732] Hierzu ist anzumerken, dass es, wie bei Innovationsprozessen auch, im Projekt-

727 Vgl. Folkerts/Hauschildt (2002), S. 16.

728 Eigene Darstellung in Anlehnung an Chakrabarti/Hauschildt (1989), S. 167.

729 Hauschildt et al. (2016), S. 87.

730 Eine Innovation gilt im Rahmen dieser Arbeit als Projekt, da sie ebenso die Einmaligkeit eines Projekts erfüllt. Nähere Ausführung siehe Hauschildt et al. (2016), S. 87.

731 Vgl. Hauschildt/Keim (1998), S. 214; Lechler (1998), S. 182f.; Hauschildt et al. (2016), S. 87.

732 Vgl. Ernst (2002), S. 23.

verlauf Barrieren gibt, die Personen wie Projektleiter, Projektteam und Top-Management mit den entsprechenden Machtquellen und Leistungsbeiträgen zur Bewältigung erfordern. Aus ihren Bezeichnungen und Aufgabenportfolien zeigt sich die Nähe zwischen Projektmanagement und Promotoren-Modell: Das Top-Management hat die Aufgabe, dem Projekt über Krisen hinwegzuhelfen, Ressourcen freizugeben und Konflikte zu lösen. Es übernimmt also die Rolle des Machtpromotors. Das Projektteam übernimmt in der Rolle des Fachpromotors verschiedene Planungs-, Überwachungs- und Ausführungsaufgaben und löst spezifische Fachprobleme. Die Projektverantwortung trägt durch Koordinierung von Ressourcen, Kontrolle und Abstimmung zwischen Top-Management und Projektteam sowie als „Informationsknotenpunkt" im Projekt als Prozesspromotor der Projektleiter.[733] Auch die Troika empfiehlt sich für Projekte, weshalb schlussendlich auch das Promotorenmodell für Projekte empfohlen werden kann.[734]

Bisherige Betrachtungen des Modells sind statischer Natur, sodass unklar bleibt, ob und wie Promotorenrollen wechseln und wie Promotorenstrukturen entstehen und sich im Innovationsprozess verändern.[735] Eine Weiterentwicklung stellt auch die dynamische Betrachtung des Modells über verschiedene Phasen eines Innovationsprozesses dar, wobei eine Zuordnung von Rollen zu Personen anders als ein-eindeutig sein kann und die Zuordnung im Prozessverlauf auch Änderungen unterworfen sein kann.[736] Auch ist die Beschränkung auf Überwindung von Widerstand zu eng gefasst. Promotoren regulieren nicht nur Konflikte, sondern erfüllen auch kognitive Aktivitäten (Zielbildung, Problemdefinition, Generierung von Alternativen und Wissensmanagement). Diese zusätzlichen Funktionen sind bei einer Operationalisierung, und damit auch bei der Anwendung in dieser Arbeit, zu beachten.[737]

733 Vgl. Lechler (1998), S. 183.
734 Vgl. Lechler (1998), S. 208.
735 Vgl. Folkerts/Hauschildt (2002), S. 8.
736 Vgl. Folkerts/Hauschildt (2002), S. 7ff.
737 Vgl. Folkerts/Hauschildt (2002), S. 11.

5 Evaluation des Forschungsstandes zur Bildung der Propositionen und Bezugsrahmen der Untersuchung

Wohlwissend, dass es aufgrund der Kontextabhängigkeit und Komplexität von Innovation nicht den einen theoretischen Ansatz gibt[738], benötigt es für frugale Innovationen einen angepassten Ansatz der Neuproduktentwicklung basierend auf bisherigen Modellen.[739] Der empirische Forschungsstand mit seinen Studien und Befunden zu den Theoriefeldern „frugale Innovation" (Kapitel 2.1), „NPEP" (Kapitel 2.2) und „NPEP frugaler Innovation" (Kapitel 3) aus den vorangehenden Kapiteln sowie deren Verknüpfung durch die Theorie der Dynamischen Fähigkeiten und das Promotorenmodell, die Abbildung 23 zusammenfasst, wird nachfolgend in Zusammenhang gebracht und kritisch beurteilt. Ziel dieses Kapitels ist es, auf dieser Grundlage die Propositionen (Kapitel 5.1) und den Bezugsrahmen der Untersuchung (Kapitel 5.2) zur Beantwortung der Forschungsfragen abzuleiten[740], welche auf der Forschungsleitfrage in Kapitel 1.2 basieren:

Wie sollte der Neuproduktentwicklungsprozess von Unternehmen für marktfähige corporate frugal innovation gestaltet sein?

738 Vgl. Wolfe (1994), S. 406.
739 Vgl. Cadeddu et al. (2019), S. 30f.
740 Vgl. Döring/Bortz (2016), S. 145.

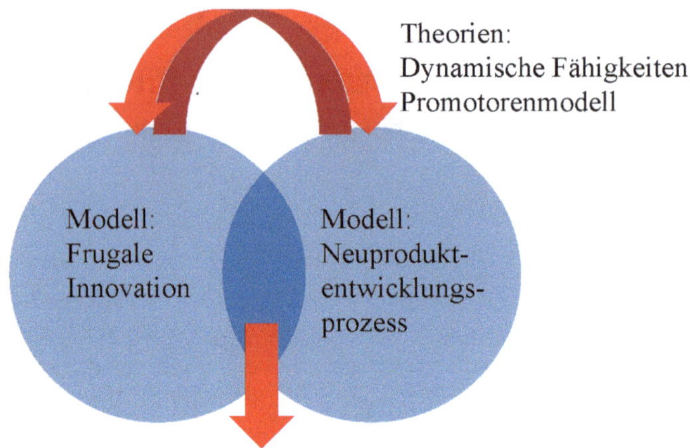

Abbildung 23: Theoriefelder des theoretischen Bezugsrahmens[741]

5.1 Propositionen und Grundzusammenhänge der Arbeit

Aus der bisherigen kritischen Betrachtung der diskutierten Ansätze ergeben sich folgende Propositionen, die sich den drei **Propositionsräumen** „Anforderungen/Merkmale Prozess“ (Kapitel 5.1.1), „Erfolgsfaktoren“ (Kapitel 5.1.2) und „Marktfähigkeit“ (Kapitel 5.1.3) zuordnen lassen.

5.1.1 Propositionsraum 1: „Anforderungen/ Merkmale Prozess“

Produkte in einem ressourcenbeschränkten Umfeld herzustellen, erfordert Anpassungen bisheriger Innovationsansätze (siehe Kapitel 3.1). Da sich die Inputs für frugale Innovation ebenso wie die Entwicklungsziele von herkömmlichen Innovationen unterscheiden, genügt ein De-Featuring bestehender Produkte nicht, sondern es gelten besondere **Anforderungen an die gesamte Wertschöpfungskette**[742], sodass auch jeder Schritt im NPEP zu überdenken ist.[743]

741 Eigene Darstellung.

742 Vgl. Mukerjee (2012), o.S.; Hossain (2018), S. 933; Knorringa et al. (2016), S. 146ff.

743 Vgl. Bhatti/Ventresca (2013), S. 10; Nakata (2012), S. 3; Brem/Wolfram (2014), S. 2; Wohlfart/Sturm/Wagner (2019), S. 219.

Dynamische Fähigkeiten helfen dem Unternehmen ebenso, wie der Einsatz von **Promotoren**, diese Veränderungen erfolgreich zu implementieren.

Eine wichtige Anforderung, die der NPEP für corporate frugal innovation erfüllen sollte, ist **Ganzheitlichkeit**. Dieses Merkmal wird bereits im Innovationsmanagement gefordert, wobei eine Innovation in einem ganzheitlichen Prozess mit Bezug zum Unternehmenskontext orchestriert wird (siehe Kapitel 2.2.1).[744] Nicht zuletzt aus dieser Anforderung entwickelten sich die Prozessmodelle zur NPE (siehe Kapitel 2.2.2).[745]

Eine Anforderung an einen Innovationsprozess im erweiterten Sinn ist, dass er Aktivitäten von der Konzeption bis einschließlich zur Produkteinführung umfasst[746], weshalb seine Lückenlosigkeit und Umfassung aller Phasen einer NPE auch als Erfolgsfaktor gilt (siehe Kapitel 2.2.4).[747] Aufgrund ihrer Kontextabhängigkeit unterscheiden sich Prozessmodelle zwar[748] und wurden im Wandel der Zeit auch zunehmend agil. Dennoch beinhalten sie alle notwendigen Aktivitäten und gerade die integrierten bzw. Netzwerk-Modelle, die den Einbezug des Kunden vorsehen[749], tragen einer ganzheitlichen Betrachtung Rechnung.

Bisherige Modelle für den NPEP frugaler Innovation (siehe Kapitel 3.2) bilden diesen nicht ganzheitlich ab, sondern schauen in einer fragmentierten Darstellung meist nur auf spezifische Phasen oder Stufen im NPEP, wie z. B. das Modell von Brem et al. (2020) auf die Identifikation von Bedürfnissen sowie die Designphase oder der OCR-Ansatz von Weyrauch/Herstatt/Tietze (2020) auf die Konzeptentwicklung mit Methoden und Tools.[750] Brem et al. (2020) schließen gar die Kommerzialisierung im Sinne einer Überprüfung des Skalierungspotenzials des Produktes aus, da es in ihrer Untersuchung vorrangig um eine bedürfnisgerechte Entwicklung geht.[751]

Zwar deutet die bisherige Fokussierung der Literatur auf bestimmte Schritte des NPEP auf deren Wichtigkeit hin. Insbesondere die Aktivitäten im fuzzy front end, die über eine reine Bedürfnisermittlung und Festlegung frugaler

---

744 Vgl. Utterback/Abernathy (1975), S. 641; Hauschildt et al. (2016), S. 90f.; Van de Ven (1986), S. 591f.; Ortt/van der Duin (2008), S. 522f., S. 528.

745 Vgl. Godin (2006), S. 655ff.; Hauschildt et al. (2016), S. 67.

746 Vgl. Gerpott (2005), S. 49.

747 Vgl. Cooper (2017), S. 103f.

748 Vgl. Trott (2008), S. 532.

749 Vgl. Ortt/van der Duin (2008), S. 526; Trott (2008), S. 408ff.; Gaubinger et al. (2015b), S. 177.

750 Vgl. Cadeddu et al. (2019), S. 34; Agarwal et al. (2017), S. 10; Brem et al. (2020), S. 13; Weyrauch/Herstatt/Tietze (2020), S. 12f.; Liu/Wang/Feng (2019), S. 283.

751 Vgl. Brem et al. (2020), S. 7, S. 12f.

Charakteristika hinausgehen, könnten für die NPE frugaler Innovation wichtiger sein als bisher angenommen[752], was die Separierung des Frontends bei Liu/Wang/Feng (2019) (siehe Kapitel 3.2.3) beweist. Dennoch wird eine ganzheitliche Betrachtung des NPEP frugaler Innovation, von der Konzeptentstehung über die Entwicklung bis hin zur Kommerzialisierung, für künftige Studien gefordert.[753]

Dies dürfte insbesondere für corporate frugal innovation wichtig sein, da Unternehmen mit ihnen auch kommerzielle Ziele verfolgen (siehe Kapitel 2.1.1). Marktfähigkeit (siehe Kapitel 2.2.3) ist außerdem integraler Bestandteil einer Innovation, weil sie als Ergebnis einer integrierten Betrachtung des NPEP und dem Ziel der Kommerzialisierung Ausgangspunkt für die Diffusion ist.[754] Da per Definition einer frugalen Innovation außerdem die Gesamtbetriebskosten entscheidend sind (siehe Kapitel 2.1.1), sind bei ihrer Betrachtung alle betrieblichen Funktionen, die Kosten produzieren, betroffen.[755] Jeder Schritt im NPEP und die Strategie des Unternehmens müssen überdacht werden, um neue, bedürfnisorientierte Produkte und Services zu schaffen.[756] Für bestimmte Schritte können ergänzende Rahmenwerke herangezogen werden, wie z. B. bei Brem et al. (2020) der Prozess zur Ergonomie (siehe Kapitel 3.2.4). Auch viele der unterstützenden Herangehensweisen (siehe Kapitel 3.3) adressieren wichtige Merkmale frugaler Innovation, forcieren aber isoliert betrachtet eher konventionelle Innovationen[757], weshalb ihre Anwendung in einem ganzheitlichen Kontext erfolgen muss. So richten z. B. Cadeddu et al. (2019) ihre Praktiken zur NPE frugaler Innovation (siehe Kapitel 3.2.2) strikt auf den Kontext frugaler Innovation am BoP in EM aus.[758] Bei OCR hingegen ist unklar, welche Phase in welcher Phase des NPEP angewendet wird, wonach keine ganzheitliche Perspektive gegeben ist (siehe Kapitel 3.2.5).

Nur ein multidisziplinärer, systematischer und integrierter Ansatz kann helfen, erfolgskritische Faktoren der corporate frugal innovation für die Implementierung in den NPEP für Unternehmen zu ermitteln.[759] Vor dem Hintergrund dieser theoretischen Überlegungen wird folgende Proposition aufgestellt:

---

752 Vgl. Brem et al. (2020), S. 11; Weyrauch/Herstatt/Tietze (2020), S. 12f.
753 Vgl. Brem et al. (2020), S. 13.
754 Vgl. Pleschak/Sabisch (1996), S. 24; Crossan/Apaydin (2010), S. 1174.
755 Vgl. Herstatt/Tiwari (2015), S. 650.
756 Vgl. Bhatti/Ventresca (2013), S. 10; Simula/Hossain/Halme (2015), S. 1571.
757 Vgl. Liu/Wang/Feng (2019), S. 282; Weyrauch (2018), S. 199f.
758 Vgl. Cadeddu et al. (2019), S. 8f.
759 Vgl. Tiwari/Kalogerakis (2016), S. 21; Liu/Wang/Feng (2019), S. 283.

P1: Wird der NPEP für corporate frugal innovation ***ganzheitlich betrachtet,*** *dann wirkt sich dies positiv auf den Erfolg der NPE aus.*

In der Praxis zeichnen sich NPEP als nicht-lineare Systeme ab. Sich rasch ändernde Marktbedingungen und steigender Wettbewerb erfordern einen **agilen Charakter**, um flexibel auf Veränderungen reagieren zu können.[760] Jene Agilität zeigt sich auch im Next Generation Stage-Gate-Modell.[761] Je nach Umfang und Komplexität des NPE-Projekts sollte der agile Prozess entsprechend angepasst werden.[762]

Auch um frugale Innovation voranzutreiben, gilt für Unternehmen, neben einer Bereitschaft zur Veränderung, agile Produktentwicklung als Erfolgsfaktor.[763] Das iterative Vorgehen ermöglicht ein permanentes Testen und eine stetige Einbindung des Kunden und seines Feedbacks in den NPEP, indem die jeweilige Produktversion vom Konzept bis zum Prototyp schrittweise geschärft wird. So lässt sich eine Fehlleitung des NPEP vermeiden.[764] Eine zu lineare Ausrichtung würde zudem den Einsatz von Bricolage erschweren, welcher aber gerade für ressourcenbeschränkte Kontexte als wichtig gilt, um Technologien und Ressourcen in einem von Knappheiten geprägten Umfeld zu vereinen, wie sich in der Forschung mit Unternehmen in EM gezeigt hat.[765] So sehen z. B. Agarwal/Oehler/Brem (2021) die NPE frugaler Innovation als iterativen Prozess (siehe Kapitel 3.2.6). Auch Lehner/Koldewey/Gausemeier (2018) und Brem et al. (2020) nehmen in ihren Modellen eine beständige, zyklische Evaluation der Bedürfnisse und Anpassungen der Lösungsideen vor, worin sich Iterationen erkennen lassen (siehe Kapitel 3.2.1, 3.2.4).[766]

Insbesondere im Kontext von DM, wo corporate frugal innovations dominieren, lässt sich bei MNC viel Bürokratie im NPEP ausmachen, was zu einem komplexen und ressourcenintensiven Vorgehen führt. Auch diesbezüglich würde

760 Vgl. Van de Ven (2017), S. 40; Lenfle/Loch (2010), S. 44, S. 46, S. 48; Edwards et al. (2019), S. 3; Cooper (2016), S. 21.

761 Vgl. Cooper (2014), S. 20; Cadeddu et al. (2019), S. 26f.; Cooper (2016), S. 21; Sommer et al. (2015), S. 36; Cooper (2008), S. 216.

762 Vgl. Edwards et al. (2019), S. 2, S. 5.

763 Vgl. Tiwari/Herstatt (2020), S. 49.

764 Vgl. Brem et al. (2020), S. 11; Cooper (2014), S. 25; Cooper (2016), S. 21, S. 23, S. 27; Angot/Plé (2015), S. 9; Knapp et al. (2017), S. 19.

765 Vgl. Cai et al. (2019), S. 7, S. 16; Ernst et al. (2015), S. 76.

766 Vgl. Lehner/Koldewey/Gausemeier (2018), S. 17ff.; Brem et al. (2020), S. 2, S. 6; Agarwal/Oehler/Brem (2021), S. 739ff.

ein agiles Vorgehen mit schlankeren Prozessen Abhilfe schaffen.[767] Ein iteratives Vorgehen umfasst auch die Möglichkeit gradueller Produkteinführung. Schneller am Markt, kann das Produkt von frühem Feedback profitieren und eine kontinuierliche Markteinführung erlaubt eine beständige Verbesserung durch Upgrades.[768] So kann als Erfolgsfaktor (siehe Kapitel 2.2.4) das Produktdesign im Verlauf des NPEP permanent überprüft und angepasst werden[769], was gerade für (corporate) frugale Innovation, die sehr passgenau bzgl. der Bedürfnisse der Zielgruppe sein müssen, notwendig ist.

Vorteile des hybriden Modells mit agilen Elementen liegen für frugale Innovation auch in der besseren Ressourcenkoordination durch häufigere Abstimmung und einer stärkeren Kundenorientierung durch die Nutzung von Personas, User Stories oder Voice-of-customer (siehe Kapitel 2.2.2).[770]

Vor dem Hintergrund dieser theoretischen Überlegungen wird folgende Proposition aufgestellt:

P2: Weist der NPEP für corporate frugal innovation einen ***agilen Charakter*** *auf, dann wirkt sich dies positiv auf den Erfolg der NPE aus.*

Aufgrund der Heterogenität von Bedürfnissen, die durch lokale Gegebenheiten determiniert werden, sind viele Eigenschaften frugaler Innovation kontextabhängig und werden oftmals als Relation, beeinflusst von den Bedingungen im Zielmarkt, ausgedrückt (z. B. substanzielle Kostenreduktion, optimales Leistungsniveau)[771], was auch das Definitionsschema dieser Arbeit zeigt (siehe Kapitel 2.1.1). Winkler et al. (2020) bestätigen, dass der Erfolg frugaler Innovation stark von den lokalen Marktbedingungen abhängt.[772] Anders als konventionelle Innovationen entstehen frugale Innovationen nämlich bottom-up[773] und sind als Low cost-high tech Innovationen an eine spezifische Zielgruppe angepasst.[774] Sie erfordern also, ausgehend vom Kundenbedürfnis, eine problemzentrierte Entwicklung.[775] Dies alles spricht für einen starken lokalen Bezug in Form einer Abstimmung der Innovation auf eine lokale Kundengruppe und/oder

767 Vgl. Micaëlli et al. (2016), S. 52; Kuo/Ng (2016), S. 46.
768 Vgl. Eagar et al. (2011), S. 28.
769 Vgl. Edwards et al. (2019), S. 7.
770 Vgl. Sommer et al. (2015), S. 34ff., S. 41, S. 43; Edwards et al. (2019), S. 1, S. 27.
771 Vgl. Weyrauch/Herstatt (2016), S. 7ff.; Rao (2013), S. 72; Albert et al. (2020), S. 292, S. 307.
772 Vgl. Winkler et al. (2020), S. 255ff.
773 Vgl. Basu/Banerjee/Sweeny (2013), S. 67
774 Vgl. Schanz et al. (2011), S. 307f.

den Aufbau einer lokalen Unternehmensinfrastruktur und der Nutzung lokaler Ressourcen, was sich auch in den Eigenschaftskategorien frugaler Innovation widerspiegelt (siehe Kapitel 2.1.1).[776]

Auch wenn corporate frugal innovations im Gegensatz zu grassroots frugal innovations eher top-down in der bisherigen Literatur und Praxis frugaler Innovation beschrieben sind[777], gilt es als Erfolgsfaktor einer Innovation, alle Schritte des NPEP an den Bedürfnissen des Marktes und somit marktorientiert auszurichten.[778] Dieser Fokus auf lokale Faktoren der Umwelt zeigt sich auch in der Definition und Implementierung von Marktfähigkeit einer Innovation, die ebenfalls eine Marktorientierung voraussetzt (siehe Kapitel 2.2.3).[779] Wierenga (2015) untersucht z. B. basierend auf drei Fallstudien die Entstehung frugaler Innovationen in Indien, genauer die Phasen Ideenfindung, Entwicklung und Kommerzialisierung des Innovationsprozesses in Anlehnung an bisherige Prozessmodelle. Der Forschungskontext ist das grassroots-Umfeld, weshalb die Autorin ein neues Konzept für lokale frugale Innovation liefert, das die besonders ressourcenbeschränkten Umstände der Innovatoren (z. B. auch fehlende Ausbildung oder Partner für die Innovation) und ihren Prozess berücksichtigt. In diesem Kontext haben Innovatoren ein sehr ähnliches Profil wie die Zielgruppe der Innovation[780], was für corporate frugal innovation nicht zwingend gilt. Speziell in diesem Fall werden die Zusammenarbeit mit lokalen Unternehmen und Zulieferern als Erfolgsfaktoren in der Literatur betrachtet, um lokale Präferenzen und Bedürfnisse festzustellen (siehe Kapitel 3.4).[781] Dies ist wiederum wichtig, weil frugale Innovationen die Herausforderung aufweisen, potenzielle Kunden, die vorher „Nicht-Kunden“ waren, zu erreichen (siehe Kapitel 2.1.1).[782] Dazu kann insbesondere der Einbezug der lokal ansässigen und damit kulturkundigen Mitarbeiter den Zugang zu schwer erreichbaren Kundengruppen,

---

775 Vgl. Agarwal/Brem/Grottke (2014), S. 12, S. 15; Sehgal/Dehoff/Panneer (2010), o.S.; Nakata/Weidner (2012), S. 30; Basu/Banerje/Sweeny (2013), S. 63f., S. 67; Rosca/Bendul (2015), S. 1f., S. 7.

776 Vgl. Cadeddu et al. (2019), S. 22f.; Weyrauch/Herstatt (2016), S. 6ff.

777 Vgl. Wohlfart et al. (2016), S. 5ff.; Wierenga (2015), S. 58ff.; Pisoni/Michelini/Martignoni (2018), S. 116f.; Pansera/Sarkar (2016), S. 2, S. 4, S. 16.

778 Vgl. Cooper (2000), S. 56.

779 Vgl. Craig/Hart (1992), S. 39; Durst et al. (2018), S. 469; Morgan/Vorhies/Mason (2009), S. 909; Žižlavský (2013), S. 5; Krishnan/Ulrich (2001), S. 11f.; Bhuiyan (2011), S. 766f.; Trott (2008), S. 28ff., S. 76; Cooper (2017), S. 103; Durst et al. (2018), S. 457f.

780 Vgl. Wierenga (2015), S. 65.

781 Vgl. Brem et al. (2020), S. 4, S. 13; Belkadi et al. (2016), S. 590.

782 Vgl. Tiwari/Kalogerakis/Herstatt (2017), S. 149.

sowie die Problemlösung in einer ressourcenarmen Umgebung durch besondere Fähigkeiten verbessern.[783]

Des Weiteren unterscheiden sich Ressourcenarmut und daraus resultierende Anforderungen an frugale Innovation aufgrund der Treiber und Bedingungen in DM und des kontextbezogenen Wandels ihres Fokus[784] für corporate frugal innovations signifikant von frugalen Innovationen in EM (siehe Kapitel 2.1.3). Ein zu hohes Leistungsniveau führt hier schnell auch zu höheren Kosten, weshalb die strategische Passung mit Markt und Kunden als Kontextfaktoren in DM noch wichtiger ist.[785] Kostenreduzierend wirkt auch die Verwendung von Komponenten und Material vor Ort (siehe Kapitel 3.4), was die frugale Innovation zudem skalierbar macht.[786] Eine Lokalisierung der NPE zeigt sich bei Brem et al. (2020) oder Cadeddu et al. (2019) durch Nutzung lokaler Netzwerke für die NPE. Lokale Bedürfnisse und Bedingungen werden bei Lehner/Koldewey/Gausemeier (2018) und Cadeddu et al. (2019) anhand feldbasierter Tools ermittelt (siehe Kapitel 3.2.1, 3.2.2, 3.2.4).[787]

Frugale Innovation spielt sich folglich nicht isoliert in Form eines einzelnen Produktes oder aus der Perspektive eines fokalen Unternehmens, sondern, nicht zuletzt zu Zwecken der Distribution und des Marketings, in Interaktion mit lokalen Akteuren in einem Ökosystem ab. Hierzu zählen das fokale Unternehmen, Zulieferer, Kunden, Regierungsorganisationen, Wettbewerb, Logistik und Allianzpartner.[788] Gerade in Umgebungen, die von Knappheiten geprägt sind, ist Zusammenarbeit und Teilen von Wissen, Ressourcen und Erfahrung gewinnbringend.[789]

Der NPEP sollte also interaktiver und stärker lokal ausgerichtet sein.[790] Der Lokalitätsbezug sichert letztlich auch die Übertragbarkeit des Konzepts auf

783 Vgl. Shankar/Hanson (2013), S. 8, S. 15f.; Ehrenmann/Warschat (2013), S. 20; Corsi/Di Minin/Piccaluga (2014), S. 28, S. 33f.; Altmann/Rego/Ross (2009), S. 50f.; Kumar/Puranam (2012), S. 14; Radjou/Prabhu (2015), S. 2f.; Zanello et al. (2016), S. 888.

784 Vgl. Kolk/Rivera-Santos/Rufin (2014), S. 361; Molina-Maturano/Bucher/Speelman (2020), S. 1; Albert/Huesig (2019), S. 103; Kahle et al. (2013), S. 225; Winkler et al. (2020), S. 251ff.

785 Vgl. Winkler et al. (2020), S. 255ff.

786 Vgl. Radjou/Prabhu (2015), S. 54-60; Hossain (2018), S. 931; Gupta (2009).

787 Vgl. Lehner/Koldewey/Gausemeier (2018), S. 17ff.; Cadeddu et al. (2019), S. 54ff.; Brem et al. (2020), S. 5.

788 Vgl. Agarwal/Brem (2017a), S. 40; Ahuja/Chan (2020), S. 89f.; Bhatti et al. (2017), S. 218; Hyypiä/Khan (2018), S. 40f.; Hossain (2018), S. 933.

789 Vgl. Ahuja/Chan (2020), S. 89f., S. 93f.; Herstatt/Tiwari (2017), S. 112.

790 Vgl. Knorringa et al. (2016), S. 146; Radjou/Prabhu (2015), S. 27-40, S. 54-60.

DM. Vor dem Hintergrund dieser theoretischen Überlegungen wird folgende Proposition aufgestellt:

> *P3: Weist der NPEP für corporate frugal innovation einen* ***lokalen Bezug*** *auf, dann wirkt sich dies positiv auf den Erfolg der NPE aus.*

5.1.2 Propositionsraum 2: „Erfolgsfaktoren"

Zusätzlich zu den Anforderungen an den NPEP für frugale Innovationen werden in der Literatur spezifische **Erfolgsfaktoren** für die NPE frugaler Innovation diskutiert (siehe Kapitel 3.4), welche nachfolgend im Hinblick auf den NPEP in die **Bereiche Struktur** und **Methoden/Werkzeuge** untergliedert werden.

5.1.2.1 Erfolgsfaktoren hinsichtlich der Struktur

Ein wichtiger Erfolgsfaktor der NPE ist, dass ein Produkt dem Kunden in Anbetracht seiner Bedürfnisse und des Wettbewerbs einzigartigen Mehrwert bietet (siehe Kapitel 2.2.4).[791] Das Frontend und die dem Markt zugewandten Aktivitäten im NPEP nehmen daher im Stage-Gate-Modell eine erfolgskritische Rolle ein[792], wonach dem Prozess eine ausführliche **Vorabanalyse von Kontextfaktoren** zur detaillierten Marktbeurteilung und Bedürfnisermittlung vorausgeht. So werden kritische Aspekte wie Probleme, Wünsche, Präferenzen, Ablehnungen und Kaufkriterien der Kunden aus erster Hand erfahren und in eine ansprechende Value Proposition übersetzt, die bereits bei der Produktdefinition angestrebte Zielsetzungen berücksichtigt (siehe Kapitel 2.2.2).[793] Um den Lösungsrahmen abzugrenzen, sollte bei der Vorabprüfung auch die technische Machbarkeit potenzieller Lösungen geprüft werden (Proof of Concept), sowie eine Verfügbarkeitsbetrachtung von Ressourcen und die Prüfung finanzieller Folgen und Risiken des Projekts vorgenommen werden.[794]

Die hohe Bedeutung von Marktwissen und damit auch des Frontends zeigt sich auch für frugale Innovation.[795] Erfolgreiche NPE frugaler Innovation wird induziert von Bedürfnissen und Knappheiten anstelle von Technikorientierung oder Shareholder Value.[796] Um Produkte auf Kernfunktionalitäten auszurichten, muss folglich ein Verständnis des Kunden, der Kontextbedingungen und lokalen

791 Vgl. Cooper (2000), S. 55; Cooper/Kleinschmidt (1987), S. 181.
792 Vgl. Cooper (2008), S. 217; Cooper (2017), S. 103f.
793 Vgl. Cooper (2017), S. 108ff.; Ernst (2001), S. 76ff.; Cooper (2000), S. 56.
794 Vgl. Cooper (2017), S. 111; Cooper (2016), S. 26.
795 Vgl. Brem et al. (2020), S. 11; Slezak/Jagielski (2020), S. 91.

Herausforderungen, sowie insbesondere der Verwendung des Produktes durch den Kunden gegeben sein[797], weshalb v. a. der frühen Phase im NPEP ausreichend Ressourcen zuzuweisen sind.[798]

Für corporate frugal innovation besteht die besondere Schwierigkeit, dass die für NPE zuständigen Personen meist selbst keine BoP-Erfahrung haben.[799] In der Phase der Bedürfnisermittlung können sich dann Kundenbedürfnisse (z. B. bzgl. Kernfunktionalitäten und Leistungslevel) stark von den Annahmen der Entwickler unterscheiden, unabhängig von der Diskussion über verschiedene Anforderungen in EM und DM.[800] Einige Modelle zur NPE frugaler Innovation adressieren außerdem die Ziele der Unternehmen in Industrieländern nur unzureichend. Eine Vereinfachung von Produkten, bis sie dem Kosten-Nutzen-Verhältnis entsprechen, reicht nicht aus. Die Produktentwicklung muss sich vielmehr systematisch an den Bedürfnissen der Nutzer orientieren, um ein funktionales Produkt für die richtige Art der lokalen Nutzung und Umgebung zu schaffen.[801]

Bisherige Ansätze (siehe Kapitel 3.2.1-3.2.6), auch wenn sie beispielsweise von einem existierenden Produktkonzept ausgehen und dieses anpassen, beginnen mit einer Analyse der Umwelt im Zielmarkt, wie z. B. Lehner/Koldewey/Gausemeier (2018). Cadeddu et al. (2019) geben Praktiken zur NPE frugaler Innovation in EM vor, welche ebenfalls zu Beginn des Prozesses mit einer Analyse der Bedürfnisse und Knappheiten auf dem Markt sowie des Nutzungskontexts des Produktes beginnen. In der Phase der Konzeptentwicklung werden dann technische und marktbezogene Studien durchgeführt. Liu/Wang/Feng (2019) stellen in ihrem Ansatz ebenfalls die Bedeutung des Frontends mit dem Aufdecken der Bedürfnisse in den Fokus.[802] Brem et al. (2020) beginnen den Prozess der NPE ebenfalls mit einer Analyse der Bedürfnisse und Bedingungen im Nutzungskontext, welche dann zur weiteren Beachtung in den Designprozess einfließen.[803]

796 Vgl. Brem et al. (2020), S. 5, S. 13; Kroll/Gabriel (2020), S. 37; Prahalad (2006), o.S.; Hyypiä/Khan (2018), S. 43; Prahalad/Mashelkar (2010), S. 140f.

797 Vgl. Sehgal/Dehoff/Panneer (2010), o.S.; Wohlfart/Sturm/Wagner (2019), S. 216; Knapp et al. (2017), S. 5; Banerjee/Leirner (2014), S. 333; Mukerjee (2012), o.S.; Basu/Banerjee/Sweeny (2013), S. 63; Zeschky/Widenmayer/Gassmann (2011), S. 41.

798 Vgl. Brem et al. (2020), S. 13.

799 Vgl. Nakata/Weidner (2012), S. 21f.

800 Vgl. Weyrauch/Herstatt/Tietze (2020), S. 5.

801 Vgl. Schleinkofer et al. (2019), S. 610.

802 Vgl. Liu/Wang/Feng (2019), S. 280, S. 286ff.; Lehner/Koldewey/Gausemeier (2018), S. 14ff.; Cadeddu et al. (2019).

803 Vgl. Brem et al. (2020), S. 6ff., S. 11.

Auch der OCR-Ansatz stellt die Analyse der Bedürfnisse voran.[804] Insbesondere der Ansatz von Agarwal/Oehler/Brem (2021) beginnt im Problemraum mit einer Analyse der Ausgangsbedingungen.[805]

Vor dem Hintergrund dieser theoretischen Überlegungen wird folgende Proposition aufgestellt:

> *P4: Beginnt der NPEP für corporate frugal innovation mit einer **ausführlichen Vorabanalyse von Kontextfaktoren**, dann wirkt sich dies positiv auf den Erfolg der NPE aus.*

Die Literatur diskutiert zahlreiche Erfolgsfaktoren für NPE (siehe Kapitel 2.2.4). Wheelwright/Clark (1992) definieren beispielsweise Verantwortungsbewusstsein der Teammitglieder sowie eine starke Führung und umfassende Verantwortlichkeit als zentrale Themen für erfolgreiche Entwicklungsprojekte.[806] Insbesondere für die Gates hat sich im Projekt neben der Rolle des Projektleiters die Rolle des Gatekeepers etabliert. Dieser stammt zumeist aus dem gehobenen Management, um Entscheidungen, auch über die Zuteilung von Ressourcen, treffen zu können.[807] Neben der Unterstützung durch das Top-Management als Erfolgsfaktor in der NPE[808] belegen zahlreiche Studien die Bedeutung von Individuen und ihren verschiedenen Rollen im Innovationsprozess, woraus sich Schlüsselrollen mit bestimmten Qualitäten entwickelt haben (siehe Kapitel 2.2.4 und 4.2).[809] Durch die Erfüllung diverser Rollen durch Einzelpersonen führt der Innovationsmanagementprozess zu erfolgreichen technologischen Innovationen.[810]

Neben einer ausreichenden Verfügbarkeit von v. a. zeitlichen Ressourcen der Teammitglieder im NPE-Team (man beachte aber den nicht-linearen Zusammenhang[811] sowie bestimmte Anforderungen an die Teammitglieder[812] (siehe Kapitel 2.2.4)), definiert das Promotorenmodell **verschiedene Arten von**

---

804 Vgl. Weyrauch/Herstatt/Tietze (2020), S. 3ff.
805 Vgl. Agarwal/Oehler/Brem (2021), S. 746f.
806 Vgl. Wheelwright/Clark (1992b), S. 14.
807 Vgl. Cooper (2008), S. 219; Brown/Eisenhardt (1995), S. 353, S. 346.
808 Vgl. Ernst (2002), S. 14, S. 24.
809 Vgl. Trott (2008), S. 93f.; Brown/Eisenhardt (1995), S. 367; Chakrabarti/Hauschildt (1989), S. 169; Takeuchi/Nonaka (1986), S. 137ff.; Hauschildt/Chakrabarti (1998), S. 70.
810 Vgl. Rubenstein et al. (1976), S. 18.
811 Vgl. Ernst (2001), S. 313; Ernst (2002), S. 31; Ernst (2001), S. 76; Craig/Hart (1992), S. 32.
812 Vgl. Sivasubramaniam/Liebowitz/Lackman (2012), S. 806.

Promotoren (siehe Kapitel 4.2). Im Verständnis der Arbeitsteilung und zur Überwindung interner Barrieren bei der NPE benötigt es je Prozessphase bestimmte Rollen.[813]

Ihre Leistungsbeiträge und Machtquellen wie technisches Wissen und Zuweisung von Ressourcen[814] sind auch zur Entwicklung frugaler Innovation notwendig, um mit Werkzeugen des Veränderungsmanagements frugale Innovation voranzubringen.[815] Gerade im Kontext von corporate frugal innovations, die in DM eine Veränderung im Innovationsbereich darstellen, treten aufgrund ihrer Neuartigkeit Willens- und Fähigkeitsbarrieren im Unternehmenskontext auf, weshalb sich der Einsatz von Promotoren für die verschiedenen Phasen des NPEP in einer Gespannstruktur empfiehlt. Erste Indizien liefern Kroll/Gabriel (2020), wenn sie zur Umsetzung frugaler Innovation im Unternehmenskontext von einem „frugal innovation group [...] development team" bzw. eigens für frugale Innovation etablierten Team sprechen.[816] Diese speziellen Einsatzgruppen bei MNC sind cross-funktional und haben ein gutes Verständnis des Marktes. Sie generieren bei den anderen Mitarbeitern Interesse für das Projekt.[817] Je nachdem, ob es in einer Phase eher Willens- oder Fähigkeitsbarrieren gibt, muss/müssen phasenspezifisch ein oder mehrere adäquate/r Promotor/en eingesetzt werden. Rao (2017/2019) argumentiert, dass v. a. für AFI ausgebildete Menschen und F&E einbezogen werden müssen[818], was für Fachpromotoren spricht. Nachdem Promotoren neben der Beseitigung von Barrieren auch kognitive Aufgaben wie z. B. das Erstellen der Problemdefinition erfüllen[819], können sie auch für die genaue Problemdefinition bei frugalen Innovationen eingesetzt werden.

Für Innovationen, die im Umfeld knapper Ressourcen stattfinden, ist überdies ein starker Einfluss des Top-Managements zur Zuweisung von Ressourcen und Ausdrücken der Relevanz der frugalen Produkte erforderlich.[820] Auch für frugale Innovation gilt diese katalysatorähnliche Wirksamkeit des Managements als Champions, um die frugale Innovation voranzubringen.[821]

813 Vgl. Chakrabarti/Hauschildt (1989), S. 170; Ernst (2002), S. 23; Witte (1998), S. 13.

814 Vgl. Chakrabarti/Hauschildt (1989), S. 166ff.; Hauschildt/Chakrabarti (1998) S. 77; Gemünden/Walter (1998), S. 115; Lechler (1998), S. 182.

815 Vgl. Tiwari/Herstatt (2020), S. 49.

816 Kroll/Gabriel (2020), S. 44; Zehetbauer (2013), S. 23.

817 Vgl. Prahalad/Hammond (2002), o.S.

818 Vgl. Rao (2017), S. 35f.; Rao (2019), S. 7

819 Vgl. Folkerts/Hauschildt (2002), S. 11.

820 Vgl. Schanz et al. (2011), S. 312; Niroumand et al. (2021), S. 350; Angot/Ple (2015), S. 8, S. 11.

821 Vgl. Krohn et al. (2020), S. 2.

Bisherige Modelle zur NPE frugaler Innovation (siehe Kapitel 3.2.1-3.2.6) benennen keine expliziten Rollen und Promotoren im Prozess. Vor dem Hintergrund dieser theoretischen Überlegungen wird folgende Proposition aufgestellt:

> *P5: Werden **phasenspezifisch Promotoren** im NPEP für corporate frugal innovation eingesetzt, trägt dies zum Erfolg der NPE bei.*

Prozesselemente im NPEP sind neben den Phasen und phasenbezogenen Aktivitäten auch die **Gates**, die **Pflichtergebnisse** und die **Gate-Kriterien**[822], welche Qualitätsprüfpunkte eines NPEP darstellen.[823] Sie dienen der zusätzlichen Strukturierung und schaffen darüber hinaus Transparenz, ein gemeinsames Verständnis sowie klare Entscheidungspunkte zwischen den Phasen zur Eliminierung nachteiliger Projekte (siehe Kapitel 2.2.4).[824]

Da auf diese Weise unnötige Kosten vermieden und Ressourcen zur NPE zielgerichtet eingesetzt werden können, indem nicht zielführende Projekte aussortiert werden[825], ist ein planbasiertes Vorgehen für die NPE frugaler Innovation positiv einzuschätzen. Eine Fokussierung und Priorisierung von Projekten anhand zuvor festgelegter Kriterien bzgl. des Projekts, aber auch in Relation zu anderen Projekten im Unternehmen, ist gerade in Anbetracht knapper Ressourcen unumgänglich.[826]

Das Stage-Gate-System ist so flexibel, dass Aktivitäten, Pflichtergebnisse und Entscheidungskriterien an den Gates für jedes Projekt, angepasst an den Marktkontext und das Unternehmen, spezifisch sind.[827] Flexiblere Entscheidungskriterien sind dabei nicht nur finanzbasiert, sondern ganzheitlicher Natur (z. B. Nutzung von Scorecards mit Kombination aus finanziellen, wettbewerbsbezogenen und strategischen Kriterien). Das Weiterkommen an den Gates kann zudem, statt binär, an Bedingungen geknüpft sein. So könnte projektabhängig definiert werden, welche Informationen für das Weiterkommen in die nächste

822 Vgl. Cooper/Edgett/Kleinschmidt (2004), S. 44; Cooper (1994), S. 4; Cooper (2017), S. 117; Sommer et al. (2015), S. 35; Cooper (2008), S. 214f.

823 Vgl. Cooper (2017), S. 103f.

824 Vgl. Verworn/Herstatt (2000), S. 4; Cooper (1994), S. 3, S. 14; Lenfle/Loch (2010), S. 42; Cooper (2017), S. 100; Cooper (2016), S. 26; Cooper (2008), S. 213.

825 Vgl. Wheelwright/Clark (1992a), S. 72.

826 Vgl. Cooper/Edgett/Kleinschmidt (2002), S. 43f., S. 48.

827 Vgl. Cooper (2014), S. 21; Lenfle/Loch (2010), S. 48.

Phase zwingend vorliegen müssen und welche ggf. auch nachgereicht werden können (siehe Kapitel 2.2.2).[828]

Dies passt zum Konzept des BoP, welcher vieldimensional ist und multiple Formen von Knappheiten und Bedürfnissen im jeweiligen Anwendungskontext umfasst (siehe Kapitel 1.1 und 2.1.3).[829] So adressieren corporate frugal innovations beispielsweise andere basale Bedürfnisse als grassroots frugal innovations (siehe Kapitel 2.1.3).[830] Dies wird auch an der Unterschiedlichkeit der Treiber von corporate verglichen zu grassroots frugal innovations ersichtlich. Ausgangspunkt für frugale Innovation in DM sind neben knappen Ressourcen v. a. Kostenaspekte.[831] Gerade in DM beeinflusst die Politik über die Gesetzgebung die Entwicklung frugaler Innovation.[832] Unternehmen in DM haben zudem andere Voraussetzungen zur Entwicklung frugaler Innovation wie z. B. Prozesse, Budget und qualifizierte Mitarbeiter. Für frugale Innovation besteht darüber hinaus die Herausforderung, dass sie oftmals mit bestehenden Produktlinien kannibalisieren[833], sodass auch in diesem Sinne über eine spezifische Ausrichtung der Gates und Pflichtergebnisse nachzudenken ist. Im Falle frugaler Innovation helfen sie dem Entwicklungsteam z. B. durch die Unterscheidung zwischen Muss- und Sollte-Kriterien[834], sich auf essenzielle Produktanforderungen zu fokussieren, statt eine lange Liste von Anforderungen und Produktmerkmalen zu realisieren.[835] Cadeddu et al. (2019) erwähnen in diesem Kontext eine Praktik, Konzepte anhand spezieller, auf den BoP ausgerichteter Kriterien zu evaluieren (siehe Kapitel 3.2.2).[836] Pflichtergebnisse dienen außerdem dazu, die ermittelten Bedürfnisse und Anforderungen in den NPEP zu integrieren[837], wie es das Modell von Brem et al. (2020) vorsieht (siehe Kapitel 3.2.4).[838]

---

828 Vgl. Cooper (2014), S. 21ff.; Cooper (2017), S. 106; Takeuchi/Nonaka (1986), S. 137ff.; Wolfe (1994), S. 417; Verworn/Herstatt (2000), S. 2ff.; Trott (2008), S. 403f.; Cooper (1994), S. 3f., S. 9ff.; Cooper (2008), S. 224ff.

829 Vgl. Molina-Maturano/Bucher/Speelman (2020), S. 1; Albert/Huesig (2019), S. 103.

830 Vgl. Cadeddu et al. (2019), S. 22; Kolk/Rivera-Santos/Rufin (2014), S. 361; Kahle et al. (2013), S. 225; Winkler et al. (2020), S. 251ff.

831 Vgl. Agarwal/Brem (2012), S. 1.; Kalogerakis/Tiwari/Fischer (2017), S. 10; Bhatti/Ventresca (2013), S. 8; Agarwal/Brem (2017a), S. 37, S. 40; Brem/Wolfram (2014), S. 2.

832 Vgl. Kroll/Gabriel (2020), S. 49.

833 Vgl. Hang/Chen/Subramian (2010), S. 22; Angot/Plé (2015), S. 11; Wohlfart et al. (2016), S. 8, S. 13.

834 Vgl. Cooper (1988), S. 242f.; Cooper (2000), S. 56f.; Cooper/Kleinschmidt (1987), S. 180.

835 Vgl. Cooper (2016), S. 26.

836 Vgl. Cadeddu et al. (2019), S. 54ff.

837 Vgl. Brem et al. (2020), S. 11.

838 Vgl. Brem et al. (2020), S. 6ff.

Die in der Literatur postulierte Kontextabhängigkeit des Innovationsprozesses[839] wird, passend zur kontextbezogenen Wandlung des Fokus frugaler Innovation[840] (siehe Kapitel 2.1.3), auch für frugale Innovationen gefordert. Sie sollten nicht mit den gleichen Maßstäben wie konventionelle Innovationen bewertet werden. Die reine Umsatzbetrachtung sollte durch Messgrößen, die z. B. soziale Auswirkungen der frugalen Innovation messen, ergänzt werden[841], denn BoP-Betrachtungen erfordern eine Anpassung von Geschäftskennzahlen, Innovationsprozessen und Entscheidungsfindung.[842] Gesetzte Ziele der NPE müssen z. B. Knappheiten berücksichtigen, damit das Ergebnis des NPEP zum Kontext passt.[843] Vor dem Hintergrund dieser theoretischen Überlegungen wird folgende Proposition aufgestellt:

*P6: Werden die **Gate-Kriterien** und **Pflichtergebnisse** im NPEP für corporate frugal innovation **kontextspezifisch** formuliert, dann wirkt sich dies positiv auf den Erfolg der NPE aus.*

5.1.2.2 Erfolgsfaktoren hinsichtlich der Methoden/Werkzeuge

Zur Ansprache neuer Kundengruppen arbeiten Unternehmen oftmals mit Produkt-Plattformen, weil sich so durch Modifikation (Ergänzung, Ersatz oder Wegnahme von Produktfunktionen) einfach Derivative erzeugen lassen.[844] Dabei ist ein **Produkt modular konzipiert**, d. h. die Architektur, die Schnittstellen und die Standards bleiben konstant, um mit künftigen Erweiterungen oder Ergänzungen z. B. als Produktfamilie kompatibel zu sein. Dennoch ist das Produkt, basierend auf den Komponenten, für verschiedene Zwecke anpassbar.[845]

Lim/Fujimoto (2019) sehen in Modularität und der funktions- bzw. komponentenbasierten Sichtweise von Produkten die Option, Frugalität im Sinne einer Vereinfachung von Produkten mit infolge geringeren Kosten zu erlangen.[846] Frugale Innovationen zeichnen sich folglich durch Modularität der Merkmale aus.[847]

839 Vgl. Trott (2008), S. 532.
840 Vgl. Winkler et al. (2020), S. 251ff.; Agarwal/Brem (2017a), S. 39.
841 Vgl. Hossain (2018), S. 934.
842 Vgl. Banerjee/Leirner (2014), S. 333; Zeschky/Widenmayer/Gassmann (2014), S. 257.
843 Vgl. Prahalad/Mashelkar (2010), S. 140f.
844 Vgl. Wheelwright/Clark (1992a), S. 73.
845 Vgl. Ray/Ray (2010), S. 151.
846 Vgl. Lim/Fujimoto (2019), S. 1028f.; Brem et al. (2020), S. 11f.
847 Vgl. Lange/Hüsig/Albert (2021), S. 31.

Gerade für den BoP, der mannigfaltigen Einschränkungen ausgesetzt ist, gilt Anpassungsfähigkeit von Produkten als wichtiger Faktor, um größtmögliche Inklusion von Kunden zu erreichen.[848] Durch bedarfsorientierte Aufstockung des Basisproduktes um Funktionen (upgradability) und somit das Erhalten diverser Konfigurationen eines Produktes wird der Preissensitivität des Kunden und regional verschiedenen Anforderungen Rechnung getragen.[849] Im Kontext von BoP-Innovationen ist es noch wichtiger als bei konventionellen Innovationen, zwischen existenziellen Anforderungen und wünschenswerten Merkmalen des Produktes zu differenzieren.[850] Gerade für corporate frugal innovations, die über Grundbedürfnisse hinausgehen (siehe Kapitel 2.1.1, 2.1.3), stellt dies ein wichtiges Merkmal dar.

In bisherigen Modellen zur NPE frugaler Innovation (siehe Kapitel 3.2) kann bei Brem et al. (2020) der erwähnte modulare Ansatz mit einer Plattformstrategie, bei der Produktfunktionen, Wissen, Technologien oder Komponenten zwischen Produkten geteilt werden, assoziiert werden. Die so mögliche Nutzung von Economies of Scale und Scope spart Zeit, Entwicklungskosten und Folgekosten wie z. B. Anschaffungskosten für Produktionsmaschinen[851], wie auch die Erfolgsfaktoren frugaler Innovation zeigen (Kapitel 3.4).[852] Cadeddu et al. (2019) erwähnen ebenfalls eine Praktik, bereits vorhandene Basistechnologien zu nutzen. Es können zur NPE einfachere bzw. anderen Produkten zugrunde liegende Technologien und Komponenten verwendet werden, statt Neue zu entwickeln. Für M-Pesa als System zum bargeldlosen Zahlen und den Fetal Heart Monitor von Siemens wurden bestehende, lokal verfügbare Ressourcen und Technologien wie SMS oder Funktionsweisen eines Mikrofons wieder verwendet. Auch für den Tata Nano wurde mit einer Komponenten-Plattform gearbeitet, um ein alternatives Leistungsbündel zu kreieren.[853] Die Modelle von Lehner/Koldewey/Gausemeier (2018) sowie Liu/Wang/Feng (2019) arbeiten mit Pattern und möglichen Kombinationen zur Lösungsfindung.[854]

Modulare Produktkonzepte sparen folglich durch Zugriff auf bestehende Kerntechnologien und Komponenten, die Wiederverwendung bereits vorhandener Technologien sowie die Vermeidung unbrauchbarer Teile, Kosten. Sie sind passgenau für die Bedürfnisse der Kunden, wie Erschwinglichkeit, Kernfunkti-

848 Vgl. Nakata/Weidner (2012), S. 26; Lange/Hüsig/Albert (2021), S. 3.
849 Vgl. Ray/Ray (2010), S. 148f.; Konrad/Wangler (2018), S. 16.
850 Vgl. Viswanathan/Sridharan (2012), S. 65.
851 Vgl. Reis/Fernandes/Armellini (2021), S. 23; Brem et al. (2020), S. 4.
852 Vgl. Sharma/Iyer (2012), S. 600ff.
853 Vgl. Cadeddu et al. (2019), S. 64ff., S. 73ff.; Ray/Ray (2011), S. 218.
854 Vgl. Lehner/Koldewey/Gausemeier (2018), S. 17ff.; Liu/Wang/Feng (2019), S. 294.

onalität und Benutzerfreundlichkeit, und ermöglichen neben Flexibilität, was ebenfalls als Erfolgsfaktor frugaler Innovation gilt[855], dennoch Skalierbarkeit.[856] Ein modulares Vorgehen stellt auch sicher, dass jede Funktion des Endproduktes für dessen Anwender einen Mehrwert schafft, statt nur einen Kostenbeitrag zu leisten[857], da Produkte mit geringem Aufwand an spezifische Kundenbedürfnisse angepasst werden können.[858] Auch Anpassungen infolge schneller technologischer Veränderungen sind leichter umsetzbar, was auch Leapfrogging als Erfolgsfaktor frugaler Innovation möglich macht (siehe Kapitel 3.4).[859]

So verfolgt z. B. das Unternehmen Haier bereits seit 1996 den Ansatz, mit einem frugalen Basisprodukt bisherige Nicht-Kunden zu adressieren und dann zur Erschließung weiterer Kundengruppen nutzerspezifisch Funktionen im Rahmen einer zusätzlichen Produktserie zum Ursprungsgerät hinzuzufügen.[860] Vor dem Hintergrund dieser theoretischen Überlegungen wird folgende Proposition aufgestellt:

*P7: Je stärker im NPEP für corporate frugal innovation ein **modularer Entwicklungsansatz** verwendet wird, desto erfolgreicher ist er.*

Oftmals werden neue Funktionen aufgrund der Verfügbarkeit von Technologien, persönlichen Wünschen der Entwickler oder spekulativen Annahmen über Kundenbedürfnisse und Markttrends in ein Produkt integriert (technology-push). Gibt es jedoch keinen Bedarf seitens der Nutzer, erschwert dies den Verkauf des Produktes. So gilt ein Mangel an Markt- und Kundenkenntnis als Hauptgrund für das Scheitern neuer Produkte. Die klassischen Erfolgsfaktoren fordern folglich eine Ausrichtung aller Schritte des NPEP an den Bedürfnissen des Marktes und hierzu die Integration von Kunden (siehe Kapitel 2.2.4).[861] Market-pull-Modelle, wie auch später die integrierten NPEP-Modelle (siehe Kapitel 2.2.2), sind eine probleminduzierte Suche nach neuen Produkten bzw. Funktionen, die auf der Marktseite mit der Wahrnehmung eines Kundenproblems startet. Davon ausgehend beginnt die Suche nach einer ökonomisch sinnvollen, den Kundenwünschen entsprechenden Lösung.[862]

855 Vgl. Niroumand et al. (2021), S. 356f.; Pisoni/Michelini/Martignoni (2018), S. 117.
856 Vgl. Ray/Ray (2010), S. 146, S. 151; Konrad/Wangler (2018), S. 16.
857 Vgl. Rao (2013), S. 70f.
858 Vgl. Edwards et al. (2019), S. 20.
859 Vgl. Kumar/Puranam (2012), S. 14ff.
860 Vgl. Hang/Chen/Subramian (2010), S. 24.
861 Vgl. Ernst (2001), S. 76ff.; Cooper (2000), S. 56.

Dieses Vorgehen klingt bereits im Ansatz von Agarwal/Oehler/Brem (2021) durch den Einbezug eines multiperspektivischen Problem- und Lösungsraums an oder bei Lehner/Koldewey/Gausemeier (2019), die Matrizen zur Verknüpfung von Bedürfnissen/Problemen und dem Produktkonzept einsetzen. Ebenso zeigt es sich in der Praktik zum Einbezug externer Quellen in den NPEP von Cadeddu et al. (2019) oder dem Abhalten von Workshops mit Kunden beim OCR-Ansatz (siehe Kapitel 3.2.6, 3.2.1, 3.2.2, 3.2.5).[863]

Erfolgsfaktoruntersuchungen zeigen die bedeutende Rolle der Einbindung von Kunden als wichtige externe Partner, insbesondere für die frühen Phasen des NPEP zur Ideenfindung und Bedürfnisermittlung. Ihre Integration macht den Prozess effizienter, verkürzt Entwicklungszeiten und gestaltet Projekte anwendungsorientierter. Dies reduziert Risiko und Investitionsumfang.[864] Bei frugalen Innovationen kann dieses Vorgehen helfen, den optimalen Ansatzpunkt zu finden, der eine signifikante Kostensenkung ermöglicht.[865] Hier unterscheiden sich Kunden am BoP in einer ressourcenbeschränkten Umgebung, die durch frugale Innovationen ihr Überleben sichern und zusätzlich als Co-Produzenten agieren, von Kunden aus Industrienationen, die das Paradigma eher als Lebenseinstellung und weniger als existenzielle Notwendigkeit verstehen, was die vielfältigen Treiber frugaler Innovation in DM darlegen (siehe Kapitel 2.1.3).[866] Für corporate frugal innovation eröffnet die Kundeneinbindung daher die Chance, ermittelte Bedürfnisse bzw. Kaufgründe des Kunden über Schnittstellen in den NPEP einzuspeisen, in Produkteigenschaften zu übersetzen und in Verbindung mit einem agilen Vorgehen auch das Feedback des Kunden für systematische Verbesserungen und Veränderungen des Produktes zu nutzen.[867] Dies zeigt bereits das Modell von Brem et al. (2020), welches Bedürfnisse als Output des einen Prozesses in der Folge als Input für den NPEP verwendet (siehe Kapitel 3.2.4).[868]

862 Vgl. Vahs/Brem (2013), S. 243; Ortt/van der Duin (2008), S. 525f.

863 Vgl. Agarwal/Oehler/Brem (2021), S. 739ff.; Lehner/Koldewey/Gausemeier (2018), S. 17ff.; Cadeddu et al. (2019), S. 54ff.; Weyrauch/Herstatt/Tietze (2020), S. 3ff.

864 Vgl. Brettel/Cleven (2011), S. 264f.; Ernst (2002), S. 31; Ernst (2001), S. 76; Agrawal/Bhuiyan (2014), S. 477ff.; Bhuiyan (2011), S. 754, S. 760; Rothwell et al. (1974), S. 289; von Hippel (1976), S. 228ff.; Herrmann/Schaffner (2005), S. 383; Cooper/Edgett/Kleinschmidt (2004), S. 51; Cooper (2000), S. 56.

865 Vgl. Annala/Sarin/Green (2018), S. 110f.

866 Vgl. Pisoni/Michelini/Martignoni (2018), S. 108, S. 116, S. 122.

867 Vgl. Brem et al. (2020), S. 11; Rothwell et al. (1974), S. 289; von Hippel (1976), S. 222; Herrmann/Schaffner (2005), S. 383; Cooper/Edgett/Kleinschmidt (2004), S. 51.

868 Vgl. Brem et al. (2020), S. 6.

Dennoch sollte Kundeneinbezug mit Vorsicht erfolgen und ist um klassische Marktforschung zu ergänzen. Werden nur bestimmte Kundengruppen herangezogen, die nicht alles abdecken, und können Kunden ihre Präferenzen nicht adäquat ausdrücken, entstehen Nischenprodukte.[869] Es besteht ein nicht-linearer Zusammenhang, den es zu optimieren gilt (siehe Kapitel 2.2.4).[870] Vor dem Hintergrund dieser theoretischen Überlegungen wird folgende Proposition aufgestellt:

> *P8: Je stärker **Kunden** bis zu einem gewissen Grad in den NPEP für corporate frugal innovation **eingebunden** werden, desto erfolgreicher ist er.*

Dynamische Fähigkeiten als Metakompetenzen (siehe Kapitel 4.1), primäre Fähigkeiten stets kontextspezifisch weiterzuentwickeln, sind gerade in einer volatilen Umwelt wichtig. In Abstimmung mit Bedürfnissen des Marktes können beständig wirksame Fähigkeiten und neue Ressourcenkonfigurationen zur Ausführung der Tätigkeiten im NPEP gebildet werden[871], was neben finanziellen Ressourcen als Erfolgsfaktor für NPE (siehe Kapitel 2.2.4, 3.4) eine wichtige Säule für Innovation ist.[872] Für Produktinnovationen sind dabei auf erster Ebene Technologie- und Marktfähigkeiten wichtig, um Kundengruppen zu identifizieren, Kundenwissen zu sammeln, sowie daraus den Bedürfnissen angemessene Produktmerkmale zu schaffen und das Produkt zu erstellen.[873]

Auch Brem et al. (2020) benennen neben finanziellen Investments die Ausbildung relevanter Fähigkeiten als Säule ihres Modells (siehe Kapitel 3.2.4).[874] Für ressourcenbeschränkte Innovation gibt es aufgrund ihrer Multidimensionalität und besonderen Umgebung spezifische Fähigkeiten, was Hossain (2020) im Kontext von grassroots frugal innovations untersucht.[875] Diese unterscheiden

---

869 Vgl. Brettel/Cleven (2011), S. 265; Ernst (2001), S. 325; Barczak/Griffin/Kahn (2009), S. 4, S. 13; Cooper/Edgett/Kleinschmidt (2004), S. 49.

870 Vgl. Ernst (2001), S. 312f.

871 Vgl. Boscoianu/Prelipcean/Lupan (2018), S. 3498ff.; Mousavi/Bossink (2017), S. 1263ff.; Teece et al. (1997), S. 509, S. 515ff.; Rodrigues/Gohr/Calazans (2020), S. 4; Teece (2014), S. 328f., S. 330, S. 334; Eisenhardt/Martin (2000), S. 1106, S. 1112, S. 1116, S. 1118; Trott (2008), S. 354; Teece (2007), S. 1319; Ellonen/Jantunen/Kuivalainen (2011), S. 459, S. 473f.; Grant (1992), S. 120; Danneels (2002), S. 1102.

872 Vgl. Brem et al. (2020), S. 12.

873 Vgl. Rodrigues/Gohr (2021), S. 1; Danneels (2002), S. 1102f.; Ellonen/Jantunen/Kuivalainen (2011), S. 461f.

874 Vgl. Brem et al. (2020), S. 12.

875 Vgl. Hossain (2020), S. 8.

sich von Fähigkeiten für konventionelle Innovationen.[876] In dieser Hinsicht können sich Unternehmen in DM Unternehmen in EM zum Vorbild nehmen und ihre Fähigkeiten anpassen und/oder ergänzen,[877] denn Fähigkeiten am BoP von EM können auch im DM-Kontext nützlich sein.[878] Gerade in einer dynamischen Umwelt sind externe Wissensquellen wichtig für die Entwicklung von Fähigkeiten für frugale Innovation.[879]

Viele Arbeitskräfte sind für konventionelle Produkte ausgebildet[880], welche sich aber von corporate frugal innovations unterscheiden (siehe Kapitel 2.1.1). Im Gegensatz zu anderen low-cost Innovationen basieren frugale Innovationen statt auf Reengineering auf einer neuen Architektur und einem neuen Geschäftsmodell, beides exakt ausgerichtet auf die spezifischen Bedürfnisse und Anforderungen der Kunden in den restringierten Umfeldern. So sind neben fachlichem Wissen, welches für AFI erforderlich ist, ggf. zusätzliche F&E[881], die Ausbildung von Managern und Technikern durch Universitäten hinsichtlich der Produktion und des Verkaufs frugaler Innovation (Vermeidung von Overengineering, Kostenfokus und Zielpreise)[882] auch andere Herangehensweisen wie technologische und organisationale Fähigkeiten erforderlich.[883] Darüber hinaus liegt die Herausforderung bei frugalen Innovationen darin, dass Unternehmen mit Erstkunden als Zielgruppe für die Innovation umgehen, diese verstehen und von ihnen lernen müssen. Dies relativiert das durch Marktforschung gesammelte Wissen. Unternehmen müssen also ihre Prozesse und Strukturen, aber auch darüber hinaus Aktivitäten und Fähigkeiten, entsprechend anpassen.[884] Diese Fähigkeiten müssen einen örtlichen Bezug aufweisen, um den lokalen Gegebenheiten gerecht zu werden.[885] Neumann/Böhm/Wecht (2017) geben eine

---

876 Vgl. Zeschky/Winterhalter/Gassmann (2014), S. 23f.; Santos/Borini/Oliveira Júnior (2020), S. 253; Hofmann/Theyel/Wood (2012), S. 542; Ahuja/Chan (2020), S. 89.

877 Vgl. Brem/Wolfram (2014), S. 2; Rodrigues/Gohr/Calazans (2020), S. 3; Ketata/Sofka/Grimpe (2015), S. 60f., S. 69; zur Übertragbarkeit von Wissen im Kontext frugaler Innovation s. Altmann/Engberg (2016); London/Hart (2004), S. 363.

878 Vgl. London/Hart (2004), S. 367.

879 Vgl. Dost et al. (2019), S. 1254.

880 Vgl. Liefner/Losacker/Rao (2020), S. 772.

881 Vgl. Rao (2017), S. 35f.; Rao (2019), S. 7; Kroll/Gabriel (2020), S. 37; Le Bas (2016a), S. 22.

882 Vgl. Liefner/Losacker/Rao (2020), S. 772; Schanz et al. (2011), S. 312; Zanello et al. (2016), S. 896.

883 Vgl. Zeschky/Widenmayer/Gassmann (2014), S. 262, S. 271; Zeschky/Winterhalter/Gassmann (2014), S. 24; Zeschky/Widenmayer/Gassmann (2011), S. 39; Belkadi et al. (2016), S. 590.

884 Vgl. Neumann/Böhm/Wecht (2017), S. 417f.; Brem/Wolfram (2014), S. 6, S. 11; Hossain (2018), S. 931f.; Zeschky/Winterhalter/Gassmann (2014), S. 25.

885 Vgl. Hang/Chen/Subramian (2010), S. 2f.

Übersicht primärer (ordinary) Fähigkeiten, die für die Entwicklung frugaler Innovationen in den Phasen Marktforschung, Entwicklung und Go-to-Market erforderlich sind (siehe Kapitel 4.1).[886] Bei bisherigen Modellen sprechen außerdem Cadeddu et al. (2019) eine Praktik zur Überprüfung, ob das Unternehmen über erforderliche externe und interne Ressourcen verfügt, an (siehe Kapitel 3.2.2).[887]

MNC müssen frugale Innovation und ihre Regeln in instabilen und volatilen Umgebungen verstehen[888], wobei Prozesse zum Anpassen (Sensing), Integrieren (Seizing) und Rekonfigurieren (Reconfiguring) interner und externer Ressourcen und Fähigkeiten hilfreich sind.[889] Vor dem Hintergrund dieser theoretischen Überlegungen wird folgende Proposition aufgestellt:

P9: Je stärker ***dynamische Fähigkeiten*** *im NPEP für corporate frugal innovation für die Phasen Marktforschung, Entwicklung und Go-to-Market genutzt werden, desto erfolgreicher ist er.*

5.1.3 Propositionsraum 3: „Marktfähigkeit"

Eine eindeutige Produktdefinition einer Innovation ist Voraussetzung für eine erfolgreiche Adoption des Produktes am Ende des NPEP.[890] Zusammen mit dem Wertversprechen für den Kunden, dem Zielsegment, der Produktpositionierung, auch gegenüber dem Wettbewerb, sowie den Merkmalen und Spezifikationen des Produktes sollte sie bereits vor der Entwicklung erfolgen.[891] Dies umfasst auch eine Bewertung des Nutzengewinnes des Kunden (siehe Kapitel 2.2.4).[892]

Bei frugaler Innovation bedarf es zur Marktorientierung eines Lernprozesses sowie einer Bestimmung des Kundennutzens des Produktes, um die NPE beständig an den spezifischen und dynamischen Bedürfnissen der Kunden auszurichten.[893] Werden in einer auf den Markteintritt folgenden Bewertung der frugalen Innovation die nutzerbezogenen Merkmale nicht erfüllt, wird

886 Vgl. Neumann/Böhm/Wecht (2017), S. 421ff.
887 Vgl. Cadeddu et al. (2019), S. 54ff.
888 Vgl. Hossain (2018), S. 931.
889 Vgl. Teece/Pisano/Shuen (1997), S. 515; Teece (2007), S. 1322, S. 1326, S. 1341, S. 1344; Teece (2014), S. 332.
890 Vgl. Rogers (2003), S. 219ff.
891 Vgl. Cooper/Edgett/Kleinschmidt (2004), S. 51ff.; Ernst (2000), S. 8.
892 Vgl. Ernst (2001), S. 76ff.
893 Vgl. Annala/Sarin/Green (2018), S. 111f.

die frugale Innovation höchstwahrscheinlich auf diesem Markt scheitern.[894] Wird die Marktorientierung des frugalen Produktes hingegen während des gesamten NPEP nicht vernachlässigt[895], erhöht sich dessen Marktfähigkeit.[896] Eine besondere Rolle spielen dabei Marktforschung und Marketingfähigkeiten wie z. B. Verständnis für und Wissen über den Markt und dessen Kunden (siehe Kapitel 2.2.3, 2.2.4).[897]

Bisherige Modelle zur NPE frugaler Innovation (siehe Kapitel 3.2) beziehen die Vermarktung einer frugalen Innovation nicht in den NPEP ein, sodass die Marktfähigkeit und ihre Erreichung nicht explizit betrachtet werden. Cadeddu et al. (2019) schlagen aber eine Praktik vor, die generierte Ideen noch in der Phase der Konzeptentwicklung auf Passung und Wert für potenzielle Konsumenten testet (siehe Kapitel 3.2.2).

In das Wertversprechen einer frugalen Innovation fließen neben der substanziellen Kostenreduktion der TCO verglichen mit konventionellen Produkten[898] weitere Eigenschaften, die einen Nutzen für den Kunden stiften, ein. Wie die kriterienorientierten Definitionen und ihre Übertragung in DM anhand der AFI zeigen (siehe Kapitel 2.1.1), stiften neben Preisfaktoren auch nicht-preisbezogene Faktoren einen Mehrwert für den Kunden, indem sie kreative Problemlösungen in einem schwierigen Umfeld ermöglichen.[899] Dies ergibt sich aus einem genauen Verständnis des Anwendungskontexts frugaler Innovation und wie der Kunde im konkreten Umfeld seine Bedürfnisse befriedigt.[900] Darum kann auch eine reine Reduktion der Leistungsfähigkeit eines Produktes, um es zu einem niedrigeren Preis anbieten zu können, keine frugale Produktlösung erwirken.[901]

Die für frugale Innovationen in EM identifizierten Charakteristika, welche neben der Kosteneffektivität v. a. eine einfache Handhabung dank Problemzentriertheit des Produktes sowie ein optimales Leistungsniveau als nutzenstiftend

894 Vgl. Winkler et al. (2020), S. 259.

895 Vgl. Craig/Hart (1992), S. 39; Durst et al. (2018), S. 469; Morgan/Vorhies/Mason (2009), S. 909; Cooper (2000), S. 56; Agarwal/Brem (2012), S. 8; Hossain (2018), S. 931f.

896 Vgl. Ernst (2002), S. 28; Agrawal/Bhuiyan (2014), S. 477; Bhuiyan (2011), S. 751; Craig/Hart (1992), S. 16f.; Cooper (2000), S. 55; Cooper/Kleinschmidt (1987), S. 181.

897 Vgl. Ernst (2001), S. 325; Barczak/Griffin/Kahn (2009), S. 4, S. 13; Durst et al. (2018), S. 461f., S. 469; Morgan/Vorhies/Mason (2009), S. 917.

898 Vgl. Weyrauch/Herstatt (2016), S. 6ff.; Bhatti (2012), S. 15; Sjafrizal (2015), S. 41; Tiwari/Kalogerakis/Herstatt (2014), S. 8.

899 Vgl. Rothwell/Gardiner (1984), S. 78f.; Agarwal/Brem (2012), S. 2f.; Nakata/Weidner (2012), S. 23ff.

900 Vgl. Agarwal/Brem (2012), S. 2f.; Sehgal/Dehoff/Panneer (2010), o.S.; Viswanathan/Sridharan (2012), S. 59.

901 Vgl. Knapp et al. (2017), S. 15.

erachten[902], sind dabei für corporate frugal innovation noch zu ergänzen. Dies liegt daran, dass das Verständnis und die Definition frugaler Innovation stark von Kontextfaktoren wie z. B. den wirtschaftlichen Bedingungen und der Kultur im Zielmarkt beeinflusst werden.[903] Damit eine corporate frugal innovation, deren Fokus eine kontextbezogene Wandlung vollzogen hat[904] (siehe Kapitel 2.1.3), marktfähig wird, müssen die spezifischen Anforderungen und Bedürfnisse der Zielkunden, hauptsächlich in DM, wie z. B. Werte und Lebenseinstellungen, der Entwicklungsstand und die Kaufkraft der Kunden als wertstiftende Faktoren in den NPEP und ggf. auch in die Preisbildung einbezogen werden.[905] Um dem Rechnung zu tragen, wurden die Ausprägungen der Kriterien einer frugalen Innovation für corporate frugal innovation angepasst (siehe Kapitel 2.1.1). Bei Elementen, die den Kunden positiv überraschen, sollte mehr Leistung angeboten werden, als der Kunde erwartet, um einen Wow-Effekt zu erzielen.[906] Von den bisherigen Modellen schlagen insbesondere Cadeddu et al. (2019) die Erstellung einer Marktstudie vor, um Anforderungen und Vorteile des Produktes über den Preis hinaus aus der Kundenperspektive zu verstehen.[907] Brem et al. (2020) beziehen in die Wertermittlung einer frugalen Innovation auch die soziale Akzeptanz ein, Lehner/Koldewey/Gausemeier (2018) führen eine Impact Analyse durch (siehe Kapitel 3.2.4, 3.2.1).[908]

Der Preis eines frugalen Produktes ist damit eine relative Größe, die sich aus dem Verhältnis der Kosten und der wertgenerierenden Merkmale für den Kunden ergibt. Er ist zwar essenzieller Bestandteil einer frugalen Innovation, aber der Fokus im NPEP muss auch auf dem Nutzen und dem für den Kunden offerierten Mehrwert liegen.[909] Ein absolut niedriger Preis beeinflusst die Marktfähigkeit

902 Vgl. Agarwal/Brem/Grottke (2014), S. 12, S. 15; Agarwal/Brem/Grottke (2018), S. 92, S. 96; Weyrauch/Herstatt (2016), S. 6ff.; Cadeddu et al. (2019), S. 22f.

903 Vgl. Albert et al. (2020), S. 292, S. 307; Weyrauch/Herstatt (2016), S. 11f.; Winkler et al. (2020), S. 251ff.

904 Vgl. Winkler et al. (2020), S. 251ff.; Agarwal/Brem (2017a), S. 39.

905 Vgl. Le Bas (2020), S. 90; Bound/Thornton (2012), S. 14; Albert et al. (2020), S. 308; Weyrauch/Herstatt (2016), S. 1ff.; S. 4, S. 11; Radjou (2020), o.S.; Tiwari/Kalogerakis (2016), S. 7, S. 21; Tiwari/Herstatt (2020), S. 46; Radjou/Prabhu/Ahuja (2012), o.S.; Prahalad (2006), o.S.; Brem/Wolfram (2014), S. 11, S. 19; Hossain (2021), S. 2, S. 6; Prahalad/Mashelkar (2010), S. 134; Kroll/Gabriel (2020), S. 35; Agarwal/Brem (2017a), S. 40.

906 Vgl. Wohlfart/Sturm/Wagner (2019), S. 220.

907 Vgl. Cadeddu et al. (2019), S. 64ff.

908 Vgl. Brem et al. (2020), S. 1ff.; Lehner/Koldewey/Gausemeier (2018), S. 17ff.

909 Vgl. Sun et al. (2016), S. 1260; Soni/Krishnan (2014), S. 36, S. 38.

eines frugalen Produktes negativ.[910] Die folgende Proposition fasst die vorhergehenden Überlegungen zusammen:

P10: Der Einbezug ***wertstiftender Faktoren*** *in den NPEP, die dem Kunden über den Preis hinaus einen relativen Vorteil bieten, verbessert die Marktfähigkeit einer corporate frugal innovation.*

5.2 Bezugsrahmen der Untersuchung

Die nachfolgende Tabelle 16 gibt einen **Überblick** über die aus der Literatur abgeleiteten **Propositionen**.

Propositionen zum NPEP für frugale Innovationen	
Propositionsraum 1: Anforderungen/Merkmale Prozess	
P1	Wird der NPEP für corporate frugal innovation **ganzheitlich betrachtet**, dann wirkt sich dies positiv auf den Erfolg der NPE aus.
P2	Weist der NPEP für corporate frugal innovation einen **agilen Charakter** auf, dann wirkt sich dies positiv auf den Erfolg der NPE aus.
P3	Weist der NPEP für corporate frugal innovation einen **lokalen Bezug** auf, dann wirkt sich dies positiv auf den Erfolg der NPE aus.
Propositionsraum 2: Erfolgsfaktoren	
Erfolgsfaktoren hinsichtlich der Struktur	
P4	Beginnt der NPEP für corporate frugal innovation mit einer **ausführlichen Vorabanalyse von Kontextfaktoren**, dann wirkt sich dies positiv auf den Erfolg der NPE aus.
P5	Werden **phasenspezifisch Promotoren** im NPEP für corporate frugal innovation eingesetzt, trägt dies zum Erfolg der NPE bei.
P6	Werden die **Gate-Kriterien** und **Pflichtergebnisse** im NPEP für corporate frugal innovation **kontextspezifisch** formuliert, dann wirkt sich dies positiv auf den Erfolg der NPE aus.
Erfolgsfaktoren hinsichtlich der Methoden/Werkzeuge	
P7	Je stärker im NPEP für corporate frugal innovation ein **modularer Entwicklungsansatz** verwendet wird, desto erfolgreicher ist er.

910 Vgl. Miesler et al. (2020), S. 2711.

P8	Je stärker **Kunden** bis zu einem gewissen Grad in den NPEP für corporate frugal innovation **eingebunden** werden, desto erfolgreicher ist er.
P9	Je stärker **dynamische Fähigkeiten** im NPEP für corporate frugal innovation für die Phasen Marktforschung, Entwicklung und Go-to-Market genutzt werden, desto erfolgreicher ist er.
Propositionsraum 3: Marktfähigkeit	
P10	Der Einbezug **wertstiftender Faktoren** in den NPEP, die dem Kunden über den Preis hinaus einen relativen Vorteil bieten, verbessert die Marktfähigkeit einer corporate frugal innovation.

Tabelle 16: Zusammenfassung der Propositionen[911]

Zur systematischen Beantwortung der Forschungsfragen wird nun ein **Bezugsrahmen** erstellt. Weniger rigoros als ein Modell versucht dieser, Klassen relevanter Variablen und ihre Zusammenhänge zu identifizieren.[912] Dabei enthält er die zentralen Theorien aus dem Fachgebiet, die auf das Thema und seine Teilaspekte anwendbar sind.[913] Es wird darauf geachtet, bei der Verbindung der Theorien nicht nur einzelne Elemente nebeneinander zu setzen, sondern auch Querverbindungen und Kausalrelationen darzustellen.[914]

911 Eigene Darstellung.
912 Vgl. Teece (2007), S. 1320.
913 Vgl. Döring/Bortz (2016), S. 145.
914 Vgl. Döring/Bortz (2016), S. 170.

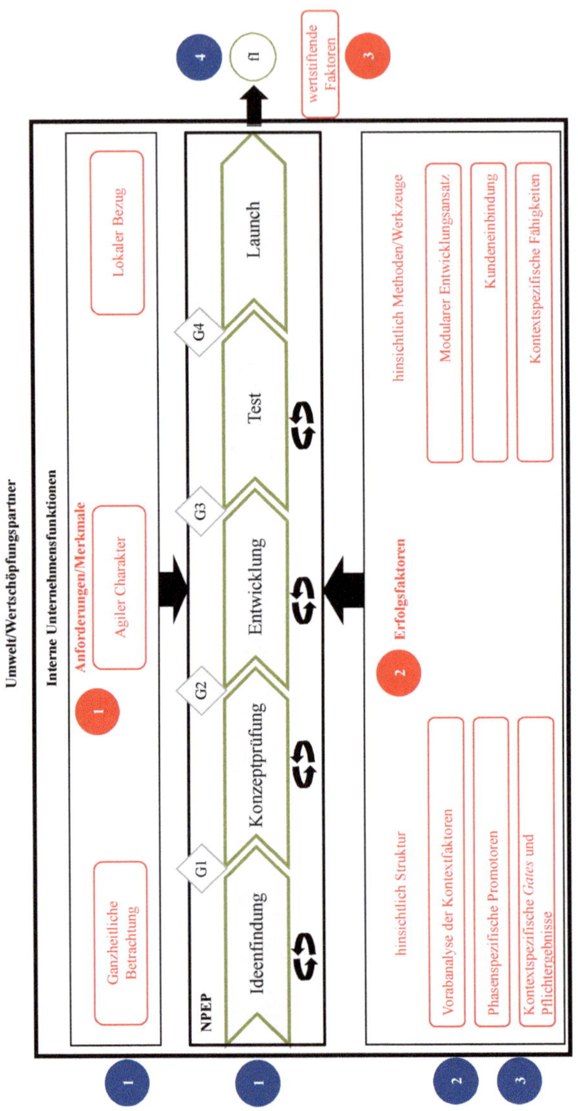

Abbildung 24: Bezugsrahmen der Untersuchung[915]

915 Eigene Darstellung.

Das **vorläufige Grundmodell** deckt, wie Abbildung 24 zeigt, die Forschungsfelder der Untersuchung ab und verknüpft die Propositionen. Im Zentrum steht das Thema der Leitfrage – der NPEP für frugale Innovationen. Hier liegt das agile Stage-Gate-Modell zugrunde, welches als populäres Prozessmodell der Innovationsliteratur auch für diesen Untersuchungskontext zweckdienlich ist (siehe Kapitel 2.2.2). Es liefert ausreichend detaillierte Phasen und die Möglichkeit der Iteration. Zudem integriert es die Option einer starken Kundenorientierung und fordert eine kundenorientierte Produktdefinition, indem sich das agile Stage-Gate-Vorgehen in die Phasen der Vorentwicklung integrieren lässt, um das Konzept und die Machbarkeit einer Produktidee zu eruieren.[916] Um den Charakteristika frugaler Innovation Rechnung zu tragen, werden an den NPEP Anforderungen gestellt (Raum 1, Propositionen 1-3). Außerdem lassen sich Erfolgsfaktoren hinsichtlich der Struktur und hinsichtlich der Methoden/Werkzeuge aus der Literatur ableiten (Raum 2, Propositionen 4-9). Zuletzt liegt ein besonderes Augenmerk auf der Frage der Marktfähigkeit der corporate frugal innovation (Raum 3, Proposition 10).

Die Propositionen dienen der Beantwortung der Forschungsfragen dieser Arbeit und damit der Erreichung des in Kapitel 1.2 formulierten Untersuchungsziels. Um die vorangegangenen theoretischen Überlegungen der Arbeit zu überprüfen und ggf. zu erweitern oder zu revidieren, wird eine Fallstudienanalyse durchgeführt. Das methodische Vorgehen wird nun im folgenden Kapitel dargelegt.

916 Vgl. Cooper (2016), S. 25.

6 Empirische Analyse: Fallstudienuntersuchung

Das nachfolgende Kapitel beinhaltet die empirische Analyse der Forschungsfragen anhand von Fallstudien nach Yin (2018). Die Methodik beschreibt dabei die Art, wie über ein soziales Phänomen gedacht wird und wie es studiert wird.[917] Hierzu wird im Folgenden zunächst das Forschungsparadigma und -design eingeführt (Kapitel 6.1, 6.2). Anschließend wird die Auswahl der Fallbeispiele begründet dargelegt, bevor fünf Fallstudien präsentiert und hinsichtlich der Forschungsfragen analysiert werden (Kapitel 6.3).

6.1 Qualitatives Paradigma als Rahmen der Untersuchung

Unter der **Forschungsmethode** versteht man Techniken und Vorgehensweisen für die Sammlung und Analyse von Daten[918], wobei die empirische Sozialforschung dabei drei Paradigmen unterscheidet.[919] Ihre Eignung ergibt sich aus der Natur des zu erforschenden Phänomens[920], genauer gesagt „dem vorfindbaren Zustand der Theorie[921] zu Beginn des Forschungsprozesses und des angestrebten Zustands der Theorie am Ende des Prozesses“[922] sowie dem Forschungsproblem und den zugehörigen Forschungsfragen.[923]

Insbesondere das **qualitative Paradigma** ist geeignet, um im Kontext der Sozialwissenschaften respektive Wirtschaftswissenschaften zu forschen.[924] Diese gehören innerhalb des Wissenschaftsgefüges zu den empirischen Wissenschaften[925] und beheimaten auch das Thema dieser Dissertation. Im Kontext der Betriebswirtschaft wird den qualitativen Verfahren ein großes Potenzial[926], insbesondere zur Theoriebildung zugesprochen.[927] In iterativer Weise werden

917 Vgl. Corbin/Strauss (2008), S. 1; Miles/Huberman/Saldaña (2020), S. 321; Yin (2018).
918 Vgl. Corbin/Strauss (2008), S. 1.
919 Vgl. Döring/Bortz (2016), S. 32f.
920 Vgl. Morgan/Smircich (1980), S. 491.
921 Theorie umfasst dabei kausale Beziehungen zwischen Phänomenen, Handlungen, Ereignissen und Strukturen, vgl. Corbin/Strauss (2008), S. 1.
922 Rost (2005), S. 1.
923 Vgl. Silverman (2007), S. 7; Corbin/Strauss (2008), S. 12; Döring/Bortz (2016), S. 145.
924 Vgl. Creswell/Creswell (2018), S. 4; Morgan/Smircich (1980), S. 491.
925 Vgl. Döring/Bortz (2016), S. 13.
926 Vgl. Brem (2018), S. 35.
927 Vgl. Döring/Bortz (2016), S. 184.

dabei nicht-numerische Daten aus Einzelfällen in ihrem natürlichen Umfeld mit maximal teil-standardisierten (zumindest teilweise standardisiert, weil dies bei multiplen Fallstudien die fallübergreifende Analyse erfordert[928]) Erhebungsverfahren erhoben, interpretiert und unter Einbezug theoretischer Grundlagen[929] zur Bildung neuer Theorien in einem noch jungen Feld aus einer holistischen Perspektive des Forschers heraus verwendet.[930] Dies eignet sich, um im ebenfalls jungen Forschungsfeld der frugalen Innovation und deren Entwicklungsprozess ein Verständnis über Zusammenhänge zu erlangen und empirisches Wissen zu generieren.

Mit qualitativen Daten in Form von Worten, Interviews oder Dokumenten können Prozesse und Zusammenhänge (Wie- und Warum-Fragen) treffender beschrieben werden als mit Statistiken.[931] Ein Vorteil qualitativer Forschung liegt auch darin, Fragestellungen in ihrem Kontext zu untersuchen, welcher Einfluss auf den Untersuchungsgegenstand nehmen kann.[932] Die Untersuchung von Innovationsprozessen erfolgt daher idealerweise anhand **qualitativer Daten.**[933] Da das Ziel der Arbeit die Betrachtung eines NPEP ist, eignen sich **qualitative Methoden.**[934] Bisher wurde zum Thema der frugalen Innovation auch überwiegend qualitativ geforscht. Dabei haben aus einer Analyse von Pisoni/Michelini/Martignoni (2018) nahezu 74 % ein multiples (38 %) oder ein Einzelfallstudiendesign (36 %) verwendet.[935]

Die Forschungsmethode mit Sammlung und Analyse der Daten wird nun näher erläutert.

6.2 Forschungsdesign und methodisches Vorgehen

Beim **Forschungsdesign**, welches den Weg von den Forschungsfragen zu den Ergebnissen hin beschreibt, spielt die methodische Passung der einzelnen Elemente des Forschungsprojekts, welche sich in der internen Konsistenz von Forschungsfragen, Forschungsstand, Forschungsmethode und theoretischem

928 Vgl. Miles/Huberman/Saldaña (2020), S. 32.
929 Vgl. Trochim (1989), S. 355.
930 Vgl. Döring/Bortz (2016), S. 32f., S. 184; Miles/Huberman/Saldaña (2020), S. 21; Brem (2018), S. 32.
931 Vgl. Miles/Huberman/Saldaña (2020), S. 3f., S. 7f.
932 Vgl. Yardley (2017), S. 295.
933 Vgl. Wolfe (1994), S. 411.
934 Vgl. Edmondson/McManus (2007), S. 1174; Creswell/Creswell (2018), S. 27.
935 Vgl. Pisoni/Michelini/Martignoni (2018), S. 109.

Beitrag zeigt, eine große Bedeutung[936], auch für die Validität der Untersuchung.[937] Das Forschungsdesign dieser Arbeit ist angelehnt an das **iterative Vorgehen** von Edmondson/McManus (2007) (siehe Kapitel 1.3) und erfüllt damit die genannten Kriterien.[938]

Innerhalb der qualitativen Forschung wird nun als formale **Forschungsmethode** der **Fallstudienansatz** ausgeführt (Kapitel 6.2.1).[939] Der Ansatz erfüllt mit der Notwendigkeit, Fälle zu definieren und Datenquellen zu triangulieren maßgebliche Kennzeichen qualitativer Forschung[940], wonach im weiteren Verlauf auf Experteninterviews zur Datenerhebung (Kapitel 6.2.2) sowie die Datenauswertung (Kapitel 6.2.3) eingegangen wird. Den Abschluss des Unterkapitels bilden die Qualitätskriterien der Arbeit (Kapitel 6.2.4).

6.2.1 Fallstudienforschung und Forschungsdesign nach Yin (2018)

Um komplexe soziale Phänomene zu verstehen, Einzelfälle tief zu fokussieren und dadurch eine holistische Perspektive auf organisationale Prozesse in ihrem realen Kontext zu erlangen, kann die **Fallstudienforschung** angewendet werden.[941] Sie hilft, die Interaktion zwischen Akteuren genauer zu untersuchen[942], was Bestandteil der Forschungsfragen dieser Arbeit ist. Daraus ergibt sich folgende **Definition einer Fallstudie als Forschungsmethode** nach Yin (2018):

> *Unter einer Fallstudie versteht man eine empirische Methode, die ein zeitgenössisches Phänomen, den Fall, unter Einbezug des beeinflussenden Kontexts, der oft nicht trennscharf abgrenzbar ist (im Unterschied zu Experimenten) untersucht. Zur Determinierung des Untersuchungsfokus und -ablaufs (Design, Datensammlung und Analyse) stützt sie sich auf zuvor entwickelte theoretische Propositionen und setzt zur empirischen Validierung auf Datentriangulation, die sich aus multiplen Evidenzquellen speist.*[943]

Verschiedene Autoren, darunter Yin (1981, 2018), liefern diesbezüglich Vorgehensmodelle und Anleitungen für den Nutzer.[944] Der fallstudienbasierte **Ansatz nach Yin (2018)** eignet sich im Falle dieser Arbeit besonders, wie beispielhafte

936 Vgl. Edmondson/McManus (2007), S. 1155; Creswell/Creswell (2018), S. 3ff.; Yin (2018), S. 26.

937 Vgl. Bickman (2004), S. 11f.

938 Vgl. Edmondson/McManus (2007), S. 1173ff.

939 Vgl. Yin (2018), S.xxiii, S. 14, S. 25f.

940 Vgl. Yin (2018), S. 18.

941 Vgl. Yin (2018), S. 5; Yin/Bateman/Moore (1985), S. 249.

942 Vgl. Corbin/Strauss (2008), S. 12f.; Tellis (1997), S. 6.

943 Vgl. Yin (2018), S. 14f.

Studien zeigen[945], da es sich bei den Forschungsfragen in dem noch jungen Forschungsgebiet frugaler Innovationen hauptsächlich um „Wie“ (Frage nach der Form)- und „Warum/Welche“ (Frage nach der Substanz)-Fragen handelt.[946] Außerdem ist zur Beantwortung der Forschungsfragen keine Beeinflussung von Probanden, etwa in einer Laborumgebung, erforderlich und die Betrachtung erstreckt sich auf die Gegenwart sowie die nähere Vergangenheit.[947]

Yin (2018) regelt das **Vorgehen im Rahmen der Fallstudienforschung** sehr präzise, wodurch eine Fallstudienuntersuchung methodisch einwandfrei gestaltet werden kann. Dies gelingt, indem auf eine logische Verbindung der Daten zu den zu untersuchenden Fragen und zum erforderlichen Analyseverfahren geachtet wird.[948] Das Finden und präzise Formulieren der Forschungsfragen im Schritt der **Problemdefinition** setzt zunächst ein Literaturstudium voraus, wie Yin (2018) in Verweis auf Cooper (1984) anmerkt.[949] Hierbei werden bisherige Forschungsergebnisse betrachtet, um die Nische zu definieren und aus Forschungsaufrufen konkrete Forschungsfragen abzuleiten.[950] Zusätzlich können durch Feldarbeit Kernaspekte des Themas entwickelt werden.[951] Im Rahmen dieser Arbeit wurde neben der Erhebung des Forschungsstandes zu frugalen Innovationen beispielsweise mit Forschern der TUHH, der FAU sowie mit Referenten des Afrikatags 2020 gesprochen um aktuelle Entwicklungen des Felds der frugalen Innovation zu ergründen.

Voraussetzung für eine qualitativ-hochwertige Fallstudie ist, als Ergebnis einer Untersuchung verschiedener Innovationsprozesse von Yin/Bateman/Moore (1985), zudem die exakte Darlegung des zu untersuchenden Innovationsprozesses.[952] Hierzu wurde die entsprechende Literatur gesichtet und ein Überblick über bisherige Prozesse erstellt (siehe Kapitel 3.2). Zuletzt wurden aus den Erkenntnissen eine Leitfrage und entsprechende Forschungsfragen sowie Propositionen abgeleitet (siehe Kapitel 1.2, 5).[953] Diese sind wichtig, um aus den Ergebnissen der Fallstudien (nicht der einzelnen Fälle!) zumindest analytische

944 Vgl. Eisenhardt (1989), S. 532; Bachor (2002), S. 21; Baxter/Jack (2008), S. 544f.; Yin (1981), S. 58ff.; Yin (2018).
945 Vgl. Cadeddu et al. (2019), S. 8.
946 Vgl. Yin (2018), S. 9ff., S. 27; Baxter/Jack (2008), S. 557.
947 Vgl. Yin (2018), S. 12.
948 Vgl. Yin (2018), S. 26.
949 Vgl. Yin (2018), S. 3f., S. 13, S. 36; Cooper (1984).
950 Vgl. Yin/Bateman/Moore (1985), S. 255f.; Yin (2018), S. 27.
951 Vgl. Yin (2018), S. 27.
952 Vgl. Yin/Bateman/Moore (1985), S. 258.
953 Vgl. Baxter/Jack (2008), S. 550f.; Yin (2018), S. 27.

Generalisierungen ableiten zu können, d. h. theoretische Konzepte, auf die die Arbeit Bezug nimmt, als konsistent zur Literatur zu zeigen, zu modifizieren oder zu verwerfen.[954] Jede Proposition, formuliert basierend auf den Forschungsfragen und dem Literaturstand, lenkt dabei den Fokus auf etwas, das innerhalb der Arbeit beleuchtet werden soll und hilft so, relevante Evidenz zur Beantwortung der Forschungsfragen zu finden.[955] Dabei stellen Propositionen einen „wenn-dann-“ oder „warum-weil“-Zusammenhang dar und kondensieren multiple Eindrücke/Aussagen zu einem Pattern.[956] Die Propositionen werden dann einem theoretischen Bezugsrahmen (vgl. Kapitel 5.2) hinzugefügt.[957]

Im zweiten Schritt, der Festlegung des **Forschungsdesigns**, erfolgt, basierend auf den Forschungsfragen[958], die Auswahl der Fälle und Befragten.[959] Für diese Arbeit ermöglicht das **Multiple-Case Study-Design** mit mehreren Unternehmen als wissenschaftliche Fallstudien[960] tiefergehende Analysen des NPEP für frugale Innovationen und lässt eine multi-perspektivische Betrachtung und fundierte Schlussfolgerungen zu.[961] Mit multiplen Fallstudien kann der Forscher Replikationen vornehmen, die eine Ausweitung bzw. Generalisierbarkeit der Untersuchungsergebnisse auf andere Fälle, nicht auf eine Allgemeinheit, ermöglichen.[962] Die Untersuchungseinheit „Fall" definiert sich dabei als „a phenomenon of some sort occurring in a bounded context".[963] Ein Fall kann dabei eine einzelne Person, eine Gruppe, ein Prozess, ein Event, ein Programm, ein Projekt, eine Beziehung, eine Organisation oder eine Entscheidung sein (siehe Kapitel 6.3).[964] Anhand eines Pilotinterviews wurde das geplante Vorgehen der Fallstudienuntersuchung getestet, um ggf. Anpassungen am Forschungsdesign vorzunehmen.[965]

Für die **Evidenz** müssen anschließend Daten gesammelt werden.[966] Im Rahmen von Fallstudien schlägt Yin (2018), auch zum Zweck der Datentriangulation[967], sechs Arten von Datenquellen vor, von denen einige in dieser Untersuchung

954 Vgl. Yin (2018), S. 24, S. 37f., S. 168.
955 Vgl. Yin (2018), S. 27ff., S. 168.
956 Vgl. Miles/Huberman/Saldaña (2020), S. 93.
957 Vgl. Baxter/Jack (2008), S. 550f.
958 Vgl. Yin (2018), S. 29ff.
959 Vgl. Yin/Bateman/Moore (1985), S. 254ff.
960 Vgl. Yin (2018), S. 54ff.
961 Vgl. Yin (2018), S. 48ff.; Eisenhardt (1989), S. 534, S. 542ff.
962 Vgl. Miles/Huberman/Saldaña (2020), S. 29.
963 Miles/Huberman (1994), S. 25; Miles/Huberman/Saldaña (2020), S. 24.
964 Vgl. Yin (2018), S. 29, S. 32; Miles/Huberman/Saldaña (2020), S. 25.
965 Vgl. Yin (2018), S. 106ff.
966 Vgl. Yin/Bateman/Moore (1985), S. 254, S. 256; Yin (2018), S. 111ff.

eingebunden werden. Den Sekundärdaten kommt innerhalb der Fallstudienforschung insbesondere die Aufgabe zu, Evidenz aus anderen Datenquellen z. B. mit Details zu untermauern und zu ergänzen sowie Widersprüche aufzudecken. In diese Untersuchung einbezogen werden neben Sekundärdaten aus Sekundärdatenquellen, zugänglich über das Internet oder direkte Kontakte (z. B. Dokumente wie Emails, Memos, Notizen, Artikel, Protokolle, interne Dokumentation zur Auswertung und Vorbereitung der Interviews, Aufnahmen auf Youtube unter Beachtung ihrer ursprünglichen Zielgruppe), deren Validität kritisch geprüft wurde, überwiegend Primärdaten, die während der Studie von der Forscherin selbst erhoben werden.[968] Zur Datensammlung innerhalb der Unternehmen werden Experteninterviews durchgeführt (siehe Kapitel 6.2.2). Eine Übersicht der geführten Interviews und gesammelter Sekundärdaten findet sich in Kapitel 6.3.[969]

Die Datensammlung gilt als abgeschlossen, wenn ausreichend Evidenz für die Hauptargumente vorliegt und wichtige Rivals auf Basis der vorliegenden Evidenz geprüft werden können.[970]

In einem nächsten Schritt erfolgen die **Analyse und Interpretation der Daten**.[971] Fallstudien sind komplex und weisen, gerade unter Beachtung des Kontexts, sehr viele Variablen auf, die bei der Auswertung beachtet werden müssen. Daher stellt sich die berechtigte Frage, ob eine konventionelle, variablenbasierte Methode zur Analyse der Fallstudien geeignet ist, oder nicht vielmehr holistische Ansätze gewählt werden sollten.[972] Die Auswertung erfolgt daher, neben Ansätzen von Yin (2018), mittels qualitativer Inhaltsanalyse nach Kuckartz (2018) (siehe Kapitel 6.2.3).[973] Als Vorbereitung der Analyse werden die erhobenen Daten mit den Propositionen verknüpft.[974] Zuletzt werden in einer Cross-Case-Synthese Erkenntnisse aus den Einzelfallstudien zusammengeführt und vor dem Gesamthintergrund der Untersuchung interpretiert. Die Verknüpfung von Theorie und Empirie ermöglicht Schlussfolgerungen und die Überprüfung der erarbeiteten Propositionen.[975] Eine Generalisierung der

967 Patton (2015) diskutiert daneben auch investigator, theory und methodological triangulation.
968 Vgl. Bickman (2004), S. 19ff.; Meyer (2001), S. 339; Yin (2018), S. 113ff.
969 Vgl. Miles/Huberman/Saldaña (2020), S. 120f.
970 Vgl. Yin (2018), S. 112.
971 Vgl. Yin/Bateman/Moore (1985), S. 255.
972 Vgl. Yin (2018a).
973 Vgl. Kuckartz (2018); Yin (2018).
974 Vgl. Yin (2018), S. 33.
975 Vgl. Hartley (2004), S. 331; Eisenhardt/Graebner (2007), S. 27.

Fallstudienarbeit erfolgt daher auf Ebene der theoretischen Propositionen und nicht bezogen auf eine ganze Population. Erzielt wird die Generalisierung von Theorien (analytische Generalisierung) und nicht die Extrapolation von Wahrscheinlichkeiten (statistische Generalisierung).[976]

Bei der **Präsentation der Ergebnisse** ist darauf zu achten, dass der Zusammenhang zwischen theoretischer Grundlage, Übersetzung in Forschungsfragen, Argumentation und Evidenz ersichtlich ist. Zu jeder Fallstudie wird hierzu jeweils ein kurzes Portrait erstellt, bevor die Analyse vorgenommen wird (siehe Kapitel 6.3).[977]

Zur **Qualitätssicherung** muss bei der Fallstudienarbeit das methodische Vorgehen unmissverständlich dargelegt werden, die Evidenz ausführlich beschrieben werden sowie Transparenz hinsichtlich aller Limitationen und Biases hergestellt werden.[978] Transparenz meint, dass der Leser nachvollziehen kann, wie die Daten interpretiert wurden.[979] Zur Sicherstellung der internen (Zusammenhang zwischen Versuchsanordnung und Ergebnis) und externen (Generalisierbarkeit der Ergebnisse) Validität empfiehlt Cooper (1984) eine möglichst ausschlussfreie, systematisch und nachvollziehbar dokumentierte Literaturrecherche sowie eine transparente Darstellung der Auswahl des Samples durchzuführen.[980] Konstruktvalidität misst zusätzlich die Eignung der Technik zur Datenanalyse.[981] Im Rahmen der Analyse sollten auch die Propositionen beständig geprüft werden. Yin (2018) weist außerdem darauf hin, dass zur Qualitätssicherung auch alle rival explanations, also Alternativen zur hauptsächlichen Interpretation, hinterfragt werden sollen, damit die gesammelte Evidenz keine weiteren Schlussfolgerungen zulässt.[982] Statistische Messgrößen eignen sich hingegen nicht zur Qualitätsmessung bei Fallstudien.[983]

6.2.2 Experteninterviews zur Datenerhebung

Eine sehr wichtige Datenquelle für Fallstudien sind halbstrukturierte, qualitative Interviews, da sie sehr gut „Wie"- und „Warum"-Fragen beantworten können[984] und so immanente Strukturen und Zusammenhänge eröffnen.[985]

976 Vgl. Yin (2018), S. 21.
977 Vgl. Bachor (2002), S. 26; Kuckartz (2018), S. 55ff.; Yin/Bateman/Moore (1985), S. 254ff.
978 Vgl. Yin (2018), S. 20; Bachor (2002), S. 21ff.; Cooper (1984), S. 69.
979 Vgl. Yardley (2017), S. 296.
980 Vgl. Cooper (1984), S. 58.
981 Vgl. Cook/Campbell (1979), S. 59.
982 Vgl. Yin (2018), S. 199.
983 Vgl. Yin (2018), S. 33.

Experteninterviews zielen auf die Erfahrungswirklichkeit der Befragten ab[986] und passen insofern gut zu Fallstudien, die eine Fragestellung im realen Kontext und nicht in einer Laborumgebung untersuchen.[987] Neben der sozialen Erwünschtheit von Antworten, die bei dieser Methode mangels Anonymität noch höher liegt, sollte der Interviewer über Vorerfahrung verfügen, um die Wissenschaftlichkeit des Gesprächs sicherzustellen.[988]

Dabei versteht diese Arbeit unter einem **wissenschaftlichen Interview** „die zielgerichtete, systematische und regelgeleitete Generierung und Erfassung von verbalen Äußerungen einer Befragungsperson (Einzelbefragung) oder mehrerer Befragungspersonen (Paar-, Gruppenbefragung) zu ausgewählten Aspekten ihres Wissens, Erlebens und Verhaltens in mündlicher Form."[989]

Die Kontaktaufnahme mit den Interviewpartnern gelang über ein Anschreiben (Details siehe Anhang 1).

Die Durchführung der Interviews erfolgte bedingt durch die Corona-Pandemie nicht persönlich, sondern über die Videokonferenzplattform Zoom unter Einhaltung von Empfehlungen im Kontext der Nutzung von Zoom-Konferenzen.[990] Zoom bietet geeignete Features zur Durchführung von Interviews wie z. B. einfache Bedienbarkeit, angemessenes Datenmanagement (z. B. Aufnahme- und Transkriptionsmöglichkeit), Möglichkeiten der synchronen Interaktion (z. B. Teilen des Bildschirms) und Sicherheitsoptionen (eigene Cloud, kein Einbezug von Drittanbietern, Passwortschutz) sowie einen gewissen Wohlfühlfaktor durch Befragung in vertrauter Umgebung, die etwaige Nachteile wie z. B. eine instabile Internetverbindung ausgleichen. Insgesamt kombiniert die Videokonferenz die Vorteile eines persönlichen Interviews mit Flexibilität und Komfort für alle Beteiligten, zumal es sich in dieser Arbeit nicht um ein hochsensibles Interviewthema handelt, welches mehr physische Nähe erfordert. Ein Bias durch automatischen Ausschluss nicht-technik affiner Personen ohne Internetzugang lässt sich im Hinblick auf die Zielgruppe der Fallstudien ebenfalls vernachlässigen.[991] Nur in wenigen Fällen war die Nutzung von Zoom seitens des Interviewpartners rechtlich nicht möglich und es wurde auf Microsoft Teams oder Skype for Business ausgewichen. Die Experteninterviews wurden

---

984 Vgl. Yin (2018), S. 118; Gubrium/Holstein (2002), S. 19.
985 Vgl. Piore (1979), S. 565ff.
986 Vgl. Döring/Bortz (2016), S. 12.
987 Vgl. Stake (1995), S. 64; Gubrium/Holstein (2002), S. 8f., S. 57, S. 83.
988 Vgl. Döring/Bortz (2016), S. 356f., S. 192.
989 Döring/Bortz (2016), S. 356.
990 Vgl. Gray et al. (2020), S. 1295ff.; Irani (2019); Archibald et al. (2019).
991 Vgl. Archibald et al. (2019), S. 1ff.; Irani (2019), S. 4f.; Gray et al. (2020), S. 1292ff.

in Vorbereitung der Auswertung mittels Smartphone Recorder oder Zoom aufgezeichnet, wobei die Aufzeichnungen unter Einhaltung aller Datenschutzstandards verwahrt wurden.[992]

Um die Interviews vergleichbar zu machen und so die Qualität bzw. Reliabilität der Ergebnisse zu sichern, wurde für die **semi-strukturierten Interviews** ein **Interviewleitfaden** erstellt.[993] Die Fragenblöcke des Interviewleitfadens mit offenen, kurz gehaltenen „Wie"-, „Warum"-, „Auf welche Weise"-Fragen[994] orientieren sich an den Forschungsfragen dieser Dissertation[995] und bestehen aus den Themenblöcken *„Eröffnung des Gesprächs und organisatorische Informationen"*, *„Vorstellung der Personen und des Dissertationsthemas"*. Dieser Beginn folgt der Empfehlung, dem Interviewpartner durch eine Rekapitulation des Themas und eine Vorschau der gestellten Fragen eine Phase der Eingewöhnung für mehr Sicherheit zu geben.[996] Nachfolgend werden die Fragen zunehmend schwerer und fokussierter, um mit leichteren Fragen zu Beginn Rapport aufzubauen sowie die grundsätzliche Wahrnehmung zu verstehen und dann aber Wissen gezielter zu kategorisieren[997]: *„Hintergrund und Verständnis frugaler Innovation"*, *„Innovationsaktivitäten und NPEP für frugale Innovation"*, *„Dynamic Capabilities"*, *„Fazit"* sowie *„Hinweise zum Abschluss des Gesprächs"* (Details siehe Anhang 2). Die Fragen zum NPEP frugaler Innovation gehen u. a. auf Herausforderungen, die die Teilnehmer wahrnehmen und ihre Lösungsansätze, die strukturelle Umgebung des Prozesses, und Interaktionen im Prozess ein.[998] Aktives Zuhören durch Paraphrasieren der Aussagen in der Sprache des Interviewpartners während des Gesprächs dient der Zusammenfassung wichtiger Aspekte und dem beidseitigen Verständnis des Gesagten und lässt Raum für etwaige Korrekturen.[999] Spontane Nachfragen im Interview sind nicht im Leitfaden, aber dem Transkript dokumentiert.[1000] Grundsätzlich enthält der Fragebogen lediglich Fragen, deren Antworten sich aus keiner vorab Recherche ergeben haben.[1001] Inhaltlich bauen die Interviewfragen auf den Interviewfragen von Niroumand et al. (2021) auf,

992 Vgl. McLellan/MacQueen/Neidig (2003), S. 80.
993 Vgl. Leech (2002), S. 665; Gubrium/Holstein (2002), S. 499.
994 Vgl. Leech (2002), S. 668.
995 Vgl. Stake (1995), S. 50f.; Payne (1980), S. 33ff., S. 134ff.
996 Vgl. Leech (2002), S. 666; Payne (1980), S. 235.
997 Vgl. Leech (2002), S. 666; Gubrium/Holstein (2002), S. 497; Payne (1980), S. 33ff., S. 134ff.
998 Vgl. Corbin/Strauss (2008), S. 100.
999 Vgl. Leech (2002), S. 666.
1000 Vgl. Leech (2002), S. 668.
1001 Vgl. Leech (2002), S. 665f.; Gubrium/Holstein (2002), S. 496.

die Erfolgsfaktoren frugaler Innovation abfragen, gehen aber dann auch darüber hinaus, da im Fokus dieser Arbeit nicht nur Erfolgsfaktoren stehen.[1002]

Der Leitfaden wurde vor jedem Interview auf die Situation des Interviewpartners und seine individuellen Erfahrungen mit dem Themenfeld angepasst, da auch nicht alle Befragten zwingend das gleiche Verständnis des Untersuchungsgegenstands haben.[1003] Die englische Übersetzung des Interviewleitfadens wurde von einem Native Speaker überprüft, damit jeweils die Begriffe mit der korrekten Wortbedeutung ausgewählt wurden.[1004]

Um für die Auswertung (siehe Kapitel 6.2.3) im Sinne der wissenschaftlichen Güte möglichst präzise, systematisch und nachvollziehbar vorzugehen, wurde eine wörtliche **Volltranskription** der Interviews angefertigt. Die Transkriptionsregeln finden sich in Anhang 3.[1005] Nach dem Korrekturlesen der Transkripte[1006] folgte die formale Vorbereitung für die Analyse mit MAXQDA.[1007] Die Fallstudienbeschreibungen wurden den Interviewpartnern für ggf. notwendige Korrekturen bzw. ergänzende Kommentare vorgelegt, um so weiteres Material zu erhalten und auch die Konstruktvalidität und damit Qualität der Fallstudie zu erhöhen.[1008] Haben sich Nachfragen ergeben oder Lücken im Datenmaterial gezeigt, so wurde nacherhoben[1009], um die Analyse der Daten, deren Vorgehen nachfolgend ausgeführt wird, gut vorzubereiten.

6.2.3 Auswertung der Daten nach Yin (2018) und mittels qualitativer Inhaltsanalyse

„Analyzing data is the heart of building theory from case studies, but it is both the most difficult and the least codified part of the process."[1010] Yin (2018) bestätigt die Unterentwicklung dieses Arbeitsschrittes in der Fallstudienforschung und schlägt die Verwendung von Tools und Anleitungen vor, um große

1002 Vgl. Niroumand et al. (2021), S. 353.

1003 Vgl. Eisenhardt (1989), S. 539; Stake (1995), S. 65; Denzin (1978), S. 186.

1004 Vgl. Payne (1980), S. 228ff.

1005 Vgl. Kuckartz (2018), S. 165; Dresing/Pehl (2018), S. 16; Gubrium/Holstein (2002), S. 639ff.; Meyer (2001), S. 336ff.; Döring/Bortz (2016), S. 583f.; McLellan/MacQueen/Neidig (2003), S. 63ff.; Mergenthaler/Stinson (1992), S. 129f.

1006 Vgl. Gubrium/Holstein (2002), S. 643; Döring/Bortz (2016), S. 583f.; McLellan/MacQueen/Neidig (2003), S. 80.

1007 Vgl. Kuckartz (2018), S. 164, S. 171; Döring/Bortz (2016), S. 584; McLellan/MacQueen/Neidig (2003), S. 71.

1008 Vgl. Yin (2018), S. 240f.

1009 Vgl. Döring/Bortz (2016), S. 582.

1010 Eisenhardt (1989), S. 539.

qualitative Datenmengen z. B. aus Interviews zu codieren und kategorisieren. Der Output z. B. aus MAXQDA wird dann v. a. mithilfe der vorab formulierten Wie- und Warum-Fragen analysiert.[1011]

Um dieser Herausforderung zu begegnen, erfolgte die Auswertung der Experteninterviews computergestützt anhand der **qualitativen Inhaltsanalyse nach Kuckartz (2018)**.[1012] Diese kategorienbasierte Vorgehensweise ermöglicht im Gegensatz zu anderen qualitativen Verfahren eine systematische, fallorientierte Auswertung und Analyse der gesamten Daten anhand regelbasierter Schritte und eingesetzter Gütekriterien (Kapitel 6.2.4)[1013] und ist geeignet zur Auswertung verbaler Daten wie sie z. B. leitfadengestützte Interviews produzieren.[1014] Da zur Beantwortung der Fragen dieser Dissertation primär die Identifikation und systematische Auswertung von (Sub-) Themen erforderlich ist, wurde der Typus der **inhaltlich strukturierenden Inhaltsanalyse** gewählt.[1015] Dieser folgt dabei einem iterativen Ablaufschema, um anhand von Haupt- und Unterkategorien die Daten zu strukturieren.[1016] Yin (2018) betont den zyklischen Charakter des Analyseprozesses, ersichtlich in Abbildung 25, ebenfalls als Kreislauf zwischen ursprünglichen Forschungsfragen, Daten, Handhabung der Daten, Interpretation und Schlussfolgerungen.[1017]

1011 Vgl. Yin (2018), S. 165ff.

1012 Vgl. Kuckartz (2018), S. 163ff.; Döring/Bortz (2016), S. 582; Gubrium/Holstein (2002), S. 660ff.

1013 Vgl. Kuckartz (2018), S. 26.

1014 Vgl. Kuckartz (2018), S. 6, S. 49; Stake (1995), S. 74ff.

1015 Vgl. Kuckartz (2018), S. 123ff., S. 141.

1016 Vgl. Kuckartz (2018), S. 46f., S. 101.

1017 Vgl. Yin (2018), S. 168.

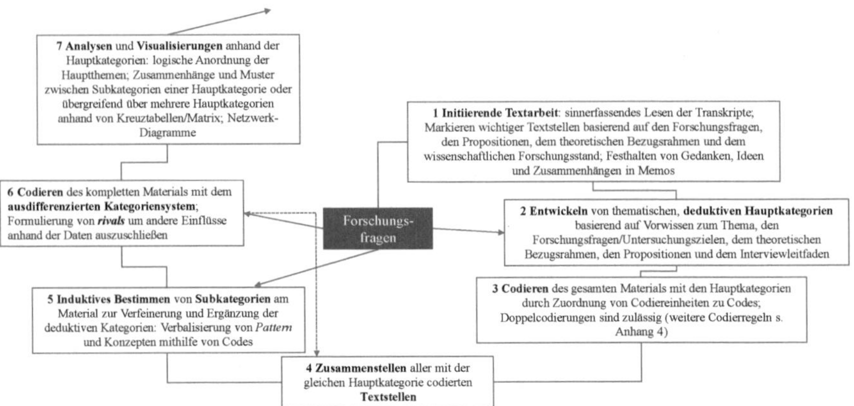

Abbildung 25: Ablaufschema der inhaltlich strukturierenden Inhaltsanalyse[1018]

Als QDA-Software, die sich auch im Kontext der Fallstudienforschung eignet[1019], wurde MAXQDA ausgewählt, da diese alle erforderlichen Analysetools bietet. In der Software liegen später sämtliche Interviewtranskripte und auszuwertende Dokumente gesammelt vor.[1020] Das Kategoriensystem, also der hierarchisch angeordnete Gesamtüberblick aller disjunkten, plausiblen, gut kommunizierbaren und erschöpfenden Haupt -und Unterkategorien aller Kategorienarten (siehe Anhang 5), gibt einen Überblick über Kategorien, Codes und Definitionen, was die Inter-Coder-Reliabilität erhöht.[1021] In der vorliegenden Dissertation sind die Unternehmen jeweils die elementaren Auswahleinheiten der Grundgesamtheit und die einzelnen Interviews die Analyseeinheiten.[1022]

Diesen Vorbereitungen folgt die **Einzelfallanalyse** und **Cross-Case-Synthese** nach Yin (2018).[1023] Im Rahmen dieser Arbeit wurde als Auswahl seiner Analysetechniken auf das Pattern Matching zurückgegriffen. Empirische Pattern basierend auf den Daten zu den Fragen, „Wie“ und „Warum“ die Organisation so agiert, werden dabei mit theoretischen Pattern, die auf den Propositionen basieren, abgeglichen. Je ähnlicher sie sind, desto höher ist die interne Validität.

1018 Eigene Abbildung in Anlehnung an Kuckartz (2018), S. 16, S. 47, S. 63f., S. 84, S. 95, S. 101ff., S. 118ff.; Gubrium/Holstein (2002), S. 687, S. 690; Yin (2018), S. 167ff., S. 172; Miles/Huberman/Saldaña (2020), S. 62ff., S. 104ff., S. 280f.

1019 Vgl. Creswell (2007), S. 164ff.

1020 Vgl. Döring/Bortz (2016), S. 582.

1021 Vgl. Kuckartz (2018), S. 40.

1022 Vgl. Kuckartz (2018), S. 30f.

1023 Vgl. Kuckartz (2018), S. 117; Yin (2018), S. 165ff., S. 194ff.

Sollte eine Bedingung nicht erfüllt sein, muss die Proposition infrage gestellt werden. Dies wurde im Rahmen der cross-case-Analyse außerdem fallübergreifend durchgeführt, ob replikative Beziehungen zwischen den Fällen bestehen. Die Schlussfolgerungen beziehen sich dann nicht auf einzelne Variablen, sondern auf Fälle und gewähren so die mit Fallstudienforschung angestrebte holistische Sichtweise des zu untersuchenden Phänomens im realen Kontext.[1024]

6.2.4 Qualitätskriterien der Arbeit

Fallstudienforschung verzeichnet, wie alle Forschungsmethoden, **Stärken und Limitationen**. Eine Übertragung quantitativer Gütekriterien auf qualitative Forschungsmethoden wird in der Literatur kritisch gesehen, weshalb viele **Kriterienkataloge** speziell für qualitative Untersuchungen entwickelt wurden.[1025] In dieser Arbeit finden neben den übergeordneten Qualitätsanforderungen qualitativer Forschung verfahrensspezifische Kriterien nach Yin (2018) für die Methode der Fallstudien und Kriterien nach Kuckartz (2018) für die qualitative Inhaltsanalyse Anwendung.[1026]

Zunächst erfüllt die Arbeit alle **allgemeinen Standards der Wissenschaftlichkeit**, beginnend mit der Formulierung eines Forschungsproblems (inhaltliche Relevanz). Die Forschungsfragen bilden basierend auf dem aktuellen theoretischen Wissensstand die Grundlage der empirischen Untersuchung. Der Forschungsprozess (methodische Strenge, Reliabilität, Validität) ist speziell auf die Forschungsfragen ausgerichtet und enthält eine adäquate wissenschaftliche Methodologie und Methoden (Verwendung von Datenanalyse-Software), legitimiert durch Literaturquellen. Wissenschafts- und forschungsethische Grundsätze (ethische Strenge) wurden im Rahmen der Arbeit nicht verletzt. Zuletzt wurde das gesamte Forschungsprojekt umfassend und vollständig dokumentiert (intersubjektive Nachprüfbarkeit und Replizierbarkeit).[1027]

Im Kontext der Fallstudien finden zudem **vier Prinzipien** nach Yin (2018) Anwendung. Die Forscherin ist mit der Fallstudienforschung bereits vertraut und adressiert bei der Analyse den signifikantesten Aspekt der Fallstudie, um den Fokus zu wahren. Die eingesetzten Analysestrategien decken die Forschungsfragen ab und mithilfe der gesammelten Evidenz werden auch rivalisierende Erklärungen entkräftet.[1028] Außerdem haben die dargestellten Fälle generelles

1024 Vgl. Yin (2018), S. 175ff.
1025 Vgl. Döring/Bortz (2016), S. 107.
1026 Vgl. Döring/Bortz (2016), S. 114; Yin (2018); Kuckartz (2018).
1027 Vgl. Döring/Bortz (2016), S. 85ff., S. 114.

öffentliches Interesse, sind von nationaler Wichtigkeit und wurden in dieser Form noch nicht behandelt. Sie thematisieren den scheinbaren Widerspruch in DM zwischen Qualität und Erschwinglichkeit.[1029] Die cross-case-Analyse ermöglicht die Replikation der Ergebnisse und steigert so die Güte der Ergebnisse.[1030]

Als **Gütekriterien** für die **qualitative Inhaltsanalyse** definiert Kuckartz (2018) in Anlehnung an externe und interne Validität die externe und interne Studiengüte, die wiederum Voraussetzung für die externe Studiengüte ist. Um die interne Güte, d. h. Zuverlässigkeit, Regelgeleitetheit und intersubjektive Nachvollziehbarkeit zu sichern, wurden die Daten durch Aufnahme fixiert und mit einer Software von der Forscherin regelgeleitet vollständig transkribiert. Die Autorin hat zudem ausführlich begründet die Eignung der gewählten inhaltsanalytischen Methode dargelegt und das Kategoriensystem sauber ausgearbeitet. Im Prozess der Auswertung kann es zu Unschärfen z. B. beim Codieren kommen.[1031] Codierungen wurden daher von externen Personen stichprobenartig geprüft. Eine vollständige Dokumentation aller Daten, auch in Form von Memos, sowie in den Daten begründete Schlussfolgerungen runden die interne Studiengüte ab.[1032] Zur Sicherung der externen Studiengüte hat die Autorin einen regelmäßigen Austausch mit Experten zu Vorgehensweise und Ergebnissen gepflegt sowie Rücksprache mit den Forschungsteilnehmenden zu Forschungsresultaten gehalten.[1033] So kann Fehlinterpretationen der Ergebnisse vorgebeugt werden.[1034] Zusammenfassend gibt Tabelle 17 eine Übersicht der in der Arbeit realisierten Gütekriterien.

Kriterium	**Definition**	**Umsetzung in dieser Arbeit**
Konstrukt-validität	Identifikation korrekter operativer Maßnahmen zur Untersuchung der Konzepte	Definition wichtiger Konzepte Datentriangulation Review der Fallstudie durch Interviewpartner
Interne Validität	Prüfung, inwiefern Instrumente messen, was sie vorgeben, zu messen	Pattern matching Rival explanations

1028 Vgl. Yin (2018), S. 199.
1029 Vgl. Yin (2018), S. 242ff.
1030 Vgl. Miles/Huberman/Saldaña (2020), S. 301.
1031 Vgl. Deming (1944), S. 366; Kuckartz (2018), S. 201ff.
1032 Vgl. Kuckartz (2018), S. 203ff.
1033 Vgl. Kuckartz (2018), S. 218.
1034 Vgl. Deming (1944), S. 367.

Kriterium	Definition	Umsetzung in dieser Arbeit
Externe Validität	Prüfung, inwiefern Ergebnisse der Fallstudie generalisierbar sind	Replikation in multiplen Fallstudien
Reliabilität	Nachweis, dass Prozeduren bei Wiederholung selbe Ergebnisse erzeugen	Fallstudienprotokoll[1035] Fallstudiendatenbank Beweiskette

Tabelle 17: Realisierte Gütekriterien der Arbeit[1036]

In der Praxis haben sich bereits verschiedene Unternehmen dem frugalen Innovieren gewidmet. Das folgende Kapitel stellt nun anhand von Fallstudien verschiedene Herangehensweisen vor.

6.3 Fallauswahl und Einzelfalldarstellungen

Diese Arbeit verwendet **Fallstudien explorativer Natur** zur Gegenstandserkundung/-beschreibung und Theoriebildung in einem bisher nur ungenügend erforschten Themenfeld. Anhand einer detaillierten Informationssammlung aus relevanten Einzelfällen einer heterogen und bewusst zusammengesetzten kleinen Stichprobe werden Propositionen und Lehren für die künftige Forschung generiert und überprüft.[1037]

Frugale Innovationen spielen nicht nur auf wirtschaftlich diversen Märkten eine Rolle, sondern auch auf unterschiedlichen geografischen Ebenen mit lokalen und globalen Innovationen.[1038] Je nach Ausrichtung auf EM oder DM ergeben sich Unterschiede in der Definition sowie dem Wertversprechen frugaler Innovation (siehe Kapitel 2.1.1, 2.1.3). Gemeinsam ist das Verständnis frugaler Innovation als Innovationsstrategie im ressourcenbeschränkten Kontext.[1039]

Ausgehend von diesen heterogenen Betrachtungen ressourcenbeschränkter Innovation greifen die Autoren Santos/Borini/Oliveira Júnior (2020) bisherige Kategorisierungen frugaler Innovation in der Literatur auf und ergänzen diese um eine unternehmensstrategische Perspektive, denn die Implementierung

1035 Details siehe Anhang 6.

1036 Eigene Darstellung in Anlehnung an Yin (2018), S. 43.

1037 Vgl. Yin (2018), S. 10; Döring/Bortz (2016), S. 149, S. 192.

1038 Vgl. Santos/Borini/Oliveira Júnior (2020), S. 251.

1039 Vgl. Santos/Borini/Oliveira Júnior (2020), S. 245f.

einer frugalen Innovation erfordert in Unternehmen eine Strategie. Das **FIS Framework**, welches sie mithilfe einer umfassenden systematischen Literaturanalyse und Co-Zitationsanalyse generieren, hilft Unternehmen bei der Suche nach einer Strategie für frugale Innovation. Je nach Adressat der frugalen Innovation, also Ausrichtung auf EM oder DM (scope) und dem strategischen Ziel der frugalen Innovation, welches sich in der Ausprägung des Wertversprechens (value proposition) in Form ökonomischer oder zusätzlich auch sozialer und umweltbezogener Aspekte zeigt, unterscheidet das Modell Hersteller frugaler Innovationen in vier strategische Positionen in Abbildung 26: frugal innovation orientation (FIO), frugal innovation orientation to value shared (FIOVS), frugal innovation orientation to market (FIOM) und frugal innovation strategy (FIS).[1040]

Ausrichtung		
DM und EM	Frugal Innovation Orientation to Market (FIOM)	Frugal Innovation Strategy (FIS)
EM	Frugal Innovation Orientation (FIO)	Frugal Innovation Orientation to Value Shared (FIOVS)
Wertversprechen	Ökonomisch	Ökonomisch, sozial und ökologisch

Abbildung 26: FIS Framework zur Typologisierung frugaler Innovation[1041]

Von **FIO** spricht man, wenn sich das Unternehmen auf einen nicht-entwickelten Markt fokussiert und das Wertversprechen der technologischen Lösung sich lediglich auf finanzielle Aspekte bezieht. Dies gilt als Einstieg für eine frugale Innovationsstrategie. Von dieser Position aus kann sich ein Unternehmen weiterentwickeln zu FIOVS oder FIOM. Für **FIOVS** behält das Unternehmen seinen Fokus auf unterentwickelte Märkte und die primäre BoP-Kundengruppe

1040 Vgl. Santos/Borini/Oliveira Júnior (2020), S. 245f., S. 248, S. 257ff.

1041 Eigene Darstellung in Anlehnung an Santos/Borini/Oliveira Júnior (2020), S. 258.

frugaler Innovation. Dennoch bezieht diese Ausrichtung die Schaffung von sozialem und umweltbezogenem Mehrwert für Mitglieder der Wertschöpfungskette mithilfe der frugalen Innovation ein. Die strategische Ausrichtung **FIOM** fokussiert sich stattdessen ausschließlich auf den ökonomischen Zweck einer frugalen Innovation, aber bezieht dabei auch DM als Ziel ein (zumeist der Fall bei reverse innovation). Hierzu sind Fähigkeiten für die Unternehmen erforderlich, um Märkte mit unterschiedlichen institutionellen, wettbewerbsbezogenen und kundenbezogenen Ausrichtungen ansprechen zu können. Unternehmen, die in der Position **FIS** agieren, adressieren mit ihrer frugalen Innovation EM und DM, wobei ihre Lösung ökonomischen, sozialen und umweltbezogenen Mehrwert generiert. Diese Position erreichen Unternehmen i. d. R. als Weiterentwicklung aus den Quadranten FIOM oder FIOVS.[1042]

Diese Einteilung dient als Grundlage der Fallstudienauswahl im Rahmen dieser Dissertation, da sie mit allen bekannten Innovationsarten wie Produkt und Prozess, die auch eine fokussierte Leistungsverbesserung bei geringen Kosten beabsichtigen, verflochten werden kann.[1043] Der Fokus dieser **Fallstudienuntersuchung** liegt auf der **strategischen Position der FIS**.[1044] Unternehmen dieser Kategorie beschränken frugale Innovationsaktivitäten nicht auf EM, sondern adressieren die Bedürfnisse armer Zielgruppen gleichermaßen wie die der umweltbewussten Zielgruppe in DM, da ihr Wertversprechen ökonomische, soziale und umweltbezogene Aspekte umfasst. Diese Position ist somit, wie das Konzept der frugalen Innovation im Rahmen dieser Arbeit, nicht auf eine BoP-Anwendung in EM restringiert, sondern auch auf traditionelle Märkte und DM anwendbar.[1045] Dies stellt eine wichtige Voraussetzung dar, um die Forschungsfragen dieser Arbeit zu untersuchen.

Die Auswahl der Fallstudien für diese Arbeit erfolgt theoriegeleitet in einem strukturierten Prozess anhand einer **Replikationslogik**, angelehnt an das **theoretische Sampling**.[1046] Primäre Voraussetzung für eine repräsentative und fehlerfreie Fallauswahl im Rahmen dieser Untersuchung war, dass Unternehmen eine marktfähige frugale Innovation fokussieren (weitere Kriterien zur Fallauswahl in Anhang 7).[1047] Dies setzt die Definition (siehe Kapitel 2.1.1)

1042 Vgl. Santos/Borini/Oliveira Júnior (2020), S. 258f.

1043 Vgl. Santos/Borini/Oliveira Júnior (2020), S. 254.

1044 FIS hat den Zweck, ein frugales Innovationsergebnis zu erzielen, vgl. Santos/Borini/Oliveira Júnior (2020), S. 251.

1045 Vgl. Santos/Borini/Oliveira Júnior (2020), S. 246, S. 252.

1046 Vgl. Gubrium/Holstein (2002), S. 87; Miles/Huberman/Saldaña (2020), S. 27; Yin (2018), S. 55ff.

1047 Vgl. Santos/Borini/Oliveira Júnior (2020), S. 258.

voraus und damit unterscheidet sich diese Studie auch von vorhergehenden Untersuchungen, bei denen Marktchancen einer frugalen Innovation nicht vorhanden waren oder nicht thematisiert wurden. Die auch auf Basis der Literatur, der Forschungsfragen und der Propositionen ausgewählten Unternehmen haben jeweils einen individuellen Kontext und ermöglichen ausreichend Zugang zu Daten (z. B. Interviews und Review von Dokumenten)[1048], wodurch Unterschiede und Gemeinsamkeiten zwischen den Fällen in verschiedenen Settings ausgemacht werden können. Die Evidenz wird dadurch robuster und verlässlicher.[1049] Die Fälle im Forschungsdesign der Mehrfallstudien wurden, der Replikationslogik folgend, außerdem so gewählt, dass sie entweder ähnliche Ergebnisse versprechen (literal replication) oder absehbar kontrastierende Ergebnisse (theoretical replication) erzielen und so auch den Ausschluss alternativer Erklärungsansätze erlauben. Jeder Fall wurde außerdem unter Beachtung seines Kontexts untersucht.[1050]

Die Interviewpartner haben ebenfalls mindestens Erfahrung im thematisch relevanten Bereich und sind zum Teil auch aktuell darin involviert.[1051]

Eine angemessene Anzahl an Fallstudien ist dann erreicht, wenn ausreichend Replikationen möglich sind. Eisenhardt (1989) empfiehlt vier bis zehn Fälle, um eine solide Grundlage zur Theoriebildung zu haben. Dem folgend, analysiert diese Arbeit **fünf Fallstudien** (Charakterisierung siehe Tabelle 18).[1052] Durch die Betrachtung von Fallstudien aus Gruppen mit innerhalb der Gruppe ähnlichem, sowie zwischen den Gruppen verschiedenem Kontext, können aufgrund der Vielseitigkeit und unterschiedlicher Perspektiven Gemeinsamkeiten und Unterschiede herausgearbeitet werden.[1053] Nur die vergleichsgeleitete Forschung zum Innovationsprozess in verschiedenen Arten der Organisation ermöglicht eine Generalisierbarkeit der Elemente des Innovationsprozesses.[1054] Gruppen bilden in Tabelle 18 dabei etablierte Unternehmen, die bereits über Wettbewerber verfügen (Fall 1, Fall 2) und junge Unternehmen/Start-ups (Fall 3, Fall 4) bzw. ein etabliertes Unternehmen ohne Wettbewerber für frugale Innovation (Fall 5), da diese Gruppen von Unternehmen nachweislich den frugalen Innovationsansatz verfolgen.[1055] Eine detaillierte Präsentation der Fall-

1048 Vgl. Yin (2018), S. 26, S. 31f.; Meyer (2001), S. 339.
1049 Vgl. Baxter/Jack (2008), S. 550.
1050 Vgl. Yin (2018), S. 47ff.; Eisenhardt (1989), S. 537.
1051 Vgl. Deming (1944), S. 366; Gubrium/Holstein (2002), S. 496f.; Meyer (2001), S. 337; Yin (2018), S. 105f.
1052 Vgl. Eisenhardt (1989), S. 545; Miles/Huberman/Saldaña (2020), S. 29; Yin (2018), S. 57ff.
1053 Vgl. Eisenhardt (1989), S. 540f.
1054 Vgl. Evan/Black (1967), S. 520.

studienunternehmen und ihrer Eignung im Kontext dieser Arbeit erfolgt in den Einzelfalldarstellungen (Kapitel 6.3.1 bis 6.3.5).

	Unternehmensart[1056] (Mitarbeiteranzahl)	**Kontext (Branche und Land)**
Fall 1 Voith	Großunternehmen, Familienunternehmen, etabliert (19.918)	Papierherstellung, Gründung in Deutschland, mittlerweile global aktiv
Fall 2 TRUMPF	Großunternehmen, Familienunternehmen, etabliert (14.767)	Werkzeugmaschinen und Laser für industrielle Fertigung, Gründung in Deutschland, mittlerweile global aktiv
Fall 3 EVUM	Mittleres Unternehmen, jung (60)	Automobil, Gründung in Deutschland
Fall 4 kernique	Start-up, jung (2)	Lebensmittel, Gründung in Deutschland
Fall 5 BSH	Großunternehmen, etabliert (60.000)	Hausgeräte, Gründung in Deutschland, mittlerweile global aktiv

Tabelle 18: Übersicht der Fallstudienunternehmen[1057]

Innerhalb der Fallstudienunternehmen wurden passende Ansprechpartner für Interviews ausgewählt, über das Projekt informiert und es wurde ihre Zustimmung eingeholt.[1058] Der Beginn der Interviewphase war im Oktober 2020 mit einem Pilotinterview bei BSH u. a. zum Pre-Test des Fragebogens[1059] und ging ab April 2021 in die Hauptphase über. Insgesamt wurden bis Dezember 2021 17 Interviews auf Deutsch oder Englisch geführt, von denen 12 Interviews in die Untersuchung einbezogen wurden, wie die nachfolgende Tabelle 19 zeigt. In Anlehnung an Cadeddu et al. (2019) wurden für die Interviews Schlüsselpersonen aus dem Top-Management, Produktionsmanagement, Marketingmanagement, Produktentwicklungsmanagement (Test, Vertrieb und Produkttrainer) ausge-

1055 Vgl. Pisoni/Michelini/Martignoni (2018), S. 114; Soni/Krishnan (2014), S. 29; Krohn/Herstatt (2018), S. 2.

1056 Für die Einordnung der Unternehmen in Arten wurde die Definition des Instituts für Mittelstandsforschung Bonn (2022) herangezogen. Eine Übersicht der Kriterien findet sich in Anhang 8.

1057 Eigene Darstellung.

1058 Vgl. Yin (2018), S. 88.

1059 Vgl. Stake (1995), S. 65; Gubrium/Holstein (2002), S. 63f.

wählt[1060], um operative und leitungsbezogene Expertise in die Untersuchung einzubeziehen.

Fallunternehmen	**Experte (Nr.)**	**Dauer (hh:mm)**	**Sekundärdaten**
Fall 1 Voith Paper	Dr. Hans-Ludwig Schubert (1)	00:48	Webseite, Presseartikel, E-Mails
	Andreas Heilig (2)	00:42	
Fall 2 TRUMPF	Fabian Fröhlich (3)	Interview 1: 00:33 Interview 2[1061]: 01:08	Webseite, Presseartikel, E-Mails
	Dr. Jörg Bochmann (4)	01:08	
Fall 3 EVUM	Dominik Fries (5)	00:46	Material für Öffentlichkeitsarbeit, Webseite, Konferenzpapier, Videomaterial
	Gregor Neumann (6)	00:46	
Fall 4 kernique	Marcel Fortwingel (7)	Interview 1: 00:35 Interview 2: 00:44	Interne Dokumentation, Webseite, Presseartikel, E-Mails
Fall 5 BSH	Hasan Torun (8)	Interview 1: 00:53 Interview 2: 00:59	Memos, Webseite, E-Mails, Presseartikel
	Dr. Ralf Fuchs (9)	00:55	

Tabelle 19: Übersicht der Experteninterviews[1062]

Neben der grundsätzlichen Organisation des Fallstudienberichts in verschiedene Kapitel und dem Einsatz der bereits vorgestellten Auswertungsverfahren, offeriert Yin (2018) sechs **Methoden für das Berichten** einer multiplen Fallstudienuntersuchung. Diese Arbeit folgt einer linear-analytischen und theorie-bildenden Struktur, welche sich für erklärende, beschreibende und erforschende Fallstudien eignet.[1063] Während des Verfassens der Fallstudien erfolgte bereits

1060 Vgl. Cadeddu et al. (2019), S. 9.

1061 Dieses Interview erfolgte gemeinsam mit Dr. Jörg Bochmann.

1062 Eigene Darstellung.

die within-case-Analyse, weshalb der Text pro Fallstudie nach der Abfolge der Forschungsfragen geordnet ist. Das Adressieren der Propositionen und des theoretischen Bezugsrahmens hilft zudem, fokussiert zu bleiben und den Kontext des Falles ausreichend darzustellen.[1064] Kritisch analysiert werden folglich jeweils die chronologische Entwicklung des Falls, Hintergründe zur Fallauswahl, der Kontext sowie forschungsrelevante Inhalte zum Status quo und der Zukunft frugaler Innovation.[1065]

In den **Einzelfalldarstellungen** in den folgenden Kapiteln 6.3.1 bis einschließlich 6.3.5 werden die jeweiligen Unternehmen im Hinblick auf die Propositionen beschrieben. Dies gewährleistet eine intensive Auseinandersetzung mit dem Material jedes einzelnen Falles und die Komprimierung auf wesentliche Inhalte hinsichtlich des NPEP frugaler Innovation und dient so der Vorbereitung einer **fallübergreifenden Analyse** in Kapitel 7.[1066] Die Darstellung der Interviewpersonen zeigt zudem wesentliche und für die Interpretation der Daten relevante Informationen auf.[1067]

6.3.1 Frugale Innovation @ Voith GmbH & Co. KGaA

Informationen zum Unternehmen und den Interviewpartnern

Die 1867 gegründete Voith GmbH & Co. KGaA (nachfolgend bezeichnet als Voith) mit Hauptsitz in Heidenheim besteht als Unternehmensgruppe aus den Konzernbereichen Voith Hydro, Voith Paper und Voith Turbo und generierte im Geschäftsjahr 2020/21 einen Umsatz von 4.260 Millionen Euro. Der weltweit agierende Technologiekonzern mit 19.918 Beschäftigten, der zu 100 % in Familienbesitz ist, verfügt über ein breites Portfolio aus Anlagen, Produkten, Services und digitalen Anwendungen. Diese Vielfalt ermöglicht es dem Unternehmen, mithilfe des operativen Geschäfts der Konzernbereiche fünf wichtige Märkte zu bedienen, u. a. den Papiermarkt. Voith Paper liefert der Papierindustrie als Full-Line-Anbieter ein breites Angebot an Produkten und Services.[1068]

Voith-Papiermaschinen spielen eine bedeutende Rolle bei der weltweiten Papierproduktion. Dabei steht der Papiermarkt vielfältigen Herausforderungen

1063 Vgl. Yin (2018), S. 229ff.
1064 Vgl. Baxter/Jack (2008), S. 555.
1065 Vgl. Stake (1995), S. 123, S. 127, S. 131; Pansera (2018), S. 10.
1066 Vgl. Eisenhardt (1989), S. 540; Stake (1995), S. 63f.; Miles/Huberman/Saldaña (2020), S. 95.
1067 Vgl. Miles/Huberman/Saldaña (2020), S. 156f.
1068 Vgl. Voith (2022a); Voith (2022b); Voith (2022c).

gegenüber wie z. B. zunehmenden Betriebskosten, u. a. durch steigende Energiekosten und gestiegene Preise für Frischwasser. Auch Rohstoffe zur Papierherstellung wie z. B. Holz und Altpapier werden knapper. Produktivität und Ressourcenschonung der Anlagen werden infolgedessen immer wichtiger.[1069] Als Technologieführer (F&E-Quote von 4,5% des Umsatzes) bietet Voith Paper seinen Kunden mit dem Produktportfolio „BlueLine" seit 2012 für die Stoffaufbereitung eine neue Generation an verbrauchsarmen (bzgl. Wasser, Energie und Fasern) und in der Nutzung flexiblen Maschinen.[1070] Als die Printmedien ihre Auflagen reduzierten und in der Folge wegen geringerer Nachfrage der grafische Papiermarkt zunehmend einbrach, wurde der Absatz der grafischen Papiermaschinen zu einem verlustreichen Geschäft. Voith Paper kam in eine Krise. Da sich der Papiermarkt außerdem auf die EM verlagerte, erforderte dies günstigere und einfachere Produkte bei den Stoffaufbereitungsmaschinen. Deren Produktportfolio war wegen Zukäufen und unzureichender standortübergreifender Konstruktionsrichtlinien nicht harmonisiert, was hohe Fertigungskosten verursachte. Daraufhin stieg Voith Paper mit der Erneuerung des Produktportfolios für die Stoffaufbereitung, damals unbewusst, in die Entwicklung frugaler Innovation ein, indem das Unternehmen seine Produkte bei gleich hoher Qualität aber geringerem Ressourceneinsatz konsequent vereinfachte, robust und einfach herstellbar machte und auf das Wesentliche reduzierte. Dadurch wurde die angestrebte Kostenreduktion von 40 % erreicht. So wurde z. B. bei der BlueLine Schneckenpresse auf die Kompaktheit der Maschine und den Einsatz kostengünstiger Werkstoffe geachtet, ohne den Vorteil der einfachen Entwässerung zu nehmen. Voith Paper konnte außerdem durch eine Harmonisierung und Verschlankung der Produktstruktur von über 500 Produkten auf ca. 280 Maschinen die globale Wettbewerbsfähigkeit deutlich verbessern. In China wuchs u. a. dadurch der Marktanteil der frugalen Maschinen von 15 % auf ca. 50 % an.[1071]

Dr. Hans-Ludwig Schubert ist nach einem Studium der Holzwirtschaft und einer Promotion in chemischer Verfahrenstechnik bereits seit 1989 im Maschinen- und Anlagenbau und seit 1999 bei Voith tätig und verfügt damit über eine sehr gute Kenntnis dieses Industriezweigs. Seit 2008 setzt sich der Experte, der sich als „Verfechter von frugalen Entwicklungen" bezeichnet, intensiv mit der Entwicklung frugaler Produkte und einer entsprechenden Maschinenbau-

1069 Vgl. Voith (2022a).

1070 Vgl. Voith (2022d); Voith (2022e); Voith (2022c); Voith (2022f); Hönl/Schleinkofer (2018), S. 60ff.

1071 Vgl. Experte 1; Experte 2; Hönl/Schleinkofer (2018), S. 60ff.

philosophie auseinander, u. a. als Senior Vice President Product Management bei Voith Paper und zuletzt Senior Vice President Modularization bei Voith Hydro. Zudem hat er bereits Vorträge gehalten und eine Publikation dazu veröffentlicht.[1072]

Andreas Heilig, der als gelernter Werkzeugmacher außerdem Verfahrenstechnik, Physik und Umwelttechnik studierte, ist bereits seit ca. 30 Jahren in verschiedenen Funktionen bei Voith aktiv. Als Leiter der Fertigung kam er erstmals mit frugalen Innovationen in Kontakt und entwickelt dieses Thema bei Voith Paper nun seit 2013 als Vice President für das globale Produktmanagement im Bereich Fiber Systems.[1073]

Gemeinsam haben die beiden Interviewpartner frugale Innovationen erfolgreich bei Voith Paper implementiert.[1074]

Der Maschinen- und Anlagenbau ist ein Industriezweig, indem frugale Innovationen in den letzten Jahren eine zunehmend starke Rolle spielen. Unternehmen gelingt dadurch der Einstieg in das mittlere Marktsegment oder die Reduktion von Herstellkosten durch eine Vereinfachung von Systemen. Voith Paper gilt als erfahrener und in der Realisierung frugaler Produkte erfolgreicher Vorreiter auf diesem Gebiet[1075] und wurde daher zur Untersuchung der Forschungsfragen dieser Arbeit ausgewählt.

Anforderungen/Merkmale Prozess

Auch wenn frugale Produkte durch den bereits beschriebenen Aufbau der neuen Produktlinie BlueLine anfänglich unbewusst entwickelt wurden, so verfolgt Voith Paper mittlerweile für die Überarbeitung bzw. Entwicklung von Maschinen das frugale Prinzip bzw. eine Philosophie des frugalen Maschinenbaus: „Frugal ist für mich eine Ausrichtung, also etwas funktional auszurichten, etwas langlebig auch auszurichten, etwas einfach auszurichten, auch bezahlbar auszurichten". Dies gilt, über das Produkt hinaus, für Produktionsabläufe oder die Dokumentation von Produkten.[1076] Dem entspricht, dass es sich das Unternehmen als Full-Line-Anbieter gemäß seiner Vision zur Aufgabe gemacht hat, für seine Kunden ein Gesamtkonzept zu bieten. Neben einem ansprechenden Design sollen Wartung und Bedienung der Anlage vereinfacht werden und ein höherer Vernetzungsgrad soll Schnittstellen reduzieren. Zugleich werden

1072 Vgl. Experte 1.
1073 Vgl. Experte 2.
1074 Vgl. Interaktiv IPA Fraunhofer (2018).
1075 Vgl. Interaktiv IPA Fraunhofer (2018).
1076 Vgl. Hönl/Schleinkofer (2018), S. 60ff.; Experte 1.

Effizienz, Sicherheit und, durch den geringeren Ressourcenverbrauch, auch die Nachhaltigkeit verbessert, was der Nachhaltigkeitsausrichtung des Unternehmens entspricht.[1077]

Um dies zu erreichen, zeichnet sich der NPEP bei Voith Paper durch eine **ganzheitliche Betrachtung** aus. Neben der Frage, wie das Produkt vereinfacht werden kann und welchen Anforderungen es genügen muss, stellt sich zudem die Frage nach der einfachen Fertigung: „Und diese Produkt- oder Prozessbetrachtung muss eben ganzheitlich erfolgen. Also das heißt, ich kann ihn nicht allein aus der konstruktiven Sicht betrachten, sondern ich muss ihn eben zumindest auch, heute würde ich sagen aus der mechatronischen Sicht, betrachten. Ich muss also die Automatisierung gleich miteinbeziehen, ich muss die Fertigung miteinbeziehen, wenn ich ein frugales Produkt machen will."[1078] So wird z. B. nach der Konstruktion der Maschine unter frugalen Gesichtspunkten mithilfe von Simulation das Produkt zunächst virtuell getestet und optimiert. Neben der Einfachheit des Produktes spart dies ebenfalls Kosten in der Entwicklungsphase und reduziert die Fehlerquote in der Fertigung.[1079] Das ebenso eingeführte Life-Cycle-Management soll weiterhin die Maschinen, die außerdem von einem Service-Angebot des Unternehmens profitieren, über den gesamten Produktlebenszyklus hin aktuell halten und im oft jahrzehntelangen Betrieb beim Kunden für geringe Betriebs- und Wartungskosten sorgen.[1080]

Für den NPEP verwendet das Unternehmen ein Stage-Gate-Modell, welches für frugale Innovationen noch einmal angepasst wurde. Die Phase der Ermittlung von Bedürfnissen und Kundenanforderungen in verschiedenen Märkten und Regionen wurde intensiviert und durch Methoden wie Design Thinking oder einen intensiven Austausch mit dem Vertriebsteam, welches sonst eher am Ende des NPEP stand, ergänzt: „[...] vorher war es halt eher so, dass sich ein Konstrukteur ausgedacht hat, ich sag jetzt bisschen schwarz weiß, im stillen Kämmerchen: Wie könnte ich jetzt etwas noch besser machen? Wie kann ich es noch effizienter machen? Ob man das jetzt unbedingt gebraucht hat oder nicht, sei dahingestellt. Der wirkliche Wert so einer Erfindung oder so einer Konstruktion wurde nicht immer überprüft."[1081] Interdisziplinär eingebunden sind in den NPEP entsprechend der Schritte der NPE und dem Verständnis von Simultaneous Engineering außerdem zwecks einer gemeinsamen Zielverfolgung von Beginn an das Produktmanagement als Sprachrohr des Vertriebs sowie

1077 Voith (2022 g); Voith (2022h).

1078 Experte 1.

1079 Vgl. Voith (2022i); Hönl/Schleinkofer (2018), S. 60ff.; Experte 2.

1080 Vgl. Voith (2022a); Hönl/Schleinkofer (2018), S. 60ff.; Experte 1.

1081 Experte 2.

Einkauf, Konstruktion, F&E, Fertigung, Qualität und Lieferanten: „[...] versuche wirklich hier eine Schwachstellenanalyse zu machen, wo kompliziere ich mit meinem Produkt Fertigungsabläufe oder ich sag jetzt mal Zulieferabläufe, die das Produkt einfach nur verteuern oder verkomplizieren. [...] konnten wir den Gebäudegrundriss um 30 % reduzieren, weil auf einmal durch die Zusammenarbeit von verschiedenen Abteilungen ganz viel mehr möglich war."[1082] Was die Gates und Schwerpunktsetzung des NPEP betrifft, wurde dieser zur Sicherstellung der Marktfähigkeit des frugalen Produktes vornehmlich an den Kriterien der Wirtschaftlichkeit und der Wettbewerbsfähigkeit ausgerichtet: „Das war vorher wie gesagt eher so diese Technikverliebtheit. Es ist gebaut worden, fast egal was es kostet."[1083]

Ein **agiler Charakter** wurde ebenfalls zur Anforderung für den NPEP, nicht zuletzt durch die wettbewerbsbedingt permanent notwendigen Anpassungen der Maschinen.[1084] Im Voith Simulation Center erfolgt virtuelles Prototyping und die anschließende Optimierung von Produkten.[1085] Die Ergebnisse des Prototypings werden auch dem Kunden gezeigt und eventuelles Feedback fließt ebenfalls in die Optimierung des Produktes ein.[1086] Voith Paper verwendet, auch zur Stärkung der interdisziplinären Zusammenarbeit, zudem die Scrum-Methodik, jeweils angepasst auf die Bedürfnisse des Entwicklungsprojekts. In größeren Projekten gibt es z. B. dezidierte Teams, in kleineren Projekten arbeiten die Angestellten aus der Linie nach Bedarf im NPEP mit.[1087] Hinzu kommt, dass die klassischen Hierarchien im Maschinen- und Anlagenbau „nicht unbedingt Scrum-affin" sind. Wie bereits erwähnt, erachtet das Unternehmen auch eine schlanke Prozessstruktur als notwendig zur Realisierung frugaler Innovationen. Mit MVP arbeitet Voith Paper nicht, da die Ansprüche an frugale Produkte über ein MVP hinausgehen und dieses somit keine Marktfähigkeit und Akzeptanz erlangen würde.[1088]

Neben einer agilen spielt die **lokale Ausrichtung** des NPEP eine Rolle bei Voith Paper. Bei der Analyse der Bedürfnisse und Produktanforderungen orientiert sich das Unternehmen an der spezifischen Zielgruppe und den Bedingungen im Zielmarkt. Vor der Einführung der Produktlinie BlueLine waren die Ma-

1082 Experte 1.
1083 Experte 2.
1084 Vgl. Experte 2.
1085 Vgl. Voith (2022i).
1086 Vgl. Experte 2; Experte 1.
1087 Vgl. Experte 2.
1088 Vgl. Experte 1.

schinen aufgrund des hohen Preises und fehlender Ressourcen vor Ort sowie grundlegend anderer Produktanforderungen nicht für eine Nutzung oder gar Produktion in Indien oder Asien geeignet.[1089] Im Zuge der frugalen Maschinenbauphilosophie legt das Unternehmen nun Wert darauf, dass die Maschinen global fertigbar und wettbewerbsfähig sind. So werden z. B. über den Vertrieb die spezifischen Kundenanforderungen in den verschiedenen Märkten und Regionen in den NPEP aufgenommen.[1090] Sofern möglich, greift der NPEP auch auf Lieferanten aus dem lokalen Ökosystem zurück und baut die Produktion der Maschinen vor Ort auf. So können z. B. die BlueLine-Produkte aufgrund ihrer einfachen Bauweise in EM wie China und Indien gefertigt werden und alle Rohstoffe sind lokal beziehbar.[1091]

Erfolgsfaktoren hinsichtlich der Struktur

Für BlueLine wurde das bestehende Portfolio an Maschinen zunächst von den Konstrukteuren einer **sorgfältigen Analyse** hinsichtlich Einsparungspotenzialen bzgl. Funktionalitäten, Ressourceneinsatz und folglich Materialkosten unterzogen[1092]: „Wir haben darauf geachtet und gesagt: Okay, was braucht diese Maschine zum Trennen von, ich sag jetzt mal Verunreinigungen aus Papier aufgelösten Altpapier-Suspensionen, denn im Wesentlichen? Was können wir weglassen? Was brauchen wir nicht? Und das hat also halt zu einem nachhaltigen Erfolg dieser Serie geführt."[1093] Auch bzgl. der Bedürfnisse stellt sich die Frage, was das Produkt wirklich leisten soll.[1094] Um die lokalen Bedürfnisse und Gegebenheiten zu ermitteln, nutzt Voith Paper insbesondere den Vertrieb. Die Vertriebsmitarbeiter haben gute Kenntnisse über die Umgebung und die Bedürfnisse des Kunden.[1095] Aber auch der direkte Austausch mit dem Kunden dient der Anforderungsanalyse. Dabei gilt es, die wahren Bedürfnisse von den vermeintlichen Bedürfnissen zu unterscheiden: „Lieber Kunde, wir möchten für diesen Zweck für dich ein absolut gutes, funktionales, robustes, ich sage jetzt mal, affordable Produkt erzeugen und wir haben hier etwas Neues, was sich auf diese Funktion konzentriert. Und wenn dann diese ganzen anderen Diskussionen kommen `Ja, aber manchmal müssen wir auch das und das und das damit noch tun`, dann kann man immer fragen: Wie oft wollt ihr

1089 Vgl. Hönl/Schleinkofer (2018), S. 60ff.
1090 Vgl. Experte 2; Experte 1; Hönl/Schleinkofer (2018), S. 60ff.
1091 Vgl. Experte 1; Hönl/Schleinkofer (2018), S. 60ff.; Interaktiv IPA Fraunhofer (2018).
1092 Vgl. Hönl/Schleinkofer (2018), S. 60ff.
1093 Experte 1.
1094 Vgl. Experte 1.
1095 Vgl. Experte 2.

das denn tun? Ist es notwendig, das in dieses Produkt zu integrieren? Das kompliziert dieses Produkt um so und so viel, das macht es so und so viel teurer. Und das ist auch ein ganz neuer Verkaufsansatz, das ist eine ganz neue Technikerklärung, die ich dann machen muss." Aber auch innerhalb des Unternehmens muss der Entstehungskontext des frugalen Produktes genau analysiert werden: „[...] ich sage jetzt mal bereichsübergreifend und versuche wirklich, hier eine Schwachstellenanalyse zu machen. Wo kompliziere ich mit meinem Produkt Fertigungsabläufe?"[1096] Um die Machbarkeit des angestrebten Produktes zu prüfen empfehlen die Experten die Nutzung von Lasten- und Pflichtenheft.[1097]

Auf Unternehmensebene unterstützt Voith Foresight Management bei der Identifikation von Technologien, Trends und Kundenbedürfnissen.[1098]

Ein offenkundiger Erfolgsfaktor der Implementierung frugaler Innovation bei Voith Paper war die Unterstützung durch die Geschäftsführung als **Promotor.**[1099] Als weiterer Machtpromotor agierte Herr Dr. Schubert und trieb die frugale Maschinenbauphilosophie im Unternehmen voran: „Das war bei uns hervorragend, weil Herr Dr. Schubert, der war da Geschäftsführer in der Zeit. Der hat von seinen Geschäftsführerkollegen auch den vollen Support erhalten und dann war das auch gut durchzusetzen. Auch wir im mittleren Management konnten das mit dem starken Rückenwind dann gut umsetzen."[1100] Dies war unter anderem erforderlich, da sich v. a. Willensbarrieren im Prozess der Implementierung zeigten. Eine Umfrage 2011 zu Projektbeginn ergab weniger als 30 % Zustimmung für das Vorhaben. Unterstützt wurde dieses anfangs hauptsächlich von Mitarbeitern der Fertigung, die in dem vereinfachten Produkt eine Chance für eine kostengünstigere Fertigung sahen. Widerstand kam von Seiten der Konstrukteure, die eine Verschlechterung der Produktqualität befürchteten. Auch das Ziel, 40 % der Kosten einzusparen, stieß auf Skepsis.[1101] „Das war bei uns auch am Anfang so das Problem, weil man meinte, wir haben schon das Beste und die Kosten kann man sowieso nicht reduzieren und das Alte war sowieso immer besser." Opponenten z. B. aus der Konstruktion wurden teilweise in andere Rollen versetzt oder gingen in Frührente. Stringenter als zuvor wurden auch Verantwortlichkeiten und Rollen im NPEP formuliert, z. B. die Besetzungen der Gate-Meetings oder zu welchem Zeitpunkt im Prozess

---

1096 Experte 1.
1097 Vgl. Experte 1; Experte 2.
1098 Vgl. Voith (2022i).
1099 Vgl. Hönl/Schleinkofer (2018), S. 60ff.
1100 Experte 2.
1101 Vgl. Hönl/Schleinkofer (2018), S. 60ff.

der Vertrieb eingeschaltet werden muss. Dem Produktmanagement kam die Rolle als Sprachrohr des Vertriebs zu, welches die Anforderungen bündelt, bewertet und gewichtet.[1102] Als überaus geeignete Kombination erwies sich ein Gespann aus erfahrenen Ingenieuren, die offen für Neues waren, und jungen Konstrukteuren, die direkt aus der Ausbildung kamen.[1103]

Die Formulierung der **Gate-Kriterien** wurde bei der Entwicklung der BlueLine-Serie sehr viel genauer und stringenter als bis dahin üblich vorgenommen, um die ambitionierten Kostenziele zu erreichen: „Wir hatten genau definiert, in welchen Gates was geliefert werden muss, was bereitgestellt werden muss, was präsentiert werden muss. Das war früher nicht so unbedingt. Da hat man relativ lose ein Gate-Meeting gemacht: Ich habe das entwickelt. Das kann es halt und kriegen wir ein Budget quasi für bis zum nächsten Gate. Und da gibt es jetzt schon klare Kriterien. Auch wer da teilnimmt, die Gatekeeper quasi." Gemessen wurden die Produkte nun viel stärker am Kundennutzen: „Dass man die nochmal klar beschreibt und definiert und das auch misst das neue Produkt da dran: Schafft es denn die Erwartungen oder schafft es die nicht? [...], weil in der Vergangenheit gab es viele Entwicklungen, die waren technologisch schön, aber dann nicht am Markt wirtschaftlich umsetzbar und das gilt es eben zu vermeiden."[1104] Kriterien für die Entwicklung waren Aspekte wie globale Beschaffbarkeit und Verfügbarkeit von Material sowie die Umsetzbarkeit des NPEP. Durch die Identifikation der wesentlichen Funktionen der Maschinen entstanden Muss-Kriterien seitens der Entwicklung.[1105] Was Pflichtergebnisse betrifft, so stellten beide Experten die Arbeit mit Lasten- und Pflichtenheft heraus: „Das heißt, man muss diese ganze Maschine in die einzelnen Funktionen zerlegen und muss also halt genau, ich bin nach wie vor Oldschool in der Hinsicht, mit Lasten- und Pflichtenheft diese klar aufarbeiten und aufstellen, um daraus dann die nächsten Schritte abzuleiten."[1106]

Erfolgsfaktoren hinsichtlich der Methoden/Werkzeuge

Die **modulare Gestaltung** von Maschinen ist bei Voith Paper von besonderer Relevanz. Da das Unternehmen mit seinen Produkten große Anwendungsbereiche der Kunden abdeckt, sind z. B. Maschinen einer Gattung in verschiedenen Baugrößen verfügbar, die wiederum auf Komponenten möglichst gleicher Form

1102 Vgl. Experte 2.
1103 Vgl. Interaktiv IPA Fraunhofer (2018).
1104 Experte 2.
1105 Vgl. Experte 1.
1106 Experte 1.

basieren: „[Wir] versuchen, bestimmte [Teile], zum Beispiel Lagerung, so modular zu machen, dass die Größen eins, zwei, drei ein einheitliches Lagermodul verwenden. Die vier, fünf, sechs wieder ein einheitliches und dann sogar über die Maschinengattungen hinweg."[1107] Dies gelingt z. B. durch standardisierte Schnittstellen und vereinheitlichte Stücklisten. Aber auch über die Mechanik hinaus wurden z. B. Betriebsanleitungen modular konzipiert.

Um im Servicegeschäft weiterhin die Austauschbarkeit von Teilen sicherzustellen, wurde für die Umgestaltung bzw. NPE auf Basistechnologien zurückgegriffen und mit bestehenden Komponenten gearbeitet. Dies hat außerdem Vorteile: „Wenn die mal getestet, geprobt sind, dann wissen Sie, dass die funktionieren. Es ist auch dann für die Fertigung wesentlich einfacher. Die NC-Programme müssen nur einmal geschrieben werden. Die Werkzeuge, die Sie kaufen, einstellen müssen. Das wird halt nur einmal gemacht oder ist vorhanden." Zudem können die Risiken, die auch im Maschinen- und Anlagenbau mit Wagniskosten abgesichert werden müssen, so niedrig gehalten werden.[1108] „Also eine Kombination aus frugal und modular ist extrem sinnvoll. [...] Digitalisierung, Modulari-sierung und frugale Technik passen hervorragend zusammen, weil sie in der Summe das Ganze einfacher machen und nicht komplizieren." Durch die komponentenbasierte Sicht lässt sich besser zwischen essenziellen und „nice to have-Features" unterscheiden, was dem frugalen Ansatz entspricht. Teilweise wurden auch Bauteile aus anderen Anwendungsgebieten verwendet: „Also ich muss die Schraube nicht neu erfinden, kann ich eine normale Schraube nehmen. Und wir haben so Dinge gelernt wie zum Beispiel, man kommt nicht darauf, aber wir konnten Einschlaghülsen aus dem Fahrzeugbau für eine Entwässerungsmaschine zum Befestigen von Teilen benutzen, weil wir einfach dann auf einmal danach gesucht haben. [...] Das waren so diese Erkenntnisse. Es waren nicht die großen Dinge die etwas, sage ich jetzt mal, `frugal` gemacht haben, sondern es sind die vielen kleinen Dinge, die eine Vereinfachung erfahren haben."[1109]

Im Rahmen der Neuentwicklung der Maschinen wurden, nicht zuletzt zur Bedürfnisermittlung, auch Kunden einbezogen. Die Versuchsanlagen oder die virtuelle Testumgebung bei Voith Paper bieten sich als Instrumente zur **Kundeneinbindung** an, um Produkte gemeinsam mit dem Kunden zu testen und zu verbessern.[1110] In einzelnen Fällen wurden entwickelte Maschinen bei Kunden

1107 Experte 2.
1108 Vgl. Experte 2; Hönl/Schleinkofer (2018), S. 60ff.
1109 Experte 1.
1110 Vgl. Voith (2022i).

zu einem günstigeren Preis eingebaut, vor Ort getestet und mit Feedback des Kunden weiterentwickelt.[1111] Unabhängig davon pflegt das Unternehmen den Kontakt zu seinen Kunden und deren Einbezug in die NPE über das Vertriebsteam, das die Kundenanforderungen in den verschiedenen Märkten und Regionen kennt, oder durch Workshops mit den Kunden. So kam auch der Anstoß für die Entwicklung der neuen Produktserie BlueLine aus dem Markt.[1112]

Was **Fähigkeiten** zur Entwicklung frugaler Produkte betrifft, setzen die Experten v. a. auf Werkzeuge des Change Managements. So halten sie es für wichtig, die Mitarbeiter von Beginn an mitzunehmen: „Wir haben dann Zukunftsprotokolle schreiben müssen: Wo wollen wir denn sein oder was wollen wir bewirken. Und da hat man so bisschen darüber gelächelt, aber, wenn man dann paar Jahre später sieht, dass wir wirklich da angekommen sind, dass das wirklich funktioniert hat. Das ist schon beeindruckend. [...] und hat immer wieder auf dem Weg so Umfragen gemacht bei den Mitarbeitern: Trägt man das mit, was sind die Risiken, was sind die Chancen, wo steht man gerade. Und dann hat man das immer alle Jahre oder drei/vier Jahre hinweg so Umfragen gemacht und die Entwicklung beobachtet. Und die Leute mitgenommen."[1113] Erfolgreich war auch die Strategie, Leuchtturmprojekte zu etablieren und zu bewerben, die schnelle Erfolge erzielten und so die Skepsis der Mitarbeiter reduzierten: „[...] und dann haben wir auch Stück für Stück bei den wichtigsten, bedeutendsten Produkten angefangen, wo man den größten Hebel hat. Dass man auch schnell was gibt, auf der finanziellen Seite, aber auch für die Mitarbeiter." Konkretes Beispiel war die Scheibenfilterzentralwelle, bei der die Anzahl der Schweißnähte um 20 % reduziert wurde und nur für unbedingt erforderliche Stellen Edelstahl statt normalem Stahl verwendet wurde, was unter Beibehaltung der Funktionalität eine Reduktion der Herstellungskosten von 30 % ermöglichte.[1114] Durch die schnell sichtbaren Erfolge überzeugt, wandelte sich auch die Unternehmenskultur bei Voith Paper. Die Mitarbeiter sind offener gegenüber Veränderungen und bringen mutig ihre eigenen Ideen ein. Dies war anfangs schwierig: „Wenn ich diese Kriterien, mit denen ich frugal definieren kann, heranziehe und dann eine Innovation dazu mache, dann tun wir mitteleuropäischen Entwickler uns schwer. Weil was ich gelernt habe: Wir können nicht einfach. Wir können oftmals nur kompliziert." Daneben gab es Vorbehalte gegenüber Frugalität: „Ist das nicht zu einfach, das kann doch jeder.

1111 Vgl. Experte 2.
1112 Vgl. Experte 1.
1113 Experte 2.
1114 Vgl. Experte 2; Interaktiv IPA Fraunhofer (2018).

Das kann eben nicht jeder. Es ist ganz schwierig zu reduzieren, es ist viel einfacher hinzuzufügen. […] Was wollen wir eigentlich mit unseren Produkten erreichen. Diese Fragen werden sich nicht gestellt. Es wird immer nur gestellt: Wie kann ich ein Produkt besser machen und besser ist, etwas mehr Effizienz zu bekommen, ist etwas mehr, was auch immer es ist, zu bekommen. Es ist nie die Frage: Wie können wir es einfacher machen, wie können wir es simpler machen? Das geht nur in existenziellen Krisen von Unternehmen."[1115]

Förderlich war, neben der positiven Fehlerkultur von Voith[1116], hierzu ein kleines Unternehmen in Berlin als Schulungszentrum für die Angestellten. Intern wird das Wissen zu frugalen Innovationen in standardisierten und strukturierten Dateiablage-Archiven für Dritte nachvollziehbar dokumentiert.[1117]

Im Sinne einer ganzheitlichen Betrachtung spielt aber auch die Organisationsstruktur zur Entwicklung einer corporate frugal innovation eine Rolle. Sofern möglich, wurden aus den klassischen „Silos" der Hierarchie separate Scrum-Teams eingesetzt. Über alle Prozessschritte hinweg wurde eine Schwachstellenanalyse durchgeführt, um auch den Prozess auf Vereinfachungen hin zu prüfen.[1118]

Marktfähigkeit

Für die Marktfähigkeit der BlueLine Produkte legte Voith Paper, neben dem starken Kostenfokus, um niedrigere Preise realisieren zu können, den Fokus vor allem auf „den wirklichen Kundennutzen" als **wertstiftenden Faktor**. Außerdem, so der Experte, sollte im Zuge der Erneuerung des Portfolios zusätzlicher Kundennutzen geschaffen werden: „[…] also einfacher Service, ja, längerer oder robusterer Betrieb, geringerer Energieverbrauch, Einsparungsmöglichkeiten."[1119] So spielen bei einem frugalen Produkt von Voith Paper neben dem Preis die Langlebigkeit, Reparaturfähigkeit und die einfache Bedienbarkeit als wertstiftende Faktoren eine wichtige Rolle: „Wir haben Rückmeldung aus dem Markt bekommen: Unsere Produkte sind zu kompliziert. Zwar gut, wenn sie laufen und wenn man die Mannschaft hat, die diese Produkte bedienen kann, aber so macht das in Anführungsstrichen jetzt mal schwarz-weiß keinen Sinn."[1120]

1115 Experte 1.
1116 Vgl. Hönl/Schleinkofer (2018), S. 60ff.
1117 Vgl. Experte 2.
1118 Vgl. Experte 1.
1119 Experte 2.
1120 Experte 1.

Was die Vermarktung außerdem betraf, scheiterte der Versuch an der weltweiten, internen Verkaufsmannschaft des Unternehmens, die frugalen Produkte „unter ‚Voith' mit der Zielsetzung einer Kostenreduktion und damit besseren Wettbewerbsfähigkeit zu vermarkten: „Weil gesagt wurde, ihr macht durch die Kostenreduzierung dieses Produkt schlechter, ihr macht es weniger langlebig, ihr setzt den Namen ‚Voith' aufs Spiel. Nein, wir wollen nicht die gleichen Produkte in einer billigen Version haben. Und einfach wurde mit billig gleichgesetzt." Dies erforderte eine neue Benennung der als neu vermarkteten Produkte, zunächst als New Product Family[1121], später dann als BlueLine: „Das heißt ein frugales Produkt muss nicht vermarktet werden unter diesem Bereich ‚billig' oder für jeden erschwinglich oder sonst etwas, sondern die Produktqualitäten, die dieses Produkt hat, sollten auch in der Vermarktung ganz weit nach vorne gestellt werden."[1122] So greift das Unternehmen im F&E-Bereich auch gesellschaftliche und politische Trends wie z. B. höhere Recyclinganteile im Hygienepapierbereich auf und lässt sie in den NPEP einfließen.[1123] Um diesen, für den Kunden nutzenstiftenden Faktoren Rechnung zu tragen, bietet Voith Paper seinen Kunden über das Produkt hinaus z. B. anhand digitaler Services die Möglichkeit, Maschinen mithilfe von Data Mining Verfahren und künstlicher Intelligenz hinsichtlich des Ressourcenverbrauchs zu optimieren.[1124]

6.3.2 Frugale Innovation @ TRUMPF SE + Co. KG (Holding)

1923 als mechanische Werkstätte in Ditzingen bei Stuttgart gegründet, bietet das international tätige Familienunternehmen TRUMPF SE + Co. KG (Holding) (nachfolgend bezeichnet als TRUMPF) als Hochtechnologieunternehmen Fertigungslösungen in den Bereichen Werkzeugmaschinen zur Blechbearbeitung und Laser, wo das Unternehmen Technologie -und Marktführer ist, sowie Elektronik für industrielle Anwendungen an. Mit 14.767 Mitarbeitern erwirtschaftete TRUMPF im Geschäftsjahr 2020/2021 einen Umsatz von 3.504,7 Millionen Euro.[1125] Die TRUMPF Gruppe ist in fast ganz Europa sowie in Nord- und Südamerika und Asien mit mehr als 70 Tochtergesellschaften vertreten.[1126] In Deutschland befinden sich die Hauptstandorte in Ditzingen und Freiburg, umgeben von weiteren 13 Produktions- und Vertriebsstandorten in

1121 Vgl. Experte 2.
1122 Experte 1.
1123 Vgl. Voith (2022i).
1124 Vgl. Voith (2022j); Voith (2022f).
1125 Vgl. TRUMPF (2022a).
1126 Vgl. TRUMPF (2022b).

Kundennähe. Kontakt zu Kunden pflegt das Unternehmen außerdem durch sein Customer Center, wo Produktvorführungen stattfinden oder im Laser Applikationszentrum sowie im Showroom Additive Manufacturing, wo TRUMPF seine Kunden aus dem B2B-Bereich berät.[1127] Ein wichtiger Grundsatz des Unternehmens besteht dabei darin, Produkte energie- und ressourcensparender zu gestalten oder für ressourcenreduzierende Anwendungen zu konzipieren.[1128]

Eine Untersuchung von Roland Berger (2015) kategorisiert das Unternehmen in eine Gruppe frugaler Pioniere, die das Ziel haben, günstigere Konkurrenten aus EM durch die Besetzung und Verteidigung des mittleren und unteren Marktsegments ihres Heimatmarktes abzuwehren („fencing").[1129] Eben dieses Ziel der Erschließung des mittleren bzw. niedrigen Preissegments[1130] verfolgte TRUMPF durch die Akquisition des chinesischen Marktführers im Bereich Werkzeugmaschinenherstellung Jiangsu Jinfangyuan CNC Machine Company Ltd. (JFY) 2013 zu 70 %, welcher 2019 zur 100 %-igen TRUMPF-Tochter wurde. Dies gilt in diesem Industriebereich und in dieser Größenordnung für ein deutsches, mittelständisches Familienunternehmen als Ausnahme.[1131] Es sollte außerdem ein Einstiegssegment geschaffen werden, aus dem heraus Kunden dann zunehmend komplexere Geräte kaufen („upselling").[1132] Macht dieses untere Preissegment in Deutschland aktuell weniger als zehn Prozent aus, sind es in China zwei Drittel des Marktes. Zudem kostete die beste Stanzmaschine des chinesischen Herstellers weniger als die Hälfte der günstigsten Maschine von TRUMPF.[1133] TRUMPF verfolgt frugale Innovation daher „als eine strategisch sinnvolle Ergänzung [der bereits adressierten Marktsegmente]."[1134]

Gerade im Bereich Lasertechnik gelten frugale Innovationen ebenfalls als Möglichkeit zur Markterschließung.[1135] So verfolgt TRUMPF mit der neu gegründeten Organisationseinheit High Volume Markets (HVM) Laser Technology das Ziel, frugale Produkte, genauer in der industriellen Fertigung weit verbreitete Faserlaserstrahlquellen, herzustellen. Diese sind kostengünstig und zeichnen sich durch ein minimales Anforderungsprofil aus. Volumen und Kosteneffizienz sind hierzu wichtige Einflussfaktoren.[1136] Dabei gibt es im konkreten

1127 Vgl. TRUMPF (2022c).
1128 Vgl. TRUMPF (2022 g).
1129 Vgl. Knapp et al. (2015), S. 7.
1130 Vgl. Knapp et al. (2015), S. 7; TRUMPF (2022d); WirtschaftsWoche (2013); Experte 3.
1131 Vgl. Dierig (2013); TRUMPF (2018).
1132 Vgl. Wohlfart/Fröhlich (2019), S. 103.
1133 Vgl. WirtschaftsWoche (2013).
1134 Experte 4.
1135 Vgl. Experte 3.

Markt für Laserstrahlquellen, der durch Wettbewerber bereits definiert ist, fixe Preis-Performance-Punkte, die in Dollar pro Watt ausgedrückt werden. Innovation bedeutet für TRUMPF schließlich in erster Linie Technologieführerschaft, kann aber, im Sinne von Energie- und Ressourceneinsparung, auch ökologische und frugale Aspekte beinhalten. Die frugalen Produkte sind robust und von guter Qualität.[1137]

Der Interviewpartner Herr Fröhlich verfügt als studierter Maschinenbauer und Technologiemanager aufgrund seiner wissenschaftlichen Beschäftigung mit frugalen Innovationen beim Fraunhofer IAO über wichtiges Hintergrundwissen zur Auseinandersetzung mit den Fragestellungen dieser Arbeit. Zudem ist er als Mitarbeiter von TRUMPF im Bereich des Projektmanagements und der Prozessentwicklung gut mit den Prozessen des Unternehmens und Aktivitäten zu frugalen Innovationen vertraut.[1138] Herr Fröhlich wurde über LinkedIn kontaktiert.

Der zweite Interviewpartner, Dr. Jörg Bochmann, ist seit 2014 in verschiedenen Rollen bei TRUMPF und leitet aktuell als Chief Technology Officer die bereits beschriebene Organisationseinheit HVM. Durch sein Fachwissen zum Produkt als promovierter Physiker und der Erfahrung mit frugalen Innovationen in der Praxis als technologischer Betreuer der Produktentwicklung, verantwortlich für Kostenziele, Road Map und Produktleistung[1139], kann er wertvolle Informationen zur Beantwortung der Forschungsfragen geben. Der Kontakt zu Dr. Bochmann kam über Herrn Fröhlich zustande.

TRUMPF ist als mittelständisches Familienunternehmen eine Besonderheit auf dem Gebiet der frugalen Innovationen, welche im Mittelstand bisher wenig ausgeprägt sind. Auf dem Innovationsforum innoFRUMA[1140] „Frugale Maschinen, Anlagen und Geräte" stellte TRUMPF bereits im November 2018 anhand konkreter Erfolgsbeispiele vor, wie ein erfolgreicher Einstieg in den Bereich der frugalen Maschinen, Anlagen und Geräte aussehen kann.[1141] Zudem sind Fallstudien aus dem B2B-Kontext wichtig, weil v. a. diese Kaufentscheidungen gegenüber Entscheidungen aus dem B2C-Bereich eher rational, also

1136 Vgl. Experte 4.
1137 Vgl. Experte 4.
1138 Vgl. Experte 3; Burgbacher (o. J.).
1139 Vgl. Experte 4.
1140 Vgl. Wirtschaftsförderung Region Stuttgart GmbH (2018): Das Innovationsforum dient als Vernetzungsplattform zum Thema frugale Innovation für Hersteller, Anwender und Multiplikatoren im Maschinen-, Anlagen- und Gerätebau mit Akteuren anderer Branchen.
1141 Wirtschaftsförderung Region Stuttgart GmbH (2018).

basierend auf der Erfüllung geforderter Standards zu einem möglichst niedrigen Preis getroffen werden und weniger stark von der Marke beeinflusst werden[1142], was wiederum die Eignung des Unternehmens als Fallstudie belegt.

Anforderungen/Merkmale Prozess

Im Rahmen des strategischen Unternehmensziels, Märkte im mittleren und unteren Preissegment zu besetzen, strebt TRUMPF frugale Produkte von der Entwicklung bis hin zur Vermarktung in einer **ganzheitlichen Betrachtung** bewusst an: „Wir sind notwendigerweise frugal, sowohl auf Produktebene als auch auf Organisationsebene."[1143] So verwendet TRUMPF in der Organisationseinheit HVM einen klassischen NPEP, in dem Einkauf, Produktion und Wettbewerbsanalyse eine besondere Stellung einnehmen und sehr ausführlich durchgeführt werden. Um frugale Produkte zu erhalten, kommen folgende fünf Methoden zum Einsatz: Competitor Benchmark, Supply Chain (Make-or-buy), Lokalisierung, Volumenskalierung und Design to cost.[1144]

Am Beginn der Entwicklung eines frugalen Produktes steht ein Competitor Benchmark, der nicht nur vom Produktmanagement, sondern von allen Entwicklern vorgenommen wird: „[...] dieses Benchmarking, [...] das können wir machen, weil wir wissen es gibt Wettbewerber und der Wettbewerbsdruck kommt hauptsächlich aus China. [...] wir müssen genau verstehen, was da [im Produkt] drin ist und wieviel es wirklich kostet. Und dann analysieren wir sowohl das Produkt als auch diese Firma."[1145]

Die angesprochenen Kosten- und Volumenpunkte beeinflussen als weiteren Bestandteil der ganzheitlichen Betrachtung auch die Supply Chain mit Make-or-buy-Entscheidungen. „Man muss in jeder Komponente [...] verstehen, warum die Komponente, wenn man sie kauft, so viel kostet, wie sie kostet."[1146]

Auch Volumenskalierung ermöglicht es, bei den Zulieferern die Fixkosten zu senken. Basierend auf den Ergebnissen der Wettbewerbsanalyse, im Kontext derer auch Komponenten der Zulieferer zerlegt werden, erfolgt ihre Auswahl.

Neben den produktbezogenen Kosten spielen auch organisatorische Kosten eine große Rolle, um als Unternehmen frugale Produkte marktwirtschaftlich sinnvoll in den Markt zu bringen. Deshalb achtet das Unternehmen auf Organisationsebene z. B. bei der Nutzung von Vertriebskanälen darauf, aufgrund der geringen Vertriebsmargen keinen großen Service- und Vertriebsoverhead

1142 Vgl. Tiwari/Herstatt (2020), S. 41.
1143 Experte 4.
1144 Vgl. Experte 4.
1145 Experte 4.
1146 Experte 4.

zu generieren. Dies gelingt z. B. durch Verzicht auf Außendienstmitarbeiter und die selektive, aufwandsorientierte Auswahl von Kunden. Sonst könnten Kosteneinsparungen am Produkt durch hohe Overhead-Kosten negiert werden. Infolgedessen versucht die HVM auch mit minimalistischen organisatorischen Strukturen zu operieren. Daraus resultiert wiederum, dass im NPEP die Kapazitäten beschränkt sind und so eine noch stärkere Priorisierung der Ressourcen erfolgt. Dies entspricht im gesamten NPEP dem frugalen Charakter, auf „nice to have"-Features zu verzichten und den Aufwand für Marketing oder Dokumentation zu reduzieren.[1147]

Durch die Akquisition eines externen Unternehmens, wie im Falle JFY, bzw. die Gründung einer separaten Organisationseinheit wie der HVM realisiert TRUMPF die frugale Innovation separiert vom Kerngeschäft im Premiumsegment: „Deswegen ist es organisatorisch auch ausgekoppelt, weil es nicht möglich ist, in einer High-End Organisation nach denselben Spielregeln [...] ein frugales Produkt zu machen."[1148]

Hinsichtlich der Vermarktung nutzt TRUMPF im Falle der Werkzeugmaschinen JFY als Marke für das mittlere Preissegment, stellt aber einen ausdrücklichen Bezug zur Unternehmensgruppe her und profitiert somit vom positiven Image der Marke TRUMPF zur Festigung der Position des frugalen Produktes. Durch die Verbindung sollen auch Synergieeffekte im Portfolio genutzt werden und es wird klar gezeigt, dass für unterschiedliche Marktsegmente passende Produkte angeboten werden.[1149] Diese ganzheitliche Betrachtung unter Beachtung der Unternehmensstrategie reduziert auch Kannibalisierungs- und Kommoditisierungsgefahren.[1150]

Innerhalb der HVM gibt es für die NPE aufgrund der strikten Kostenvorgaben „klare Akzeptanzschwellen". Werden diese nicht erfüllt, wird das Produkt z. B. in der Produktdefinitions- und Designphase auch unter Nutzung von MVP noch einmal überarbeitet.[1151] Dies zeigt, neben dem Einsatz von Scrum-Teams, auch den **agilen Charakter** des NPEP auf. Nach dem Release soll aufgrund der großen Stückzahlen eines frugalen Produktes der Betreuungs- und Änderungsaufwand allerdings möglichst gering gehalten werden, um keine großen organisatorischen Kosten zu erzeugen.[1152]

1147 Vgl. Experte 4.
1148 Experte 4.
1149 Vgl. WirtschaftsWoche (2013); IT&Production (2016); TRUMPF (2018).
1150 Vgl. Experte 3.
1151 Vgl. Experte 4.
1152 Vgl. Experte 4.

Ein **lokaler Bezug** wurde bereits bei den Methoden der HVM erwähnt. Praktiziert wird insbesondere ein starker Einbezug lokaler Partner: „Wenn man in einem Markt mit aggressiven frugalen Wettbewerbern konfrontiert ist, dann [...] muss [man] [die frugale Entwicklung] von Leuten machen lassen, die in diesem Ökosystem drin sind, das ist meine feste Überzeugung. Und die werden uns high-endige Entwickler immer wieder überraschen [...], weil die von vornherein anders designen. Und das ist Lokalisierung." Was die Nutzung lokaler Ressourcen betrifft, trifft die HVM strikt kostenorientierte Entscheidungen bzgl. der Auswahl im frugalen Ökosystem: „[...] da ist es eben wichtig, auch nah an den Märkten zu sein. Gerade frugale Märkte regional haben oft die Eigenschaft, dass dann auch bestimmte Komponenten günstiger sind. Und da muss ich dann sagen okay, [...], wenn es ein frugales lokales Produkt ist, dann muss das eben auch möglichst lokal gesourced werden."[1153]

Im Falle von JFY nutzt TRUMPF einen Produktionsstandort der Gruppe in Yangzhou.[1154] Dort werden hauptsächlich Komponenten lokaler Lieferanten genutzt, welche, auch aufgrund geringerer Arbeitskosten, günstiger hergestellt werden können.[1155]

Erfolgsfaktoren hinsichtlich der Struktur

Zur Ermittlung der Zielanforderungen für das frugale Produkt führt HVM in einer **Vorabanalyse** neben eigenen Funktionstests auch Markt- und Wettbewerbsanalysen durch. Dies ist möglich, weil im Marktumfeld bereits „good enough"-Produkte existieren. „In dem Markt, in den wir hineinwollen [...] gibt es sehr klare Preis-Performance-Punkte. [...] Unsere F&E ist an diesem Zielpunkt ausgerichtet."[1156] Zu diesem Zweck werden Wettbewerbsprodukte akribisch analysiert bis auf die Ebene einzelner Bauteile. Neben dem Materialeinsatz wird auch untersucht, wie hoch der Arbeitsaufwand für die Assemblierung solcher „good enough"-Produkte ist. Eine weitere wesentliche Dimension ist die Analyse der Supply Chain. Hierzu untersucht die HVM-Organisation proaktiv first und second level supplier im Marktumfeld der frugalen Produkte, um auf Komponentenebene frugale Lösungen für das zu entwickelnde frugale Produkt zu finden. Sind neue frugale Lösungen auf Komponentenebene identifiziert, wird eine Funktionsprüfung auf Produktebene durchgeführt (Mock-Up builds) um die Anwendungstauglichkeit zu prüfen. Insgesamt wird das angestrebte frugale Produktportfolio möglichst minimalistisch auf spezifische Kundengruppen

1153 Experte 4.
1154 Vgl. TRUMPF (2018).
1155 Vgl. Backhaus (2020); WirtschaftsWoche (2013).
1156 Experte 4.

ausgerichtet. Dabei nimmt HVM in Kauf, „dass man auch bestimmte Kunden nicht bedienen kann", wenn deren Anforderungen zum Beispiel durch Premiumprodukte besser bedient werden können.[1157]

Herr Dr. Bochmann erwähnt insbesondere auch die Unterstützung der Geschäftsführung als **Promotor** für die strategische Ausrichtung der HVM. Herausforderungen im NPEP sieht der Experte besonders in „Kompetenzkonflikten", inwiefern eine Organisationseinheit wie HVM bzgl. prozessualer Themen eigenständig sein kann bzw. zentral gesteuert werden muss.[1158]

Zu einem erfolgreichen und qualitativ hochwertigen Prozess gehört für TRUMPF die Festlegung klarer und transparenter Ziele und Standards zur Orientierung und Fehlervermeidung. Entlang des Prozesses gibt es feste Etappen und Meilensteine, deren Erreichung konsequent überprüft wird.[1159] Auch für HVM gilt: „Wir halten uns [...] an die Quality-Gates, an die Review-Meilensteine, [...] wie wir es von den Hoch-Endigen Produkten gewöhnt sind. Warum? Das sollen Volumenprodukte sein. Wenn wir einen Qualitätsfehler machen, wird das [...] teuer."[1160]

In der HVM sind außerdem Kosten als spezifische **Entscheidungspunkte** wesentliche Gate-Kriterien: „[...] bei High-End Produkten führt der KPI[1161] Performance und bei unseren Produkten führt der KPI Kosten [...]." Nach dem Design to cost-Ansatz lassen sich auf Komponentenebene Budgets in Dollar pro Watt für eine spezielle Funktion ableiten.[1162]

Erfolgsfaktoren hinsichtlich der Methoden/Werkzeuge

Infolge der frugalen Ausrichtung von Produkten wie Lasern prüft die HVM diese z. B. auf obsolete Softwareschnittstellen. Auch die Betrachtung der Preis-Performance-Punkte wird funktionsbasiert für die Komponenten vorgenommen, indem pro Funktion ein Dollar pro Watt-Budget definiert wird. Im Rahmen der **funktions- und komponentenbasierten Sichtweise** sowie dem Verständnis von TRUMPF als Lösungsanbieter werden Produkte auf Komponentenebene betrachtet, z. B. hinsichtlich Ergänzung oder Reduktion von Merkmalen: „[...] natürlich gehört die Strahlquelle dazu, aber wirklich das High-endige steckt gar nicht in der Strahlquelle, sondern das steckt in der

1157 Vgl. Experte 4.
1158 Vgl. Experte 4.
1159 Vgl. TRUMPF (2022e).
1160 Experte 4.
1161 Anmerkung des Autors: KPI=Key performance indicator.
1162 Vgl. Experte 4.

Prozessoptik, in der Prozessführung, im Anwendungs-Know-how. [...] da kann man mit Innovationen vorangehen, aber vielleicht auf der darunterliegenden Komponentenebene an einigen Stellen eben nicht." Um das erforderliche Volumen zu erzeugen, nutzt die HVM zudem einen Gleichteileansatz, d. h. das Portfolio wird mit möglichst wenigen Teilen abgebildet.[1163]

Zur Ermittlung der erforderlichen Funktionen des Produktes setzt HVM auf einen Austausch mit den **Kunden** z. B. in Form von Gesprächen. In die Entwicklung im NPEP wird der Kunde ebenfalls einbezogen, allerdings in keinem größeren Umfang als bei der Entwicklung konventioneller Produkte. Was die Anwendungsfälle des Produktes angeht, setzt TRUMPF Use Cases ein, um erforderliche Produktmerkmale festzustellen: „Wir kennen ja die Märkte, wir kennen auch die typischen Anwendungsszenarien. Wir testen viel, gerade wenn man Funktionen weglässt, muss man trotzdem nochmal in die Applikation gehen und schauen, tut das Produkt. Also so diese Use-Case-Abprüfungen."[1164]

Die Qualitätsanforderungen an frugale Produkte stimmen mit den Exzellenzanforderungen des Unternehmens TRUMPF überein, welches unter anderem „ein System des Problemverständnisses und der Problemlösung etabliert, das Verschwendung reduziert und Eigenverantwortung stärkt."[1165] Dabei setzt das Unternehmen auf einen offenen Umgang mit Fehlern, was Grundlage für eine Kultur der ständigen Verbesserung ist.[1166]

Bezogen auf die **Fähigkeiten** zur NPE frugaler Innovation strebt TRUMPF mit dem Kauf von JFY eine Symbiose an: JFY profitiert von deutschem Wissen und der Lieferung von Lasern und TRUMPF kann auf günstiger hergestellte Komponenten von JFY wie Maschinenrahmen zurückgreifen.[1167]

So kann TRUMPF auch bei HVM sein frugales Mindset weiter schärfen und frugale Expertise z. B. bzgl. Kosteneinsparung im Engineering aufbauen: „Die müssen schon Spaß daran haben es günstiger [...] hinzukriegen. [...] ‚Anderswo würde das jetzt so viel kosten, kriegt ihr das billiger hin?' [...] dann entsteht [...] eine gewisse Sportlichkeit [...]. [...] es hat überhaupt keine Konnotation von niedriger Performance oder niedriger Qualität. Sondern es hat die Konnotationen von: Ich bin smart und habe eine günstigere Lösung gefunden, um von A nach B zu kommen." Trotz dieser bereits bewussten Wahrnehmung der frugalen Ausrichtung der HVM und der oftmals bereits für

1163 Vgl. Experte 4.
1164 Experte 4.
1165 Vgl. TRUMPF (2022 f).
1166 Vgl. TRUMPF (2022 f); TRUMPF (2022 g).
1167 Vgl. WirtschaftsWoche (2013); Dierig (2013).

frugale Innovation förderlichen Organisationsstrukturen, die Overhead-Kosten und Komplexitätskosten vermeiden (z. B. bewusste (Nicht-)Nutzung der Vertriebskanäle wie Außendienst; personelle Reduktion des Teams zur gezielten Ressourcenverknappung; organisatorische Auskopplung der HVM), existieren im Unternehmen Herausforderungen für die NPE frugaler Produkte, die eine Bereitschaft und Fähigkeiten zur Veränderung erfordern. Im Zuge des Veränderungsmanagements ist zu prüfen, welche erfolgreichen Prozesse und etablierten Strukturen aus dem Kontext eines westlichen High-End-Unternehmens man übernimmt und welche angesichts der strikten Kostenvorgaben ungeeignet sind für den frugalen Kontext. Hier hilft es, nicht alles als gegeben zu nehmen.[1168]

Um die angesprochenen Veränderungen bei JFY anzustoßen, waren auch Kenntnisse der Landessprache wie z. B. Chinesisch hilfreich.[1169]

Daneben setzt die HVM auf hohes technologisches Können. Beschränkt man sich bei einem minimalistischen Produktdesign auf wesentliche Komponenten, so sollen diese besonders leistungsfähig sein, was in der Umsetzung technisch sehr anspruchsvoll sein kann.[1170]

Marktfähigkeit

Das Wertversprechen von TRUMPF garantiert dem Kunden einen echten Mehrwert durch Qualität, innovative Lösungen und hocheffiziente Prozesse.[1171] Dabei werden Preis-Performance-Punkte der HVM, welche schlussendlich als Komponenten des Preises und Determinanten der Produktleistung fungieren, im Wesentlichen vom Wettbewerb bestimmt. Trotz der starken Kostenfokussierung darf die Qualität im NPEP nicht leiden, da das strikte Kostenziel und die Skalierbarkeit des Produktes durch Qualitätsdefizite gefährdet werden. Um die Kosteneinsparungen und niedrige Preispunkte realisieren zu können sind als **wertstiftende Faktoren** spezifisches Wissen und teilweise besondere Qualität erforderlich, die sich auch an den Premiumprodukten orientieren können: „[...] es gibt einfach von der Produktionstechnologie bestimmte Komponenten in Lasern, da gibt es Fixkosten und unter die komme ich nicht drunter, aber ich kann aus der Komponente mehr Leistung rausziehen und dann geht wieder der Dollar pro Watt Preis runter. Und das treibt dann wieder High-endige Innovation." Zudem gilt auch bei HVM: „Aber das, was ich dann mache, das Wenige, das muss dann extrem gut sein. Und da muss ich dann wieder mit Tech-

1168 Vgl. Experte 4.
1169 Vgl. Backhaus (2020).
1170 Vgl. Experte 4.
1171 Vgl. TRUMPF (2022e).

nologieentwicklung rein gehen." So bieten die Produkte dem Kunden, neben einem geringeren Preis, die Qualität bzw. bestimmte Funktionen betreffend auch Highlights.[1172]

Die Zwei-Marken-Strategie von TRUMPF unter Beibehaltung des Markennamens „JFY" sorgt des Weiteren einerseits dafür, dass das frugale Produkt von den Premiumprodukten separiert wird, um Kannibalisierung und Wettbewerb zu verhindern. Unter der Dachmarke TRUMPF kann es aber andererseits auch von der Reputation des Unternehmens profitieren.[1173]

6.3.3 Frugale Innovation @ EVUM Motors GmbH

Informationen zum Unternehmen und den Interviewpartnern

Die EVUM Motors GmbH (nachfolgend bezeichnet als EVUM) mit Hauptsitz in München entwickelte anhand des frugalen Ansatzes, welcher sich für das Unternehmen insbesondere durch die „explizite Auseinandersetzung mit der Situation einer Zielgruppe und daraus resultierenden Funktionsanforderungen an Produkte und Dienstleistungen"[1174] ergibt, ein vollelektrisches Allradfahrzeug. Die frugalen Eigenschaften des Fahrzeugs sind angelehnt an die Kriterien von Weyrauch/Herstatt (2016).[1175] Fokussiert auf die wichtigsten Funktionen für die lokalen Bedürfnisse, ist das kompakte und umweltfreundliche Fahrzeug mit einer Höchstgeschwindigkeit von 70 km/h, einer Reichweite von 200 km und verschiedenen Aufbaumöglichkeiten für Transportaufgaben in unterschiedlichen Einsatzbereichen vielseitig einsetzbar, wie z. B. im kommunalen Bereich, für die letzte Meile bei Lieferungen, im Handwerk und als Fuhrpark im Tourismus z. B. auf dem Golfplatz. Da das Fahrzeug emissionsfrei und ohne Lärm fährt, kann es auch für Werksverkehr in Lagerhallen zum Einsatz kommen. Mit seiner einfachen Bedienbarkeit und einer Tonne Nutzlast sowie einer Tonne Anhängelast ist es nutzerfreundlich und kann gut laden. Die Verwendung von Thermoplast als Material macht das Fahrzeug widerstandsfähiger gegenüber Kratzern und kostengünstiger als mit Blechkarosserie: Statt einer Million pro Bauteil hatte EVUM nur Werkzeugkosten von etwa 500.000€. Das Material ist zudem robust, langlebig, wartungsarm und, nicht zuletzt durch die Produktion in Deutschland, hochwertig. Eine großräumige Fahrerkabine und die Möglichkeit einer Aufladung an der Haushaltssteckdose bieten dem

1172 Vgl. Experte 4.
1173 Vgl. Knapp et al. (2015); TRUMPF (2018); Dierig (2013).
1174 Vgl. Blumenroth (o. J.).
1175 Vgl. Šoltés et al. (2017), S. 2; Weyrauch/Herstatt (2016), S. 6ff.

Nutzer zudem Komfort. Im Vergleich zu anderen E-Fahrzeugen dieser Kategorie ist das Fahrzeug, auch bedingt durch Fördermöglichkeiten, außerdem erschwinglicher.[1176] Das ursprünglich für Afrika gedachte Fahrzeug erfreut sich nun in Deutschland, nicht zuletzt wegen seines sichtbaren Zeichens für Klimaschutz und der Möglichkeit, es eigenständig zu warten, sowie Simplizität und zielgerichteter Funktionalität einer großen Nachfrage: „Die Leute sagen uns: Ja, ich will meine Sachen elektrisch von A nach B transportieren, aber ich brauch nicht den Schnickschnack, der in den letzten 20 Jahren in die ganzen Fahrzeuge reingekommen ist", sagt Sascha Koberstaedt.[1177]

Die Geschichte der EVUM Motors GmbH begann 2013 damit, dass die zwei Gründer Sascha Koberstaedt und Dr. Martin Šoltés damals als Doktoranden im Rahmen eines Forschungsprojekts am Lehrstuhl für Fahrzeugtechnik der TU München Mobilitätskonzepte in ländlichen Gegenden Afrikas untersuchten. Als diese Untersuchung ergab, dass zuverlässige Transportmöglichkeiten, die mit der rudimentären Infrastruktur auskommen, Mangelware sind und Strom dank einer dezentralen Energieversorgung dort eher verfügbar war als Benzin, war die Idee für einen robusten, einfachen Elektrotransporter geboren. 2016 entstand der erste Prototyp inkl. Feldtest in Deutschland und Ghana, im August 2017 wurde die EVUM Motors GmbH als Spin-off des Forschungsprojekts gegründet. Unter dem Slogan „One for all" ist das Unternehmen im Automobilsektor angesiedelt und entwickelt ein frugales E-Fahrzeug, das aCar. Nach ersten Entwürfen wurde das Produkt 2018 noch einmal neu entwickelt, nachdem die strategische Entscheidung gefallen war, damit zunächst die DACH-Region zu adressieren und dazu das Auto auf eine höhere Zulassungsklasse zu bringen, um eine breitere Zielgruppe in Deutschland durch mehr Nutzen anzusprechen, da das aCar damit auch für Autobahnen zugelassen ist.[1178] Trotz des damals besseren product-market-fit mit Afrika verglichen mit Industrienationen[1179] war es aufgrund der politischen Umstände im Zielland und auch wegen der räumlichen Distanz schwierig, dort direkt eine Produktion aufzubauen, zumal die Kosten für das Fahrzeug durch die geringe Skalierbarkeit zu diesem Zeitpunkt für den dortigen Markt zu hoch gewesen wären, was nun mit einer besseren wirtschaftlichen Tragfähigkeit des Unternehmens nicht mehr der Fall ist. Da es außerdem in Deutschland bereits viele Interessenten gab[1180], fokussiert

1176 Vgl. EVUM (2022b); Kerler (2021).
1177 Kerler (2021).
1178 Vgl. Experte 5; Mumme (2017); EVUM (2019).
1179 Vgl. Experte 5.
1180 Vgl. Kerler (2021); Experte 5.

das Unternehmen mit seinem Produkt nun die DACH-Region, insbesondere Deutschland. 2019 wurde das aCar im finalen Design auf der Internationalen Automobilausstellung vorgestellt, 2020 folgten der Start der Serienentwicklung und des Vertriebs. Im Februar 2020 wurden die ersten aCars an Kunden in Deutschland und Europa ausgeliefert und 2021 erfolgte der Produktionsstart in der eigenen Fabrik in Bayerbach bei Ergoldsbach in Niederbayern/Deutschland.[1181] Das matrixorganisierte Unternehmen, welches in einer klassischen Projektstruktur mittlerweile 65 Mitarbeiter/innen beschäftigt (Stand Mai 2021) und in einer Doppelspitze von den beiden Gründern geführt wird, versteht sich als mittelständischer Fahrzeughersteller und möchte in den kommenden Jahren gesund und nachhaltig wachsen, wobei für 2024 die internationale Produktion in Entwicklungs- und Schwellenländern anvisiert wird.[1182]

Der Kontakt zu Interviewpartner Dominik Fries kam im Rahmen des Afrikatags 2020 in Illertissen zustande. Der studierte Maschinenbauingenieur kennt EVUM aus seiner Zeit als Diplomand am Lehrstuhl für Fahrzeugtechnik und hat nach beruflichen Stationen im Business Development bei Automobil-Zulieferern und in der Strategieberatung für den Automobilbereich und selbständiger Tätigkeit im November 2018 die Stelle als Leiter Business Development bei EVUM angenommen.[1183] Sein Erfahrungswissen zur NPE im Automobilbereich, gerade auch vergleichend zwischen frugalen und konventionellen Automobilen, trägt wesentlich zu den Erkenntnissen dieser Arbeit bei.

Gregor Neumann als zweiter, über LinkedIn akquirierter Interviewpartner kann als Industrial Designer bei EVUM (seit 2018) und Experte für Methoden des Prototypings einen sehr guten Einblick in den Entwicklungsprozess geben, v. a. zum Spannungsfeld zwischen kreativer Freiheit und Funktionalität bzw. Zweckmäßigkeit des Produktes. Er war maßgeblich an der Entwicklung des Interieurs beteiligt. Zwischenzeitlich ist er vorrangig für die Unternehmensdarstellung nach außen hin wie z. B. Messeauftritte verantwortlich.[1184]

EVUM wurde als Fallstudie ausgewählt, weil ihr Produkt ein gutes Beispiel einer frugalen Innovation darstellt, „weil es eigentlich gar nicht für Käufer aus Deutschland entwickelt wurde."[1185] Zudem ist das von einem Start-up zu einem Unternehmen mittlerer Größe gewachsene Gebilde eines der sehr raren mittelständischen Unternehmen auf dem Gebiet der frugalen Innovation

1181 Vgl. EVUM (2022a); Kerler (2021); Experte 5.
1182 Vgl. EVUM (2020a); EVUM (2022a).
1183 Vgl. Experte 5.
1184 Vgl. Experte 6.
1185 Kerler (2021).

und daher strategisch wichtig für diese Arbeit, genauso wie die Dualität der Anwendung des NPEP durch EVUM auf dem europäischen und afrikanischen Markt.

Anforderungen/Merkmale Prozess

„[...] wir wollen das Ganze von vorne nach hinten durchdenken und unser Ansatz ist sowohl für Entwicklungsmärkte, als auch für den deutschen Markt", beschreibt der Experte den NPEP.[1186] Die **ganzheitliche Betrachtung** des NPEP zeigt sich bereits daran, dass EVUM von Beginn an das Ziel hatte, ein Mobilitätskonzept zu entwickeln, also nicht nur das Fahrzeug, sondern auch dessen Produktion und die Sicherstellung von Service durch ein enges Händlernetz in der DACH-Region (z. B. BayWa AG) konzeptioniert hat[1187]: „Als wir 2013 mit der Entwicklung anfingen, ging es uns um ein Fahrzeugkonzept für Entwicklungs- und Schwellenländer."[1188] Bei der Entwicklung des aCars zielte das Unternehmen konsequent ein frugales Produkt an: „Es ist auf das Wesentliche fokussiert und seine Ausstattung verliert sich nicht mit „Schnickschnack". Die große Mission von EVUM Motors ist die Lösung der täglichen Transportaufgaben durch robuste, einfache vollelektrische Mobilität auf und abseits der Straße. Arbeit erleichtern, Transportaufgaben erledigen, Lieferungen sicher ans Ziel bringen."[1189] Dabei passt die Zielsetzung der Frugalität zu den Entwicklungszielen von EVUM (abgeleitet von lat. Aevum: Unsterblichkeit, Ewigkeit), welche u. a. auf sozialer (z. B. Aufbau von Arbeitsplätzen) und ökologischer Nachhaltigkeit (z. B. Ressourceneinsparung)[1190] bzw. einer „Demokratisierung der E-Mobilität" liegen: „Bewusst einfach aufgebaut, auf Ressourcenschonung ausgerichtet, haben wir bereits in der Produktentstehung auf ein Fahrzeugkonzept geachtet, das uns die lokale und umweltschonende Herstellung der Fahrzeuge direkt in der Nähe unserer Kunden ermöglicht." Und weiter: „Es ist uns ein persönliches Anliegen, ein Fahrzeug auf den Markt zu bringen, das konsequent alles Überflüssige weglässt und so einen E-Transporter zu erschaffen, der selbst in den ärmsten Ländern der Welt finanzierbar und herstellbar ist."[1191]

Zur Entwicklung folgte EVUM außerdem einem ganzheitlichen Innovationsprozess von der Planung, über die Entwicklung bis hin zur Implementierung des Mobilitätskonzepts.[1192] Eine wichtige Anforderung an den NPEP des aCars sah

1186 Experte 5.
1187 Vgl. Blumenroth (o. J.); Experte 6; EVUM (2021a).
1188 Kerler (2021).
1189 EVUM (2022c).
1190 EVUM (2022d); Mumme (2017).
1191 EVUM (2022a); Blumenroth (o. J.).

das Unternehmen in der Auseinandersetzung mit der spezifischen Zielgruppe zu Beginn, aus der wiederum die Funktionsanforderungen des Produktes abgeleitet wurden. Herr Fries begründet dies so: „Frugale Produkte sind per definitionem am Fuß der soziökonomischen Pyramide verankert, und damit viel näher an den wirklichen Bedürfnissen einer in vielen Segmenten vernachlässigten, aber sehr großen Bevölkerungsschicht."[1193] Infolge der strategischen Entscheidung, zunächst die DACH-Region, welche andere Anforderungen aufweist, zu adressieren und das Fahrzeug auf den höheren Zulassungsstandard N1 zu bringen, entstanden weitere Veränderungen des aber im Kern weiterhin frugalen Produktes.[1194] Im Sinne des ganzheitlichen NPEP bzw. Entwicklungsansatzes, und als Alleinstellungsmerkmal verglichen mit anderen E-Fahrzeugen, funktioniert der Antriebsstrang des Produktes im Niedervoltbereich, sodass auch Produktion, Wartung und Reparatur ohne Spezialkenntnisse wie eine Hochvolt-Schulung oder Schutzausrüstung direkt beim/vom Kunden möglich sind. Dazu basiert das Fabrikationskonzept zu 98 % auf manueller Arbeit und damit einem sehr geringen maschinellen Automatisierungsanteil. Insgesamt sind so über den gesamten Produktlebenszyklus die Kosten möglichst gering und es benötigt auch keine teuren Fabriken.[1195] Des Weiteren wurde z. B. in der Designphase, wo in der Fahrzeugentwicklung zur iterativen Verbesserung von Bauteilen bzw. der Erstellung von Prototypen mit Clay-Modellen gearbeitet wird, zur Vermeidung von Kosten mit Pappmodellen oder Ausdrucken auf Papier gearbeitet.[1196] Durch die starke Fokussierung von Nachhaltigkeit werden im Produktionsprozess energie- und wassersparende Technologien bzw. Strategien zur Emissionsreduzierung, Wiederverwendung und Wiederaufbereitung verwendet.[1197] Um im NPEP auch prozessuale Kosten zu senken, wurde für Produktion und Einkauf eine hohe Standardisierung realisiert. Insgesamt zeichnete sich der Prozess auch durch eine höhere Konsequenz und ausgeprägtere Schlankheit aus als herkömmliche NPEP im Automobilbereich, die oftmals von Änderungsmanagement durchzogen werden.[1198] So lässt sich das aCar mit wenig Aufwand allerorts replizieren, sodass das Unternehmen bereits Anfragen aus mehr als zehn Ländern hat, was wieder dem ganzheitlich ausgerichteten

---

1192 Vgl. Šoltés et al. (2017), S. 4ff.
1193 Blumenroth (o. J.); Experte 5.
1194 Vgl. Experte 6; Experte 5.
1195 Vgl. Kerler (2021); Experte 5.
1196 Vgl. Experte 6; EVUM (2019); Bayerischer Rundfunk (2019).
1197 Vgl. EVUM (2022d).
1198 Vgl. Experte 5.

Unternehmensziel folgt, Mobilität, Werkstätten und damit auch Arbeitsplätze vor Ort zu schaffen.[1199]

Hinsichtlich des **agilen Charakters** der NPE bei EVUM lässt sich festhalten, dass die Entwicklung agil gearbeitet hat, v. a. nach Scrum, und das aCar vom Konzept über diverse Prototypen hin zur aktuellen Produktversion mit z. B. Änderungen bei Design und Materialauswahl entwickelt wurde. Entwicklung und Einholen von Kundenfeedback wechselten sich in mehreren Iterationen ab. Eine wichtige Quelle für Feedback war auch die sechsmonatige Erprobungsphase des aCars in Ghana. Einzelne Komponenten wie z. B. Schalter wurden hinsichtlich ihrer Ergonomie in Iterationsschleifen optimiert. Aufkommende Probleme wurden „in Kick-Offs definiert und dann in relativ zügigen Sprints auch behoben oder eben bearbeitet."[1200] Aber auch bzgl. der Markteinführung des aCars verfolgte EVUM mit dem Family and Friends Ansatz ein agiles Vorgehen, indem, mit dem Ziel der ehrlichen und auch nachsichtigen Feedbackgewinnung, zunächst ein Vorserien-Fahrzeug als MVP an ausgewählte, vertraute Personen geliefert wurde. Festgestellte Mängel wurden bis zur First Mover Edition für den Markt daraufhin eliminiert.[1201] Auch über den Produktionsstart hinaus behält EVUM ein agiles Vorgehen bei, indem auch nach dem Kaufakt ein reger Austausch mit den Kunden gepflegt wird und das Fahrzeug stetig an die Bedürfnisse des Kunden angepasst wird: „Ja, es war ein sehr iterativer Prozess, um ehrlich zu sein. Wir haben uns das einfacher vorgestellt, als es letzten Endes war und als es heute noch ist."[1202] Bei Herrn Fries ist auch das Produktmanagement angesiedelt, welches konsequent das Kundenfeedback und Reklamationen aus dem Feld einfährt und in einem internen Gremium über die Umsetzung berät, wobei sich das Unternehmen für die hardwareseitige Implementierung von Änderungen stark an Integrationsstufen hält: „Also wir lernen mit jedem Fahrzeug dazu. Das ist einfach so, weil die Stückzahl der verkauften Fahrzeuge immer noch verhältnismäßig gering ist, vor allem, wenn man sie mit einem großen OEM vergleicht. Dass uns jeder Kunde neue Ergebnisse liefert."[1203]

Neben der operativen agilen Vorgehensweise zeichnet sich das Unternehmen auch durch eine schlanke Struktur und einfache Prozesse aus.[1204]

1199 Vgl. Mumme (2017).
1200 Kerler (2021); Experte 6; Experte 5.
1201 Vgl. Experte 6; Experte 5.
1202 Experte 5.
1203 Experte 5.
1204 Vgl. Experte 6; Experte 5.

Als weiteres Merkmal des NPEP von EVUM lässt sich ein **lokaler Bezug** erkennen. Wie bereits beschrieben, stand am Beginn des Prozesses die explizite Auseinandersetzung mit der Situation einer Zielgruppe vor Ort und den lokalen Gegebenheiten und Bedarfen. Kontextspezifisch wurden dann Funktionsanforderungen an das Produkt für die ermittelten Zielgruppen formuliert.[1205] „Die beiden reisten nach Ghana, Nigeria, Kenia und Tansania, später auch nach Nepal und Bangladesch. Dort sprachen sie mit Einheimischen, zum Beispiel Bauern, über deren Bedarf an Transport und Mobilität. Denn sie wollten ein Gefährt konzipieren, das genau darauf abgestimmt ist."[1206] Dies führte z. B. zur Auslegung der Reichweite und Höchstgeschwindigkeit, die für afrikanische Straßenverhältnisse ausreichend sind oder zum Hinzufügen eines Solarmoduls, welches die in Afrika üppig vorhandene Sonnenenergie für das Fahrzeug nutzbar macht. Später wurden dem Prototyp basierend auf einer weiteren Bedürfnisanalyse für die DACH-Region z. B. noch Heizung und Servolenkung hinzugefügt sowie mehr Kopffreiheit und Stauraum im Innenraum, was im afrikanischen Kontext keine Rolle spielte. Auch der Preis ist kontextabhängig in DM ein höherer.[1207] Diesbezüglich verweist das Unternehmen auf Carsharing als lokale Gegebenheit. Dies ist in Afrika seit langem Usus und auch dadurch können die Nutzungskosten für den Einzelnen auf dem afrikanischen Markt noch einmal reduziert werden.[1208]

Die Nutzung lokaler Partnerschaften oder Ökosysteme war ebenfalls eine wichtige Komponente im NPEP bei EVUM. Neben dem Aufbau eines flächendeckenden Service- und Händler-Netzes als Multiplikatoren in der DACH-Region wurden für die Entwicklung in Deutschland Kontakte in die Automobilindustrie, die für die neue Fahrzeugklasse mit ihrer Expertise beratend zur Seite stand, genutzt.[1209]

Dem ganzheitlichen Entwicklungsziel des Unternehmens entsprechend ist das Auto weiterhin durch den niedrigen Automatisierungsgrad so konzipiert, dass es lokal gefertigt und gewartet werden kann, selbst wenn vor Ort, wie z. B. in Afrika, wenig Infrastruktur, finanzielle Mittel oder Fachwissen zur Verfügung stehen. Über ein Franchising-System stellt EVUM den dortigen Franchise-Nehmern Know-how zur Verfügung, überlässt aber ansonsten Aufbau und Betrieb des Geschäfts den lokalen Parteien.[1210] Was im Zuge der Ressourcennutzung den

1205 Vgl. Blumenroth (o. J.).
1206 Kerler (2021).
1207 Vgl. Kerler (2021); Experte 6; Experte 5; EVUM (2019).
1208 Vgl. Mumme (2017).
1209 Vgl. Mumme (2017); Experte 6; EVUM (2021a); Experte 5.
1210 Vgl. Mumme (2017); Experte 6.

Bezug und Verbau von Komponenten betrifft, setzt das Unternehmen auf das „local for local"-Prinzip und damit namhafte europäische Hersteller mit kurzen Lieferwegen, sofern dies der Beschaffungsmarkt zulässt.[1211] So stammt die Bremse z. B. von Continental und die E-Maschine von Mahle.[1212] Dabei sind auch Adaptionen des Produktes im jeweiligen Entwicklungskontext vorzunehmen: „Das Fahrzeug, das wir nach Afrika gebracht hätten und das wir zukünftig nach Afrika bringen werden, ist ein deutlich anderes Fahrzeug als das, was wir jetzt für den deutsch-europäischen Markt haben. Und alleine, dass wir die Anzahl der Komponenten auf die Hälfte bis zwei Drittel reduzieren werden, dass wir mit einfacheren Stählen z. B. auch arbeiten, da es einfach qualitativ andere Ansprüche gibt."[1213]

Erfolgsfaktoren hinsichtlich der Struktur

Was eine **Vorabanalyse von Kontextfaktoren** betrifft, spielt bei EVUM die Bedürfnisermittlung der Nutzer im Anwendungskontext eine zentrale Rolle im NPEP: „Gesucht war ursprünglich ein Mobilitätskonzept für das ländliche Afrika, also haben wir in Ghana beispielhaft begonnen, die Bedarfe der dortigen Bevölkerung und gegebene Knappheiten genau zu studieren."[1214] So reisten die Gründer, um die Mobilitätsbedarfe in Afrika zu verstehen, dorthin und suchten das Gespräch mit der lokalen Bevölkerung. Es wurden Feldtests und Nutzergruppenstudien zur Recherche durchgeführt. Herr Fries hat sich in verschiedenen Ländern Afrikas vor Ort mit Regierungen und anderen Stellvertretern über die Optionen eines Markteintritts ausgetauscht. Auch ein afrikakundiger Partner wurde konsultiert.[1215] Das Unternehmen setzt folglich für die Entwicklung frugaler Innovation auf eine explizite Auseinandersetzung mit der Situation ihrer Zielgruppe und deren Bedürfnissen, woraus wiederum Funktionsanforderungen an Produkte und Dienstleistungen abgeleitet werden. Die ermittelten Funktionen werden in einem weiteren Schritt auch hinsichtlich ihrer technischen und finanziellen Machbarkeit vor Ort geprüft. So formulierte EVUM im Hinblick auf die ermittelten Mobilitätsbedarfe und Knappheiten beispielsweise das Ziel, einen „E-Transporter zu erschaffen, der selbst in den ärmsten Ländern der Welt finanzierbar und herstellbar ist."[1216] Gleiches galt für die Konzeption der europäischen Version des aCars, wo eine Machbarkeitsprü-

1211 Vgl. EVUM (2022d); Experte 6; Kerler (2021).
1212 Vgl. Welt (2021).
1213 Experte 5.
1214 Blumenroth (o. J.).
1215 Vgl. Kerler (2021); Experte 5.
1216 Blumenroth (o. J.).

fung ergab, dass z. B. ein Preis von unter 10.000€ hierzulande unrealistisch ist.[1217] Aber auch für den europäischen Anwendungskontext stand eine genaue Vorabprüfung der Situation am Beginn des NPEP, in deren Rahmen sich ein Mangel an flächendeckender Infrastruktur für E-Mobilität zeigte. So ergab die Marktanalyse insbesondere eine Nachfrage nach der neuen Mobilitätslösung im innerstädtischen Verkehr.[1218] Um die verschiedenen Optionen eines Markteintritts zu prüfen, arbeitete EVUM kriterienbasiert: „Wir haben uns einen Kriterienkatalog zusammengestellt und anhand dieses Kriterienkatalogs bewertet, in welche Länder mit welchem Geschäftsmodell ein Einstieg für EVUM zu welchem Zeitpunkt Sinn macht. Und natürlich hat die Stabilität der Politik eine große Rolle gespielt. Typisches Beispiel ist Nigeria als ein ganz interessanter Markt mit einer gewissen Bevölkerungsmenge und auch tollen Chancen, allerdings von politischer Instabilität geprägt und da scheiden sich dann die Geister: Geht man in diesen Markt oder nicht und entsprechend haben wir das mit einer gewichteten Bewertung dann gemacht."[1219]

Als **Promotoren** des NPEP lassen sich zunächst die beiden Gründer anführen, die mit ihrem Fachwissen und ihrer Vision einer erschwinglichen und nachhaltigen Mobilitätslösung die Entwicklung des aCars maßgeblich bestimmt haben. Als gleichberechtigte Inhaber des Unternehmens sind sie im Gespann zugleich Machtpromotoren und damit auch zuständig für die Ressourcenbereitstellung und -koordination.[1220] Was das Design des Autos betrifft, konnte Herr Neumann als Industrial Designer, wonach er Erfahrung mit funktionaler Gestaltung von Produkten hat, als Fachpromotor agieren: „[...] man hat als Industrial Designer sehr viel mit, damit zu tun die Dinge funktional zu gestalten und da ist nämlich auch dann die große Überlappung zur frugalen Innovation."[1221] Daneben wurden externe Experten zurate gezogen, die mit ihrem Erfahrungswissen das Vorhaben unterstützten.[1222]

Wichtiges Feedback versprach sich EVUM aber auch aus der Familiy and Friends Edition. Das Wissen des Anwenders wurde sodann auch zur Verbesserung des Produktes genutzt.[1223] „Also wir lernen mit jedem Fahrzeug dazu. Das ist einfach so, weil die Stückzahl der verkauften Fahrzeuge immer noch

1217 Vgl. Kerler (2021).
1218 Vgl. Mumme (2017).
1219 Experte 5.
1220 Vgl. Kerler (2021); Mumme (2017).
1221 Experte 6.
1222 Vgl. Experte 5.
1223 Vgl. Experte 6.

verhältnismäßig gering ist, vor allem, wenn man sie mit einem großen OEM vergleicht. Dass uns jeder Kunde neue Ergebnisse liefert."[1224]

Um den lokalen Besonderheiten außerdem besser gerecht zu werden, setzt EVUM auf „Händler als Multiplikatoren", die über Beziehungen und ein großes Netzwerk zu potenziellen Kunden verfügen. Sie können so auch Aufgaben, wie im Falle von EVUM z. B. das Ausschreibungsgeschäft, übernehmen, wofür EVUM Kapazitäten und Erfahrung fehlen und so mögliche Barrieren abbauen. Langfristig plant EVUM hierfür den Aufbau von Key Accounts.[1225]

Der Aspekt **kontextspezifischer Gate-Kriterien und Pflichtergebnisse** wurde im NPEP des aCars v.a. durch das Ziel, die Produktions- und Betriebskosten niedrig zu halten, bestimmt. Darauf wurde die Entwicklung ausgerichtet, sodass z. B. „einfache Geometrien und nur die notwendige Ausstattung sowie ein[en] vollelektrische[n]r Allradantrieb mit wartungsarmen Elektromotoren für schwierige Bodenbedingungen" gewählt wurden.[1226] Außerdem ergaben sich auch kontextspezifische Anforderungen an das Produkt wie z. B. Robustheit für die afrikanischen Straßenverhältnisse oder der Verbau einer Klimaanlage bzw. Heizung und Servolenkung für das europäische Modell, was im NPEP entsprechend Berücksichtigung fand.[1227] Dies führte u. a. auch dazu, dass die Funktionalität des Produktes bei der Entwicklung über allen anderen Kriterien wie z. B. dem Design stand: „[...] die ganzen Formen und Bewegungen die wir da drin machen die haben alle exakt eine Begründung und es ist eigentlich nichts nur aus ästhetischen Gründen so gemacht."[1228] Zur Auswahl der Komponenten des Fahrzeugs arbeitet EVUM auch mit einer Bewertungsmatrix. Das Vorgehen im NPEP wird zudem anhand von KPIs bewertet.[1229]

Erfolgsfaktoren hinsichtlich der Methoden/Werkzeuge

Wie die Experten im Gespräch bestätigen, verfolgt EVUM ausdrücklich einen **modularen Entwicklungsansatz** für das aCar, welches sich Kunden im Konfigurator auf der Webseite gemäß ihren Bedarfen zusammenstellen können: „Schnell war klar, dass es ein modular aufgebautes Gefährt sein musste, quasi ein Allrounder für vielfältige Anwendungen."[1230] Im Sinne einer Produktfamilie mit verschiedenen Editionen, die jeweils über eine bestimmte Ausstattung

1224 Experte 5.
1225 Vgl. Experte 5.
1226 Blumenroth (o. J.).
1227 Vgl. Kerler (2021); Experte 5.
1228 Experte 6.
1229 Vgl. Experte 5.
1230 Blumenroth (o. J.).

verfügen[1231], entwickelt das Unternehmen für die spezifischen Anwendungsfälle entsprechende Komponenten, welche der Nutzer zum Basisprodukt ergänzen kann (z. B. Farbwahl, Wahl des Aufbaus, Reifen und Räder sowie Sonderausstattung und Zubehör): „[...] das Produkt, das wir entwickelt haben, dann wieder als Blueprint sozusagen, aber adaptiert auf die jeweiligen Märkte in Afrika und in anderen Kontinenten und Ländern, die ja im Entwicklungskontext sozusagen stehen, dann wieder anzuwenden." „Und eigentlich ist das Fahrzeug relativ simpel ausgestattet und wie man das aus dem Automobilbereich kennt, kann man da alles Mögliche noch dazu addieren, um dann so ein richtiges Hightech-Produkt zu haben."[1232] So sind beispielsweise unter dem Motto „Vielseitig. Individuell. Wandelbar" „vielseitige Aufbaumöglichkeiten" realisierbar oder Extras wie eine Standheizung auf Basis von Bio-Ethanol[1233] oder, falls im Anwendungskontext erforderlich bzw. nützlich, z. B. eine Sitz-/Stand-/Innenraumheizung oder Nebelscheinwerfer ergänzbar.[1234] Dabei gilt, insbesondere wegen der Kosten: „Das ist kein Fahrzeug, das individuell ist, in dem Sinne, dass jeder sein eigenes Fahrzeug bekommt, sondern wir schauen schon, dass wir über eine Bewertungsmatrix entsprechend einordnen können, wann ein neues Feature oder eine neue Komponente am Fahrzeug Sinn macht, wenn die Nachfrage aus gewissen Kundensegmenten einfach sehr hoch ist und sich mehrt und an gewissen Stellen machen wir dann auch einfach Abstriche."[1235] Für die Zukunft besteht bzgl. der modularen Ausrichtung folgender Ansatz: „Ja, längerfristig wird das, haben wir uns das zumindest so vorgestellt, dass wir sozusagen eine Masterdatei des aCars haben und es dann marktspezifische und länderspezifische Varianten dieses aCars geben wird." „[...] auf Basis dieses einen aCars, wir nehmen das ganze jetzt auch als Modul und arbeiten da mit Baukästen. Wir wollen auf Basis dieser einen Plattform ja massig Derivate verwirklichen."[1236]

Da es das Ziel ist, marktgetrieben zu entwickeln und das Produkt auf die spezifischen Bedürfnisse der Bevölkerung abzustimmen, greift EVUM zur **Kundeneinbindung** im NPEP v. a. auf Gespräche mit Nutzern und der lokalen Bevölkerung zurück.[1237] Die Erkenntnisse dieser Unterredungen fließen in die Entwicklung von Personas oder in User Stories und somit auch in den NPEP

1231 Details siehe EVUM (2022e).
1232 Experte 5.
1233 Vgl. EVUM (2022c).
1234 Vgl. Experte 5; Details siehe EVUM (2022e).
1235 Experte 5.
1236 Experte 5.
1237 Vgl. Kerler (2021); Experte 6.

des Fahrzeugs ein.[1238] So definiert EVUM v. a. folgende Anwendungsfälle für das aCar: Einsatz im Handwerk als robustes und wartungsarmes Fahrzeug, Einsatz in unwegsamem Gelände im Agrar- und Forstbereich, emissionsfreies Transportfahrzeug für Werksverkehr oder die letzte Meile sowie zur Nutzung für E-Mobilität im Tourismus oder private Vorhaben wie z. B. einen Umzug, wie Abbildung 27 zeigt.[1239]

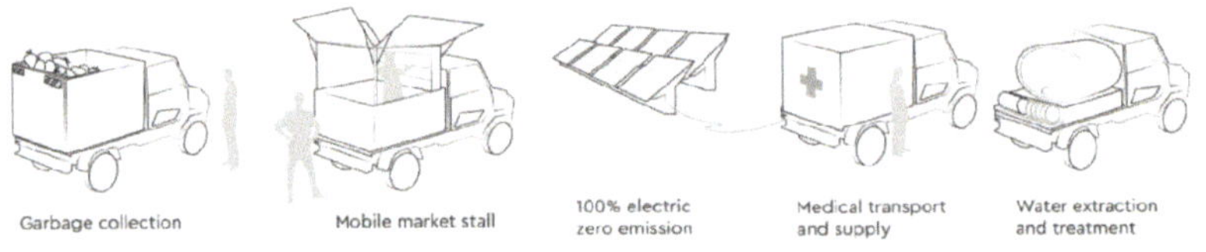

Abbildung 27: Use Cases für das aCar[1240]

Auf diese Anwendungsfälle sind infolge auch die Komponenten entsprechend ausgelegt, wie z. B. robuste Kippschalter, die Bauarbeiter mit Handschuhen komfortabel bedienen können anstelle von Touchdisplays, wie in Abbildung 28 ersichtlich wird.

1238 Vgl. Experte 5.
1239 Vgl. EVUM (2022b).
1240 Vgl. Fries (2020), S. 5f.

Abbildung 28: Funktionale Ausrichtung des aCars am Beispiel des Cockpits[1241]

Der Experte merkt hierzu an, dass die Anwendungsfälle natürlich kontextspezifisch sind, sodass die Personas für einen neuen Anwendungskontext entsprechend neu definiert werden. Im späteren Verlauf des NPEP nutzt das Unternehmen außerdem MVP, um Feedback der Kunden zu gewinnen, welches wiederum in das Produkt einfließt.[1242] Um außerdem präzise Daten über den konkreten Anwendungsfall zu erhalten, hat EVUM neben Online-Befragungen bei potenziellen Kunden, Tracker in Wettbewerbsfahrzeuge der Kunden verbaut. Diese zeichnen z. B. Informationen zur benötigten Reichweite im Anwendungsfall auf.[1243]

Was die **Fähigkeiten** für den NPEP betrifft, trägt EVUM das Entwicklungsziel auch in seinen Werten mit. Neben „Pioniergeist, Teamspirit und Erfolgshunger" leistete v. a. der visionäre Wunsch, die Welt nachhaltig zu gestalten durch robuste und clevere E-Mobilitätslösungen mit maximalem Kundennutzen[1244], einen Beitrag zur Entwicklung des aCars: „Bewusst einfach aufgebaut, auf Ressourcenschonung ausgerichtet, haben wir bereits in der Produktentstehung auf ein Fahrzeugkonzept geachtet, das uns die lokale und umweltschonende Herstellung der Fahrzeuge direkt in der Nähe unserer Kunden ermöglicht. Mit diesem Konzept leisten wir unseren Beitrag dazu, dass Wohlstand auf der Welt gerechter verteilt wird und auch Menschen in Entwicklungs- und Schwellenlän-

1241 Vgl. EVUM (2021b).
1242 Vgl. Experte 6.
1243 Vgl. Experte 5.
1244 Vgl. EVUM (2022 f); EVUM (2022a).

dern in den Wirtschaftskreislauf integriert werden."[1245] Dieses hehre Ziel erfordert die Bereitschaft zur Veränderung im NPEP. Insbesondere betrifft dies z. B. Methoden beim Prototyping mit Papier statt Claymodelling, die Verwendung von Thermoplast für die Karosserie statt Blech zur Kostenreduktion sowie die Verwendung einfacherer Stähle, oder den Bau einer Fabrik, die kontextspezifisch in Afrika keinen dreistelligen Millionenbetrag kosten darf und hauptsächlich auf manuelle Arbeit statt hohen maschinellen Automatisierungsanteil setzt.[1246] Herr Neumann fasst es so zusammen: „Fahrzeugdesign bei einem OEM, das sieht dann eben wahnsinnig viel Zeit, also fünf Jahre wahrscheinlich mindestens vor und sehr viel Kapazitäten, sowohl personell, als auch finanziell. Also wahnsinnig kostenaufwendig und da ist es eben halt auch wieder der offensichtliche Unterschied, den wir da haben, dass wir da sehr viel zielführender, pragmatischer agieren und einfach aus dem Grund, weil wir es nicht anders können, weil wir dazu gezwungen sind, die Kosten niedrig zu halten und versuchen müssen, so effektiv wie möglich zu sein." Die angesprochene Effektivität garantiert EVUM auch durch kurze Wege dank flacher Hierarchien und durch eine ausgeprägte Agilität trotz fester Gremienstrukturen.[1247]

Das Entwickeln des frugalen Autos wurde außerdem durch ein ständiges Lernen zum Umgang mit und der Realisierung von Kundenfeedback begleitet. Als Schlüsselqualifikation im Austausch mit dem Kunden gilt das Zuhören: „Man muss mit den Kunden sprechen. Und man muss den Kunden in seinen Bedürfnissen verstehen. Man muss aber auch zwischen den Zeilen lesen können, glaube ich. Also was das wirkliche Kundenbedürfnis ist. Auch da ein Beispiel: Der Kunde sagt, er will eine Servolenkung. Normalerweise würde man einfach eine Servolenkung anbieten. [...] Was der Kunde aber eigentlich möchte, ist ein einfaches Lenkgefühl und mit dem Fahrzeug einfach umgehen zu können, ohne sich zwei Jahre vorher im Fitnessstudio eingebucht zu haben."[1248]

Marktfähigkeit

Die Treiber der E-Mobilität im Nutzfahrzeugbereich sind u. a. für Gewerbetreibende und Kommunen die Angst vor Fahrverboten im Angesicht von CO_2-Diskussionen und für Abnehmer aus dem land- und forstwirtschaftlichen Bereich die Suche nach emissionsfreien Fahrzeugen, die den natürlichen Arbeitsraum schonen.[1249]

1245 EVUM (2022a).
1246 Vgl. Kerler (2021); Experte 6; Experte 5.
1247 Vgl. Experte 6; Experte 5.
1248 Experte 5.
1249 Vgl. Ellmer (2021).

Die Marktfähigkeit des aCars wird in erster Linie gewährleistet, indem das Produkt, wie beschrieben, gemäß dem Unternehmensmotto „One for all"[1250] in vielfältiger Ausprägung genau auf diese Bedürfnisse und den Marktkontext der Nutzer ausgelegt wird. Erschwinglichkeit beinhaltet dabei neben der finanziellen auch infrastrukturbezogene, d. h. Produkte müssen mit der vorhandenen Infrastruktur der Zielgruppe ohne zusätzlichen Aufwand nutzbar sein.[1251] In diesem Zusammenhang offeriert EVUM seinen Kunden auch ein dichtes Netz aus Händlern und Servicepartnern.[1252]

Über die bloße Aufgabenerfüllung des Produktes hinaus, beinhaltet das Wertversprechen von EVUM weitere **wertstiftende Faktoren** wie z. B. Nachhaltigkeit: „Das aCar ist unser Beitrag, die Welt ein Stückchen besser zu machen. Bewusst einfach aufgebaut, auf Ressourcenschonung ausgerichtet, haben wir bereits in der Produktentstehung auf ein Fahrzeugkonzept geachtet, das uns die lokale und umweltschonende Herstellung der Fahrzeuge direkt in der Nähe unserer Kunden ermöglicht. Mit diesem Konzept leisten wir unseren Beitrag dazu, dass Wohlstand auf der Welt gerechter verteilt wird und auch Menschen in Entwicklungs- und Schwellenländer in den Wirtschaftskreislauf integriert werden."[1253] „Darüber hinaus ist für uns die soziale und ökologische Komponente sehr wichtig: Wir stehen für eine bezahlbare und nachhaltige E-Mobilität für alle."[1254]

Für den deutschen Markt zeigte sich insbesondere der Wunsch nach Simplizität als Kaufgrund[1255], wonach EVUM für den einfachen und unkomplizierten Einstieg in die E-Mobilität steht (plug and play).[1256] Dabei bietet das Produkt dem Nutzer trotz der Erfüllung frugaler Anforderungskriterien wie z. B. Fokussierung auf das Wesentliche und damit eine wirtschaftliche und umweltfreundliche Lösung dank des modularen Aufbaus auf Wunsch auch gewisse Extras (z. B. limitierte Sonderedition „First Mover" mit Ethanol-Innenraumheizung, Audioanlage und externer Steckdose; Anschluss für Starkstromladen) und besondere Leistungsfähigkeit wie z. B. ein hohes Drehmoment, das eine gute Kraftübertragung sichert und garantiert so den Nutzengewinn des Kunden.[1257] „Viele nennen unser Fahrzeug den elektrifizierten Unimog", sagt Koberstaedt.

1250 Vgl. EVUM (2022a).
1251 Vgl. Tiwari/Herstatt (2020), S. 47f.; Bhatti/Ventresca (2013), S. 16.
1252 Vgl. Experte 6.
1253 EVUM (2022a).
1254 Blumenroth (o. J.).
1255 Vgl. Kerler (2021).
1256 Vgl. EVUM (2019).
1257 Vgl. EVUM (2022c); EVUM (2020b); Ellmer (2021).

„Und meinen das durchaus nett. Endlich wieder ein einfacher Transporter, aber eben elektrisch und damit cool."[1258]

Es geht folglich beim Wertversprechen frugaler Innovation nicht um „Schöner, höher, weiter oder wie ein Produkt vermeintlich besser gemacht werden kann, sondern die Frage, was die eigentliche Herausforderung der Kunden ist", sagt Frau Dr. Blumenroth von Bayern Innovativ. Daraus resultieren keine billigen Produkte, die von Verzicht gezeichnet sind, sondern diese Produkte können durchaus über höherwertige Technologie verfügen.[1259] Was das Unternehmen definitiv als global erfolgskritisch ausmachte, war das Design und Styling des Fahrzeugs.[1260] So plant das Unternehmen ebenfalls für die Zukunft eine Pick-up-Version für urbane Käufer, um der Nachfrage nach trendbewusster und nachhaltiger Mobilität in DM entgegenzukommen.[1261]

Da EVUM auch ökonomisch nachhaltig sein muss, setzt das Unternehmen, was die Preisgestaltung betrifft, auf kontextspezifische Preise mit einem für Deutschland über 10.000€ liegenden Preis, plant aber für den afrikanischen Markt einen günstigeren Preis des aCars dank Degressionseffekten durch größere Stückzahlen, niedrigere lokale Kosten und fallende Batteriekosten.[1262] Profitieren kann der Kunde in Deutschland außerdem von einem Umweltbonus und einer Sonderabschreibung.[1263]

So wird EVUM auch gerne als „Tesla der Entwicklungs- und Schwellenländer" bezeichnet.[1264] „Wir sind ein Premiumhersteller, aber nicht, weil wir Luxus bieten, sondern etwas Hochwertiges, Nachhaltiges."[1265]

6.3.4 Frugale Innovation @ kernique – NU STEP GmbH

Informationen zum Unternehmen und den Interviewpartnern

Das Esslinger Food Start-up kernique – NU STEP GmbH (nachfolgend bezeichnet als kernique), welches zuckerfreie und rein pflanzliche Snacks vertreibt, wurde von Marcel Fortwingel, studierter Soziologe und „der Denker", und Katja Großmann, studierte Grafikdesignerin und „die Kreative", gegründet und ist seit Februar 2020 eine GmbH. Die Mission des Unternehmens, dessen

1258 Kerler (2021).
1259 Vgl. Kerler (2021).
1260 Vgl. Experte 5.
1261 Vgl. Welt (2021).
1262 Vgl. Kerler (2021); Mumme (2017).
1263 Vgl. EVUM (2022c).
1264 EVUM (2018).
1265 Welt (2021).

Markenname sich aus dem deutschen Wort „(Nuss-) Kerne“ und dem englischen Wort „unique“ zusammensetzt[1266], lautet „Gesundheit-Genuss-Gutes Tun“.[1267]

Die Motivation für das Produkt liegt in der Geschichte des Gründers Marcel. Durch seine Diabetes-Erkrankung war die Auswahl an verfügbaren Snacks, die zuckerfrei sind, knapp, weshalb sich das Paar entschied, einen Snack zu kreieren, der gemäß den SMART-Kriterien des Fraunhofer IAO, die das Unternehmen dem Verständnis einer frugalen Innovation zugrunde legt[1268], eine frugale Innovation darstellt bzw. dem frugalen Prinzip entspricht, auch wenn das Start-up bzw. Produkt nicht bewusst von Beginn an aus einem frugalen Blickwinkel entwickelt wurde, aber durch Knappheiten eines Start-ups wie Zeit und Geld sich die frugalen Prinzipien zu Nutze machte.[1269] Ihre Produkte sprechen aufgrund ihrer Zuckerfreiheit und Fokussierung auf wenige Zutaten bestimmte Zielgruppen wie Zuckervermeider, Ketogene, modern Alternative und Personen mit einer Lebensmittelunverträglichkeit an[1270] und sind durch z. B. Förderung von Kakao-Kleinbauern, Gestaltung der Verpackung mit Pappe statt Plastik, grünem Versand, Einsatz von Restprodukten und Förderung von regionalem Bio-Soja-Anbau in Deutschland sowohl sozial als auch ökologisch nachhaltig, weshalb das Unternehmen mittlerweile als Social Impact Start-up durch das Wirkungsschafferstipendium des Social Impact Labs Stuttgart gefördert wird. Unter dem Motto „more than snacking“ initiiert kernique mit seinem skalierbaren Geschäftsmodell (ökonomische Nachhaltigkeit) außerdem Projekte zur Ernährungsbildung in Schulen und Kitas. Nachhaltigkeit erachten die Gründer im Lebensmittelbereich als dominantes Kriterium, weshalb es gegenüber den anderen Kriterien eines frugalen Produktes bei ihnen im Fokus steht.[1271] Durch die Fokussierung auf ausgewählte Premium-Zutaten, die rein natürliche und pflanzliche Bio-Rohstoffe wie z. B. Mandeln, Walnuss, Haselnuss, Cashew, Kokosnuss, Erdnuss, Kerne und Samen, Kakao, Vanille, Kräuter und Gewürze, Erythrit und Ursalz umfassen, hat das Produkt im Sinne seiner Funktionalität eine besonders robuste Konsistenz, ist hochwertig und bietet dem Kunden im Gegensatz zu herkömmlichen Riegeln damit einen USP.[1272] Ziel ist es, „[...] alle Zutaten rauslassen, die nicht unbedingt sein müssen und keinen Benefit haben“ und „[...] mit diesen Zutaten, die so wenig wie möglich sind,

---

1266 Vgl. Kernique (2022a).
1267 Kernique (2022b).
1268 Vgl. Experte 7.
1269 Vgl. Experte 7.
1270 Vgl. Kernique (2022 g).
1271 Vgl. Kernique (2022c); Kernique (2022 g); Experte 7.
1272 Vgl. Kernique (2022 g).

so viel wie möglich dann zu machen." Eine Reduktion wird weiterhin auch bei der Verpackung erzielt. Was die Erschwinglichkeit betrifft, setzt kernique auf ein gutes Preis-Leistungs-Verhältnis und erfüllt das Kriterium daher nicht auf traditionelle Weise.[1273]

Der Prototyp des zuckerfreien und veganen Snacks entstand im Oktober 2018 und wurde in einem Family & Friends Ansatz erster Kritik ausgesetzt. Seitdem wurde mit dem Feedback die Rezeptur überarbeitet, ein Verpackungsdesign entwickelt, bevor dann im Winter 2019 die Testphase mit zufällig ausgewählten Testpersonen stattfand. Seitdem vergrößert das Unternehmen beständig sein Netzwerk an Kooperationspartnern und Produzenten. Aktuell gibt es drei Sorten (Choc around the Clock, Un Poco de Coco, Italian Stallion), welche nach einer erfolgreichen Crowdfunding-Phase im Januar 2022 und der ersten Großproduktion ab April 2022 erhältlich sein sollen.[1274]

Der Experte Marcel Fortwingel, mit dem zwei Interviews geführt wurden, ist als Initiator und einer der beiden Gründer/Mitarbeiter des Unternehmens Experte für das Produkt und den NPEP, anhand dessen der Snack entwickelt wurde. Sein Erfahrungswissen zum Thema gesunde Ernährung in Kombination mit seiner wissenschaftlichen Expertise zu frugalen Innovationen durch seine Tätigkeit beim Fraunhofer IAO in Stuttgart, sprechen für seine Eignung als Interviewpartner. Der Kontakt kam über einen Workshop des Fraunhofer IAO zustande.

Dies verdeutlicht, weshalb es sich bei kernique um ein frugales Food Start-up handelt, welches einen Einblick erlaubt, wie NPEP frugaler Innovation in einem jungen Unternehmen abläuft sowie die Chancen und die Bedeutung frugaler Innovation im Lebensmittelbereich zu bestimmen.

Anforderungen/Merkmale Prozess

In der Mission des Unternehmens zeigt sich das strategische Unternehmensziel, nämlich eine Verbesserung der Welt durch gesunde und zugleich geschmacklich ansprechende Ernährung: „Für uns gehören Gesundheit und Verantwortung zusammen. Deshalb setzen wir uns von Beginn an ganzheitlich für eine gerechtere und nachhaltigere Welt ein."[1275] So hat sich das Gründerpaar über ein ganzheitliches Produktangebot Gedanken gemacht, angefangen bei den Eigenschaften ihres Produktes, über die Marktfähigkeit, die Zielgruppen und

1273 Vgl. Experte 7.
1274 Vgl. Kernique (2022d), S. 2; Experte 7.
1275 Kernique (2022b).

den zentralen Mehrwert ihres Angebots: „Wir möchten über das Produkt hinausgehen und ganzheitlich denken."[1276] Dies legt den Grundstein für eine ebenfalls **ganzheitliche Betrachtung des NPEP**. So erfolgte die Wahl eines Produktionspartners als Partner in der Wertschöpfung beispielsweise anhand bestimmter Qualitätskriterien, die wiederum zum strategischen Unternehmensziel passen: „Wir möchten die gesamte Wertschöpfungskette erfassen und transparent darstellen."[1277] Zudem erfordert die Herstellung des Produktes besondere Verfahren, was im Rahmen des ganzheitlichen Ansatzes bereits früh berücksichtigt wurde.[1278] Die Gründer zielen mit ihrem Produkt auch auf die Gestaltung des Unternehmenskontexts ab, in dem sie spezielle Bedürfnisse ihrer klar definierten Zielgruppen wie z. B. Kinder ausgemacht haben. Als Bestandteil ihrer ganzheitlichen Strategie streben sie die Zusammenarbeit mit Kooperationspartnern an und planen z. B. Aufklärungskampagnen zu gesunder und nachhaltiger Ernährung an Schulen.[1279] Herr Fortwingel sagt dazu: „Ein Snack alleine verändert nicht unsere Gesellschaft. Dafür braucht es frühzeitiges Wissen, das in unserem Bildungssystem leider viel zu kurz kommt."[1280]

Der NPEP von kernique umfasst dazu zunächst die klassischen Aktivitäten der Entwicklung von Prototypen, des Produkt- und Verpackungsdesigns, des Produkttestens im Setting der Zielgruppe, der Einarbeitung von Feedback, der industriellen Umsetzung, der Produktion, einer Pre-Launch-Aktion und schließt mit dem Markteintritt.[1281] Er inkludiert die betrieblichen Funktionen Design, Finanzen, Marketing und Vertrieb, ebenso wie den Einbezug von Wertschöpfungspartnern wie z. B. Unverpacktläden. Als erfolgskritisch haben sich eine möglichst frühe Prototypenentwicklung sowie direktes Kundenfeedback gezeigt. Der Einbezug des Kunden anhand von Vertretern jeder Zielgruppe in die Produktentwicklung über das Testen hinaus erfolgte z. B. durch Fragebögen, die Bedürfnisse und Bedarfe abfragen und die Entwicklung von Personas bzw. die Arbeit mit Design Thinking. Ziel war, dass sich die Produktmerkmale mit den Markttrends und Kundenbedürfnissen decken.[1282] Dieses Vorgehen weist einen ganzheitlichen Charakter auf, da es auch der Marktfähigkeit des Produktes Relevanz zuschreibt, auch wenn die erste Idee zum Produkt nicht aus Marktinteresse entstanden ist.[1283] Im Gegensatz zu konventionellen Produkten

1276 Giesler (2021).
1277 Giesler (2021).
1278 Vgl. Schurz (2022).
1279 Vgl. Giesler (2021); Experte 7.
1280 Kernique (2022d).
1281 Vgl. Kernique (2022 g); Experte 7.
1282 Vgl. Experte 7.
1283 Vgl. Experte 7.

auf ihrem Gebiet bezeichnet der Experte die Produktentwicklung als schwierig und langwierig, weil ihr Produkt schwerer umsetzbar ist als konventionelle Produkte in diesem Bereich. Hier war neben technischer Expertise auch gefragt, dass sich der Produktionspartner mit den Werten des Start-ups identifizieren kann, um die geforderte Flexibilität und Mühe aufzubringen: „[...] und das Schwierige war auch tatsächlich dann auch jemand zu finden, der einfach die Lust hat das mitzuentwickeln."[1284]

Herr Fortwingel erklärt: „[...], dass man sehr stark auch auf agile Methoden und so zurückgreift, weil es eben nicht diesen klassischen frugalen Entwicklungsprozess oder frugale Methoden gibt." kernique setzt **agile Methoden** in der Produktentwicklung als iteratives Vorgehen beim Prototyping ein. Agilität ist angesichts sehr diverser Bedürfnisse geeignet, die das Unternehmen durch permanentes Feedback der Kunden in den NPEP einfließen lässt. Das Unternehmen ermittelte auf diese Weise sehr rasch die Grundkriterien, welche dann in der Folge in Produktentwicklungsrunden optimiert wurden. Die frühzeitige, bedarfsorientierte Fokussierung vermied unnötige Kosten. MVP nutzt kernique dennoch nicht, da es sich nicht mit den hohen Ansprüchen an das Produkt vereinbaren lässt und im Food-Bereich der erste Eindruck über die Kundenbindung entscheidet.[1285]

In den bisherigen Ausführungen hat sich auch der **lokale Bezug** des Unternehmens z. B. durch die Kundeneinbindung immer wieder abgezeichnet, was der Experte gerade im Food-Bereich durch die hohe Diversität seiner Zielgruppen und deren Herausforderungen im Alltag als Erfolgsfaktor definiert. So fanden die Produkttests auch in den lokalen Settings der Zielgruppen wie z. B. dem Büro oder Fitnessstudio statt. Das Geschäftsmodell spricht von „Targeting im Kundenalltag".[1286] Aktuell ist kernique zudem bereits in Food- und Nachhaltigkeitsnetzwerken vertreten und weiterhin auf der Suche nach lokalen Kooperationspartnern wie Unverpacktläden und Investoren, um das Ziel klimaneutraler Produktion und Versand sowie einer Präsenz in lokalen Märkten zu realisieren.[1287] Stärker noch zeigt sich der lokale Bezug in der Verwendung regionaler Zutaten für das Produkt, die auch den klimatischen Bedingungen im Zielmarkt Rechnung tragen und z. B. im Sommer nicht pampig werden.[1288]

1284 Experte 7.
1285 Vgl. Experte 7.
1286 Vgl. Experte 7; Kernique (2022 g).
1287 Vgl. Giesler (2021).
1288 Vgl. Experte 7.

Erfolgsfaktoren hinsichtlich der Struktur

Hinsichtlich einer **Vorabanalyse von Kontextfaktoren** hat kernique bereits frühzeitig die industrielle Umsetzbarkeit, d. h. technische und finanzielle Machbarkeit, im Austausch mit dem Produktionspartner und den Abnahmestellen geprüft. Daneben standen auch die Analyse der Wettbewerbsposition, insbesondere hinsichtlich des Preises und Alleinstellungsmerkmalen des Produktes (z. B. soziales Engagement) im Fokus. Es erfolgte auch die Bestimmung der bereits erwähnten Zielgruppen mit ihren jeweils besonderen Merkmalen. Machbarkeitsprüfung und Bedürfnisermittlung haben im Ergebnis noch einen starken Einfluss auf die ursprüngliche Idee ausgeübt, wenn man diese mit dem Endprodukt vergleicht. Ziel von kernique war es, frühestmöglich Vertreter aus jeder Zielgruppe aktiv in die Produktentwicklung einzubinden, um falsche Annahmen zu identifizieren und so Fehlentwicklungen zu vermeiden. Die erste Bedürfnisabfrage der Kunden bzw. Bedarfsabfrage des Marktes erfolgte mithilfe von Fragebögen. Als so die Personas erstellt waren, schloss sich noch eine genauere Bedürfnisermittlung der Nutzer im Anwendungskontext durch Testen der Produkte in den kundenspezifischen Settings und den Einsatz von Design Thinking zum Finden der Marktnische an. Infolge der Erkenntnis, dass gängige Snacks die bestimmten Merkmale und Herausforderungen der Zielgruppe im Alltag nicht adressieren, entstand der erste Prototyp, dessen Produktmerkmale iterativ immer genauer Markttrends und Kundenbedürfnisse abdeckten. Die Bedürfnisorientierung des NPEP an spezifischen Zielgruppen hält der Experte für erfolgskritisch, weshalb sich das Unternehmen von Anfang an intensiv mit seinen Zielgruppen auseinandergesetzt hat. So konnten sie z. B. Zutaten ermitteln, die keinen Mehrwert liefern, und diese eliminieren oder auch Präferenzen hinsichtlich der Verpackung und der Konsistenz des Produktes ermitteln.[1289]

Während der gesamten NPE waren die beiden Gründer in einer Gespannstruktur als **Promotoren** aktiv. Als Machtpromotoren und zugleich Gatekeeper haben sie anfallende Entscheidungen gemeinsam getroffen sowie Ressourcen wie Kapital und Zeit in den NPEP eingespeist. Dabei ist eine Aufgabenteilung zwischen Vertrieb, Aufbau von Kooperationen und Marketing sowie auf der anderen Seite Design, Finanzen und Austausch mit Produktionspartnern festzustellen. Herr Fortwingel verfügt durch seine langjährige Erkrankung über umfangreiches Vorwissen zu Ernährung[1290] und fungiert als wissenschaftlicher Mitarbeiter zu frugaler Innovation[1291] als Experte für die Anforderungen, was er

1289 Vgl. Experte 7.
1290 Vgl. Schurz (2022).

in seiner Rolle als Fachpromotor als Leistungsbeitrag einbringen kann. Über den gesamten NPEP hinweg, aber gerade auch in der Anfangsphase, spielten zudem Kunden aus der Community als „Snacksperten“[1292] durch ihr Feedback eine Rolle als Macht- und Fachpromotoren: „[...], dass es dann eben nicht mehr unser Snack ist, sondern möglichst stark auch quasi der Snack der Kunden, weil sie eben jetzt miteinbezogen werden.“ „Kunden, wenn man sie einbezieht, dass wir da schon tolle Vorschläge bekommen haben, die uns Zeit und auch wirklich Geld gespart haben und dass du diese Macht, die der Kunde hat und auch das Wissen, das der Kunde hat, dass man das, glaube ich, nicht unterschätzen sollte.“ Als es um die Realisierung ging rückte v. a. der Produktionspartner mit seinem spezifischen Fachwissen zur Entwicklung zuckerfreier Produkte, die nicht Riegel sind, sowie seiner Motivation für das Unternehmensziel von kernique als Fach- und Prozesspromotor in den Vordergrund, nicht zuletzt, um den anspruchsvolleren Produktionsprozess zu realisieren. Um Sichtbarkeit für sich und das Produkt zu generieren ist kernique zudem in entsprechenden Netzwerken aktiv[1293], die als Beziehungspromotoren dienen. „Dass wir eben auftreten als Gründerpaar mit einer ganz persönlichen Geschichte, die das Produkt eben wirklich aus einem eigenen Bedarf, aus unserer eigenen Krankheitsgeschichte heraus auch entwickelt hat“[1294] trägt ebenfalls dazu bei, Barrieren im NPEP zu überwinden.

Wichtige **Meilensteine** bzw. **Gates** im NPEP sieht kernique in möglichen Zertifizierungen für ihr Produkt.[1295] Das Gründerpaar definierte Muss-Kriterien, wie die Anforderungen an das Produkt, ein ganzheitlicher Alltagsbegleiter, zuckerfrei, rein pflanzlich, ohne Zusätze, auf Nussbasis, geschmacklich ansprechend und nicht im Riegelformat zu sein.[1296] Die Kriterien für das Durchlaufen des NPEP ergaben sich folglich aus dem Unternehmensziel bzw. dem Zweck und der angestrebten Funktionalität des Produktes.

Erfolgsfaktoren hinsichtlich der Methoden/Werkzeuge

Aus den Muss-Kriterien für das Produkt wurde ersichtlich, dass es ein Basisprodukt gibt, welches die grundlegenden Anforderungen und Bedürfnisse der Zielgruppen erfüllt (z. B. 100 % Bio, vegan und 0 % Zucker, reich an Nährstoffen).[1297] Darüber hinaus lassen sich die aktuell drei Sorten des Produktes mit ihrer

1291 Vgl. Kernique (2022 g).
1292 Vgl. Schurz (2022).
1293 Vgl. Experte 7.
1294 Experte 7.
1295 Vgl. Schurz (2022).
1296 Vgl. Experte 7.
1297 Vgl. Kernique (2022b).

spezifischen Kombination der Grundzutaten[1298] als Varianten verstehen. Mit diesem **modularen Entwicklungsansatz** adressiert kernique durch Modifikation gezielt spezifische Bedürfnisse ihrer Zielgruppen, wie z. B. verschiedene Geschmäcker (z. B. „Choc around the Clock“ für „Schokoholics“, „Un Poco de Coco“ für alle Exot*innen und „Italian Stallion“ für die Temperamentvollen[1299]) oder Anwendungsszenarien des Produktes: „Für unsere Rezepturen setzen wir ausschließlich biologische, rein pflanzliche Zutaten ein. Und mit unterschiedlichen Nusskompositionen und natürlichen Komponenten, wie Kakao, Kokos oder italienischen Kräutern, lassen sich süße oder herzhafte Nuss-Bites kreieren.“[1300] Gerade für die Zielgruppe der Allergiker ist eine spezifische Abstimmung von Komponenten entscheidend. Die Produktplattform wird aus Komponentensicht auch noch um Abfallprodukte wie z. B. Presskuchen, erweitert, welche im Sinne einer Kreislaufwirtschaft ebenfalls im NPEP eingesetzt werden, um das Produkt nachhaltig und auch erschwinglicher zu machen.[1301]

Mit Blick auf die **Kundeneinbindung** fällt auf, dass die Community aktiv in den NPEP einbezogen wurde: „Unsere Community bedeutet für uns sehr viel mehr als potenzielle Kund*innen. Sie sind Co-Creator*innen, manchmal Ratgeber*innen, aber immer fester Teil von kernique. Deshalb haben wir unsere Community in wichtige Fragen zu Design, Produktnamen und unseren Sorten eingebunden. Mit unserer „Snacksperten-Gruppe“ haben 10 Mitglieder unserer Community sogar die Möglichkeit, mit ihrem Feedback direkt mitzubestimmen, wie die fertigen Nuss-Bites aussehen und vor allem schmecken sollen. Unser Motto dabei: Von uns. Für Dich. Mit Dir!“[1302] Zur Einbindung des Kunden nutzt das Unternehmen Social Media oder Newsletter sowie die zur Bedürfnisermittlung genannten Fragebögen und Workshops.[1303] Es zeigt sich, wie bei der Analyse der Kundenbedürfnisse, hier erneut: „Und da haben wir halt auch gemerkt, dass es extrem… dass wir viele Hypothesen haben, die aber dann auch durch die Personas entstehen, wo aber auch viele einfach so nicht zutreffen und das sind einfach Sachen, die kannst du nur herausfinden, wenn du ganz eng mit deinem potenziellen Kunden dann auch zusammenarbeitest und dir ein Feedback einholst.“[1304]

1298 Vgl. Kernique (2022e).
1299 Vgl. Giesler (2021).
1300 Giesler (2021).
1301 Vgl. Giesler (2021); Experte 7.
1302 Schurz (2022).
1303 Vgl. Schurz (2022); Experte 7.
1304 Experte 7.

Was **dynamische Fähigkeiten** zur NPE angeht, lässt sich feststellen, dass kernique als junges Start-up zunächst einmal im Bereich Existenzgründung Fähigkeiten entwickelt hat. Darüber hinaus erforderte der NPEP ihres Produktes auch Fähigkeiten hinsichtlich der Nachhaltigkeit wie z. B. Kenntnis über Rohstoffe, FairTrade in der Wertschöpfungskette und Zertifizierungen, aber auch die Erfüllung bestimmter Qualitätskriterien und Fähigkeiten für die Produktentwicklung des speziellen Formats seitens des Produktionspartners.[1305]

Bezogen auf die frugalen Eigenschaften ihres Produktes spielt zudem Wertorientierung eine wichtige Rolle: „Für uns ist das Community Building ein sehr entscheidender Aspekt, denn unser Start-up ist sehr werteorientiert und richtet sich an Menschen, die wirklich etwas bewegen wollen – für ihre eigene Gesundheit und die ihrer Umwelt. Deshalb haben wir schon vor einem knappen Jahr begonnen, auf Social Media aktiv zu werden und unsere Website zu launchen."[1306] Auch die bereits erwähnte Mitgliedschaft in Food- und Nachhaltigkeitsnetzwerken adressiert dies.

Was sich am Beispiel kernique auch zeigt, ist, dass es für die Eigenschaften frugaler Produkte die Bereitschaft zur Veränderung erfordert: „Zu einem neuartigen Snack gehört für die beiden Gründer auch die Abkehr vom klassischen Snackformat. Da Nuss Snacks typischerweise in Form von Riegeln angeboten werden, kommen die Snacks von kernique stattdessen als mundgerechte Nuss-Bites daher. Passend dazu lautet auch der Produktname, der mit einem Augenzwinkern zu verstehen ist, `Kein Riegel`."[1307]

Was die Methoden zur NPE frugaler Innovation betrifft, setzt das Unternehmen in Ermangelung spezieller frugaler Methoden auf agile Methoden, Design Thinking und die Nutzung von Personas, u. a. zur Ermittlung von Zielgruppen und deren Bedürfnissen.[1308] Hierzu erwähnt der Experte, dass neben einem frugalen Mindset auch die Einstellung, den Kunden auf Augenhöhe zu sehen, was kernique zu einem „Unternehmenswert" gemacht hat und bereits im Geschäftsmodell als „kundenzentrierte Wertschöpfung"[1309] betitelt, eine besondere Fähigkeit für den frugalen Ansatz ist: „Das andere ist glaub ich wirklich schon dieser Kundeneinbezug, der extrem wichtig ist. [...], dass man nicht ein Produkt entwickelt und dann eben guckt, der Aspekt passt für Kunde A, der Aspekt passt für Kunde B, sondern, dass man möglichst früh den Einbezug der Kunden auch schafft. Und relativ viele Unternehmen,

1305 Vgl. Giesler (2021); Experte 7.
1306 Schurz (2022).
1307 Kernique (2022d).
1308 Vgl. Experte 7.
1309 Kernique (2022 g).

zumindest im Food-Bereich, machen es so, dass sie ein Produkt entwickeln mit Produktversprechen und dann danach schauen, wie es ankommt und was man verbessern kann. Und das ist einfach das, was glaube ich eine ganz große Chance ist auch beim Frugalen, dass man durch den Kundeneinbezug ein Produkt schafft, was möglichst stark die Kundenbedürfnisse abdeckt und es ist aber auch so, dass die Kunden, wenn man sie einbezieht, dass wir da schon tolle Vorschläge bekommen haben, die uns Zeit und auch wirklich Geld gespart haben, und dass du diese Macht, die der Kunde hat und auch das Wissen, das der Kunde hat, dass man das, glaube ich, nicht unterschätzen sollte." Zudem ergänzt er für den Food-Bereich den ersten Eindruck aufgrund der großen Auswahl als wichtiges Erfolgskriterium für die Kundenbindung.

Mit dem iterativen Vorgehen einher geht auch eine gewisse Fehlertoleranz, mit dem ersten Entwurf noch kein optimales Produkt zu erzielen. Von Vorteil ist ihnen dabei ihre Organisationsstruktur, wohingegen er bei etablierten Unternehmen die Fähigkeit zur Veränderung für frugale Innovation sieht: „Und da ist es, glaube ich schon, allein der Faktor, dass du ein Start-up bist und einfach begrenzt Geld, begrenzt Zeit zur Verfügung hast, was dich schon allein sehr stark in diese Richtung bringt, die man beispielsweise in Konzernen sich erst aneignen muss und sie umschulen muss in diese Denkweise."[1310]

Marktfähigkeit

Besonders klar und auch früh im NPEP definiert das Unternehmen die Kernelemente seines Produktes: „Kernique steht für bio-vegane Nuss-Bites, die radikal auf Zucker, Allergene & künstliche Zusätze verzichten. Sie bieten alle gesundheitlichen Vorteile naturbelassener Nüsse, verbunden mit einer Geschmacksexplosion. Unsere praktischen Nuss-Bites sind nicht nur vielseitig einsetzbar, sondern werden auch CO_2-neutral produziert."[1311] Dabei ordnet kernique seine Produkte im Premiumsegment ein.[1312] Dies spricht zunächst für absolut gesehen nicht unbedingt niedrige Preise. Dennoch sieht der Gründer bei seinem Produkt das Kriterium der Erschwinglichkeit gegeben, allerdings nicht in einem absoluten, sondern eher relativen Verständnis: „[...] also ich würde sagen ein Produkt, das für das, was es bietet, auf jeden Fall ein gutes Preis-Leistungsverhältnis auch hat und erschwinglich ist und ein Produkt, was in irgendeiner Form auf jeden Fall eine besonders gute Leistung erbringt."[1313]

1310 Experte 7.
1311 Kernique (2022 f); Experte 7.
1312 Vgl. Kernique (2022 g).
1313 Experte 7.

Das Wertversprechen des Unternehmens, welches sich auch aus den frugalen Charakteristika des Produktes speist, geht über das Produkt hinaus und beinhaltet z. B. auch einen Bildungsauftrag durch Ernährungsprojekte mit Schulen und Kitas. Aber auch die Sicherstellung fairer Löhne für Kakaobauern im Sinne sozialer Nachhaltigkeit oder eine ressourcenschonende Produktion sowie ein klimaneutraler Versand und die Förderung regionaler Produkte bzw. der Eintritt in regionale Märkte im Sinne ökologischer Nachhaltigkeit werden mit dem Produktkonzept angestrebt.[1314] Somit übersteigt der Nutzengewinn des Kunden den rein materiellen Wert des Produktes[1315]: „Deshalb machen wir Snacks, die viel mehr als nur Snacks sind!“ Betont wird im Marketing auch das gewisse Etwas des Produktes, was im Kontext der Literatur als Merkmal frugaler Innovation festgestellt wurde: „Bye Bye langweilige Nussmischung, adieu klebriger Nussriegel! Mit kernique katapultieren wir das angestaubte Superfood in´s Jahr 2021 und machen Nüsse zu wahren Superhelden.“ Konkret sieht das Unternehmen vor allem den guten Geschmack trotz Gesundheitsbezug als Alleinstellungsmerkmal: „[…] wir haben nicht den Anspruch zu sagen: Okay, dafür, dass es gesund ist, schmeckt es halbwegs gut, sondern: Okay, dafür, dass es gesund ist, ist es trotz allem noch so, dass es meine Lust auf Süßes und meinen Geschmack komplett befriedigt und das ist schon der Anspruch, den wir da haben, weil es dann für uns auch für die Positionierung sehr wichtig sein wird.“[1316] Ebenso besonders ist auch die Rezeptur, die trotz Verzicht auf klassische Bindemittel die Robustheit des Produktes gewährleistet.

Insgesamt entspricht das Wertversprechen den Treibern frugaler Innovation in DM, die die Gründer im Kontext von Lebensmitteln z. B. im Trend zu gesunder und nachhaltiger Ernährung sehen[1317], welche sie mit ihrem Geschäftsmodell adressieren.

Was die Preisgestaltung betrifft, kalkuliert das Geschäftsmodell langfristig auch mit Abo-Modellen und Bundles.[1318] Dabei merkt der Experte an, dass im Food-Bereich Nachhaltigkeit „sogar das vorherrschende Thema ist und, dass das Thema Erschwinglichkeit eher zunehmend auch in den Hintergrund rückt“ oder höchstens in Verbindung mit Aspekten von Nachhaltigkeit und Leistung eine Rolle spielt.[1319]

1314 Vgl. Kernique (2022e); Giesler (2021).
1315 Vgl. Experte 7.
1316 Vgl. Experte 7.
1317 Vgl. Giesler (2021).
1318 Vgl. Kernique (2022 g).
1319 Vgl. Experte 7.

Die Passung von Produktmerkmalen mit Kundenbedürfnissen und Markttrends, ebenso wie der Kundeneinbezug, und zwar lange bevor das Produkt auf dem Markt ist, sind abschließend in den Augen des Experten wichtig zur Erlangung von Marktfähigkeit der Innovation. Kernique verfolgt das Ziel, „[...], dass, wenn unser Snack auf den Markt kommt, dass es dann eben nicht mehr unser Snack ist, sondern möglichst stark auch quasi der Snack der Kunden, weil sie eben jetzt miteinbezogen werden: Wie soll die Verpackung aussehen, welche Sorten sollen eigentlich herauskommen, wie sollen die Sorten schmecken. Das sind einfach alles Themen, wo wir jetzt die Kunden miteinfließen lassen mit dem Ziel, dass wir eigentlich nur das nachher abbilden oder das auf den Markt bringen, was die Kunden wollen und was eigentlich der Snack nachher ist."[1320]

6.3.5 Frugale Innovation @ BSH Hausgeräte GmbH

Informationen zum Unternehmen und den Interviewpartnern

Die BSH Hausgeräte GmbH (nachfolgend bezeichnet als BSH) entstand 1967 aus einem Zusammenschluss der Robert Bosch GmbH und der Siemens AG. Ziel der Vereinigung war es, in der damaligen Krise des Marktes für elektrische Hausgeräte die Wettbewerbskraft beider Unternehmen zu stärken.[1321] Die BSH, welche seit 2015 zu 100 % zur Bosch-Gruppe gehört, ist als global agierendes Unternehmen mit 60.000 Mitarbeitenden einer der führenden Hausgerätehersteller weltweit und verfolgt in ihrer Unternehmensstrategie eine nachhaltige Ausrichtung bzgl. aller drei Dimensionen der Nachhaltigkeit, also neben ökonomisch und ökologisch auch mit Fokus auf soziale Inklusion.[1322] In diesen Kontext ist auch das in dieser Arbeit betrachtete frugale Produkt FreshBox einzuordnen. Hierbei handelt es sich um ein erschwingliches und stromloses Kühlgerät, welches unter dem Markennamen „Bosch" primär für den nigerianischen und kenianischen Markt entwickelt wurde. Unter Nutzung des physikalischen Prinzips der Verdunstungskälte kann die Temperatur in der Box im Vergleich zur Außentemperatur um bis zu 10 Grad Celcius reduziert werden und Lebensmittel können so auch in ländlichen, infrastrukturell schwach ausgestatteten Gegenden frisch gehalten werden.[1323]

Auch wenn das Produkt primär den BoP in EM adressiert, eignet sich diese Fallstudie im Rahmen dieser Arbeit, da es sich bei BSH um ein etabliertes

1320 Experte 7.
1321 Vgl. BSH Wiki (2022).
1322 Vgl. BSH (2022).
1323 Vgl. BSH Stories (2018).

Unternehmen handelt, welches das frugale Produkt in einem formalisierten Verfahren realisierte, was einer corporate frugal innovation entspricht. Diese kann per Definition, die dieser Arbeit zugrunde liegt (siehe Kapitel 2.1.1), sowohl DM als auch EM adressieren.

Als Interviewpartner konnte über LinkedIn Emrah Torun akquiriert werden. Er ist langjähriger Mitarbeiter der BSH und daher mit den Prozessen und Strukturen des Unternehmens gut vertraut. Nach langer Leitungstätigkeit des regionalen Entwicklungsteams der Produktkategorie „Kochen" für die Region der EM war Herr Torun für die Produktentwicklung der FreshBox als Product Owner verantwortlich. Durch diese Expertise eignet er sich als Interviewpartner.

Der zweite Interviewpartner, Herr Dr. Ralf Fuchs, promovierter Chemiker, ist seit knapp 30 Jahren in verschiedenen Rollen und auch Leitungsfunktionen wie z. B. COO bei BSH tätig gewesen. Dabei verantwortete er auch fünf Jahre die RTC-Region und in diesem Zusammenhang auch das FreshBox-Projekt. Der Kontakt zu Herrn Dr. Fuchs, der sich als Experte für das frugale Produkt als Interviewpartner eignet, kam über Herrn Torun zustande.

Anforderungen/Merkmale Prozess

Aus der Beschreibung der Experten lässt sich zunächst erkennen, dass BSH für die NPE der FreshBox einen **ganzheitlichen Ansatz** verfolgt hat. Beginnend mit der nachhaltigen Ausrichtung des Unternehmens, welche sich auch in den Werten der BSH zeigt[1324], war es das strategische Ziel, mit einem neuen Produkt den BoP in EM und die Bedürfnisse der dortigen Menschen zu adressieren. Im Sinne einer „consumer centric empathy" begann die frugal ausgerichtete Entstehung des Produktes in einem BSH-Workshop zum Thema „touch people who do not have access to electricity" mit der Frage „What may these people need". Die ausgemachten Schwierigkeiten der Lagerung von Lebensmitteln in Afrika als Antwort auf diese Frage waren Startpunkt der Entwicklung einer für dortige Konsumenten marktfähigen und für BSH ökonomisch nachhaltigen Lösung.[1325] Bzgl. der Ganzheitlichkeit des NPEP betonen beide Experten, dass es wichtig ist, auch die Kommerzialisierung bereits von Beginn an einzubeziehen, da etwaige Besonderheiten der Märkte (z. B. Notwendigkeit von Microfinancing), die sich auf die Wertschöpfungskette des Produktes auswirken, frühzeitig erkannt und überwunden werden können.

1324 Vgl. BSH (2022).
1325 Vgl. Experte 8.

Was die Schritte im NPEP betrifft, nutzte BSH einen Scrum-Prozess. Dieser umfasste alle Unternehmensfunktionen. Allerdings wurden die Gates sowie auch die Gestaltung der Teams und die Ressourcenausstattung für das Projekt FreshBox angepasst. Dies liegt darin begründet, dass die Ziele der frugalen NPE konsequent auf alle Schritte des NPEP anzuwenden sind, wie Experte 9 sagt: „Und diese ‚Entfeinerung' muss konsequent beim Kunden anfangen und dann später auch bei den Komponenten."[1326] Der Prozess bestand sodann aus einer Vorentwicklungsphase eines Innovationsteams der BSH in München, bevor das Produkt von einer Entwicklungsabteilung in der Türkei, zuständig für die Märkte in Nigeria und Kenia, durch Design und Produktion finalisiert wurde.[1327]

Darin zeigt sich als weiteres Merkmal des NPEP für die FreshBox ein **lokaler Bezug**, indem für die Fertigstellung die Nähe zum Zielmarkt gesucht wurde. Auch bereits die Ermittlung der Anforderungen an das Produkt wie z. B. der Zielpreis erfolgte strikt an den Bedingungen im Absatzmarkt und den sich daraus ergebenden Bedürfnissen der Bevölkerung ausgerichtet.[1328] Um die lokale Produktion zu realisieren, wurden auch Kontakte zu Partnern wie z. B. Lieferanten vor Ort aufgebaut: „When you would like to get in contact with the local culture you need some bridges."[1329]

Ein von der EU-Kommission finanziertes Folgeprojekt der BSH namens FRANCIS[1330], in dem es ebenfalls um die Entwicklung frugaler Innovationen geht, beschreibt der Experte so: „We have this frugal innovation and we would like to energize everyday people to design products for their everyday life."[1331]

Gemäß der Stacey-Matrix setzt BSH abhängig davon, ob das Unternehmen bzgl. des Lösungsansatzes und der Anforderungen an das zu entwickelnde Produkt viel oder wenig Erfahrung hat, eher Wasserfallmethoden oder agile Methoden ein. Aufgrund der Unerfahrenheit bei der Entwicklung eines frugalen Produktes wählte BSH, insbesondere für die „Definitionsphase", einen **agilen Ansatz** mit Scrum für das Projekt. Das eigens für das Projekt aufgesetzte agile Team mit den entsprechenden Scrum-Rollen entwickelte iterativ in mehreren Sprints einen ersten Prototypen der FreshBox, welcher auf den seitens BSH definierten funktionalen Bedürfnissen basierte. Kundenfeedback bzgl. Erwartungen an das Produkt und alltäglichen Anwendungsfällen wurde erst nach Erstellung des

1326 Experte 8; Experte 9.
1327 Vgl. BSH Stories (2018).
1328 Vgl. Experte 9.
1329 Experte 8.
1330 Details: https://www.francis-project.eu/.
1331 Experte 8.

ersten Prototyps eingeholt, indem wenige Exemplare mit 3D-Druck hergestellt und ausgewählten Kunden zur Nutzung überlassen wurden.[1332]

In Verbindung mit dem agilen Vorgehen waren schlanke Prozessstrukturen wichtig, um v. a. die Kosten und anderweitigen Aufwand während der Entwicklung gering zu halten. Insbesondere durch geringe Stückzahlen im Absatz des Produktes können keine großen Fixkostendegressionseffekte erwartet werden.[1333]

Erfolgsfaktoren hinsichtlich der Struktur

„[...] you may spend a lot of money to investigation companies like ifo [institute] for example [...] and you can receive many shiny presentations. Okay, we did this but this is not enough. This is not enough to create the empathy with the consumer."[1334] Diese Aussage zeigt, dass BSH im NPEP auf eine **Vorabanalyse von Kontextfaktoren** Wert legt, allerdings nicht ausschließlich auf „hochwolkige Analysen [...] einer Zentralabteilung" vertraut.[1335] Genauer dienten im Falle der FreshBox UX-Experten, die Menschen auf Lebensmittelmärkten in Afrika befragten, als zuverlässige Quelle für Informationen über Bedürfnisse und den Anwendungskontext des Produktes, welche anschließend in die Entwicklung einflossen.[1336] Da noch keine vergleichbaren Wettbewerbsprodukte auf dem Markt waren, galt es die tatsächlichen Bedarfe durch genaues Nachfragen und Prüfen des Anwendungskontexts z. B. anhand von Videomaterial zu ergründen: „So none of the consumers said ‚We have a food storage problem'. We observed this food storage problem."[1337]

Eine wichtige Rolle im NPEP von BSH spielten Machtpromotoren. Dabei betont der Experte, dass z. B. **Promotoren** aus dem Management über eine ganzheitliche Auffassung frugaler Innovation bzw. ein passendes Mindset verfügen müssen: „[...] if the top management sees this as a total package, then we can work. But if the top management sees only the money at the end, then it's very hard to work."[1338] Außerdem sollte der Machtpromotor „nicht auf einer funktionalen Ebene, sondern auf einer Produktebene und einer Produktverkaufsebene" angesiedelt sein, da nur aus dieser Position heraus die Marktfähigkeit des Produktes im gesamten NPEP sichergestellt werden kann. Von einer C-Level

1332 Vgl. Experte 8; Experte 9.
1333 Vgl. Experte 9.
1334 Experte 8.
1335 Vgl. Experte 9.
1336 Vgl. BSH Stories (2018).
1337 Experte 8.
1338 Experte 8.

Position aus ist diese strikt fokussierte Ausrichtung aufgrund einer größeren Distanz zum Produkt nicht immer gewährleistet.[1339]

Das Team für die NPE wurde außerdem bzgl. Alter, Hintergrund/Herkunft und fachlicher Expertise divers besetzt. Hierdurch sollten, neben multiplen Fähigkeiten, vor allem vielfältige Blickwinkel auf den Markt und das Produkt erreicht werden können. Insbesondere um Widerstände gegenüber dem neuartigen Produkt in der Organisation zu überwinden und Skepsis abzubauen, gingen die Teammitglieder als Vorbilder und Multiplikatoren voran: „All the team members are proud of this product by the way I have to say".[1340]

Auch wenn zwar ein generischer Scrum-Prozess mit agilen Elementen eingesetzt wurde, so betonen die Experten, dass Anpassungen erfolgten: „[...] ich kann den skalieren. Der hat x Gates, der hat Prozessschritte, da kann man anpassen. Die Wenigsten sind tapfer genug das zu machen, weil wenn so eine Konzernrichtlinie erst mal da ist, dann ist die schwer auch zu umgehen. Man wird dann ständig [...] angefragt, warum macht man das nicht so, wie das da drinsteht?"[1341] So wurden Gates, Gate-Kriterien und z. B. Reporting-Praktiken auf die Ziele und besonderen Anforderungen des NPEP ausgerichtet. Um das Ziel eines frugalen Produktes zu erreichen, empfehlen die Experten dabei die Unterscheidung zwischen Muss-Kriterien und übrigen Anforderungen, die sich jeweils aus dem spezifischen Anwendungskontext des Produktes ergeben.[1342]

Erfolgsfaktoren hinsichtlich der Methoden/Werkzeuge

Was den **modularen Entwicklungsansatz** betrifft, konnte für den NPEP der FreshBox in Ermangelung vergleichbarer Produkte nicht auf bestehende Komponenten des Wettbewerbs zurückgegriffen werden. Es wurden aber beispielsweise Analogien (siehe Kapitel 3.3) und Wirkungsprinzipien aus anderen Bereichen wie der Physik verwendet. Für ein anderes frugales Produkt, berichtet ein Experte, wurden aber in einem „Copy und Improve"-Ansatz existierende Komponenten von Wettbewerbsprodukten herangezogen und verbessert. Auch Basistechnologien bzw. -materialien wie z. B. Lehm kamen für besagtes Produkt zum Einsatz.

Eine modulare Gestaltung war zudem der strengen Fixkostenstruktur zuträglich, da so leichter zwischen essenziellen und wünschenswerten Merkmalen („Entfeinerung") differenziert werden konnte.[1343]

1339 Vgl. Experte 9.
1340 Experte 8.
1341 Experte 9.
1342 Vgl. Experte 8; Experte 9.
1343 Vgl. Experte 9.

Die **Einbindung des Kunden** erfolgte, wie erwähnt, erst nach Erstellung des ersten Prototyps der FreshBox. Indem BSH ausgewählten Kunden den Prototypen zur Verfügung stellte, konnten sie z. B. durch Videos aus dem Anwendungskontext und das persönliche Gespräch Eindrücke der Kunden zum Produkt erhalten. Aktuell ist BSH an einem Projekt zur Entwicklung frugaler Produkte beteiligt, welches dem Leitgedanken folgt: „We have this frugal innovation and we would like to energize everyday people to design products for their everyday life." In diesem Projekt werden Kunden bereits von Beginn der Entwicklung an in den NPEP einbezogen.

Neben Feedback der Kunden setzte BSH auch auf externe Experten aus dem Anwendungskontext des Produktes, mit welchen sie über Agenturen in Kontakt traten. Ziel war es, über potenzielle Kunden hinaus mithilfe eines Querschnitts der lokalen Bevölkerung einen Eindruck über Erwartungen an das Produkt und die lokale Kultur zu erhalten.[1344]

Für die **Fähigkeiten** im NPEP einer corporate frugal innovation ist, wie bereits angeklungen ist, technische bzw. fachliche Expertise wichtig. Daneben nutzte BSH das Projekt FreshBox aber auch, um zu lernen, d. h. um spezifische Fähigkeiten zur Entwicklung frugaler Produkte auszubilden, beispielsweise zur Ermittlung der Kundenbedürfnisse. Zudem betonen beide Experten, dass die organisatorische Ausrichtung förderlich für frugale Innovation sein muss. Neben dem bereits angesprochenen Erfordernis schlanker Prozesse und Strukturen, profitierte das Projekt FreshBox auch von den Fähigkeiten lokaler Mitarbeiter, welche in den NPEP integriert wurden. So wurde z. B. für die Erarbeitung der Anforderungen ein nigerianischer Kollege in das Team eingebunden. Auch eine gemeinsame Werteorientierung bringt den NPEP frugaler Innovation voran: „All the team members are proud of this product by the way I have to say."[1345]

Um diese Veränderungen für den „Konzern, der auf [...] Massenware geht" zu erreichen, nutzte BSH Werkzeuge des Change Managements. In den eingerichteten Scrum-Teams konnten schnell (Lern-)Erfolge erzielt werden, welche die Mitglieder später in ihre Linientätigkeit mitgenommen haben.[1346]

Marktfähigkeit

Für die Marktfähigkeit der FreshBox legte BSH, neben einem günstigen Preis, v. a. Wert darauf, dass die Umstände im Anwendungskontext und die Bedürfnisse der Kunden genauestens adressiert werden. Basierend auf einem Ver-

1344 Vgl. Experte 8.
1345 Experte 8.
1346 Vgl. Experte 9.

ständnis der Treiber im afrikanischen Markt durch einen engen Austausch und Bezug zum lokalen Kontext wurden bereits frühzeitig erforderliche Produktmerkmale definiert. Zeitgleich galt aber die Handlungsmaxime: „If it is going to be a Bosch product, it should be a Bosch product." Neben dem spezifischen, frugalen Wertversprechen legte BSH also grundsätzliche Qualitätsmaßstäbe an das Wertversprechen für den Kunden an. Dies ist u. a. erforderlich, um die Marke, in diesem Fall Bosch, nicht zu beschädigen.[1347]

Ein Experte wies dabei auf eine Diskrepanz im Verständnis von Qualität hin: „Also Qualität ist ein Merkmal europäischer oder ich sage mal westlicher Entwicklungskultur. Die muss schlicht und ergreifend nicht das gleiche Kriterium und Maß sein, was zum Beispiel in einem Emerging markets so allgemein gängig ist. [...] Es geht letztlich darum, dem Endkonsumenten ein Produkt zu geben, das ihm eine gewisse Kundenerwartung erfüllt. So ganz galaktisch gesagt. Da kann es durchaus möglich sein, dass der damit zufrieden ist, dass es nach zwei Jahren kaputt ist."

Hinsichtlich der wertstiftenden Faktoren einer frugalen Innovation ist also zusammenfasend festzuhalten: „Qualität ist nichts anderes, als zu definieren: Was ist die perceived quality des Kunden? Ab wann ist er zufrieden? Und eben im deutschen ‚Ingenieurstum' wird das zu schnell in eine hochwertige Ingenieursleistung umgesetzt. Das ist gar nicht, was der Kunde vielleicht braucht."[1348]

1347 Vgl. Experte 8.

1348 Experte 9.

7 Fallübergreifende Analyse und Anpassung des theoretischen Bezugsrahmens

Ziel der fallübergreifenden Analyse ist es, über die Einzelfallanalysen hinweg, mit strukturierten Vorgehensweisen das gesammelte Material zu analysieren.[1349] Die wichtigste Aufgabe ist dabei die Diskussion von Gemeinsamkeiten und Unterschieden zwischen den Fallstudien. Dies erfolgt entlang der relevanten Fragestellungen der Arbeit (Kapitel 7.1 mit Kapitel 7.3). Darauf basierend werden die theoretischen Propositionen (siehe Kapitel 5) überprüft, ggf. angepasst und übersichtlich dargestellt (Kapitel 7.4). Es geht dabei stets um eine argumentative und nicht quantitative Interpretation der Daten, wonach auch nur analytische Generalisierungen möglich sind.[1350] Yin (2014) bezeichnet dieses Vorgehen als pattern matching-Ansatz.[1351] Dabei stellt die Arbeit eine stringente Beweiskette, beginnend bei den theoretischen Erkenntnissen, über die Ableitung der Propositionen, die Einzelfallanalysen bis hin zur fallübergreifenden Analyse mit Anpassung der Propositionen dar.[1352]

7.1 Diskussion Propositionsraum 1: „Anforderungen/ Merkmale Prozess“

Als Ausgangspunkt der Diskussion listet die nachfolgende Tabelle 20 noch einmal die theoretischen Propositionen bzgl. Anforderungen und Merkmalen des Prozesses für corporate frugal innovation auf.

Propositionsraum 1: Anforderungen/Merkmale Prozess	
P1	Wird der NPEP für corporate frugal innovation **ganzheitlich betrachtet**, dann wirkt sich dies positiv auf den Erfolg der NPE aus.
P2	Weist der NPEP für corporate frugal innovation einen **agilen Charakter** auf, dann wirkt sich dies positiv auf den Erfolg der NPE aus.

1349 Vgl. Eisenhardt (1989), S. 540f.; Miles/Huberman/Saldaña (2020), S. 95.
1350 Vgl. Yin (2018), S. 198; Miles/Huberman/Saldaña (2020), S. 95.
1351 Vgl. Yin (2014), S. 143.
1352 Vgl. Yin (1981), S. 63f.

Propositionsraum 1: Anforderungen/Merkmale Prozess	
P3	Weist der NPEP für corporate frugal innovation einen **lokalen Bezug** auf, dann wirkt sich dies positiv auf den Erfolg der NPE aus.

Tabelle 20: Theoretische Propositionen Propositionsraum 1[1353]

Proposition 1

Die Fallstudien bestätigen die Annahme, dass frugale Innovationen von Unternehmen aller Größe entwickelt werden.[1354] Der NPEP ist dabei, unabhängig von der Unternehmensgröße, jeweils konsequent formalisiert. Dabei nehmen die in den Fallstudien betrachteten Unternehmen für den NPEP ihrer corporate frugal innovation alle, wie in Proposition 1 gefordert, eine ganzheitliche Betrachtung vor: „[...] wir wollen das Ganze von vorne nach hinten durchdenken."[1355]

Die Herangehensweisen der Unternehmen weisen im NPEP konsequent Aktivitäten von der Konzeption bis einschließlich zur Produkteinführung auf, wie in der Literatur für einen Innovationsprozess im erweiterten Sinn gefordert.[1356] Um die per Definition niedrigen Gesamtbetriebskosten einer frugalen Innovation zu gewährleisten, werden zudem alle kostenverursachenden Unternehmensfunktionen, die am NPEP direkt oder indirekt beteiligt sind, in die Betrachtung integriert.[1357] Bei TRUMPF mündet die ganzheitliche Betrachtung gar darin, dass eine eigenständige Organisationseinheit das Thema der frugalen Innovation bearbeitet. Die Wettbewerbsanalyse zu Beginn des NPEP wird außerdem funktionsübergreifend durchgeführt (siehe Kapitel 6.3.2).

Ein Experte von BSH betont bzgl. der Separierung frugaler Aktivitäten: „Das heißt, du brauchst auch betriebswirtschaftlich einen eigenen Raum, in dem du eine solche frugale Innovation dann auch kostenmäßig anders behandelst als andere Teile." (siehe Kapitel 6.3.5).[1358]

Die Forderung, jeden Schritt im NPEP zu überdenken und an der frugal orientierten Strategie des Unternehmens auszurichten, um bedürfnisorientierte Produkte und Services zu schaffen[1359], zeigt sich bei Voith Paper in der Etablierung einer frugalen Maschinenbauphilosophie (siehe Kapitel 6.3.1) oder bei TRUMPF mit dem strategischen Ziel, anhand frugaler Produkte bestimmte

1353 Eigene Darstellung.
1354 Vgl. Lange/Hüsig/Albert (2021), S. 5.
1355 Experte 5.
1356 Vgl. Gerpott (2005), S. 49.
1357 Vgl. Herstatt/Tiwari (2015), S. 650.
1358 Experte 9.
1359 Vgl. Bhatti/Ventresca (2013), S. 10; Simula/Hossain/Halme (2015), S. 1571.

Märkte zu erschließen und daher einen strikten Design to cost-Ansatz zu verfolgen (siehe Kapitel 6.3.2). Bei BSH war die Entwicklung frugaler Produkte mit der Intension, Märkte in den EM zu erschließen, ebenfalls strategisch verankert (siehe Kapitel 6.3.5).

Die Verbindung zweier Prozesse zur NPE einer frugalen Innovation, wie bei Brem et al. (2020) beschrieben[1360], ließ sich nicht feststellen. Was sich aber bei Voith Paper und TRUMPF herausstellte, war, dass neben der Frugalität des Produktes, auch der frugale Charakter der dahinterstehenden Organisation, z. B. für Produktionsabläufe, Vertriebsorganisation oder Dokumentation des NPEP, Teil der ganzheitlichen Betrachtung des NPEP war (siehe Kapitel 6.3.1 und 6.3.2). „Wir sind notwendigerweise frugal, sowohl auf Produktebene als auch auf Organisationsebene."[1361] EVUM hat einen für die Automobilindustrie vergleichsweise schlanken Prozess zur NPE etabliert (siehe Kapitel 6.3.3). Auch die Experten von BSH erachten eine schlanke Struktur des NPEP einer corporate frugal innovation als wichtig, wofür in etablierten Unternehmen auch eine organisatorische Separierung erforderlich sein kann (siehe Kapitel 6.3.5).

Als Anpassung zu bisherigen Innovationsansätzen der NPE wird aus der Untersuchung klar, dass den Beginn des NPEP eine explizite Auseinandersetzung mit der Situation der Zielgruppe darstellen muss. Besonders die Phase der Bedürfnisermittlung und die Überprüfung der Marktfähigkeit für corporate frugal innovations sind wichtig, wie sich ausnahmslos in allen Fallstudien zeigt, z. B. durch Etablierung von Wirtschaftlichkeit und Wettbewerbsfähigkeit als oberster Handlungsmaxime bei Voith Paper (siehe Kapitel 6.3.1). Da aufgrund der Gewinnerzielungsabsicht im Kontext der DM[1362] die frugale Innovation skalierbar sein muss, stellt eine präzise Ermittlung der Anforderungen an die Innovation eine wichtige Voraussetzung dar. Kernique betont die Marktfähigkeit seines Produktes als Bestandteil des Produktkonzepts und arbeitet mit Personas, um Markttrends und Kundenbedürfnisse optimal abzudecken (siehe Kapitel 6.3.4). Voith Paper ergänzt diese Phasen für frugale Innovation um die Nutzung von Design Thinking und einen intensiven Austausch mit dem Vertrieb (siehe Kapitel 6.3.1). BSH greift gar auf den Einsatz von UX-Experten zurück, um eine erfolgreiche Vorabanalyse durchzuführen (siehe Kapitel 6.3.5).

Die ganzheitliche Betrachtung des NPEP wird in den Fallstudien bis auf Lieferanten ausgedehnt, deren Werte oder Kostenstrukturen analysiert und

---

1360 Vgl. Brem et al. (2020) in Kapitel 3.2.4.
1361 Experte 4.
1362 Vgl. dazu Kapitel 2.1.3.

in die Auswahl einbezogen wurden, um die Stringenz der Kosteneinsparung und eine qualitativ hochwertige Realisierung des Innovationsvorhabens zu gewährleisten (siehe Kapitel 6.3.2). Die Besonderheit frugaler Innovation führte z. B. dazu, dass bei kernique neben technischer Expertise auch gefragt war, dass sich der Produktionspartner mit den Werten und dem Unternehmensziel des Start-ups identifizieren kann (siehe Kapitel 6.3.4), was gegenüber konventionellen Innovationen besonders ist.

Proposition 1 ist **konsistent** zur Literatur, wird aber aufgrund der Ergebnisse der Fallstudienbetrachtung **modifiziert (m)** und durch eine **neue Proposition ergänzt**:

P1m: Wird der NPEP für corporate frugal innovation unter Einbezug externer Wertschöpfungspartner ***ganzheitlich betrachtet****, dann wirkt sich dies positiv auf den Erfolg der NPE aus.*
P1.1: Werden einzelne, für corporate frugal innovation ***wichtige Prozessschritte*** *besonders* ***gewichtet****, dann wirkt sich dies positiv auf den Erfolg der NPE aus.*

Proposition 2

Um sich rasch ändernden Marktbedingungen und steigendem Wettbewerb gerecht zu werden, weisen NPEP oftmals einen agilen Charakter auf.[1363] Bisherige Entwicklungsansätze für corporate frugal innovation (siehe Kapitel 3.2) setzen iterative Prozesse ein, um das Produkt z. B. durch Kundenfeedback schrittweise zu optimieren und eine Fehlleitung des NPEP zu vermeiden.[1364]

Auch die Unternehmen in den Fallstudien nutzen agile Methoden wie Scrum und iterative Prozesse zur NPE, wonach **Proposition 2 zunächst konsistent zur Literatur** ist: „[…] dass man sehr stark auch auf agile Methoden und so zurückgreift, weil es eben nicht diesen klassischen frugalen Entwicklungsprozess oder frugale Methoden gibt.“[1365] Vor allem für die Entwicklungsphase verwenden die Fallstudienunternehmen Prototyping, auch unter Einbindung der Kunden wie beispielsweise Voith Paper im Simulation Center (siehe Kapitel 6.3.1). Bei kernique werden so grundlegende Anforderungen an das Produkt schnell

1363 Vgl. Van de Ven (2017), S. 40; Lenfle/Loch (2010), S. 44, S. 46, S. 48; Edwards et al. (2019), S. 3; Cooper (2016), S. 21.

1364 Vgl. Brem et al. (2020), S. 11; Cooper (2014), S. 25; Cooper (2016), S. 21, S. 23, S. 27; Angot/Plé (2015), S. 9; Knapp et al. (2017), S. 19.

1365 Experte 7.

ermittelt und unnötige Kosten durch die strikte Bedarfsfokussierung vermieden (siehe Kapitel 6.3.4). TRUMPF ereilt die Notwendigkeit von Iterationen aufgrund der strikten Kostenvorgaben, welche teilweise mehrmalige Überarbeitungen eines Prototyps erfordern (siehe Kapitel 6.3.2). Auch EVUM nutzt permanent das iterative Vorgehen, um Kundenfeedback in den NPEP zu integrieren (siehe Kapitel 6.3.3). Flexibilität und Anpassungsfähigkeit schätzt das Unternehmen für frugale Produkte als sehr hoch ein, um diversen Kundenanforderungen gerecht zu werden. Dies gilt insbesondere für Komponenten, die Einfluss auf die user experience nehmen. Im NPEP wird nach Scrum außerdem ein Backlog eingesetzt, in dem die Anforderungen der Kunden verwaltet werden.[1366]

Abhängig von Umfang und Komplexität des NPE-Projekts, sollte der agile Prozess angepasst werden[1367], was sich bei Voith Paper durch eine variable Nutzung der Scrum-Methodik bestätigen lässt (siehe Kapitel 6.3.1). Auch BSH skaliert seinen Prozess für die NPE frugaler Innovationen je nach Bedarf des Projekts (siehe Kapitel 6.3.5).

Trotz einer explizit nicht-linearen Ausrichtung der NPEP in den Fallstudien, konnte der Einsatz von Bricolage zur Entwicklung der frugalen Produkte nicht nachgewiesen werden. Da dieses Verfahren bisher hauptsächlich im EM-Kontext festgestellt wurde[1368], liegt dies vermutlich am Kontext der überwiegend in DM tätigen Unternehmen aus den Fallstudien.

Trotz aller Agilität und Verwendung agiler Methoden wie Scrum im NPEP, lässt sich eine graduelle Produkteinführung in Form von MVP mit ihren bekannten Vorteilen[1369] in den Fallstudien nur teilweise bestätigen. Kernique sieht in MVP die Gefahr, dass gewünschte Qualitätsansprüche nicht gehalten werden, was zu Reputationsverlusten führen kann. Mit dem Ziel der Skalierbarkeit frugaler Produkte erachtet TRUMPF eine Nutzung von MVP über die Phasen der Produktdefinition und die Entwicklung als ungeeignet, da nachträgliche Verbesserungen unkalkulierbare Kosten verursachen (siehe Kapitel 6.3.2 und 6.3.4). Lediglich EVUM nutzte ein MVP zur Markteinführung, allerdings nicht für den breiten Markt, sondern für Freunde und Bekannte und damit dem Unternehmen vertraute Personen (siehe Kapitel 6.3.3). Auch BSH ging mit einem Prototyp auf ausschließlich wenige ausgewählte Kunden zu (siehe Kapitel 6.3.5). Hier lässt sich folglich ein Unterschied zwischen den betrachteten Unternehmen feststellen, was zu einer **Modifikation** von **Proposition 2** führt:

1366 Vgl. Šoltés et al. (2017), S. 5f.
1367 Vgl. Edwards et al. (2019), S. 2, S. 5.
1368 Vgl. Cai et al. (2019), S. 7, S. 16; Ernst et al. (2015), S. 76.
1369 Vgl. Eagar et al. (2011), S. 28.

P2m: Nutzt der NPEP für corporate frugal innovation ***agile Methoden*** *in einer Form, die die Reputation des Unternehmens und das Kostenziel des Produktes nicht gefährdet, dann wirkt sich dies positiv auf den Erfolg der NPE aus.*

Proposition 3

Da die Kundenbedürfnisse, auf denen frugale Innovationen primär basieren, von den Marktbedingungen und der Umgebung des Kunden beeinflusst werden, entsteht diese Art der Innovation bottom-up.[1370] Die Zusammenarbeit mit lokalen Partnern oder der Einbezug kulturkundiger Mitarbeiter in den NPEP gilt daher für das fokale Unternehmen als Erfolgsfaktor, besonders, wenn der Kontext der frugalen Innovation diesem fremd ist.[1371]

Eine problemzentrierte, vom Kundenbedürfnis ausgehende Entwicklung[1372] zeigen auch die Fallbeispiele. TRUMPF betont die Wichtigkeit der Präsenz vor Ort im Markt der NPE (siehe Kapitel 6.3.2).

EVUM gestaltet das Produktkonzept z. B. durch ein Franchising-System und das local for local-Prinzip so, dass eine lokale Implementierung, sowohl des Produktes als auch der gesamten Wertschöpfungskette möglich ist (siehe Kapitel 6.3.3). Auch Voith Paper achtet auf den Einbezug lokaler Wertschöpfungspartner und folgt zugleich der empfohlenen Verwendung von lokal verfügbaren Komponenten und Material[1373] (siehe Kapitel 6.3.1).

Lokale Akteure im Ökosystem[1374] werden von allen betrachteten Fallunternehmen genutzt. TRUMPF geht dabei strikt kostenorientiert vor (siehe Kapitel 6.3.2), bei kernique ist die Nutzung lokaler Ressourcen Bestandteil der nachhaltigen Ausrichtung. Auch das Testen des Produktes erfolgt in den Settings der Kunden (siehe Kapitel 6.3.4). BSH verlegt bestimmte Schritte im NPEP bewusst in die lokale Umgebung des Produktes (siehe Kapitel 6.3.5).

Proposition 3 ist, basierend auf den Erkenntnissen aus den Fallstudien, somit **konsistent zur Literatur**.

1370 Vgl. Basu/Banerjee/Sweeny (2013), S. 67.

1371 Vgl. Brem et al. (2020), S. 4, S. 13; Belkadi et al. (2016), S. 590.

1372 Vgl. Agarwal/Brem/Grottke (2014), S. 12, S. 15; Sehgal/Dehoff/Panneer (2010), o.S.; Nakata/Weidner (2012), S. 30; Basu/Banerjee/Sweeny (2013), S. 63f.; Rosca/Bendul (2015), S. 1f., S. 7.

1373 Vgl. Radjou/Prabhu (2015), S. 54-60; Hossain (2018), S. 931; Gupta (2009).

1374 Vgl. Agarwal/Brem (2017a), S. 40; Ahuja/Chan (2020), S. 89f.; Bhatti et al. (2017), S. 218; Hyypiä/Khan (2018), S. 40f.; Hossain (2018), S. 933.

7.2 Diskussion Propositionsraum 2: „Erfolgsfaktoren"

7.2.1 Erfolgsfaktoren hinsichtlich der Struktur

Als Ausgangspunkt der Diskussion listet die nachfolgende Tabelle 21 noch einmal die theoretischen Propositionen bzgl. Erfolgsfaktoren hinsichtlich der Struktur des Prozesses für corporate frugal innovation auf.

Propositionsraum 2: Erfolgsfaktoren	
Erfolgsfaktoren hinsichtlich der Struktur	
P4	Beginnt der NPEP für corporate frugal innovation mit einer **ausführlichen Vorabanalyse von Kontextfaktoren**, dann wirkt sich dies positiv auf den Erfolg der NPE aus.
P5	Werden **phasenspezifisch Promotoren** im NPEP für corporate frugal innovation eingesetzt, trägt dies zum Erfolg der NPE bei.
P6	Werden die **Gate-Kriterien** und **Pflichtergebnisse** im NPEP für corporate frugal innovation **kontextspezifisch** formuliert, dann wirkt sich dies positiv auf den Erfolg der NPE aus.

Tabelle 21: Theoretische Propositionen Propositionsraum 2 hinsichtlich Struktur[1375]

Proposition 4

Anstelle von Technikorientierung oder Getriebenheit durch den Shareholder Value werden erfolgreiche frugale Innovationen von Bedürfnissen und Knappheiten im Anwendungskontext induziert.[1376] Folglich müssen zur Bestimmung von Kernfunktionalitäten ein Verständnis des Kunden bzgl. Herausforderungen und Kaufkriterien und insbesondere, wie er das Produkt in seinem Kontext verwendet, gegeben sein[1377] und in die Produktdefinition einfließen.[1378]

Die Analyse der Kunden einer frugalen Innovation und der Umwelt im Zielmarkt durch die Unternehmen lässt sich anhand der Daten bestätigen, was die **Konsistenz von Proposition 4** zeigt. Voith Paper nutzt neben dem direkten Kundenkontakt frühzeitig im NPEP den Austausch mit dem Vertrieb zur Er-

1375 Eigene Darstellung.
1376 Vgl. Brem et al. (2020), S. 5, S. 13; Kroll/Gabriel (2020), S. 37; Prahalad (2006), o.S.; Hyypiä/Khan (2018), S. 43; Prahalad/Mashelkar (2010), S. 140f.
1377 Vgl. Sehgal/Dehoff/Panneer (2010), o.S.; Wohlfart/Sturm/Wagner (2019), S. 216; Knapp et al. (2017), S. 5; Banerjee/Leirner (2014), S. 333; Mukerjee (2012), o.S.
1378 Vgl. Cooper (2017), S. 108ff.; Ernst (2001), S. 76ff.; Cooper (2000), S. 56.

mittlung der Produktanforderungen (siehe Kapitel 6.3.1). Allerdings zeigen die Fallstudienergebnisse Unterschiede in der Ausführung und der Ausprägung dieser Vorabanalyse von Kontextfaktoren. Diese sind auf Differenzen im Status der betrachteten Unternehmen hinsichtlich frugaler Produkte zurückzuführen, weshalb eine Unterscheidung zwischen neu in den Markt eingetretenen Unternehmen bzw. ohne vorhandene frugale Wettbewerbsprodukte (EVUM, BSH und kernique) und etablierten Unternehmen (Voith Paper und TRUMPF) mit bereits vorhandenen frugalen Wettbewerbsprodukten erfolgt.

Ein erfolgreiches frugales Produkt zeichnet sich besonders dadurch aus, dass es dem Kunden in Anbetracht seiner Bedürfnisse einzigartigen Mehrwert bietet.[1379] In vielen Fällen adressieren frugale Innovationen allerdings Menschen, die zuvor „Nicht-Kunden“ waren[1380], wonach Zielgruppe und Produktdefinition zu Beginn der NPE unbekannt sind und als Voraussetzung der Bedürfnisermittlung zunächst bestimmt werden müssen. Diese Besonderheit zeigte sich bei kernique, wo der Markt und die Kundengruppen nicht von Beginn an bekannt waren: „[…] und das ist vielleicht auch das, was uns nochmal am Anfang unterschieden hat von frugalen Produkten, wo man direkt sagt, man entwickelt es für eine ganz bestimmte Zielgruppe.“[1381] Kernique begann den NPEP daher mit der Erstellung von Personas um die Zielkunden näher zu bestimmen sowie einer iterativen NPE mit permanentem Kundeneinbezug, um die Marktnische und die Produktdefinition anhand des Feedbacks auszumachen (siehe Kapitel 6.3.4). EVUM erkundete den Nutzungskontext und potenzielle Kunden des Produktes durch Aufenthalt und Gespräche vor Ort. Daraus wurden Kaufmotivation der Nutzer und Funktionsanforderungen für die Produktdefinition sowie Use Cases abgeleitet (siehe Kapitel 6.3.3). BSH entsandte UX-Experten, um mit der lokalen Bevölkerung zu sprechen (siehe Kapitel 6.3.5).

Neben den Bedürfnissen des Kunden spielt auch der Wettbewerb bei der Definition des Mehrwerts eines Produktes eine wichtige Rolle.[1382] Etablierte Unternehmen, wie Voith Paper oder TRUMPF, kennen ihre Wettbewerber für frugale Produkte sehr genau und daher auch die Kunden ihres frugalen Produktes. Wie die Fallstudien zeigen, beziehen beide Parteien diese in die Vorabanalyse des Kontexts sowie die Anforderungsanalyse ein. TRUMPF leitet z. B. aus diesen Analysen bestimmte Zielpunkte für den NPEP und das frugale Produkt ab (siehe Kapitel 6.3.2).

1379 Vgl. Cooper (2000), S. 55; Cooper/Kleinschmidt (1987), S. 181.

1380 Vgl. Tiwari/Kalogerakis/Herstatt (2017), S. 149.

1381 Experte 7.

1382 Vgl. Cooper (2000), S. 55; Cooper/Kleinschmidt (1987), S. 181.

Neben dem Produkt sind auch Unternehmensstrukturen bis hin zur Betrachtung der gesamten Wertschöpfungskette im Entstehungskontext der frugalen Innovation Bestandteil der Analyse. TRUMPF analysiert in einem detaillierten Benchmarking Wettbewerbsunternehmen und -produkte bis auf Ebene von Komponentenkosten (siehe Kapitel 6.3.2). Bestandteil der Machbarkeitsprüfung des Produktes[1383] sind bei Voith Paper außerdem bereichsübergreifende Schwachstellenanalysen des NPEP. Zusätzlich arbeitet das Unternehmen mit Lasten- und Pflichtenheft, um die Anforderungen seitens des Marktes und des Kunden mit der Machbarkeit seitens des Unternehmens zu verbinden (siehe Kapitel 6.3.1).

Infolgedessen muss **Proposition 4 durch Präzisierung modifiziert** werden:

> *P4m: Beginnt der NPEP für corporate frugal innovation mit einer **ausführlichen Vorabanalyse von Kontextfaktoren**, welche (Neu-)Kunden, Entstehungskontext des Produktes (interne Unternehmensstruktur, Unternehmensstruktur von Wettbewerbern und Unternehmen der Wertschöpfungskette) und ggf. Wettbewerbsprodukt(e) umfasst, dann wirkt sich dies positiv auf den Erfolg der NPE aus.*

Proposition 5

Neben Fachwissen und der Zuweisung von Ressourcen benötigt es für den Erfolg des NPEP auch Personen, die den Wandel unterstützen, den gerade die Entwicklung einer corporate frugal innovation für Unternehmen in DM darstellt. Aus allen fünf Fallstudien wurde offensichtlich, dass dem Management dafür die Rolle der starken Führung im Entwicklungsprojekt zukommt.[1384] Als Machtpromotoren, die auch als Gatekeeper fungieren und Entscheidungen über die Ressourcenzuteilung treffen[1385], und zugleich fachlich versierte Promotoren sind, stellten sich bei EVUM und kernique jeweils die Unternehmensgründer bzw. Geschäftsführer in einer Gespannstruktur heraus (siehe Kapitel 6.3.3 und 6.3.4). Bei TRUMPF unterstützte die Geschäftsführung die strategische Ausrichtung der HVM (siehe Kapitel 6.3.2). Auch im Falle von Voith Paper erwies sich eine Gespannstruktur aus Mitarbeitern mit Erfahrung einerseits, und Mitarbeitern mit Entscheidungsgewalt andererseits sowie fix definierte Gremien für die Gate Meetings als erfolgsfördernd (siehe Kapitel 6.3.1). Daneben zeichnete

---

1383 Vgl. Cooper (2017), S. 111; Cooper (2016), S. 26.
1384 Vgl. Wheelwright/Clark (1992b), S. 14.
1385 Vgl. Cooper (2008), S. 219; Brown/Eisenhardt (1995), S. 353, S. 346.

sich auch Fachwissen für die Entwicklung der corporate frugal innovations[1386] wie z. B. spezielles Ernährungswissen bei kernique, als wesentlich ab (siehe Kapitel 6.3.4). Aus der Fallstudie BSH lässt sich die Erkenntnis gewinnen, dass der Machtpromotor nicht auf C-Level angesiedelt sein sollte, damit er näher am Projekt ist und so auch die Projektziele stringenter durchsetzen kann (siehe Kapitel 6.3.5).

In keiner der Fallstudien lassen sich jedoch phasenspezifische Promotoren, die über den regulären Einsatz von Fachkräften und ausgebildeten Experten im Unternehmen, das Management oder Netzwerkarbeit im Sinne von Beziehungspromotoren hinausgehen, feststellen. Zusammengefasst benötigt es, gerade um Willensbarrieren gegenüber auftretenden Veränderungen bei corporate frugal innovations begegnen zu können, sehr wohl Unterstützer des NPEP im Sinne von Promotoren. Allerdings sind diese mit Blick auf die erhobenen Daten nicht phasenspezifisch, was zu einer **Modifikation** von **Proposition 5** führt:

*P5m: Werden **Promotoren** zur Beseitigung von Barrieren im NPEP für corporate frugal innovation eingesetzt, trägt dies zum Erfolg der NPE bei.*

Im Sinne der Arbeitsteilung bei der NPE und auch zur Überwindung von Barrieren[1387] leiten sich aus den Daten vielmehr weitere Rollen im NPEP ab. Auffällig in der Untersuchung war, dass in den NPEP der corporate frugal innovation sehr stark Experten von außerhalb des Unternehmens einbezogen wurden. Diese waren als externe Berater wichtige Promotoren um beispielsweise, im Falle von Kunden, in der Rolle der Anwender Einblicke in den Anwendungskontext, erforderliche Merkmale und Anforderungen des frugalen Produktes zu liefern. Es zeigte sich bei kernique: „Kunden, wenn man sie einbezieht, dass wir da schon tolle Vorschläge bekommen haben, die uns Zeit und auch wirklich Geld gespart haben und dass du diese Macht, die der Kunde hat und auch das Wissen, das der Kunde hat, dass man das, glaube ich, nicht unterschätzen sollte“[1388] (siehe Kapitel 6.3.4). EVUM konsultierte externe Berater mit Erfahrungswissen und nutzte ebenfalls externe Händler als Multiplikatoren, die weitere Barrieren im NPEP beseitigen, indem sie mit Erfahrung und Fachwissen das Ausschreibungsgeschäft abwickeln. Des Weiteren generierte der Family and Friends-Ansatz externes Feedback für den NPEP (siehe Kapitel 6.3.3). Ein Experte von BSH

1386 Vgl. Rao (2017), S. 33.
1387 Vgl. Chakrabarti/Hauschildt (1989), S. 170; Ernst (2002), S. 23; Witte (1998), S. 13.
1388 Experte 7.

betonte, dass neben den Kunden eine Gruppe von Personen im Zielmarkt konsultiert wird, die nach Möglichkeit einen Querschnitt der Gesellschaft vor Ort abbildet (siehe Kapitel 6.3.5). Dies alles trägt der Tatsache Rechnung, dass für den NPEP einer corporate frugal innovation eine sehr genaue Kenntnis der Anforderungen an das Produkt vorliegen muss, was als Besonderheit und potenzielle Barriere im NPEP gesehen werden kann.

Folglich kann eine **neue Proposition** aufgestellt werden:

> *P5.1: Wird der NPEP für corporate frugal innovation* ***für externe Parteien geöffnet****, dann wirkt sich dies positiv auf den Erfolg der NPE aus.*

In der Literatur zur NPE frugaler Innovation wurde bereits auf die Notwendigkeit eines eigens für frugale Innovation etablierten Teams hingewiesen.[1389] Dies lässt sich bei TRUMPF feststellen, wo der Experte eine maßgebliche Herausforderung im NPEP in „Kompetenzkonflikten" hinsichtlich der Entscheidung, inwiefern eine Organisationseinheit wie HVM bzgl. prozessualer Themen eigenständig sein kann bzw. zentral gesteuert werden muss, sieht. Neben den frugalen Eigenschaften des Produktes, muss auch die Unternehmensumgebung frugale Merkmale aufweisen (siehe Kapitel 6.3.2). Dies bestätigt ein Experte von BSH.[1390]

So kann darüber hinaus anhand der Untersuchungsergebnisse eine weitere **neue Proposition** hinsichtlich der strukturellen Erfolgsfaktoren für die NPE einer corporate frugal innovation gebildet werden:

> *P5.2: Wird der NPEP einer corporate frugal innovation in einer* ***separaten Organisationseinheit****, welche frugale Merkmale aufweist, gesteuert, dann wirkt sich dies positiv auf den Erfolg der NPE aus.*

Proposition 6

Zur Qualitätsprüfung und Entscheidungsfindung verfügt der NPEP über Gates. An diesen Entscheidungspunkten wird anhand von Kriterien über die Fortführung des Projekts zur NPE entschieden.[1391] Die bewusste Selektion von

1389 Vgl. Kroll/Gabriel (2020), S. 44; Zehetbauer (2013), S. 23.
1390 Vgl. Experte 9.
1391 Vgl. Verworn/Herstatt (2000), S. 4; Cooper (1994), S. 3, S. 14; Lenfle/Loch (2010), S. 42; Cooper (2017), S. 100; Cooper (2016), S. 26; Cooper (2008), S. 213; Cooper (2017), S. 103f.

Projekten, um die ohnehin knappen Ressourcen nicht zu verschwenden und unnötige Kosten zu vermeiden[1392], ist besonders wichtig für die Entwicklung einer corporate frugal innovation.

Die Entscheidungskriterien können dabei an den Marktkontext und das Projekt angepasst werden.[1393] Maßgeblich für die Festlegung der Kriterien sind beispielsweise die Treiber der frugalen Innovation. In DM sind neben knappen Ressourcen v. a. Kostenaspekte Ausgangspunkt für frugale Innovation.[1394] Bei TRUMPF zeigt sich genau diese Tatsache in der strikten Ausrichtung des NPEP an (wettbewerbsgetriebenen) Kostenzielen als Gate-Kriterien bzw. KPI. Quality-Gates und Meilensteine werden streng eingehalten, um Kosten- und Leistungsziele zu erreichen (siehe Kapitel 6.3.2). Bei EVUM steht neben niedrigen Produktions- und Betriebskosten als KPI an oberster Stelle die kontextabhängige Funktionalität des Produktes: „[...] die ganzen Formen und Bewegungen, die wir da drin machen, die haben alle exakt eine Begründung und es ist eigentlich nichts nur aus ästhetischen Gründen so gemacht."[1395] So bestimmte der Nutzungskontext Afrika andere Anforderungen an das Produkt und den NPEP als der europäische Kontext (siehe Kapitel 6.3.3). Dies lässt sich auch am NPEP der FreshBox von BSH erkennen (siehe Kapitel 6.3.5).

Voith Paper gestaltet den genutzten Scrum-Prozess zielgerichtet kontextabhängig je Projekt, was z. B. die Strömung der kontextabhängigen Innovation innerhalb der Literatur empfiehlt.[1396] „Wir hatten genau definiert, in welchen Gates was geliefert werden muss, was bereitgestellt werden muss, was präsentiert werden muss. Das war früher nicht so unbedingt. Da hat man relativ lose ein Gate-Meeting gemacht: Ich habe das entwickelt. Das kann es halt und kriegen wir ein Budget quasi für bis zum nächsten Gate und da gibt es jetzt schon klare Kriterien. Auch wer da teilnimmt, die Gatekeeper quasi."[1397]

Neben der Kontextabhängigkeit sind flexible Entscheidungskriterien ganzheitlicher Natur und beinhalten, zusätzlich zu finanziellen, auch wettbewerbsbezogene und strategische Aspekte, oder sind an Bedingungen geknüpft[1398], was

1392 Vgl. Wheelwright/Clark (1992a), S. 72.

1393 Vgl. Cooper (2014), S. 21; Lenfle/Loch (2010), S. 48.

1394 Vgl. Agarwal/Brem (2012), S. 1; Kalogerakis/Tiwari/Fischer (2017), S. 10; Bhatti/Ventresca (2013), S. 8; Agarwal/Brem (2017a), S. 37, S. 40; Brem/Wolfram (2014), S. 2.

1395 Experte 6.

1396 Vgl. Ortt/van der Duin (2008), S. 531ff.

1397 Experte 2.

1398 Vgl. Cooper (2014), S. 21ff.; Cooper (2017), S. 106; Takeuchi/Nonaka (1986), S. 137ff.; Wolfe (1994), S. 406; Verworn/Herstatt (2000), S. 2ff.; Trott (2008), S. 403f.; Cooper (1994), S. 3f., S. 9ff.; Cooper (2008), S. 224ff.

sich in den Ergebnissen der Untersuchung zeigt. Die reine Umsatzbetrachtung wird z. B. bei kernique oder Voith Paper durch Messgrößen ergänzt, welche die Reduktion von CO_2 anstreben. Bei Voith Paper lässt sich außerdem der Kundennutzen als wichtiges Maß zur Bewertung des NPEP ausmachen (siehe Kapitel 6.3.1 und 6.3.4).

Die Definition von Muss- und Sollte-Kriterien[1399] zur Fokussierung auf Produktanforderungen zeigt sich ebenfalls in der Fallstudie von Voith Paper: „[...] und das misst das neue Produkt da dran: Schafft es denn die Erwartungen oder schafft es die nicht? [...], weil in der Vergangenheit gab es viele Entwicklungen, die waren technologisch schön, aber dann nicht am Markt wirtschaftlich umsetzbar und das gilt es eben zu vermeiden."[1400] Aber auch bei kernique lassen sich kontextabhängige Muss-Kriterien für das Produkt feststellen, welche sich u. a. aus dem Unternehmensziel und der angestrebten Funktionalität des Produktes oder als Voraussetzung für angestrebte Produktzertifizierungen ableiten (siehe Kapitel 6.3.4). Zur Auswahl der Komponenten des Produktes, ebenso wie zur Planung des Markteintritts, kommt bei EVUM eine kriterienbasierte Bewertungsmatrix zum Einsatz. Personas werden außerdem für jeden Anwendungskontext spezifisch gestaltet, womit dem NPEP kontextspezifische Entscheidungskriterien zugrunde liegen (siehe Kapitel 6.3.3).

Es konnten in den Fallstudien zwar keine besonderen Pflichtergebnisse ausgemacht werden. Allerdings empfehlen die Experten von Voith Paper die Arbeit mit Pflichten- und Lastenheft, um die Anforderungen an das Produkt und deren Realisierung klar zu dokumentieren (siehe Kapitel 6.3.1).

Proposition 6 ist **konsistent** zur Literatur und kann angesichts der Daten wie folgt **präzisiert** werden:

> *P6m: Werden die **Gate-Kriterien** und **Pflichtergebnisse** im NPEP für corporate frugal innovation **kontextspezifisch**, d. h. abhängig von der (Wettbewerbs-) Umgebung und dem Ziel des Unternehmens sowie den Treibern der frugalen Innovation, formuliert, dann wirkt sich dies positiv auf den Erfolg der NPE aus.*

1399 Vgl. Cooper (1988), S. 242f.; Cooper (2000), S. 56f.; Cooper/Kleinschmidt (1987), S. 180.
1400 Experte 2.

7.2.2 Erfolgsfaktoren hinsichtlich der Methoden/Werkzeuge

Als Ausgangspunkt der Diskussion listet die nachfolgende Tabelle 22 noch einmal die theoretischen Propositionen bzgl. Erfolgsfaktoren hinsichtlich der Methoden/Werkzeuge zur NPE für corporate frugal innovation auf.

Propositionsraum 2: Erfolgsfaktoren	
Erfolgsfaktoren hinsichtlich der Methoden/Werkzeuge	
P7	Je stärker im NPEP für corporate frugal innovation ein **modularer Entwicklungsansatz** verwendet wird, desto erfolgreicher ist er.
P8	Je stärker **Kunden** bis zu einem gewissen Grad in den NPEP für corporate frugal innovation **eingebunden** werden, desto erfolgreicher ist er.
P9	Je stärker **dynamische Fähigkeiten** im NPEP für corporate frugal innovation für die Phasen Marktforschung, Entwicklung und Go-to-Market genutzt werden, desto erfolgreicher ist er.

Tabelle 22: Theoretische Propositionen Propositionsraum 2 hinsichtlich Methoden/Werkzeuge[1401]

Proposition 7

Ein weiterer Ansatzpunkt für die erfolgreiche Entwicklung frugaler Innovation ist ein modulares Vorgehen durch die Nutzung von Produkt-Plattformen. Durch Modifikation eines Basisproduktes lassen sich so schnell und unaufwändig Derivative erzeugen[1402] oder Produkte vereinfachen.[1403] Die fallübergreifende Analyse zeigt, dass sich alle Experten für eine modulare Gestaltung frugaler Produkte aussprechen: „Also eine Kombination aus frugal und modular ist extrem sinnvoll [...], weil sie in der Summe das Ganze einfacher machen und nicht komplizieren."[1404] „Schnell war klar, dass es ein modular aufgebautes Gefährt sein musste, quasi ein Allrounder für vielfältige Anwendungen."[1405]

Eine klassische modulare Konzipierung[1406] zeigt sich im Falle von EVUM, wo die Architektur, die Schnittstellen und die Standards des Produktes konstant bleiben, jedoch im Rahmen einer Produktfamilie um Komponenten für verschiedene Zwecke angepasst werden: „Ja, längerfristig wird das, haben wir

1401 Eigene Darstellung.
1402 Vgl. Wheelwright/Clark (1992a), S. 73.
1403 Vgl. Lim/Fujimoto (2019), S. 1028f.; Brem et al. (2020), S. 11f.
1404 Experte 1.
1405 Blumenroth (o. J.).
1406 Vgl. Ray/Ray (2010), S. 151.

uns das zumindest so vorgestellt, dass wir sozusagen eine Masterdatei des aCars haben und es dann marktspezifische und länderspezifische Varianten dieses aCars geben wird." „[...] auf Basis dieses einen aCars, wir nehmen das ganze jetzt auch als Modul und arbeiten da mit Baukästen. Wir wollen auf Basis dieser einen Plattform ja massig Derivate verwirklichen."[1407] So kann durch Aufstockung eines Basisproduktes um Funktionen bzw. diverse Konfigurationen regional verschiedenen Anforderungen Rechnung getragen werden[1408] und die Anwendungsvielfalt, welche typisch für DM ist, mit der corporate frugal innovation realisiert werden (siehe Kapitel 6.3.3). Als Basisprodukt, welches sich aus Muss-Kriterien ergibt, und durch diverse Zutaten für verschiedene Geschmäcker oder z. B. für Allergiker modifizieren lässt, lässt sich auch das Produkt von kernique verstehen. Besonders ist in diesem Fall auch die Verwendung von Abfallprodukten als Komponenten für das Produkt (siehe Kapitel 6.3.4). Dank einer modularen Konzipierung lassen sich auch bei Voith Paper größere Anwendungsbereiche des Produktes bei den Kunden abdecken. Die produktübergreifende Verwendung von Basistechnologien sichert auch die Austauschbarkeit von Teilen im Servicegeschäft (siehe Kapitel 6.3.1). BSH nutzte in Ermangelung von Wettbewerbsprodukten Analogien (siehe Kapitel 3.3) aus anderen Anwendungsbereichen für das frugale Produkt (siehe Kapitel 6.3.5).

Sowohl bei TRUMPF als auch bei Voith Paper hat sich außerdem gezeigt, dass ein Baukastenprinzip für frugale Produkte die Verwendung von Gleichteilen oder bereits vorhandenen Basistechnologien möglich macht (siehe Kapitel 6.3.2 und 6.3.1). „Also ich muss die Schraube nicht neu erfinden. Ich kann eine normale Schraube nehmen."[1409] Auf diese Weise können Economies of Scale und Scope genutzt werden, sowie Zeit, Entwicklungskosten und Folgekosten gespart werden[1410] wie z. B. Anschaffungskosten für Produktionsmaschinen oder das Schreiben von Programmen und Testen von Komponenten wie bei Voith Paper. Dies alles begünstigt die Entwicklung einer corporate frugal innovation.

Die modulare Gestaltung kann auch genutzt werden, um zwischen existenziellen Anforderungen und wünschenswerten Merkmalen eines Produktes zu differenzieren[1411], was gerade für corporate frugal innovation ein wichtiges Merkmal darstellt. Dies zeigt sich in der Fallstudie TRUMPF bzgl. der Überprüfung des Produktes auf obsolete Softwareschnittstellen (siehe Kapitel 6.3.2) und

1407 Experte 5.
1408 Vgl. Ray/Ray (2010), S. 148f.; Konrad/Wangler (2018), S. 16.
1409 Experte 1.
1410 Vgl. Reis/Fernandes/Armellini (2021), S. 23; Brem et al. (2020), S. 4.
1411 Vgl. Viswanathan/Sridharan (2012), S. 65.

auch bei Voith Paper und BSH in der Unterscheidung zwischen essenziellen und wünschenswerten Produktmerkmalen (siehe Kapitel 6.3.1, 6.3.5). EVUM entscheidet basierend auf einer Bewertungsmatrix über die Sinnhaftigkeit und Ergänzung von Produktmerkmalen (siehe Kapitel 6.3.3).

In diesem Zusammenhang stellt ein modulares Vorgehen auch sicher, dass jede Funktion des Endproduktes für dessen Anwender einen Mehrwert schafft, statt nur einen Kostenbeitrag zu leisten[1412], was sich in der Betrachtung der Preis-Performance-Punkte auf Komponentenebene bei TRUMPF zeigt (siehe Kapitel 6.3.2). Dies spiegelt die Philosophie eines frugalen Produktes wider.

Die fallübergreifende Analyse zeigt, dass **Proposition 7 konsistent** zur Literatur ist.

Proposition 8

Die Erfolgsfaktorenforschung hat gezeigt, dass es essenziell für den Produkterfolg ist, Kundenbedarfe in den NPEP zu integrieren.[1413] Unternehmen nutzen vielfältige Mittel und Wege zur Kundeneinbindung, wie es sich auch in den Fallbeispielen zeigt, wo alle Experten die Zielsetzung einer marktgetriebenen Entwicklung betonen. Um die spezifischen Bedürfnisse der Kunden zu ermitteln, eigneten sich z. B. der Einsatz von Social Media oder Fragebögen und Workshops bei kernique (siehe Kapitel 6.3.4), Gespräche bei TRUMPF (siehe Kapitel 6.3.2), sowie Online-Befragungen und Feldbesuche als ethnographische Methode bei EVUM und BSH (siehe Kapitel 6.3.3, 6.3.5).

Für die Sicherstellung einer strikten Fokussierung auf Kernfunktionalitäten, wie es bei frugalen Innovationen das Ziel ist, muss der Ausgangspunkt des NPEP der Kunde mit seinen Bedürfnissen sein. Beispielhaft für die probleminduzierte Suche nach Produktmerkmalen im Sinne der market-pull-Modelle lässt sich in den Fallbeispielen bei TRUMPF und EVUM die Arbeit mit Use Cases erkennen (siehe Kapitel 6.3.2 und 6.3.3). Es wird auf der Marktseite mit der Wahrnehmung eines Kundenproblems begonnen, eine ökonomisch sinnvolle und den Kundenwünschen entsprechende Lösung zu finden.[1414] Kernique hat ebenfalls mit Personas gearbeitet, um als Neueinsteiger im Markt zunächst potenzielle Kunden und deren Profil zu definieren (siehe Kapitel 6.3.4). BSH entsandte UX-Experten, um mit der lokalen Bevölkerung zu sprechen (siehe Kapitel 6.3.5).

1412 Vgl. Rao (2013), S. 70f.

1413 Vgl. Ernst (2001), S. 76ff.; Cooper (2000), S. 56.

1414 Vgl. Vahs/Brem (2013), S. 243; Ortt/van der Duin (2008), S. 525f.

Über die Integration des Kunden lassen sich neben den Anforderungen des Produktes auch Einsparpotenziale detektieren[1415], wovon corporate frugal innovations profitieren: „Kunden, wenn man sie einbezieht, dass wir da schon tolle Vorschläge bekommen haben, die uns Zeit und auch wirklich Geld gespart haben und dass du diese Macht, die der Kunde hat und auch das Wissen, das der Kunde hat, dass man das glaube ich nicht unterschätzen sollte.“[1416] Risiko und Investitionsumfang des NPEP reduzieren sich, wenn anwendungsorientierter und damit zielgerichteter und effizienter entwickelt wird.[1417]

Proposition 8 ist daher **konsistent mit der Literatur**, wie die Fallstudienuntersuchung zeigt. Zu beachten ist hierbei der nicht-lineare Zusammenhang der Kundeneinbindung als Erfolgsfaktor in der NPE (siehe Kapitel 2.2.4, 3.4).

Aus den Daten der Fallstudien lässt sich darüber hinaus erkennen, dass die Einbindung des Kunden in den NPEP zwar ein wichtiger Schritt ist, die Etablierung von festen Schnittstellen, wie es sich in bisherigen Modellen zur NPE frugaler Innovation in Ansätzen zeigt[1418], aber ein weiteres, darüber hinausgehendes Erfordernis. Dies garantiert, dass die Ergebnisse aus der Interaktion mit dem Kunden auch in den NPEP einfließen, indem z. B. Aussagen in Produkteigenschaften übersetzt werden, wozu, wie bei Voith Paper, auch Lasten- und Pflichtenheft genutzt werden können. Das Unternehmen hat als weitere, feste Schnittstellen Versuchsanlagen sowie eine virtuelle Testumgebung für seine Produkte etabliert. Darüber hinaus dient der Vertrieb als etabliertes Sprachrohr des Kunden (siehe Kapitel 6.3.1).

In der Rolle von Mitentwicklern bindet kernique seine Zielgruppe in den NPEP ein: „Unsere Community bedeutet für uns sehr viel mehr als potenzielle Kund*innen. Sie sind Co-Creator*innen, manchmal Ratgeber*innen, aber immer fester Teil von kernique. Deshalb haben wir unsere Community in wichtige Fragen zu Design, Produktnamen und unseren Sorten eingebunden. Mit unserer „Snacksperten-Gruppe“ haben 10 Mitglieder unserer Community sogar die Möglichkeit, mit ihrem Feedback direkt mitzubestimmen, wie die fertigen Nuss-Bites aussehen.“[1419] (siehe Kapitel 6.3.4) EVUM hat durch den

---

1415 Vgl. Annala/Sarin/Green (2018), S. 110f.

1416 Experte 7.

1417 Vgl. Brettel/Cleven (2011), S. 264f.; Ernst (2002), S. 31; Ernst (2001), S. 76; Agrawal/Bhuiyan (2014), S. 477ff.; Bhuiyan (2011), S. 754, S. 760; Rothwell et al. (1974), S. 289; von Hippel (1976), S. 228f.; Herrmann/Schaffner (2005), S. 383; Cooper/Edgett/Kleinschmidt (2004), S. 51; Cooper (2000), S. 56.

1418 Vgl. Brem et al. (2020), S. 11; Rothwell et al. (1974), S. 289; von Hippel (1976), S. 222; Herrmann/Schaffner (2005), S. 383; Cooper/Edgett/Kleinschmidt (2004), S. 51.

1419 Schurz (2022).

Verbau von Trackern in Wettbewerbsfahrzeugen eine Schnittstelle zum Kunden als Datenlieferant für spezifische Anwendungsfälle eingerichtet (siehe Kapitel 6.3.3).

Daraus leitet sich folgende **neue Proposition** ab:

*P8.1: Werden die Ergebnisse aus dem Kundeneinbezug anhand von **Schnittstellen** (z. B. Vertrieb, Key Account, Kunde als Co-Creator) in den NPEP übermittelt, dann wirkt sich dies positiv auf den Erfolg der NPE aus.*

Proposition 9

(Primäre) Fähigkeiten kontextspezifisch, also beispielsweise in Abstimmung mit Bedürfnissen der Kunden und Anforderungen des Marktes, weiterzuentwickeln, ist für volatile Umgebungen erfolgskritisch.[1420] Für ressourcenbeschränkte Innovationen benötigt es spezifische Fähigkeiten[1421], was auch die Entwicklung frugaler Innovationen betrifft.

Aus den Fallstudiendaten lassen sich, neben gewöhnlichen Fähigkeiten zur NPE oder branchen- und produktabhängigen Besonderheiten, Technologie- und Marktfähigkeiten für frugale Innovation erkennen, die die Bereiche Marktforschung, Entwicklung und Go-to-Market abdecken (siehe Kapitel 4.1).

Um Kundengruppen zu identifizieren, Wissen über diese zu sammeln und dieses in angemessene Produktmerkmale zu übersetzen[1422], nutzt z. B. EVUM Personas (siehe Kapitel 6.3.3). Gutes Zuhören ist dabei essenziell: „Der Kunde sagt, er will eine Servolenkung. Normalerweise würde man einfach eine Servolenkung anbieten. […] Was der Kunde aber eigentlich möchte, ist ein einfaches Lenkgefühl und mit dem Fahrzeug einfach umgehen können, ohne sich zwei Jahre vorher im Fitnessstudio eingebucht zu haben."[1423] Dies bestätigt sich auch in der Fallstudie BSH (siehe Kapitel 6.3.5).

Die Entwicklung von corporate frugal innovation kann außerdem, wie bei TRUMPF ersichtlich wird, technisch sehr anspruchsvoll sein (siehe Kapitel

1420 Vgl. Boscoianu/Prelipcean/Lupan (2018), S. 3498ff.; Mousavi/Bossink (2017), S. 1263ff.; Teece et al. (1997), S. 509, S. 515ff.; Rodrigues/Gohr/Calazans (2020), S. 4; Teece (2014), S. 328f., S. 330, S. 334; Eisenhardt/Martin (2000), S. 1106, S. 1112, S. 1116, S. 1118; Trott (2008), S. 354; Teece (2007), S. 1319; Ellonen/Jantunen/Kuivalainen (2011), S. 459, S. 473f.; Grant (1992), S. 120; Danneels (2002), S. 1102.

1421 Vgl. Hossain (2020), S. 8.

1422 Vgl. Rodrigues/Gohr (2021), S. 1; Danneels (2002), S. 1102f.; Ellonen/Jantunen/Kuivalainen (2011), S. 461f.

1423 Experte 5.

6.3.2). Um diesem Aspekt gerecht zu werden, erachten alle Fallbeispiele übereinstimmend neben Fachkompetenz die Nutzung agiler Methoden wie Design Thinking als nützlich. Kombiniert mit einer entsprechend toleranten Fehlerkultur bzw. Kultur der ständigen Verbesserung, lassen sich die technischen Herausforderungen iterativ lösen. Wie bereits in den Propositionen 5 und 8 dargelegt, beziehen die Fallstudienunternehmen dazu auch externe Wissensquellen wie z. B. Kundenfeedback ein.[1424] Bei Voith Paper lässt sich in der Untersuchung zusätzlich auch die Nutzung von Werkzeugen des Wissensmanagements festhalten (siehe Kapitel 6.3.1).

Die Mitarbeiter der betrachteten Unternehmen sind primär für die Entwicklung konventioneller Produkte ausgebildet: „Wenn ich diese Kriterien, mit denen ich frugal definieren kann, heranziehe und dann eine Innovation dazu mache, dann tun wir mitteleuropäischen Entwickler uns schwer. Weil was ich gelernt habe: Wir können nicht einfach. Wir können oftmals nur kompliziert."[1425] Zwar zeigt sich die Vorbildfunktion der Unternehmen bzw. ihrer Mitarbeiter in EM hinsichtlich einer frugalen Ausrichtung des NPEP[1426] z. B. bei TRUMPF, wo JFY auf den Austausch mit chinesischen Arbeitskräften setzt (siehe Kapitel 6.3.2). Dennoch erweist sich darüber hinaus die Ausbildung von Arbeitskräften hinsichtlich der Philosophie frugaler Innovation[1427] in den betrachteten Unternehmen als notwendig, weshalb Voith Paper seine Angestellten diesbezüglich zu Schulungen schickt (siehe Kapitel 6.3.1).

Proposition 9 ist daher **konsistent** zur Literatur.

Neben den erwähnten Fähigkeiten sprechen die Experten auch an, dass die Organisationsstruktur förderlich für frugale Innovation sein muss. Wo kernique und EVUM als junge, ressourcenbeschränkte, hierarchisch flache Unternehmen gute strukturelle Voraussetzungen für einen schlanken und kosteneffektiven NPEP für corporate frugal innovation mitbringen (siehe Kapitel 6.3.4 und 6.3.3), erschweren etablierten Unternehmen, wie es in den Fallbeispielen TRUMPF und BSH angesprochen wurde, oftmals gewachsene Strukturen die Entwicklung frugaler Innovation. Zur Umgehung potenzieller Herausforderungen gliederte TRUMPF die Aktivitäten für frugale Produkte in die HVM aus (siehe Kapitel 6.3.2). Voith Paper und BSH plädierten hierzu für den Einsatz separater

1424 Vgl. Dost et al. (2019), S. 1254.
1425 Experte 1.
1426 Vgl. London/Hart (2004), S. 367.
1427 Vgl. Liefner/Losacker/Rao (2020), S. 772; Schanz et al. (2011), S. 312; Zanello et al. (2016), S. 896.

Scrum-Teams außerhalb der hierarchischen Silo-Strukturen (siehe Kapitel 6.3.1, 6.3.5).

Daraus lässt sich folgende **neue Proposition** bilden:

> *P9.1: Werden in etablierten Unternehmen für den NPEP der corporate frugal innovation **förderliche Organisationsstrukturen** eingerichtet, dann wirkt sich dies positiv auf den Erfolg der NPE aus.*

Zusätzlich zur gezielten strukturellen Ausrichtung des NPEP wurde auch die werteorientierte Ausrichtung des Unternehmens, über ein frugales Mindset hinaus, in der Untersuchung als befähigend für corporate frugal innovation eruiert. Kernique fand beispielsweise einen Produktionspartner, der sich mit den Werten des Unternehmens identifizieren konnte (siehe Kapitel 6.3.4), EVUM trägt die frugalen Werte in seinen Unternehmenswerten (siehe Kapitel 6.3.3). Bei TRUMPF erwiesen sich Kenntnisse der Landessprache als eine, für das Innovationsvorhaben förderliche, Fähigkeit (siehe Kapitel 6.3.2), worin sich zusätzlich ein örtlicher Bezug der Fähigkeiten, um lokale Gegebenheiten zu adressieren, zeigt.[1428]

Dies ergibt eine weitere **neue Proposition**:

> *P9.2: Etablieren Unternehmen für den NPEP der corporate frugal innovation eine **kontextbezogene Werteorientierung**, dann wirkt sich dies positiv auf den Erfolg der NPE aus.*

In diesem Zusammenhang wird anhand der Daten auch ersichtlich, dass es sich bei der Entwicklung von corporate frugal innovation für die meisten Unternehmen um ein neuartiges Vorgehen handelt, wonach für die erfolgreiche Realisierung Fähigkeiten und Werkzeuge des Veränderungsmanagements benötigt werden. Beispielsweise durch Leuchtturmprojekte, die messbare und schnell sichtbare Erfolge lieferten, konnte im Falle von Voith Paper die Skepsis der Mitarbeiter reduziert und eine Offenheit gegenüber der neuen Maschinenbauphilosophie gewonnen werden (siehe Kapitel 6.3.1). Bei EVUM betonte der Experte ebenfalls eine Bereitschaft, im Zuge der spezifischen Ausrichtung der corporate frugal innovation, Methoden z. B. für das Prototyping anzupassen (siehe Kapitel 6.3.3).

1428 Vgl. Hang/Chen/Subramian (2010), S. 2f.

Aus den vorangegangenen Betrachtungen lässt sich eine weitere **neue Proposition** ableiten:

> *P9.3: Werden **Fähigkeiten und Werkzeuge aus dem** Change Management zur Implementierung der erforderlichen Veränderungen im NPEP für corporate frugal innovation genutzt, dann wirkt sich dies positiv auf den Erfolg der NPE aus.*

7.3 Diskussion Propositionsraum 3: „Marktfähigkeit“

Als Ausgangspunkt der Diskussion listet die nachfolgende Tabelle 23 noch einmal die theoretische Proposition bzgl. der Marktfähigkeit für corporate frugal innovation auf.

Propositionsraum 3: Marktfähigkeit	
P10	Der Einbezug **wertstiftender Faktoren** in den NPEP, die dem Kunden über den Preis hinaus einen relativen Vorteil bieten, verbessert die Marktfähigkeit einer corporate frugal innovation.

Tabelle 23: Theoretische Propositionen Propositionsraum 3[1429]

Proposition 10

Für eine erfolgreiche Adoption eines frugalen Produktes am Ende des NPEP ist eine eindeutige Produktdefinition zwingende Voraussetzung.[1430] Diese beinhaltet neben dem Zielsegment und der Positionierung der frugalen Innovation auch das Wertversprechen bzw. den Nutzengewinn für den Kunden.[1431] Dieser ist dynamisch und variiert zwischen verschiedenen Zielgruppen.[1432] Aus der Literatur geht hervor, dass der Nutzengewinn für corporate frugal innovation über einen günstigen Preis hinausgeht[1433], auch ermöglicht durch die Nutzung höherwertiger Technologie.[1434] Ein ausschließlich niedriger Preis kann gar die

1429 Eigene Darstellung.
1430 Vgl. Rogers (2003), S. 219ff.
1431 Vgl. Ernst (2001), S. 76ff.
1432 Vgl. Annala/Sarin/Green (2018), S. 111f.
1433 Vgl. Rothwell/Gardiner (1984), S. 78f.; Agarwal/Brem (2012), S. 2f.; Nakata/Weidner (2012), S. 23ff.
1434 Vgl. Kerler (2021).

soziale Akzeptanz des Produktes negativ beeinflussen und somit gegen einen Kauf sprechen.[1435]

Diese theoretische Proposition ist mit den Daten aus den Fallstudien konsistent. Die Produkte von kernique sind im Premiumsegment einzuordnen mit absolut gesehen hohen Preisen, dafür aber einer, im Vergleich zum Wettbewerb, besonderen und auf die Bedürfnisse der Zielkunden abgestimmten Leistung, die z. B. mit einem Bildungsauftrag auch über das Produkt hinausgeht. Der Experte erkennt außerdem im Food-Bereich den Trend, dass Erschwinglichkeit gegenüber Aspekten wie Nachhaltigkeit und Leistung in den Hintergrund rückt (siehe Kapitel 6.3.4). TRUMPF betont trotz strikter Preis-Performance-Punkte die Qualitätsansprüche an die Produkte und setzt für bestimmte Produktfunktionen auch Leistungsakzente. Zudem merken die Experten an, dass zur Realisierung der strengen Kostenziele oftmals anspruchsvolle Technologien Verwendung finden (siehe Kapitel 6.3.2). Auch Voith Paper setzt neben einem niedrigen Preis auf den wirklichen Kundennutzen als wertstiftenden Faktor: „Das heißt ein frugales Produkt muss nicht vermarktet werden unter diesem Bereich „billig" oder für jeden erschwinglich oder sonst etwas, sondern die Produktqualitäten, die dieses Produkt hat, sollten auch in der Vermarktung ganz weit nach vorne gestellt werden."[1436] Darüber hinaus soll zusätzlicher Kundennutzen geschaffen werden, z. B. durch Nutzung digitaler Verfahren zur Optimierung des Ressourcenverbrauchs, um auf gesellschaftliche Trends in DM wie z. B. höhere Recyclinganteile einzugehen. Die bloße Fokussierung auf die Kostenreduktion sah der Vertrieb als Gefahr für die Marke (siehe Kapitel 6.3.1). Um dem vorzubeugen, setzt TRUMPF mit dem Kauf von JFY u. a. auf eine Zwei-Marken-Strategie (siehe Kapitel 6.3.2).

Auch EVUM reagiert mit seinem Produktangebot auf Trends in der Bevölkerung in DM, z. B. nachhaltige Mobilität. Den Kunden in DM ist neben dem Preis v. a. Simplizität bzgl. des Produktes und dessen Nutzung wichtig, was das Unternehmen in seinem Wertversprechen berücksichtigt. Der modulare Aufbau des Fahrzeugs erlaubt dennoch anwendungsspezifische Highlights im Produkt (siehe Kapitel 6.3.3).

Aus den Daten geht schlussendlich hervor, dass die wertstiftenden Faktoren jeweils spezifisch für den Anwendungskontext des Kunden sind, weshalb **Proposition 10 konkretisiert** wird:

1435 Vgl. Miesler et al. (2020), S. 2711.
1436 Experte 1.

P10m: Der Einbezug ***wertstiftender Faktoren*** *in den NPEP, die dem Kunden über den Preis hinaus im spezifischen Anwendungskontext einen relativen Vorteil bieten, verbessert die Marktfähigkeit einer corporate frugal innovation.*

Somit übersteigt der Nutzengewinn des Kunden den rein materiellen Wert des Produktes. Zusammenfassend haben sich neben einem erschwinglichen Preis in den Fallstudien in Tabelle 24 wertstiftende Faktoren für eine corporate frugal innovation feststellen lassen:

Unternehmen / **Faktor**	Voith Paper	TRUMPF	EVUM	kernique	BSH
Einfache Bedienbarkeit			x		
Nachhaltigkeit	x		x	x	x
Highlight im Produktangebot		x	x	x	
Design und Style			x		
Hohe Qualität	x	x	x	x	x

Tabelle 24: Wertstiftende Faktoren einer corporate frugal innovation[1437]

Da es für die in Tabelle 24 gelisteten Eigenschaften keine weiteren Belege gibt, werden nachfolgend keine ergänzenden Propositionen zur Marktfähigkeit einer corporate frugal innovation aufgestellt.

7.4 Zusammenfassung der überprüften Propositionen

Aus der fallstudienübergreifenden Analyse geht hervor, dass manche Propositionen konsistent zur Literatur sind (grün markiert), andere jedoch modifiziert werden müssen (gelb markiert). Der Abgleich der Fallstudienergebnisse mit den theoretischen Betrachtungen hat außerdem neue Propositionen (blau markiert) ergeben. Die nachfolgende Tabelle 25 gibt einen Überblick.

1437 Eigene Darstellung.

Propositionen zum NPEP für frugale Innovationen	
Propositionsraum 1: Anforderungen/Merkmale Prozess	
P1	Wird der NPEP für corporate frugal innovation unter Einbezug externer Wertschöpfungspartner **ganzheitlich betrachtet**, dann wirkt sich dies positiv auf den Erfolg der NPE aus.
P1.1	Werden einzelne, für corporate frugal innovation **wichtige Prozessschritte** besonders **gewichtet**, dann wirkt sich dies positiv auf den Erfolg der NPE aus.
P2	Nutzt der NPEP für corporate frugal innovation **agile Methoden** in einer Form, die die Reputation des Unternehmens und das Kostenziel des Produktes nicht gefährdet, dann wirkt sich dies positiv auf den Erfolg der NPE aus.
P3	Weist der NPEP für corporate frugal innovation einen **lokalen Bezug** auf, dann wirkt sich dies positiv auf den Erfolg der NPE aus.
Propositionsraum 2: Erfolgsfaktoren	
Erfolgsfaktoren hinsichtlich der Struktur	
P4	Beginnt der NPEP für corporate frugal innovation mit einer **ausführlichen Vorabanalyse von Kontextfaktoren**, welche (Neu-)Kunden, Entstehungskontext des Produktes (interne Unternehmensstruktur, Unternehmensstruktur von Wettbewerbern und Unternehmen der Wertschöpfungskette) und ggf. Wettbewerbsprodukt(e) umfasst, dann wirkt sich dies positiv auf den Erfolg der NPE aus.
P5	Werden **Promotoren** zur Beseitigung von Barrieren im NPEP für corporate frugal innovation eingesetzt, trägt dies zum Erfolg der NPE bei.
P5.1	Wird der NPEP für corporate frugal innovation **für externe Parteien geöffnet**, dann wirkt sich dies positiv auf den Erfolg der NPE aus.
P5.2	Wird der NPEP einer corporate frugal innovation in einer **separaten Organisationseinheit**, welche frugale Merkmale aufweist, gesteuert, dann wirkt sich dies positiv auf den Erfolg der NPE aus.
P6	Werden die **Gate-Kriterien** und **Pflichtergebnisse** im NPEP für corporate frugal innovation **kontextspezifisch**, d. h. abhängig von der (Wettbewerbs-) Umgebung und dem Ziel des Unternehmens sowie den Treibern der frugalen Innovation, formuliert, dann wirkt sich dies positiv auf den Erfolg der NPE aus.
Erfolgsfaktoren hinsichtlich der Methoden/Werkzeuge	
P7	Je stärker im NPEP für corporate frugal innovation ein **modularer Entwicklungsansatz** verwendet wird, desto erfolgreicher ist er.
P8	Je stärker **Kunden** bis zu einem gewissen Grad in den NPEP für corporate frugal innovation **eingebunden** werden, desto erfolgreicher ist er.
P8.1	Werden die Ergebnisse aus dem Kundeneinbezug anhand von **Schnittstellen** (z. B. Vertrieb, Key Account, Kunde als Co-Creator) in den NPEP übermittelt, dann wirkt sich dies positiv auf den Erfolg der NPE aus.

P9	Je stärker **dynamische Fähigkeiten** im NPEP für corporate frugal innovation für die Phasen Marktforschung, Entwicklung und Go-to-Market genutzt werden, desto erfolgreicher ist er.
P9.1	Werden in etablierten Unternehmen für den NPEP der corporate frugal innovation **förderliche Organisationsstrukturen** eingerichtet, dann wirkt sich dies positiv auf den Erfolg der NPE aus.
P9.2	Etablieren Unternehmen für den NPEP der corporate frugal innovation eine **kontextbezogene Werteorientierung**, dann wirkt sich dies positiv auf den Erfolg der NPE aus.
P9.3	Werden **Fähigkeiten und Werkzeuge aus dem Change Management** zur Implementierung der erforderlichen Veränderungen im NPEP für corporate frugal innovation genutzt, dann wirkt sich dies positiv auf den Erfolg der NPE aus.
Propositionsraum 3: Marktfähigkeit	
P10	Der Einbezug **wertstiftender Faktoren** in den NPEP, die dem Kunden über den Preis hinaus im spezifischen Anwendungskontext einen relativen Vorteil bieten, verbessert die Marktfähigkeit einer corporate frugal innovation.

Tabelle 25: Überblick der konsistenten, modifizierten und neuen Propositionen[1438]

1438 Eigene Darstellung.

8 Beantwortung der Forschungsfragen und angepasstes Modell zur NPE für corporate frugal innovation

Im Anschluss an die fallübergreifende Analyse in Kapitel 7 und die Anpassung der theoretischen Propositionen werden im folgenden Kapitel die Ergebnisse der Arbeit beschrieben. Basierend auf den Erkenntnissen der vorangegangenen Ausarbeitungen erfolgt zunächst die Beantwortung der Forschungsfragen (Kapitel 8.1), bevor die Leitfrage der Arbeit durch ein angepasstes Modell zur NPE für corporate frugal innovation beantwortet wird (Kapitel 8.2).

8.1 Beantwortung der Forschungsfragen

Forschungsfrage 1: Wie sieht der **Prozess zur Entwicklung** der corporate frugal innovation bei Unternehmen in Industrienationen aus? Gibt es **Besonderheiten** im Prozess für die Entwicklung frugaler Produkte?

Innovationsstrategien für frugale Innovation erfordern einen integrativen Ansatz, der über F&E hinaus auch andere wertschöpfende Funktionen des Unternehmens berücksichtigt.[1439] Auch die Definition frugaler Innovation als Geschäftsmodell[1440] erweitert ursprüngliche Ansichten um die Vermarktung. So soll der NPEP frugaler Innovation als Innovationsprozess im erweiterten Sinn Aktivitäten von der Konzeption bis einschließlich zur Produkteinführung umfassen.[1441] Bei der Betrachtung des NPEP für corporate frugal innovation anhand der Fallstudienuntersuchung fällt zunächst dessen **Ganzheitlichkeit** auf. Um strikte Kostenziele und eine Fokussierung der Innovation auf Kernfunktionalitäten realisieren zu können, bezieht die ganzheitliche Betrachtung des NPEP auch Wertschöpfungspartner wie z. B. Lieferanten ein. Auch deren Kostenstrukturen und Werte tragen, neben der Berücksichtigung aller kostenverursachenden internen Unternehmensfunktionen, wie z. B. Einkauf, Kon-

1439 Vgl. Lim/Fujimoto (2019), S. 1016.
1440 Vgl. Banerjee/Leirner (2014), S. 326.
1441 Vgl. Gerpott (2005), S. 49.

struktion, Fertigung, Marketing bis hin zu Vertrieb, zur Realisierung der frugalen Innovation bei.

Neben der ganzheitlichen Betrachtung ist ein **agiler Charakter** des NPEP für corporate frugal innovation festzustellen. Da die Gestaltung und Entwicklung frugaler Innovation stark von deren Anwendungskontext bestimmt werden, ist es für das Unternehmen essenziell, anpassungsfähig zu sein. Zudem ermöglicht ein iteratives Vorgehen einen permanenten Einbezug von Kundenfeedback, welches im NPEP hilft, das Produkt fokussiert auszurichten und eine Fehlentwicklung sowie dadurch entstehende Kosten zu vermeiden. Da der agile Stage-Gate-Prozess je nach Komplexität und Risiko des Projekts bzw. Produktes skalierbar ist[1442], kann die Anzahl an Iterationen angepasst werden, was zu einer schlanken und damit kostenfokussierten Entwicklung beiträgt. Den iterativen Charakter des Prozesses in jeder einzelnen Phase betont zudem bereits die Forschung zu frugaler Innovation im Kontext von EM.[1443]

Zwischen den Phasen sind **Gates** oftmals sehr vage formuliert. Einmal bewilligte Projekte passieren diese, unabhängig von Erfolgsaussichten und manchmal ohne Zuweisung von Ressourcen, sodass diese Entscheidungspunkte zu Statusberichten verkommen und aus einem funnel ein tunnel wird.[1444] Zur Qualitätsprüfung, Entscheidungsfindung und einem gezielten Einsatz von Ressourcen verfügte der NPEP der untersuchten Unternehmen über Gates und definierte Gatekeeper. In den meisten Fällen wurde ein adaptiertes Stage-Gate-Modell zur Entwicklung der corporate frugal innovation verwendet.

Die NPEP der betrachteten Unternehmen waren zudem alle zu externen Partnern hin geöffnet. Ein **offener Prozess** ermöglicht die Integration von Kundenbedarfen und lokalen Wertschöpfungspartnern bzw. deren kulturkundigen Mitarbeitern, die über Expertise und Erfahrung im Anwendungskontext der corporate frugal innovation verfügen.

Nicht zuletzt durch den offenen Charakter des NPEP begünstigt, ist die **Lokalisierung** des NPEP für corporate frugal innovation und der darin enthaltenen Aktivitäten festzustellen. So können lokale Infrastruktur und Ressourcen wie vor Ort verfügbares Material oder Komponenten genutzt werden, was dem nachhaltigen Charakter der corporate frugal innovation auf ökologische, soziale und ökonomische Weise entspricht. Zudem können Unternehmen in DM zwar durch ihren Zugang zu Ressourcen, interne F&E-Fähigkeiten und

1442 Vgl. Cooper (2008), S. 223.
1443 Vgl. Cadeddu et al. (2019), S. 3f.
1444 Vgl. Cooper (2008), S. 218.

Partnerschaften materielle Knappheiten häufig überwinden. Dafür fehlt ihnen aber oftmals das Verständnis für lokale Gegebenheiten und Bedürfnisse sowie Chancen.[1445] Dieser Einschränkung kann durch die Lokalisierung des NPEP entgegengewirkt werden.

Auch wenn bisherige NPEP-Modelle ganzheitlich, offen und teilweise agil sind, können sie nicht ohne Weiteres auf den Entstehungskontext und die Entwicklung frugaler Innovation unter strikten Ressourceneinsparungen übertragen werden. Die Tatsache, dass frugale Innovation an der Schnittstelle zwischen geschäftsgetriebener, sozialer und inklusiver Innovation entsteht, suggeriert, dass der Innovationsprozess konstitutiv anders ist, als ein konventioneller, F&E-getriebener Innovationsprozess.[1446] Tatsächlich zeigen bisherige Vorgehen zur Entwicklung frugaler Innovationen eindeutige Anpassungen für den BoP-Kontext bei der Entwicklung, Herstellung, und dem Vertrieb, was offenbart, dass es mit einem simplen De-Featuring bestehender Produkte für BoP-Kunden nicht getan ist.[1447] Als **Besonderheit** für den NPEP für corporate frugal innovation erfordert dieser, neben der Frugalität des Produktes, auch die **frugale Ausrichtung der Organisation**. Das bedeutet, dass alle Prozessschritte zu überdenken und z. B. mithilfe einer Schwachstellenanalyse an der frugalen Strategie des Unternehmens auszurichten sind. Dies impliziert den NPEP schlank zu halten, indem z. B. Dokumentationspflichten der NPE reduziert werden, um Kosten für die Verwaltung des NPEP zu reduzieren. Dies deckt sich mit der Erwähnung von lean development als Schlüsselkonzept für den Prozess frugaler Innovation[1448], welches zur Reduzierung von unnötigem Ressourcenverbrauch während des NPEP beiträgt.[1449]

Auf struktureller Ebene können gerade junge Unternehmen diesbezüglich von ihrer oftmals ressourcenbeschränkten Situation, ihren flachen Hierarchien und schlanken Prozessen profitieren. Für etablierte Unternehmen bedeutet dies zumeist, dass der NPEP für corporate frugal innovation von dem NPEP konventioneller Innovationen separiert werden sollte. Eine **Ausgliederung der Aktivitäten** in eine separate Organisationseinheit oder zumindest in ein separates (Scrum-) Team hilft gerade diesen Unternehmen, Prozesse außerhalb hierarchischer Strukturen schlank zu halten.

1445 Vgl. Hang/Chen/Subramian (2010), S. 22.

1446 Vgl. Granqvist (2016), S. 4.

1447 Vgl. Anderson/Markides (2007), S. 83; Pisoni/Michelini/Martignoni (2018), S. 116ff.; Sehgal/Dehoff/Panneer (2010), o.S.; Cadeddu et al. (2019), S. 1ff.

1448 Vgl. Soni/Krishnan (2014), S. 34.

1449 Vgl. Schulze/Störmer (2012), S. 87f.

Die Datenauswertung der Fallstudienuntersuchung zeigt weiterhin, dass einzelne **Prozessschritte**, die maßgeblich zum Erfolg der NPE einer corporate frugal innovation beitragen, **besonders zu gewichten** sind. Dies bedeutet, dass diesen Schritten insbesondere bei der Ressourcenzuweisung Beachtung geschenkt wird.

Ein essenzieller Schritt des NPEP für corporate frugal innovation ist in der Fallstudienuntersuchung die **Vorabanalyse von Kontextfaktoren** zu Beginn des NPEP. Anstatt ein Produkt mit einem generischen Wertversprechen zu entwickeln, sollte für corporate frugal innovation zu Beginn der NPE genau festgestellt werden, welche Faktoren aus Sicht des Kunden, in Anbetracht des Wettbewerbs und im Anwendungskontext des Produktes einen Mehrwert liefern und somit Bestandteil des Wertversprechens sein müssen. Ursächlich dafür ist, dass der Startpunkt des NPEP frugaler Innovation nicht bei technologischen Optionen, sondern im bewussten Erkennen unbefriedigter Bedürfnisse bzw. eines zu lösenden Problems liegt.[1450]

Die vorbereitenden Aktivitäten werden also stärker forciert, sodass Unklarheiten möglichst frühzeitig eliminiert werden.[1451] Dazu gehört weiterhin auch die Formulierung einer klaren **Produktdefinition**, welche die (wettbewerbsgetriebenen) Kostenziele und erforderlichen Merkmale des Produktes enthält und Voraussetzung einer fokussierten und zielkostenorientierten Entwicklung ist. Dies beugt auch der allgemeinen Gefahr agilen Vorgehens vor, die darin besteht, die Anforderungen an das Produkt erst als Bestandteil des Lösungsfindungsprozesses zu entwickeln, anstatt diese vor Beginn der Entwicklung zu formulieren.[1452]

Daneben ist die Sicherstellung der Markfähigkeit für corporate frugal innovation ein weiterer erfolgskritischer Schritt. Durch eine frühzeitige **Konzeption** und **Machbarkeitsprüfung** des frugalen Produktes lassen sich hohe Qualität und geringe Kosten sicherstellen. Nur eine frühe Übersetzung der Produktmerkmale in Fertigungsanforderungen (FA) stellt sicher, dass technische und finanzielle Machbarkeit gegeben sind und keine Ressourcen verschwendet werden. Die Integration von Produktdesignteam und Produktionsteam lässt potenzielle Fertigungsprobleme zudem früh erkennen und korrigieren.[1453]

1450 Vgl. Kroll/Gabriel (2020), S. 37; Le Bas (2016a), S. 12; Le Bas (2016b), S. 3; Brem/Wolfram (2014), S. 4; Basu/Banerjee/Sweeny (2013), S. 63f.

1451 Vgl. Cooper (2014), S. 21.

1452 Vgl. Cooper (2016), S. 26.

1453 Vgl. Bramall et al. (2003), S. 501, S. 508.

Die Daten der Fallstudienuntersuchung zeigen außerdem als Besonderheit, dass die ermittelten Bedürfnisse, Ergebnisse der Wettbewerbsanalyse etc. über **feste Schnittstellen** in den NPEP integriert werden, wodurch sichergestellt wird, dass sie im NPEP Beachtung finden. Zu Kunden können z. B. Schnittstellen für den Datenaustausch etabliert werden, um Informationen über die Nutzung des Produktes zu erhalten. Aber auch über den Vertrieb, der durch engen Kundenkontakt die Produktanforderungen gut einschätzen kann, oder mit Hilfe von Testumgebungen lassen sich Schnittstellen zwischen Stakeholdern und dem NPEP verwirklichen.

Forschungsfrage 2: Welche **Erfolgsfaktoren** spielen eine Rolle bei der Entwicklung von corporate frugal innovation?

In den untersuchten Fallstudien erwies sich eine **frugal ausgerichtete Werteorientierung** der Unternehmen als Erfolgsfaktor für die Entwicklung der corporate frugal innovations. Neben der schlanken Gestaltung des NPEP, wie bei Forschungsfrage 1 bereits erläutert, spielen ein entsprechendes Mindset bzw. eine „frugale Philosophie" des Unternehmens eine Rolle, um z. B. strikte Kostenziele zu erreichen und die Fokussierung auf Kernfunktionen beständig einzuhalten. Wie die Untersuchung zeigt, beinhaltet eine solche konsequente Werteorientierung, über das fokale Unternehmen hinaus, auch die frugal ausgerichtete Gestaltung des Ökosystems, also z. B. die Auswahl aller am NPEP beteiligten Partner. Teilen diese die frugalen Werte, so erleichtert dies die Realisierung der frugalen Entwicklungsziele.

Eng in Zusammenhang mit der Lokalisierung des NPEP steht auch der nächste Erfolgsfaktor, der sich aus der Datenauswertung ergeben hat. Die bereits erwähnten **Entscheidungskriterien** im NPEP frugaler Innovation waren in den betrachteten Fällen **kontextspezifisch**, d. h. am Entwicklungskontext ausgerichtet. Ausgangspunkt für die Gate-Kriterien sind die Treiber der corporate frugal innovation im konkreten Kontext, in DM aufgrund der Gewinnerzielungsabsicht der Unternehmen v. a. Kostenziele und damit Wirtschaftlichkeit. Darüber hinaus lassen sich aber auch gesellschaftliche Trends, die wiederum die erforderlichen Funktionalitäten des Produktes bestimmen, als Grundlage für kontextspezifische Gates erkennen. Eine zielgerichtete Selektion von Projekten ist wichtig, um im NPEP unnötige Kosten zu vermeiden und die im Kontext frugaler Innovation oftmals knappen Ressourcen zu schonen.

Zusätzlich zu den Entscheidungskriterien waren in den Erfolgsbeispielen auch das **Entscheidungsgremium** sowie das Team fix **definiert**. Die Gatekeeper sitzen dabei diesem, in den Fallstudien **funktionsübergreifenden**, Gremium vor, fragen die im Pflichtergebnis definierten Informationen ab und treffen, basierend auf den spezifischen Kriterien des Gates, eine Entscheidung über die Fortführung des NPEP.[1454] Zumindest während eines Sprints sollten Teammitglieder nicht wechseln, da sonst keine synchrone Abstimmung im Team gewährleistet werden kann.[1455]

Ein weiterer wichtiger Erfolgsfaktor, der sich ebenfalls bei der Beantwortung von Forschungsfrage 1 gezeigt hat, ist die **Vorabanalyse von Kontextfaktoren** zu Beginn des NPEP. Ihre Notwendigkeit ergibt sich daraus, dass eine frugale Innovation durch Bedürfnisse und Knappheiten im Nutzungskontext induziert wird. Diese gilt es durch eine entsprechende Analyse der Abnehmer des frugalen Produktes und der Umwelt im Zielmarkt ausfindig zu machen. Je nach Status und Vorerfahrung der betrachteten Unternehmen hinsichtlich frugaler Produkte treten dabei Unterschiede in der Ausführung dieser Vorabanalyse auf. Sie kann dann (Neu-)Kunden, Wettbewerbsprodukt(e) und Entstehungskontext wie z. B. die interne Unternehmensstruktur, Unternehmensstruktur von Wettbewerbern und Unternehmen der Wertschöpfungskette umfassen. Sofern es sich um eine greenfield frugale Innovation handelt, entfällt beispielsweise eine Wettbewerbsanalyse und es ist zunächst die Zielgruppe zu definieren. Ist der Kunde bekannt, ist eine Wettbewerbsanalyse durchzuführen.

Als Ergebnis der Vorabanalyse sollten die daraus ermittelten Anforderungen in **Muss- und Sollte-Kriterien**[1456] unterteilt werden. Auf diese Weise wird auch sichergestellt, dass sich die corporate frugal innovation strikt auf Kernfunktionalitäten fokussiert. Unnötige Kosten werden durch eine strikte Bedarfsfokussierung vermieden.

Um etwaige Barrieren im NPEP zu überwinden, zeigt sich über den gesamten Prozess hinweg auch der Einsatz von **Promotoren** an. Machtpromotoren wie z. B. die Geschäftsführung oder die Unternehmensgründer verfügen im NPEP über die erforderlichen Ressourcen und unterstützen die strategische Ausrichtung des NPEP durch hierarchisches Potential. Fachpromotoren tragen mit objektspezifischem Fachwissen und ihrer Erfahrung zur teilweise technisch

1454 Vgl. Cooper/Edgett/Kleinschmidt (2002), S. 47.

1455 Vgl. Edwards et al. (2019), S. 17.

1456 Beispiele für generische Muss- und Sollte-Kriterien finden sich bei Cooper/Edgett/Kleinschmidt (2002), S. 46.

anspruchsvollen Entwicklung von corporate frugal innovation bei. Wie in einigen der untersuchten Fallstudien agieren diese am besten im Gespann.[1457] Im Sinne der Arbeitsteilung existieren verschiedene weitere Rollen im NPEP. Kunden übernehmen als Experten für den Anwendungskontext des Produktes die Rolle **externer Berater**. Neben Kunden können auch Händler als Berater und Multiplikatoren im NPEP agieren und durch ihre Expertise und Erfahrung etwaige Barrieren beseitigen. Durch den Einsatz der Berater wird der Tatsache Rechnung getragen, dass zur Bestimmung von Kernfunktionalitäten ein genaues Verständnis des Kunden, seiner Herausforderungen im spezifischen Anwendungskontext des Produktes sowie seiner Kaufkriterien benötigt wird. Dieses lässt sich am besten über Erfahrungsträger, welche zugleich über Netzwerk verfügen, gewinnen.[1458] Diese Beobachtung deckt sich auch mit der Aussage von Nielsen/Reisch/Thogersen (2016), dass Endkunden und andere Innovationsakteure eine wichtige Rolle in nachhaltigkeitsorientierten Innovationsprozessen spielen.[1459]

Forschungsfrage 3: Welche **Methoden** werden im NPEP für corporate frugal innovation eingesetzt?

Im NPEP für corporate frugal innovation erweist es sich als erfolgsversprechend, mit einem **Methodenkoffer**, aus dem kontextspezifisch ausgewählt wird, zu arbeiten.

Übereinstimmend lässt sich aber erkennen, dass v. a. **agile Methoden** wie Scrum oder Design Thinking im NPEP für corporate frugal innovation genutzt wurden. Der Vorteil der agilen Methoden liegt darin, dass sich mit ihnen, kombiniert mit einer entsprechenden Fehlerkultur bzw. Kultur der ständigen Verbesserung, technische Herausforderungen der frugalen Produkte iterativ lösen lassen. Diese technischen Herausforderungen resultieren oftmals aus der schwierigen Vereinbarkeit von Erschwinglichkeit und guter Qualität. In der Entwicklungsphase sind agile Methoden wie Rapid Prototyping oder Produktsimulationen empfehlenswert. Sofern die erwarteten Qualitätsansprüche und Kostenziele, z. B. durch erforderliche Nachbesserungen, nicht gefährdet werden, können Produkte auch graduell in den Markt eingeführt werden (MVP). Fehlentwicklungen können auf diese Weise schnell erkannt und Kundenfeedback

1457 Vgl. Hauschildt/Chakrabarti (1998), S. 76.
1458 Vgl. Pansera/Sarkar (2016), S. 9f., S. 11.
1459 Vgl. Nielsen/Reisch/Thogersen (2016), S. 65ff.

kontinuierlich eingearbeitet werden, was Kosten und Zeit im Entwicklungsprozess spart.

Zur Ermittlung von Kundenbedürfnissen für corporate frugal innovation werden verschiedene Methoden und Instrumente angewendet. Unternehmen, die neu im Markt sind, nutzen v. a. **Personas**, um ihre Zielgruppe(n) zu identifizieren, sowie deren Anforderungen und Bedürfnisse zu erkunden. Markttrends werden mithilfe von **Marktforschung** erkundet. Gerade wenn der Anwendungskontext der frugalen Innovation dem Unternehmen unbekannt ist, eignen sich **Feldbesuche** als ethnografische Methode und direkte Kontaktaufnahme mit den (potenziellen) Kunden, um Informationen über die Bedürfnisse und Bedingungen im Nutzungskontext zu erhalten. Unternehmensbeispiele aus den Daten zeigen dazu, dass aus diesen Informationen wie z. B. Kaufmotivation der Nutzer sowohl Funktionsanforderungen als auch **Use Cases** für das frugale Produkt abgeleitet werden können. Weiterhin nutzen die untersuchten Unternehmen für die probleminduzierte Suche nach Produktmerkmalen auch **verschiedene Kanäle** wie Social Media, (Online-) Fragebögen oder Workshops mit Kunden, welche aufgrund der infrastrukturellen Situation in DM adäquate Instrumente darstellen.

Als methodisch vorteilhaft erweist sich ebenfalls der **Einbezug der Kunden** in die Entwicklung der corporate frugal innovation, um die Anforderungen an das Produkt, aber auch Einsparpotenziale zu detektieren. Die Zusammenarbeit mit dem Endnutzer erleichtert durch seine Kenntnis des Kontexts das constraint-based-thinking, um die Marktnische und Produktdefinition ausfindig zu machen.[1460] In der Rolle von Mitentwicklern können die Kunden in einem iterativen Vorgehen Feedback geben und so zur Ausrichtung der corporate frugal innovation auf Kernfunktionalitäten beitragen. Schnelle Prototypen und Co-Creation mit Stakeholdern erlauben dem Innovator permanente Validierung seiner Ergebnisse. Ist ein direkter Kundenkontakt nicht möglich, konsultieren Unternehmen aus den Fallstudien auch andere externe Wissensquellen.

Handelt es sich im NPEP für corporate frugal innovation um etablierte Unternehmen, denen Wettbewerber sowie Wettbewerbsprodukte bekannt sind, werden in den untersuchten Fallstudien auch Methoden der **Wettbewerbsanalyse** eingesetzt, um Kosten- und Leistungsmerkmale an die corporate frugal innovation zu definieren. Erwähnenswert ist, dass dabei, wie auch in der Literatur vorgeschlagen[1461], für frugale Innovationen nicht nur das Produktma-

1460 Vgl. Agarwal/Oehler/Brem (2021), S. 748; Ploeg et al. (2020), S. 1.
1461 Vgl. Perera/Badir (2020), S. 7.

nagement, sondern auch Personen aus dem Engineering involviert sind. Dies bietet aufgrund der technischen Expertise dieser Personen den Vorteil, sogleich die Machbarkeit zu prüfen.

Sobald die Bedürfnisse und Anforderungen seitens des Marktes ermittelt sind, eignen sich **Lasten- und Pflichtenheft**, einerseits zum Festhalten, andererseits zum Übersetzen der ermittelten Bedürfnisse in Produktmerkmale. In Verbindung mit Scrum empfiehlt sich, wie teilweise in den Fallstudien praktiziert, v. a. das Einrichten eines Backlogs, um die Anforderungen der Kunden zu verwalten. Eine strukturierte Dokumentation erleichtert auch die Machbarkeitsprüfung seitens des Unternehmens. Beispielsweise kann anhand von **Modellen mit Gewichtungskriterien** eine Auswahl der Produktmerkmale, die zunächst realisiert werden müssen, vorgenommen werden. Wie es sich in einem Fallbeispiel zeigte, hilft dies, das Produkt fokussiert und damit auch erschwinglich zu halten. Außerdem reduzieren sich Risiko und Investitionsumfang, wenn anwendungsorientierter und zielgerichteter entwickelt wird, was der strikten Kostenfokussierung von corporate frugal innovation zuträglich ist.

Für alle weiteren Schritte im NPEP wirken Methoden zur Kostenorientierung wie z. B. der Design-to-cost-Ansatz oder strikt kostenorientierte Make-or-buy-Entscheidungen erfolgsfördernd.

Mit dem Ziel einer relationalen Vereinfachung, d. h. einer Reduktion der Funktion-Struktur-Zusammenhänge[1462] werden in den untersuchten Fallbeispielen zudem, auch branchenübergreifend, Standardteile verwendet, was in Modularisierung mündet. Die **modulare Gestaltung** von corporate frugal innovation hat diverse Vorteile. Zunächst kann auf diese Weise besser zwischen essenziellen und wünschenswerten Merkmalen des Produktes differenziert werden. Unter Kombination verschiedener Komponenten lassen sich zudem, ohne jeweils Entwicklungskosten oder aufwändige Prüfverfahren sowie sonstige Folgekosten zu provozieren, für den Anwendungskontext des Nutzers spezifische Konfigurationen des frugalen Produktes erwirken. Die grundsätzliche Architektur des Produktes bleibt dabei konstant. So lassen sich Gleichteile bzw. Produkt-Plattformen im Sinne eines Baukastenprinzips verwenden, was wiederum die Nutzung von Economies of Scale und Scope ermöglicht. Durch flexible Aufstockung eines Basisproduktes kann der Anwendungsvielfalt von Produkten in DM Rechnung getragen werden. Flexibilität und Anpassungsfähigkeit für frugale Produkte werden dadurch gefördert. Die Modularisierung kommt damit auch der angestrebten Lokalisierung des NPEP zugute, indem

---

1462 Vgl. Lim/Fujimoto (2019), S. 1018.

durch modulare Bauweise eine maximale Integration des Konzepts entlang der Wertschöpfungskette erzielt werden kann.[1463]

Prozessbegleitend kommt weiterhin auch **Methoden des Veränderungsmanagements** eine entscheidende Rolle zu, um die erforderlichen Veränderungen im NPEP zur Realisierung von corporate frugal innovation zu implementieren. Gerade für Unternehmen in DM kann die Besinnung auf Beschränkungen eine neue Erfahrung sein.[1464] Da es sich beim NPEP für corporate frugal innovation folglich oftmals um ein, den Mitarbeitern unbekanntes Vorgehen handelt, bestehen potenzielle Widerstände. Diese Fähigkeits- und Willensbarrieren gilt es abzubauen. In der Untersuchung haben sich dafür z. B. die Durchführung von Leuchtturmprojekten, welche messbare und schnell sichtbare Erfolge liefern oder die sehr frühe Einbindung der Mitarbeiter in den Veränderungsprozess als wirksame Mittel erwiesen.

Für ressourcenbeschränkte Innovation benötigt es **spezifische Fähigkeiten**.[1465] Für frugale Innovationen zeigen sich in der Untersuchung Fähigkeiten, die die Bereiche Marktforschung, Entwicklung und Go-to-Market abdecken. Eine relevante Fähigkeit zur Entwicklung von corporate frugal innovation ist gutes Zuhören, um die tatsächlichen Bedarfe der Kunden zu ermitteln. Hierzu erweisen sich Kenntnisse der Landessprache als vorteilhaft. Um die technisch anspruchsvollen Lösungen zu realisieren, benötigt es außerdem die entsprechende fachliche Expertise. Zusätzlich kann, um erworbenes Kundenwissen und Expertise zur Entwicklung von corporate frugal innovation zu konservieren, eine Wissensdatenbank als Methode des Wissensmanagements aufgebaut werden.

Zusätzlich zu diesen primären Fähigkeiten auf operativer Ebene erfordert der NPEP für corporate frugal innovation auch den Einsatz **dynamischer Fähigkeiten**. Da der NPEP, wie beschrieben, einigen Veränderungen und Besonderheiten unterliegt, helfen diese Metakompetenzen dem Unternehmen, Prozesse und Verhaltensweisen zur NPE nachhaltig zu transformieren.[1466]

Forschungsfrage 4: Wie können corporate frugal innovations in Industrienationen **marktfähig** werden?

1463 Vgl. Lange/Hüsig/Albert (2021), S. 24ff.
1464 Vgl. Agarwal/Oehler/Brem (2021), S. 749.
1465 Vgl. Hofmann/Theyel/Wood (2012), S. 542.
1466 Vgl. Teece (2014), S. 335.

Für die Marktfähigkeit eines Produktes (siehe Kapitel 2.2.3) ist es wichtig, die Bedürfnisse der Kunden und die Anwendungsfälle des Produktes zu kennen.[1467] Hinsichtlich der Marktfähigkeit einer corporate frugal innovation in DM lässt sich anhand der Daten zunächst feststellen, dass im Rahmen der NPE eine explizite **Auseinandersetzung** mit der Situation der **spezifischen Zielgruppe** erfolgen muss. Ohne die **Bedürfnisse** und den **Anwendungskontext** genau zu kennen, kann die frugale Innovation nicht auf die wesentlichen Kernfunktionen ausgerichtet werden, die die Bedürfnisse der Nutzer im Anwendungsfall adressieren.

Nur wenn die Nutzer einen **Mehrwert** für ihren Kontext erkennen, werden sie das frugale Produkt kaufen. Eine marktgetriebene Entwicklung, die mit der Wahrnehmung eines Kundenproblems beginnt, zahlt damit auf die Marktfähigkeit des Produktes im Sinne einer ökonomisch sinnvollen und den Kundenwünschen entsprechenden Lösung ein.

Auch für DM hat sich in den Fallstudien eine **strikte Kostenfokussierung** bei der Entwicklung der corporate frugal innovations abgezeichnet. Dies liegt an einem starken, kostenorientierten Wettbewerb sowie einer konjunkturellen Abkühlung[1468] und führt in der Folge zu erschwinglichen Produkten. Dabei ist jedoch zu beachten, dass sich der Mehrwert eines frugalen Produktes für den Kunden nicht nur über einen, im Vergleich zu konventionellen Produkten, geringeren Preis bildet.

Wie die Untersuchung zeigt und auch bereits die Eigenschaften einer frugalen Innovation[1469] vermuten lassen, ist neben der Erschwinglichkeit einer frugalen Innovation der **wirkliche Kundennutzen ein maßgeblicher, wertstiftender Faktor**.

Anhand der Fallstudiendaten lassen sich die Leistung und weitere Faktoren genauer abgrenzen. Im Kontext von Industrienationen werden corporate frugal innovations insbesondere marktfähig, wenn sie gesellschaftliche Trends wie z. B. Wertewandel, demografischen Wandel oder die LOVOS[1470]-Bewegung adressieren. Beispielsweise kann ein frugales Produkt, modular ergänzt um digitale Verfahren, zu einem optimierten Ressourcenverbrauch beitragen. Dies entspricht einem zusätzlichen Kundennutzen, der über das Produkt hinausgeht und die zunehmend ökologisch nachhaltige Ausrichtung vieler Kunden in DM

1467 Vgl. Trott (2008), S. 57f., S. 119.
1468 Vgl. Perera/Badir (2020), S. 3.
1469 Vgl. Agarwal/Brem/Grottke (2018), S. 93.
1470 LOVOS= Lifestyle of Voluntary Simplicity.

adressiert. Neben ökologischer und sozialer Nachhaltigkeit spielen hier insbesondere auch die Einfachheit des Produktes und eine intuitive Anwendbarkeit eine Rolle. Die Vereinfachung der Produkte erfolgt dabei sowohl funktional, d. h. durch die Reduktion entbehrlicher Funktionen, die im Anwendungskontext keinen Zweck erfüllen[1471] als auch strukturell, d. h. durch die Reduktion von Komponenten ohne Beeinträchtigung der Funktionalität.[1472]

Im Gegenzug sind anwendungsspezifische Highlights im Produktangebot essenziell. Diese Leistungsakzente werden auch durch die modulare Gestaltung frugaler Produkte möglich. Modularität stellt auch sicher, dass dem Produkt nur Funktionen zugefügt werden, die dem Anwender im spezifischen Kontext einen Mehrwert bieten, was wiederum die Marktfähigkeit des Produktes stärkt.

Grundsätzliche Produktanforderungen wie Robustheit, Langlebigkeit und eine gute Qualität sowie die Nutzung hochwertiger Technologien sind ebenso Grundlage der Marktfähigkeit einer corporate frugal innovation in DM. Die Verwendung anspruchsvoller Technologien ist nicht zuletzt oftmals Voraussetzung, um das Spannungsfeld zwischen strengen Kostenzielen und adäquater Leistung zu meistern. Erschwinglichkeit wird dabei nicht in absoluter Höhe betrachtet, sondern als relativer Wert gesehen (siehe Definition einer frugalen Innovation, Kapitel 2.1.1).

Ein zu geringer Preis kann im Weiteren gar dazu führen, dass das frugale Produkt als minderwertig oder sozial inakzeptabel wahrgenommen wird und schließlich von den Kunden abgelehnt wird. Eine bloße Kostenreduktion kann zudem auch eine Gefahr für die Reputation eines Unternehmens darstellen. Bei etablierten Unternehmen wirkt sich dies ggf. auf andere Produkte im Portfolio aus und beschädigt den Markennamen. In diesem Fall kann es für die Marktfähigkeit der corporate frugal innovation zuträglich sein, wenn das Unternehmen eine **Zwei-Marken-Strategie** verfolgt.

Um in DM auch bei absolut höherpreisigen frugalen Innovationen Erschwinglichkeit und damit ihre Marktfähigkeit zu sichern, dienen ergänzend zum Produkt auch **Finanzierungsangebote** wie z. B. Raten- und Pay-per-use-Modelle.

Daneben stellt die **Skalierbarkeit** des frugalen Produktes eine wichtige Voraussetzung dar, gerade um Erschwinglichkeit im Kontext der DM und die Gewinnerzielungsabsicht der Unternehmen zu sichern. Dies gelingt nicht zuletzt durch eine strikte Ausrichtung des NPEP auf Wirtschaftlichkeit und Wettbewerbsfähigkeit.

1471 Vgl. Kroll/Gabriel (2020), S. 37.
1472 Vgl. Lim/Fujimoto (2019), S. 1018.

Der Mehrwert muss als zwingende Voraussetzung der Adoption des Produktes[1473] schließlich in einer sehr **streng formulierten Produktdefinition** (siehe Forschungsfrage 1) festgehalten werden.

8.2 Angepasstes Modell zur NPE für corporate frugal innovation

Das nachfolgende Kapitel beantwortet basierend auf den bisherigen Erkenntnissen und insbesondere unter Einbezug der beantworteten Forschungsfragen die Leitfrage dieser Dissertation:

Wie sollte der Neuproduktentwicklungsprozess von Unternehmen für marktfähige corporate frugal innovation gestaltet sein?

Anhand der Propositionen und der theoretischen Grundlagen der Arbeit wurde in Kapitel 5.2 ein Bezugsrahmen für die Untersuchung aufgestellt. Durch den Vergleich dieses Bezugsrahmens mit den Ergebnissen der Fallstudienuntersuchung ist festzustellen, dass dieser angepasst werden muss. Aus der fallübergreifenden Analyse und der Beantwortung der Forschungsfragen kann ein angepasstes Modell zur NPE für corporate frugal innovation abgeleitet werden. Dabei gilt infolge des methodischen Ansatzes dieser Arbeit (siehe Kapitel 6.1 und 6.2), dass das nachfolgende Modell lediglich eine Option für einen NPEP darstellt und durch künftige Forschung verifiziert und adaptiert werden sollte.

Besagtes Modell erfüllt zunächst die als relevant identifizierten Merkmale **Ganzheitlichkeit**, **Agilität**, **Schlankheit**, **besondere Gewichtung bestimmter Schritte**, **feste Schnittstellen**, **Offenheit**, **Gates** und **Lokalisierung** (siehe Kapitel 8.1).

Neben diesen grundsätzlichen Anforderungen bilden **dynamische Fähigkeiten** die Basis des Modells. Diese Metakompetenzen, die kontinuierlich die primären Fähigkeiten eines Unternehmens weiterentwickeln, tragen so zu einer erfolgreichen Transformation des konventionellen NPEP hin zu den Anforderungen eines NPEP für corporate frugal innovation bei.[1474] Dies gelingt primär mithilfe von Prozessen zum Anpassen, Integrieren und Rekonfigurieren

1473 Vgl. Rogers (2003), S. 219ff.

1474 Vgl. Eisenhardt/Martin (2000), S. 1106; Teece et al. (1997), S. 515; Teece (2007), S. 1319; Teece (2014), S. 328f.

interner und externer Ressourcen und Fähigkeiten[1475], was zuträglich für den erforderlichen Einsatz von Veränderungsmanagement ist (siehe Kapitel 8.1).

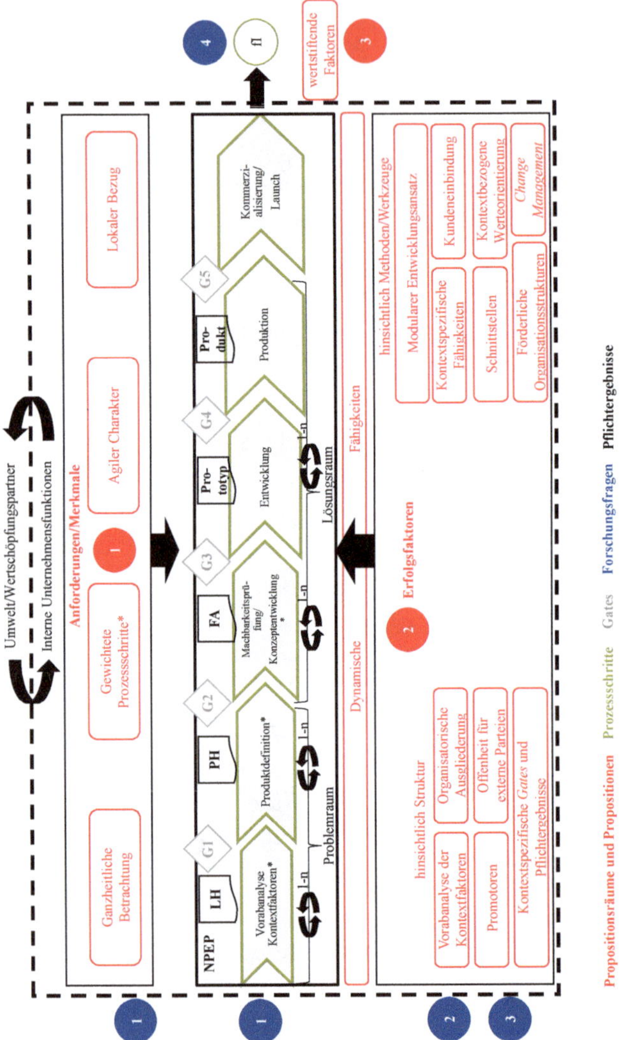

Abbildung 29: Angepasstes Modell zur NPE für corporate frugal innovation[1476]

1475 Vgl. Teece/Pisano/Shuen (1997), S. 515; Teece (2007), S. 1341, S. 1344; Teece (2014), S. 332.
1476 Eigene Darstellung.

Im Zentrum des Modells in Abbildung 29 steht der **NPEP für marktfähige corporate frugal innovation**, welcher nach Gerpott (2005) einem Innovationsprozess im erweiterten Sinn entspricht und, auf der Makroebene betrachtet, auf dem **Agile-Stage-Gate Hybrid Model** von Cooper (2017) basiert.[1477] Der agile Charakter (in der Abbildung dargestellt 1-n) betrifft alle Phasen des NPEP bis einschließlich der Entwicklung. In diesen findet klassischerweise auf der Mikroebene nach der Scrum-Methodik die Erledigung der Aufgaben und Aktivitäten des Innovationsprozesses innerhalb cross-funktionaler Teams in Sprints statt.[1478] Eine spiralförmige und iterative Vorgehensweise ermöglicht einen regelmäßigen Austausch mit dem Kunden und anderen Stakeholdern sowie die Einarbeitung von Feedback. So werden Veränderungen in den Bedürfnissen rechtzeitig erkannt und es wird Fehlentwicklungen vorgebeugt, was als Erfolgsfaktor des NPEP für corporate frugal innovation gilt (siehe Kapitel 8.1). Umfang und Anzahl der Iterationen sind dabei flexibel wählbar[1479], was einer kontextspezifischen Ausgestaltung des NPEP zugutekommt. Kontextbezogen, und damit nicht nur finanzieller Natur, sind auch die Entscheidungskriterien an den Gates, welche der Entscheidungsfindung und Qualitätssicherung im Projektfortschritt dienen.

Die Erkenntnisse der Fallstudienuntersuchung legen außerdem einen **bestimmten Aufbau** des NPEP nahe. Die bereits als Anforderung definierte Offenheit des NPEP für einen kontinuierlichen Austausch mit Wertschöpfungspartnern und der Umwelt wird in der Abbildung durch die permeablen Linien angezeigt. Gleichzeitig findet der NPEP ganzheitlich unter Einbezug aller internen Unternehmensfunktionen in Form cross-funktionaler (Scrum-) Teams statt. Ausgewählte Prozessschritte sind dabei gewichtet (in der Abbildung dargestellt *). Ausgangspunkt für die frugale Innovation bilden spezifische Kundenbedürfnisse bzw. Probleme, die sich aus einer **Vorabanalyse von Kontextfaktoren** zu Beginn des NPEP ergeben. Hier können qualitative und quantitative Methoden wie z. B. Feldbesuche, Befragungen, externe und interne Analysetools wie PESTEL oder SWOT, sowie die Erstellung von Use Cases und Personas genutzt werden, um eine Umweltanalyse, Kundenanalyse und Wettbewerbsanalyse durchzuführen. Von diesen Ergebnissen bzw. Daten ausgehend werden in der Phase der **Produktdefinition** die Produktmerkmale entwickelt, wozu Design Thinking und für die Gewichtung der Merkmale bzw. Differenzierung in Muss- und Sollte-Kriterien Ansätze wie House of Quality

---

1477 Vgl. Gerpott (2005), S. 49; Cooper (2017), S. 193. Details siehe Kapitel 2.2.2.

1478 Vgl. Sommer et al. (2015), S. 37, S. 39, S. 42f.; Cooper (2016), S. 22f.

1479 Vgl. Cooper/Edgett/Kleinschmidt (2002), S. 44f.; Cooper (2008), S. 216.

bzw. QFD, Wertkurven oder conjoint Analyse angewendet werden können (siehe Kapitel 3.3).[1480] Die ermittelten Merkmale werden wiederum in der Phase der **Machbarkeitsprüfung bzw. Konzeptentwicklung** z. B. mithilfe von Prototypen, Simulation und Co-Creation mit Stakeholdern validiert und iterativ in Fertigungsanforderungen übersetzt. Daran schließen sich die Phasen der **Entwicklung** und **Produktion** an, in denen u. a. nach dem Design-to-cost-Ansatz bzw. in der Entwicklung auch mit MVP gearbeitet wird. Der Prozess schließt mit der Phase der **Kommerzialisierung**, wofür zur Vorbeugung von Kannibalisierung, insbesondere bei etablierten Unternehmen mit einem umfangreichen Produktportfolio, eine zwei-Marken-Strategie sinnvoll sein kann.

Die Aufgaben pro Phase orientieren sich am Prozessmodell von Ulrich/Eppinger (1995) (siehe Kapitel 2.2.2)[1481], aber hängen schlussendlich sowohl vom Produkt als auch dem konkreten Entwicklungsziel ab.

Als **Pflichtergebnisse** lassen sich für die Stufen der Vorabanalyse von Kontextfaktoren das Lastenheft und für die Produktdefinition das Pflichtenheft als Synthese aus Analysen und technischen Merkmalen nennen. Ihre Ausarbeitung erfolgt analog zum Prozessmodell von Ebert/Pleschak/Sabisch (1992) (siehe Kapitel 2.2.2), welches ebenfalls mit einer Analyse der Situation bzw. des Problems beginnt und vergleichbaren Schritten wie das angepasste Modell zur NPE für corporate frugal innovation folgt.[1482] Das Lastenheft umfasst die Anforderungen des Kunden. Im Pflichtenheft werden diese in technische Spezifikationen übersetzt. Als Pflichtergebnis aus der Machbarkeitsprüfung und Konzeptentwicklung ergeben sich die Fertigungsanforderungen. Aus der Entwicklung geht ein Prototyp bzw. gehen multiple Prototypen hervor. Die Produktion liefert schlussendlich das fertige Produkt.

Insgesamt kann der Prozess als **reverse innovation funnel** bezeichnet werden: Ausgehend von einem spezifischen Problem bzw. Anwendungskontext werden, ähnlich dem Szenariotrichter[1483], Ideen und Lösungsansätze entwickelt. Die Phasen der Vorabanalyse von Kontextfaktoren und Produktdefinition lassen sich dabei in Anlehnung an das Modell von Agarwal/Oehler/Brem (2021) (siehe Kapitel 3.2.6)[1484] als Ausdifferenzierung des **Problemraums**, die späteren Phasen von Machbarkeitsprüfung und Konzeptentwicklung bis hin zu Kommerzialisierung/Launch als **Lösungsraum** zusammenfassen.

1480 Vgl. Sattler (2005), S. 363ff.

1481 Vgl. Ulrich/Eppinger (1995), S. 15.

1482 Vgl. Verworn/Herstatt (2000), S. 10; Ebert/Pleschak/Sabisch (1992), S. 148.

1483 Vgl. Gausemeier/Fink/Schlake (1998), S. 114f., S. 118, S. 121.

1484 Vgl. Agarwal/Oehler/Brem (2021), S. 747.

Aus der fallübergreifenden Analyse haben sich des Weiteren **Erfolgsfaktoren struktureller** und **methodischer Art** herausgebildet, welche ebenfalls aus Abbildung 29 entnommen werden können. Die Ausgestaltung der Vorabanalyse von Kontextfaktoren variiert dabei zwischen etablierten Unternehmen und Start-ups bzw. jungen Unternehmen. Auch die Realisierung einer frugal ausgerichteten Werteorientierung, welche bei jungen Unternehmen meist Bestandteil der DNA ist, durch ggf. Separierung des NPEP für corporate frugal innovation bezieht sich insbesondere auf etablierte Unternehmen. Weitere inhaltliche Ausführungen der Erfolgsfaktoren finden sich in Kapitel 8.1 bei der Beantwortung der Forschungsfragen.

9 Resümee

Das letzte Kapitel beginnt mit einer Zusammenfassung der wichtigsten Ergebnisse der Arbeit (Kapitel 9.1). Im Anschluss wird ihr Beitrag zu Theorie und Praxis dargelegt (Kapitel 9.2, 9.3). Um die Arbeit reflektiert abzuschließen, erfolgen anschließend eine Betrachtung der Limitationen und weiterer Forschungsbedarfe (Kapitel 9.4) sowie eine Schlussbemerkung (Kapitel 9.5).

9.1 Ergebniszusammenfassung

In Anbetracht aktueller Entwicklungen in Politik, Gesellschaft und Wirtschaft, hat die **Bedeutung frugaler Innovationen** als neues Paradigma in der letzten Dekade zugenommen.[1485] In der wissenschaftlichen Betrachtung des Themas haben sich einige Forschungsschwerpunkte herausgebildet. Insbesondere die Forschung aus einer ex-ante Perspektive, die beispielsweise auch die Betrachtung von Innovationsprozessen umfasst, steht aber noch am Beginn.[1486] Sind bisher v. a. Ansätze zur Entwicklung frugaler Innovation am BoP in EM dokumentiert[1487], fehlen Betrachtungen zur Entwicklung von corporate frugal innovation. Insbesondere eine holistische Betrachtungsweise des Entwicklungsprozesses liegt bis dato nicht vor.[1488] Um diese Forschungslücke zu schließen, war es das Ziel der Dissertation, durch ein **Modell für die Entwicklung von corporate frugal innovation** einen Beitrag auf diesem Forschungsgebiet zu leisten und praxisrelevante Befunde zu liefern. In diesem Kontext werden v. a. zwei Fragestellungen untersucht:

1. Wie können frugale Innovationen systematisch und zielgerichtet entwickelt werden?
2. Wie werden frugale Innovationen insbesondere in Industrieländern marktfähig?

Dazu wurde zunächst eine umfassende **Literaturrecherche und -aufbereitung** durchgeführt. Auf dieser Basis wurden anschließend **Propositionen**

1485 Vgl. Perera/Badir (2020), S. 3f.; Agarwal/Brem (2017a), S. 37.

1486 Vgl. Pisoni/Michelini/Martignoni (2018), S. 108; Brem et al. (2020), S. 1ff.

1487 Vgl. Mukerjee (2012), o.S.; Pisoni/Michelini/Martignoni (2018), S. 109f.; Lim/Fujimoto (2019), S. 1017.

1488 Vgl. Bhatti/Ventresca (2013), S. 1.

sowie ein **theoretischer Bezugsrahmen** gebildet. Um diesen zu überprüfen, erfolgte eine **empirische Untersuchung** anhand der Fallstudienmethodik nach Yin (2018).[1489] Mit den Erkenntnissen aus der Datenanalyse wurden die theoretischen Propositionen und der Bezugsrahmen angepasst und die Forschungsfragen der Arbeit beantwortet sowie **Handlungsoptionen** abgeleitet.

Zur Vorgehensweise bei der Entwicklung einer corporate frugal innovation lässt sich im **Ergebnis** erkennen, dass die untersuchten Unternehmen einen ganzheitlichen und offenen Entwicklungsansatz verfolgen. Um über fest etablierte Schnittstellen immer wieder in den Austausch mit Stakeholdern treten zu können, nutzen sie agile Elemente wie z. B. Scrum im NPEP. In Anbetracht der Zielsetzung frugaler Innovation, nämlich ein erschwingliches und auf seine Kernfunktionalität ausgerichtetes Produkt zu erzeugen, legt das aus den Ergebnissen abgeleitete Modell des Weiteren insbesondere auf Schlankheit, strikt definierte Gates und einen lokalen Bezug der Aktivitäten Wert. Eine besondere Gewichtung im NPEP erfahren außerdem die ausführliche Analyse von Zielgruppen, deren Bedürfnissen, des Anwendungskontexts des Produktes sowie, bei etablierten Unternehmen, des Wettbewerbs. Anhand definierter Pflichtergebnisse wie Lasten- und Pflichtenheft münden diese Resultate in die nächste gewichtige Phase der Produktdefinition, wo eine Übersetzung der Bedürfnisse in Produktmerkmale stattfindet. Damit eine strikte Fokussierung der Kernfunktionalitäten sowie, im Sinne der Erschwinglichkeit, auch die strikten Kostenziele realisiert werden können, folgt im nächsten, besonders gewichtigen Schritt die Machbarkeitsprüfung bzw. Konzeptentwicklung. Ergebnis dieser Phase sind die aus den festgelegten Merkmalen des Produktes abgeleiteten Fertigungsanforderungen, welche wiederum die Grundlage für die Phase der Entwicklung bilden. In dieser Phase erfolgt eine iterative Annäherung an das gewünschte Produkt mittels Prototypen. Die daran anknüpfende Phase der Produktion schließt mit einem fertigen Produkt, welches zum Abschluss des Prozesses in die Phase der Kommerzialisierung übergeht.

Ergänzend zu den genannten Anforderungen an den NPEP und die Phasen des NPEP für corporate frugal innovation konnten auch **Erfolgsfaktoren** identifiziert werden, die diesem zuträglich sind. **Hinsichtlich der Struktur** zeigte sich, dass, neben funktionsübergreifenden Teams, auch Promotoren und externe Berater in den Prozess einbezogen wurden. Die bereits angesprochenen Gates sollten außerdem kontextabhängig definiert werden, d. h. auf den Anwendungskontext und das Produkt ausgelegt. Daneben half den Unternehmen

---

1489 Vgl. Yin (2018).

eine frugal ausgerichtete Werteorientierung der gesamten Wertschöpfungskette bei der Realisierung ihrer Entwicklungsziele. Insbesondere bei etablierten Unternehmen erweist sich dies als schwierig und erfordert ggf. eine Separierung der Aktivitäten für corporate frugal innovation von denen konventioneller Innovation. Bei den aus der Vorabanalyse von Kontextfaktoren abgeleiteten Merkmalen, wurde zudem eine Differenzierung in Muss- und Sollte-Kriterien vorgenommen, um dem Anspruch frugaler Innovation nach Fokussierung und Reduktion des Ressourceneinsatzes im gesamten Produktlebenszyklus gerecht zu werden.

Darüber hinaus erweist sich die **Nutzung bestimmter Methoden und Werkzeuge** als erfolgsfördernd. Neben den bereits erwähnten agilen Methoden setzen die untersuchten Unternehmen zur Vorabanalyse und Produktdefinition Verfahren der Markt- und Wettbewerbsanalyse ebenso, wie ethnografische Methoden oder Personas und Use Cases im NPEP ein. Auch eine permanente und enge Zusammenarbeit mit dem Kunden lässt sich anhand der Daten feststellen. Zur Selektion von Merkmalen oder auch zur Unterscheidung in Muss- und Sollte-Kriterien, kommen nicht zuletzt Modelle mit Gewichtungskriterien zum Einsatz. Auch die Nutzung eines Baukastensystems, welches eine modulare Gestaltung ermöglicht, zeigt sich für den NPEP von corporate frugal innovation an.

Hinsichtlich der agilen Methoden wie Prototypenbildung und Arbeit mit MVP betonen insbesondere die etablierten Unternehmen allerdings, dass dies nur unter Sicherstellung aller Qualitäts- und Kostenziele erfolgen kann, damit andere Produkte oder eine etablierte Marke nicht negativ konnotiert werden. Dies steht mit der bereits erwähnten, oftmals auftretenden Schwierigkeit etablierter Unternehmen in Verbindung, das neuartige Innovationsparadigma neben konventionellen Innovationen im Unternehmen zu implementieren.

In diesem Zusammenhang zeigte die fallübergreifende Analyse auch, dass insbesondere bei etablierten Unternehmen eine bewusste Implementierung der genannten Erfolgsfaktoren vorzunehmen ist. Hierfür werden Methoden und Werkzeuge des Veränderungsmanagements benötigt.

Alle bisher im Ergebnis dargelegten Handlungsoptionen und Erfolgsfaktoren wirken sich positiv auf die Marktfähigkeit von corporate frugal innovations aus. Darüber hinaus bietet es sich an, die **wertstiftenden Faktoren** einer frugalen Innovation für ihren spezifischen Anwendungskontext festzustellen. Wie die Fallbeispiele zeigen, ist dies im Falle einer corporate frugal innovation nicht nur ein geringer Preis, sondern geht v. a. im Kontext der DM darüber hinaus.

Die maßgebliche Grundlage aller Anstrengungen zur Entwicklung einer corporate frugal innovation sind jedoch **dynamische Fähigkeiten**. Diese sind unerlässlich, um Unternehmen und den NPEP auf das neue Innovationsparadigma auszurichten.

9.2 Implikationen für die Wissenschaft

Die Literatur und das akademische Wissen zu frugalen Innovationen befinden sich noch in einem Anfangsstadium (siehe Kapitel 2.1.2). Gefordert werden daher v. a. theoriegetriebene, multiple, cross-sektorale Fallstudien in DM, die auf bisherigen Erkenntnissen aus der Literatur aufbauen, sie empirisch anreichern und generalisierbarer machen.[1490] An diese Forderung knüpft die vorliegende Arbeit an und trägt zur Theorie durch eine qualitative Untersuchung frugaler Innovation anhand von Propositionen und ihrer fallübergreifenden Überprüfung bei.[1491] Erste **theoretische Ansätze** wie Strukturen, Klassifizierungen und Frameworks der ex-post Perspektive auf frugale Innovation werden dabei, wie gefordert[1492], um ex-ante Forschung mit dem Ergebnis eines ganzheitlichen Modells für den NPEP von marktfähiger corporate frugal innovation **bereichert**. Die Betrachtung der Anforderungen und Merkmale, Phasen sowie Erfolgsfaktoren struktureller und methodischer Natur bilden die **Grundlage für weiterführende Forschung**.

Die Untersuchung frugaler Innovation hat sich in den letzten Jahren weg von einer BoP-Betrachtung in EM hin zu DM entwickelt.[1493] Durch Unterschiede in den Bedingungen und Bedürfnissen[1494] ergibt sich in diesem Kontext auch eine Verschiebung der Eigenschaften und Merkmale frugaler Innovation, was bisherige Definitionen und Charakterisierungen des Innovationsparadigmas aber nur unzureichend abdecken. Dieser Veränderung, die insbesondere die wertstiftenden Faktoren frugaler Innovation betrifft, tragen die auf corporate frugal innovation in DM **erweiterte bzw. angepasste Definition frugaler Innovation** (siehe Kapitel 2.1.1) sowie die **erweiterte bzw. angepasste Definition des BoP in DM** (siehe Kapitel 2.1.3) in dieser Arbeit Rechnung.

1490 Vgl. López Santiago et al. (2019), S. 3318; Dost et al. (2019), S. 1255; Cadeddu et al. (2019), S. 253; Hossain (2018), S. 933.

1491 Vgl. Hossain (2018), S. 933.

1492 Vgl. Brem et al. (2020), S. 2.

1493 Vgl. Agarwal et al. (2017), S. 3; Kolk/Rivera-Santos/Rufin (2014), S. 348f.; Lange/Hüsig/Albert (2021), S. 2.

1494 Vgl. Viswanathan/Sridharan (2012), S. 52; Kahle et al. (2013), S. 225; Winkler et al. (2020), S. 251ff.

In diesem Zusammenhang stellt die Arbeit auch eine der ersten Untersuchungen für corporate frugal innovation hinsichtlich des Entwicklungsprozesses dar. Sollte es strukturierte Ansätze geben, so beziehen sich diese maßgeblich auf den Kontext von Entwicklungs- und Schwellenländern[1495], wonach die Arbeit eine **Erweiterung der kontextspezifischen Betrachtung frugaler Innovation** darstellt.

Eine Zielsetzung für bisherige Modelle war auch, dass sie einmal auf andere Branchen, Kontexte und Ländern anzuwenden sind.[1496] Insbesondere die Analyse der Entwicklung einer frugalen Innovation aus dem Food-Bereich stellt daher ein Novum und eine **Erweiterung der branchenspezifischen Betrachtung** des Innovationsparadigmas dar.

Diese Erweiterungen und neuen wissenschaftlichen Grundlagen werden letztlich vor allem durch die **Verbindung der Forschungsbereiche** „frugale Innovation", Neuproduktentwicklung" sowie „Dynamic Capabilities" in einem Rahmenwerk möglich. Ein Rahmenwerk kann Implementierung und Replikation in anderen Kontexten ermöglichen.[1497]

9.3 Implikationen für die Praxis

Die **Praxis** profitiert von der vorliegenden Arbeit, indem das konstruierte Modell als Handlungsoption genutzt werden kann. Auch wenn bisherige Veröffentlichungen die prozessorientierte Perspektive auf frugale Innovation vorangetrieben haben, ist unklar, welche Strukturen, Methoden und Werkzeuge Anwendung finden können, um frugale Innovation in den Innovationsprozess zu implementieren.[1498] So fehlen spezifische, systematische und gut dokumentierte Ansätze zur Entwicklung frugaler Innovation, die auch von Dritten repliziert werden können.[1499] Daher gibt diese Arbeit **Handlungsoptionen** für die praktische Realisierung eines NPEP für corporate frugal innovation.

Zunächst können Unternehmen einen **Abgleich** zwischen ihrem aktuell verwendeten NPEP und dem in dieser Arbeit entwickelten Modell vornehmen. Hierbei ist in erster Linie zu prüfen, ob die genannten Anforderungen und

1495 Vgl. Weyrauch/Herstatt/Tietze (2020), S. 1.
1496 Vgl. Brem et al. (2020), S. 13.
1497 Vgl. Juhro/Aulia (2019), S. 398.
1498 Vgl. Reis/Fernandes/Armellini (2021), S. 2.
1499 Vgl. Weyrauch/Herstatt/Tietze (2020), S. 2.

Merkmale eines NPEP für corporate frugal innovation erfüllt sind. Zudem lohnt sich eine Bestandsaufnahme der aktuell im Unternehmen zur NPE verwendeten Methoden und Werkzeuge, um auch hier etwaige Diskrepanzen zu den in dieser Arbeit angeführten Methoden und Werkzeugen festzustellen.

Insbesondere etablierte Unternehmen können in diesem Zusammenhang die Option testen, **Aktivitäten für frugale Innovation** von Aktivitäten für konventionelle Innovation **organisatorisch zu separieren**. Wie die Untersuchung zeigt, erfordert ein NPEP für corporate frugal innovation Schlankheit, um u. a. strenge Kostenvorgaben bei der Entwicklung eines frugalen Produktes realisieren zu können. Dies impliziert, dass z. B. ausgeprägte Dokumentationspflichten oder umfangreiche Berichtsstrukturen, wie sie in etablierten Unternehmen oftmals praktiziert werden, für den NPEP von corporate frugal innovation nicht förderlich sind.

Sollte eine organisatorische Separierung nicht umsetzbar sein, so können die Unternehmen darauf achten, dass in ihrem etablierten NPEP die Aktivitäten und Aufgaben aus den Phasen der Vorabanalyse von Kontextfaktoren, Produktdefinition und Machbarkeitsprüfung bzw. Konzeptentwicklung des in Kapitel 8.2 dargestellten Modells **besondere Gewichtung** erfahren. Da diese Phasen anhand der Fallstudienuntersuchung als besonders erfolgskritisch diagnostiziert wurden, kann so innerhalb des im Unternehmen etablierten NPEP ein wertvoller Beitrag für das Gelingen der corporate frugal innovation geliefert werden.

Als Ergänzung einer organisatorischen Separierung kann sich für Unternehmen, die neben frugalen Produkten auch konventionelle Produkte im Portfolio haben, zur Kommerzialisierung der frugalen Produkte auch die Implementierung einer **Zwei-Marken-Strategie** eignen. Dies beugt Kannibalisierungseffekten vor und kann zugleich für eine Hervorhebung der besonderen Eigenschaften einer frugalen Innovation genutzt werden.

Grundsätzlich empfiehlt es sich aufgrund der Neuheit des Paradigmas, den NPEP durch **Maßnahmen des Veränderungsmanagements** zu begleiten. Potenzielle Widerstände und Barrieren können so frühzeitig detektiert und überwunden werden.

Zuletzt gibt die als Anforderung definierte Offenheit des NPEP für corporate frugal innovation den Unternehmen die Möglichkeit, das **Ökosystem** frugaler Innovation zu nutzen und ein umfangreiches **Netzwerk** aufzubauen. So lassen sich nicht nur ggf. Ressourcen teilen. Es ist vielmehr möglich, vom Erfahrungswissen der Kooperationspartner zu profitieren und mithilfe dieses Netzwerks auch die Anforderungen des lokalen und kontextspezifischen Bezugs z. B. der Gates nachzukommen.

9.4 Limitationen der Arbeit und weiterer Forschungsbedarf

Trotz der dargestellten Beiträge für Wissenschaft und Praxis verfügt die Arbeit über **Limitationen**. Diese ergeben sich zunächst aus der gewählten Methodik. Demnach lassen Fallstudienuntersuchungen aufgrund der geringen Stichprobengröße **keine statistischen Verallgemeinerungen** zu, sondern münden in analytische Schlussfolgerungen, die sich aus der Einzelfallanalyse und der fallstudienübergreifenden Analyse ergeben haben und zur Beantwortung der Forschungsfragen genutzt werden.[1500] Das bedeutet, dass es sich bei den Erkenntnissen aus dieser Arbeit nicht um Empfehlungen, sondern um Handlungsoptionen handelt, die Grundlage weiterer wissenschaftlicher und praktischer Untersuchungen sind.

Gerade in jungen Forschungsfeldern mit bisher wenig Vorarbeit besteht die Gefahr, dass eine rein qualitative Untersuchung mit dem Vorwurf konfrontiert wird, fernab statistischer Inferenz zufällig signifikante Zusammenhänge zwischen Konstrukten aufzudecken.[1501] Diese Feststellung leitet auch zu einer weiteren Limitation dieser Arbeit, der **begrenzten Objektivität der Ergebnisse**. So gelten Experteninterviews als gefährdet für Subjektivität (siehe Kapitel 6.2.2). Der Gefahr subjektiver Eindrücke der Interviewpartner und des Interviewers wurde durch die Auswahl mehrerer Interviewpartner pro Fallstudie, sofern möglich, begegnet. Außerdem wurde bewusst das multiple Fallstudiendesign nach Yin (2018) gewählt, um Ähnlichkeiten und Unterschiede in den Ergebnissen festzustellen.[1502] Um der starken Gewichtung der Interviews als primäre Datenquelle etwas entgegenzusetzen, wurden Datenquellen trianguliert (siehe Kapitel 6.2.1). Zur Mitigation der Subjektivität des Forschers, wurde für die Analyse der Daten, in Kombination mit den Analysemethoden nach Yin (2018), das systematische Vorgehen einer qualitativen Inhaltsanalyse nach Kuckartz (2018) gewählt (siehe Kapitel 6.2.3).[1503] Ein Überblick aller Maßnahmen zur Qualitätssicherung findet sich in Kapitel 6.2.4.

1500 Vgl. Yin (2018), S. 37f., S. 286.
1501 Vgl. Edmondson/McManus (2007), S. 1170.
1502 Vgl. Eisenhardt/Graebner (2007), S. 25, S. 28; Yin (2018), S. 47f.
1503 Vgl. Yin (2018), S. 175ff.; Kuckartz (2018), S. 44ff., S. 97ff.

Bezogen auf Prozessmodelle halten Verworn/Herstatt (2000) fest, dass die Ausgestaltung eines solchen von den Absichten des Unternehmens bzw. des Forschers abhängt und es nicht das eine, richtige Modell gibt.[1504] Zudem liegt es in der Natur eines **Modells** zur Wahrung der Aussagefähigkeit einen guten **Kompromiss** zwischen Komplexitätsreduzierung und zu starker Spezialisierung zu schaffen.[1505]

Nicht nur aufgrund der genannten Limitationen, sondern auch wegen der thematischen Begrenztheit dieser Arbeit besteht **weiterer Forschungsbedarf** zur Leitfrage der Dissertation. So kann beispielsweise untersucht werden, wie der NPEP für corporate frugal innovation bei Unternehmen aussieht, die sich in die anderen drei Quadranten des FIS- Frameworks zur Typologisierung frugaler Innovation (siehe Kapitel 6.3) einordnen lassen.[1506]

Da die in den Fallstudien behandelten Unternehmen außerdem mit ihren Zentralen alle in Deutschland ansässig sind, empfiehlt sich eine Replikation der Untersuchung in anderen Ländern bzw. mit anderen Unternehmen. Begründet wird dieser Bedarf auch durch **länderspezifische Unterschiede** des NPEP.[1507] Multiple, cross-sektorale Fallstudien, die auf bisherigen Erkenntnissen aus der Literatur aufbauen und sie empirisch anreichern[1508], sollten Unterschiede im Produktinnovationsprozess untersuchen, ebenso wie Unterschiede bzgl. der **Unternehmensgröße.**[1509] In der vorliegenden Untersuchung wurde nur zwischen etablierten und jungen Unternehmen unterschieden.

In dieser Dissertation wurde der NPEP für corporate frugal innovation zudem ganzheitlich betrachtet. In künftigen Untersuchungen ist es sinnvoll, sich **einzelne Phasen bzw. Abschnitte** genauer anzusehen. So können über die bestehenden Erkenntnisse hinaus weitere Details festgestellt werden. Spricht diese Arbeit z. B. von einer kontextspezifischen Gestaltung der Gates, so könnte hier, in Übereinstimmung mit dem allgemeinen Forschungsbedarf zur Gestaltung von Gates[1510], genauer untersucht werden, wonach sich diese ausrichtet. Denkbar wäre außerdem eine Ausdehnung der Betrachtungen bzgl. des Einbezugs von Kunden. Hier besteht allgemeiner Forschungsbedarf z. B. für die Methode der Co-Creation.[1511]

1504 Vgl. Verworn/Herstatt (2000), S. 1f., S. 11.
1505 Vgl. Siggelkow (2007), S. 21.
1506 Vgl. Santos/Borini/Oliveira Júnior (2020), S. 258, S. 260.
1507 Vgl. Barczak (2012), S. 355.
1508 Vgl. López Santiago et al. (2019), S. 3318.
1509 Vgl. Brem/Ivens (2013), S. 44.
1510 Vgl. Barczak (2012), S. 355f.
1511 Vgl. Barczak (2012), S. 356.

Arbeiten mit **quantitativer Methodik** können zudem die aufgestellten Propositionen sowie die Ergebnisse dieser Arbeit auf Validität prüfen. Anhand erweiterter Stichprobengrößen kann ggf. über eine analytische Generalisierung hinaus auch eine statistische Generalisierung erreicht werden.[1512]

In der Untersuchung wurde außerdem die Offenheit des NPEP für corporate frugal innovation als wichtige Anforderung festgestellt. Eine weitere Forschungslücke besteht diesbezüglich darin, den **Einfluss des Ökosystems** auf den NPEP für corporate frugal innovation zu untersuchen, insbesondere auch bzgl. der Zusammenarbeit von Schlüsselparteien wie Unternehmen und Kunden und bzgl. der Unterschiede in den Unternehmensformen.[1513]

Fähigkeiten des Veränderungsmanagements zur Realisierung des NPEP für corporate frugal innovation wurden in der Untersuchung ebenfalls als erfolgskritisch angemerkt. Hier hat sich die **Implementierung** von BoP-Innovationsansätzen als allgemeines Forschungsfeld aufgetan,[1514] was auch auf das **Prozessmodell** dieser Arbeit übertragen werden kann.

In der Untersuchung wurde weiterhin festgestellt, dass spezifische Fähigkeiten zur Entwicklung frugaler Innovationen erforderlich sind, wie z. B. ein entsprechendes Mindset der Entwickler. Da frugale Innovationen oftmals unter dem Einfluss bestimmter kultureller Werte und Normen entstehen, wäre es diesbezüglich interessant, den **Einfluss des Bildungssystems** (z. B. universitäre Ausbildung) auf die Entwicklung frugaler Innovationen im Sinne von Bildung als Ressource näher zu betrachten. Auch der Einfluss demografischer Variablen offeriert Potenzial.[1515]

9.5 Schlussbemerkung

Wie auch in der vorliegenden Arbeit dargestellt, gewinnt das Innovationsparadigma der frugalen Innovation weltweit und damit über den BoP in EM hinaus an Bedeutung. Dieser Bedeutungszuwachs ist nicht zuletzt der Tatsache geschuldet, dass aufgrund globaler Entwicklungen und Krisen die Nachhaltigkeit in all ihren Dimensionen, d. h. ökologisch, ökonomisch und sozial eine

1512 Vgl. Yin (2018), S. 37; Döring/Bortz (2016), S. 36ff.

1513 Vgl. Prabhu (2017), S. 17; Soni/Krishnan (2014), S. 35; Knorringa et al. (2016), S. 150; Kroll/Gabriel (2020), S. 39; Barczak (2012), S. 356.

1514 Vgl. Barczak (2012), S. 355.

1515 Vgl. Ratten (2019), S. 114f.

unabdingbare Bedingung für künftigen gesellschaftlichen und wirtschaftlichen Wohlstand und das Wachstum ist. Radjou (2020) sieht eine frugal economy gar als Möglichkeit einer Ablösung eines rein kapitalistischen „Betriebssystems", welches in Anbetracht heutiger Herausforderungen und Megatrends nicht mehr zeitgemäß scheint.[1516] Auch die bereits vor längerer Zeit von der Europäischen Union benannten Grand Challenges könnten mit frugalen Innovationen, auch in entwickelten Ländern, adressiert werden.

Eine Verankerung frugaler Innovation in der Gesellschaft und auch in den Unternehmen lässt sich bisher erst partiell feststellen. Dies mag unter anderem darin begründet sein, dass praktikable Ansätze zur Implementierung frugaler Vorgehensweisen fehlen. Dabei stellt sich nicht mehr die Frage, ob Unternehmen ihre Innovationsphilosophie verändern müssen, sondern nur wann sie es tun und wie es ihnen gelingen kann.

Vor diesem Hintergrund möchte diese Dissertation einen Beitrag leisten und mit einem strukturierten Modell zur NPE von corporate frugal innovation die Diffusion dieses essenziellen Ansatzes in Wissenschaft und Praxis vorantreiben.

Schlussendlich bleibt nämlich festzuhalten:

„Frugality is not the virtue of some bygone era; it pays today too."[1517]

1516 Vgl. Radjou (2020), o.S.
1517 Schonberger (1987) S. 95.

Anhangsverzeichnis[1518]

1518 Bestandteile in Anlehnung an Empfehlung Kuckartz (2018), S. 222 für Qualifikationsarbeiten.

Anhang

Anhang 1: Exemplarisches Anschreiben zur Anfrage der Interviewpartner[1519]

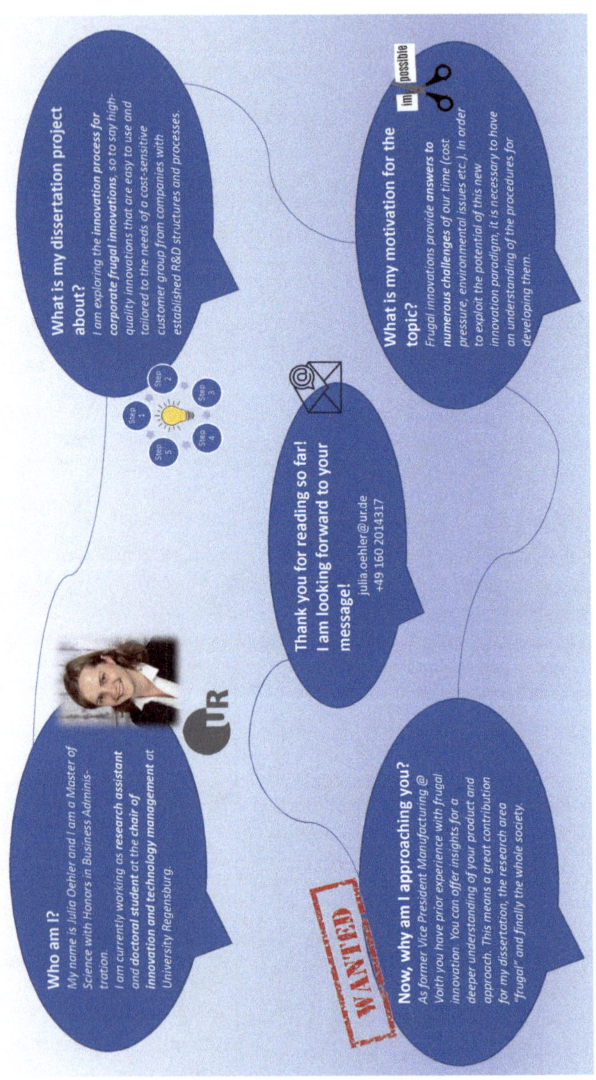

1519 Eigene Darstellung.

Anhang 2: Leitfaden für das semi-strukturierte Interview[1520]

Gesprächsleitfaden Dissertation Julia Oehler – *Unternehmen* (Name Interviewpartner, Datum, Uhrzeit, Ort)

1	**Eröffnung des Gesprächs und organisatorische Informationen**
1.1	Vielen Dank für die Bereitschaft zum Gespräch heute.
1.2	Zunächst möchte ich kurz die Agenda darstellen. Nach einer kurzen Vorstellungsrunde der Gesprächsteilnehmer und der Thematik des Gesprächs, widmen wir uns den Inhalten zu frugalen Innovationen bei *Unternehmen*.
1.3	Außerdem möchte ich darauf hinweisen, dass das Gespräch in beidseitigem Einvernehmen zu Zwecken der Gesprächsauswertung aufgezeichnet wird. Sind Sie damit einverstanden?
2	**Vorstellung der Personen und des Dissertationsthemas**
2.1	Ich würde beginnen mit der Vorstellung von mir und meinem Promotionsprojekt. […]
2.2	Sie sind ja aktuell *Position/Funktion*. Nun würde ich Sie bitten, zu erzählen, welche Aufgaben zu Ihren Tätigkeiten gehören. UND Haben Sie in dieser Rolle oder in einer anderen Funktion bei *Unternehmen* mit frugalen Innovationen zu tun (gehabt) und wenn ja, in welcher?
3	**Hintergrund und Verständnis frugaler Innovation**
3.1	Wie ist *Unternehmen* dem aufstrebenden Innovationsparadigma begegnet? War das Konzept von Anfang an bekannt oder hat man erst später gemerkt „oh, wir machen ja ein frugales Produkt"?
3.2	Was verstehen Sie unter einer frugalen Innovation? Definition oder Kriterien?
3.3	Welche frugalen Innovationen hat *Unternehmen* bisher auf den Markt gebracht?
3.4	Offenes Gespräch
4	**Innovationsaktivitäten und NPEP für frugale Innovation**
4.1	Würden Sie sagen, dass *Unternehmen* streng frugal vorgeht (also alle Kriterien Ihres Verständnisses von Frugalität erfüllen) oder „lediglich" kundenzentriert bei der Entwicklung frugaler Innovation? Also kamen Sie wirklich von der Seite der Beschränkungen?
4.2	Gibt es Strategien, Prozessabläufe oder Aktionspläne für das frugale Innovieren? Geht *Unternehmen* z.B. von bestehenden Produkten aus oder von Grund auf neu? Geht *Unternehmen* mit MVPs in den Markt? Sind Organisationsstruktur (wie ist F&E aufgebaut?) und Unternehmenskultur (Werte, Normen, Offenheit, Fehlerkultur, Kreativitätsförderung) förderlich für frugale Innovationen?
4.3	Gibt es ggf. sogar einen Innovationsprozess für frugale Innovationen? Inwiefern ist der Ansatz innovativ und gut geeignet für frugale Innovation? Wie unterscheidet sich dieser von nicht-frugalen Innovationen? Wenn es keinen allgemeinen Prozess gibt, wie ist *Unternehmen* im konkreten Fall für *Produkt x* vorgegangen?
4.4	Welche Erfolgsfaktoren können Sie für frugale Neuproduktentwicklung identifizieren?
4.5	Welche Hemmnisse und Barrieren nehmen Sie bezogen auf frugale Innovationen wahr? Wo fehlen konkrete Handlungshilfen?
4.6	Welche Kriterien verwendet *Unternehmen*, um die Marktfähigkeit einer Neuproduktentwicklung zu beurteilen?
4.7	Wie sorgt *Unternehmen* für eine gute Vermarktungsfähigkeit der frugalen Innovation(en)?
4.8	Offenes Gespräch
5	**Dynamic Capabilities**
5.1	Wir beziehen uns auf *Produkt x*. Wer/welche Funktion war in die Entwicklung einbezogen? Wer leitet das Team? Woher kommen die Ressourcen für NPEP? Wer hat Kontrolle und disziplinarische Macht über wen? Reporting-Struktur? Wie werden *capabilities* durch die Organisationsstruktur genutzt?
5.2	Welche Werkzeuge nutzt *Unternehmen* zum Aufbau frugaler Expertise?
5.3	Welche Fähigkeiten benötigt eine Organisation, um frugale Produkte zu entwickeln?
5.4	Offenes Gespräch
6	**Fazit**
6.1	Welche Lehren und Veränderungen resultieren aus Ihren bisherigen Erfahrungen mit frugaler Innovation?
6.2	Wo sehen Sie noch großen Handlungsbedarf für Praxis und Wissenschaft im Kontext frugaler Innovation?
7	**Hinweise zum Abschluss des Gesprächs**
7.1	Sind Sie damit einverstanden, dass Sie als Gesprächspartner namentlich genannt werden?
7.2	Haben Sie Verbesserungsvorschläge für den Leitfaden bzw. die Gesprächsführung?
7.3	Besteht die Möglichkeit, mit weiteren Experten bei *Unternehmen* zu sprechen?

1520 Eigene Darstellung.

Anhang 3: Transkriptionsregeln[1521]

Hinweis zur Auswahl des Regelsets: Unter den Gesichtspunkten „Grad an Genauigkeit", und „Kosten" erfolgte eine Fokussierung lediglich auf den semantischen Inhalt der Interviews. Angewendet wurden die bereits wissenschaftlich erprobten Regeln nach Kuckartz (2018), ergänzt um Vorschläge von Dresing/Pehl (2018):

1. Es wird wörtlich transkribiert, also nicht lautsprachlich oder zusammenfassend. Vorhandene Dialekte werden nicht mit transkribiert, sondern möglichst genau in Hochdeutsch übersetzt.
2. Sprache und Interpunktion werden leicht geglättet, d. h. an das Schriftdeutsch angenähert. Zum Beispiel wird aus „Er hatte noch so'n Buch genannt" → „Er hatte noch so ein Buch genannt". Die Satzform, bestimmte und unbestimmte Artikel etc. werden auch dann beibehalten, wenn sie Fehler enthalten.
3. Deutliche, längere Pausen werden durch in Klammern gesetzte Auslassungspunkte (...) markiert. Entsprechend der Länge der Pause in Sekunden werden ein, zwei oder drei Punkte gesetzt, bei längeren Pausen wird eine Zahl entsprechend der Dauer in Sekunden angegeben.
4. Besonders betonte Begriffe werden durch Unterstreichungen gekennzeichnet.
5. Sehr lautes Sprechen wird durch Schreiben in Großschrift kenntlich gemacht.
6. Zustimmende bzw. bestätigende Lautäußerungen der Interviewer (mhm, aha etc.) werden nicht mit transkribiert, sofern sie den Redefluss der befragten Person nicht unterbrechen.
7. Einwürfe der jeweils anderen Person werden in Klammern gesetzt.
8. Lautäußerungen der befragten Person, die die Aussage unterstützen oder verdeutlichen (etwa Lachen oder Seufzen), werden in Klammern notiert.
9. Absätze der interviewenden Person werden durch ein „I:", die der befragten Person(en) durch ein eindeutiges Kürzel, z. B. „B4;", gekennzeichnet.
10. Jeder Sprechbeitrag wird als eigener Absatz transkribiert. Sprecherwechsel wird durch zweimaliges Drücken der Enter-Taste, also einer Leerzeile zwischen den Sprechern deutlich gemacht, um so die Lesbarkeit zu erhöhen.
11. Störungen werden unter Angabe der Ursache in Klammern notiert, z. B. (Handy klingelt).

1521 Vgl. Kuckartz (2018), S. 167f.; Dresing/Pehl (2018), S. 16ff.

12. Nonverbale Aktivitäten und Äußerungen der befragten wie auch der interviewenden Person werden in Doppelklammern notiert, z. B. ((lacht)), ((stöhnt)) und Ähnliches.
13. Unverständliche Wörter werden durch (unv.) kenntlich gemacht.

Anhang 4: Codierregeln nach Kuckartz (2018)[1522]

1. Es werden in der Regel Sinneinheiten codiert, jedoch mindestens ein vollständiger Satz.
2. Wenn die Sinneinheit mehrere Sätze oder Absätze umfasst, werden diese codiert.
3. Sofern die einleitende (oder zwischengeschobene) Interviewer-Frage zum Verständnis erforderlich ist, wird diese ebenfalls mitcodiert.
4. Beim Zuordnen der Kategorien gilt es, ein gutes Maß zu finden, wie viel Text um die relevante Information herum mitcodiert wird. Wichtigstes Kriterium ist, dass die Textstelle ohne den sie umgebenden Text für sich allein ausreichend verständlich ist.

Anhang 5: Kategoriensystem[1523]

Fachbegriff	**Erläuterung im Kontext der Arbeit**
Hauptkategorie	Kategorie der obersten Ebene
Thematische Kategorie	Zusammenfassung bestimmter Themen
Unterkategorie	Bestimmtes Thema
Codiereinheit	Textstelle, die mit einem bestimmten Inhalt/einer bestimmten Kategorie in Verbindung steht
Code	Zeichenkette, das den inhaltlichen Kerngedanken einer Codiereinheit abbildet
In-vivo-Code	Terminologie und Begriffe, die von Handelnden im Feld verwendet werden
Codierung	Einzelne Zuordnung eines Codes
Codieren	Kategorisieren von Daten

1522 Vgl. Kuckartz (2018), S. 31, S. 38ff., S. 104.
1523 Eigene Darstellung.

Hauptkategorie	Anforderungen/Merkmale Prozess			Erfolgsfaktoren			Erfolgsfaktoren			Marktfähigkeit
Kategorie	Anforderungen/Merkmale Prozess			Erfolgsfaktoren Struktur			Erfolgsfaktoren Methoden/Werkzeuge			Marktfähigkeit
Unterkategorie	ganzheitliche Betrachtung	agiler Charakter	lokaler Bezug	ausführliche Due Diligence	phasen-spezifische Promotoren	Gate-Kriterien und Pflichtergebnisse kontextspezifisch	modularer Entwicklungsansatz	Kundeneinbindung	dynamische Fähigkeiten	wertstiftende Faktoren
Codes	Anpassungen bisheriger Innovations-ansätze	Iteration/iterativ/ nicht-linear	Ausgangspunkt NPEP: lokale Bedürfnisse (bottom-up)	Analyse Umgebung/Bezug Unternehmens-kontext	Verantwortliche Personen	Analyse Umgebung/Bezug Unternehmens-kontext	graduelle Produkteinführung	Kundenbedürfnis/ Bedarf	Bereitschaft zur Veränderung	Festlegung frugaler Charakteristika
	Einbezug Wert-schöpfungs-partner	Flexibilität im Prozess	spezifische Zielgruppe	Bedürfniser-mittlung Nutzer im Anwendungs-kontext	Teammitglieder/ Mitglieder im NPEP	Gate/Entscheidungs-punkt im NPEP	Produkt-Plattformen/ Plattformstrategie	market-pull	Change Management Werkzeuge	Marktfähigkeit
	Einbezug Entwicklungs-ziele/ Unternehmens-strategie	volatile Umwelt	Kontext-abhängigkeit fI	Front-End (Aktivitäten)	Rollen (Projektleiter, Gatekeeper, Champion)	Entscheidungs-kriterium (zur Auswahl/ Priorisierung/ Entwicklung von Projekten)	Modifikation (Ergänzung, Ersatz oder Wegnahme von Produktfunktionen)	Co-Creation/ Kundeneinbindung	Fähigkeiten lokaler Mitarbeiter	Bedürfnisorientierung/ Marktorientierung
	Analyse Umgebung/Bezug Unternehmens-kontext	SCRUM-Element	Bedingungen Schaffungs-markt	Bedürfnis-orientierung	Unterstützung Top Management/ Senior Management	Pflichtergebnis/ Deliverable	modulare Architektur	externe Partner	kontextspezifische Fähigkeiten	Value Proposition
	Phasen des NPEP (Modell NPE)	Produktversionen (von Konzept bis Prototyp, Upgrades)	Einbezug lokale Kundengruppe	Ermittlung Knappheiten	Barrieren im NPEP	Muss-Kriterien	Produktfamilie mit verschiedenen Konfigurationen	Instrumente zur Kundeneinbindung (Workshops, Interviews)	Weiterbildung/ Fortbildung der Arbeitskräfte/Aufbau frugaler Expertise	Produktdefinition
	Schritte des NPEP (Modell NPE)	Feedback und Einarbeitung	Lokale Unternehmensinfr astruktur (Abteilungen, Mitarbeiter, Standorte)	Wettbewerbs-analyse	Leistungsbeitrag	Sollte-Kriterien	funktions- bzw. komponentenbasierten Sichtweise von Produkten	Lead User	Methoden zur Entwicklung frugaler Innovation	Kundennutzen/Nutzen-gewinn des Kunden
	Anforderung NPEP	Bricolage	Lokale Ressourcen-nutzung	Marktanalyse	Machtquelle		Basisprodukt	Nutzung von Personas oder User Stories	Organisationsstruktur (förderlich für frugale Innovation)	Marktforschung
	Marktfähigkeit	Lean xy (schlanke, einfache Prozesse)	Lokale Partnerschaften/Ökosystem	Produkt-definition	Gespannstruktur		Nutzung von Basistechnologien, Komponenten		frugal mindset (Unternehmens-kultur)	Marketingfähigkeiten
	Eingebundene betriebliche Funktionen	graduelle Produkt-einführung: MVP	Markt-orientierung NPEP	Value Proposition	Fachpromotor		Modularität		Werte/Normen/ Fehlerkultur	Komponenten des Preises/Preisbildung

Hauptkategorie	Anforderungen/Merkmale Prozess			Erfolgsfaktoren			Erfolgsfaktoren			Marktfähigkeit
Kategorie	Anforderungen/Merkmale Prozess			Erfolgsfaktoren Struktur			Erfolgsfaktoren Methoden/Werkzeuge			Marktfähigkeit
Unterkategorie	ganzheitliche Betrachtung	agiler Charakter	lokaler Bezug	ausführliche Due Diligence	phasen-spezifische Promotoren	Gate-Kriterien und Pflichtergebnisse kontextspezifisch	modularer Entwicklungsansatz	Kundeneinbindung	dynamische Fähigkeiten	wertstiftende Faktoren
	Ergänzung NPEP um Rahmenwerk/ Prozess	Agilität	Lokalisierung	Machbarkeits-prüfung (technisch, finanziell)	Machtpromotor					
	Ganzheitlichkeit			Sorgfaltsprüfung	Beziehungs-promotor					
	Definition frugale Innovation				Prozess-promotor					
	streng frugales Vorgehen vs kundenzentriert									
In-vivo-Codes										
										Treiber frugale Innovation

Anhang 6: Inhalte Fallstudienprotokoll[1524]

Abschnitt	Inhalte
A	Hintergrundinformationen zum Fall, Mission und Ziele der Fallstudienpartner
B	Identifikation der Datenquellen und Sicherstellung der Zugänglichkeit, Informationen zu Kontaktpersonen und ihrem Umfeld
C	Fragen an den Forscher, die bei der Datensammlung im Fokus stehen (mental line of inquiry), z.T. auch Interviewfragen (verbal line of inquiry)
D	Outline für den Bericht, Format der Daten, Publikum, kommentierte Bibliographie aller einbezogenen Datenquellen

Anhang 7: Kriterien zur Auswahl der Fallstudienunternehmen[1525]

1. In Deutschland ansässig/Zentrale bzw. auch gegründet
2. Eigene Entwicklung frugaler Produkte
3. Zielmarkt für frugale Produkte DM; zur Vergleichbarkeit ein Fall mit Zielmarkt EM
4. Herstellung von Produkten, nicht Services (d. h. Produktinnovation und nicht Prozess- oder Serviceinnovation)
5. Branchenübergreifend, aus verschiedenen Branchen
6. Verschiedene Unternehmensgrößen

Anhang 8: Kriterien zur Kategorisierung der Fallstudienunternehmen[1526]

Unternehmensgröße	Anzahl Beschäftigte	Umsatz €/Jahr
kleinst/Start-up	bis 9	bis 2 Mio.
klein	bis 49	bis 10 Mio.
mittel	bis 499	bis 50 Mio.
groß	>500	> 50 Mio.

1524 Eigene Darstellung in Anlehnung an Yin (2018), S. 95.
1525 Eigene Darstellung.
1526 Eigene Darstellung in Anlehnung an IfM Bonn (2016); KfW (2016).

Besonderheit Familienunternehmen: Halten, unabhängig von der Anzahl der Beschäftigten und des Jahresumsatzes, bis zu zwei natürliche Personen oder ihre Familienangehörigen mindestens 50 % der Anteile und sind Teil der Geschäftsführung, so handelt es sich um ein Familienunternehmen.[1527]

1527 KMU, die nicht unabhängig von einem anderen Unternehmen sind, erfüllen diese Definition nicht, vgl. IfM Bonn (2022).

Literaturverzeichnis

Adams, R., Jeanrenaud, S., Bessant, J., Denyer, D., & Overy, P. 2016. Sustainability-oriented innovation: a systematic review. ***International Journal of Management Reviews***, (Vol. 18 No. 2): 180–205.

Agarwal, N., & Brem, A. 2017a. Frugal innovation-past, present, and future. ***IEEE Engineering Management Review***, (Vol. 45 No. 3): 37–41.

Agarwal, N., & Brem, A. 2017b. The Frugal Innovation Case of Solar-powered Automated Teller Machines (ATMs) of Vortex Engineering in India. ***Journal of Entrepreneurship and Innovation in Emerging Economies***, (Vol. 3 No. 2): 115–126.

Agarwal, N., & Brem, A. 2012. Frugal and reverse innovation – Literature overview and case study insights from a German MNC in India and China. In Katzy, B., Holzmann, T., Sailer, K., & Thoben, K. D. (Hrsg.), ***Proceedings of the 2012 18th International Conference on Engineering, Technology and Innovation***: 1–11.

Agarwal, N., Brem, A., & Dwivedi, S. 2020. Frugal and reverse innovation for harnessing the business potential of emerging markets: the case of a danish MNC. ***International Journal of Innovation Management***, (Vol. 24 No. 1): 1–15.

Agarwal, N., Brem, A., & Grottke, M. 2014. A unified innovation approach to emerging markets: Imperatives to play and win the game. In European Institute for Advanced Studies in Management (Hrsg.), ***21st International Product Development Management Conference Proceedings: Innovation Through Engineering, Business & Design***: 1–26.

Agarwal, N., Brem, A., & Grottke, M. 2018. Towards a higher socio-economic impact through shared understanding of product requirements in emerging markets: The case of the Indian healthcare innovations. ***Technological Forecasting and Social Change***, (Vol. 135): 91–98.

Agarwal, N., Chung, K., & Brem, A. 2020. New technologies for frugal innovation. In McMurray, A., & de Waal, G. (Hrsg.), ***Frugal innovation. A global research companion***: 137–149. Abingdon, Oxon, New York, NY: Routledge.

Agarwal, N., Grottke, M., Mishra, S., & Brem, A. 2017. A Systematic Literature Review of Constraint-Based Innovations: State of the Art and Future Perspectives. ***IEEE Transactions on Engineering Management***, (Vol. 64 No. 1): 3–15.

Agarwal, N., Oehler, J., & Brem, A. 2021. Constraint-Based Thinking: A Structured Approach for Developing Frugal Innovations. ***IEEE Transactions on Engineering Management***, (Vol. 68 No. 3): 739–751.

Agrawal, A., & Bhuiyan, N. 2014. Achieving Success in NPD Projects. ***International Journal of Industrial and Manufacturing Engineering***, (Vol. 8 No. 2): 476–481.

Ahuja, S., & Chan, Y. 2020. Frugal innovation and digitalisation: A platform ecosystem perspective. In McMurray, A., & de Waal, G. (Hrsg.), ***Frugal innovation. A global research companion***: 89–107. Abingdon, Oxon, New York, NY: Routledge.

Albert, M., & Huesig, S. 2019. Towards a Classification Framework for Concepts of Innovation for and From Emerging Markets. In Fields, Z., & Huesig, S. (Hrsg.), ***Responsible, sustainable, and globally aware management in the fourth industrial revolution***: 76–105. IGI Global.

Albert, M., Lange, A., Huesig, S., Mueller, J., Piske, S., & Taskiran, C. 2020. Understandings of innovation terminology for and from emerging markets: the case of frugal innovation in a cross-country comparison. ***International Journal of Transitions and Innovation Systems***, (Vol. 6 No. 3): 292–310.

Alkire, S. 2002. Dimensions of Human Development. ***World Development***, (Vol. 30 No. 2): 181–205.

Altgilbers, N., Walter, L., & Möhrle, M. G. 2020. Frugal Invention Candidates As Antecedents of Frugal Patents – The Role of Frugal Attributes Analysed in the Medical Engineering Technology. ***International Journal of Innovation Management***, (Vol. 24 No. 06): 2050082-1–2050082-23.

Altmann, D. G., Rego, L., & Ross, P. 2009. Expanding Opportunity at the Base of the Pyramid. ***Human resource planning***, (Vol. 32 No. 2): 46–51.

Altmann, P., & Engberg, R. 2016. Frugal Innovation and Knowledge Transferability. ***Research-Technology Management***, (Vol. 59 No. 1): 48–55.

Anderson, J., & Markides, C. 2007. Strategic innovation at the base of the pyramid. ***MIT Sloan Management Review***, (Vol. 49 No. 1): 83–88.

Angot, J., & Plé, L. 2015. Serving poor people in rich countries: The bottom-of-the-pyramid business model solution. ***Journal of business strategy***, (Vol. 36 No. 2): 3–15.

Annala, L., Sarin, A., & Green, J. L. 2018. Co-production of frugal innovation: Case of low cost reverse osmosis water filters in India. ***Journal of Cleaner Production***, (Vol. 171 Supplement): 110–118.

Archibald, M. M., Ambagtsheer, R. C., Casey, M. G., & Lawless, M. 2019. Using Zoom Videoconferencing for Qualitative Data Collection: Perceptions and Experiences of Researchers and Participants. ***International Journal of Qualitative Methods***, (Vol. 18): 1–8.

Bachor, D. 2002. Increasing the Believability of Case Study Reports. ***The Alberta Journal of Educational Research***, (Vol. 48 No. 1): 20–29.

Backhaus, S. 2020. ***CFO in China: Philipp Meyer von Trumpf***; https://www.finance-magazin.de/cfo/cfo-karriere/cfo-in-china-philipp-meyer-von-trumpf-41792/, (04.08.2021).

Baker, T., & Nelson, R. E. 2005. Creating Something from Nothing: Resource Construction through Entrepreneurial Bricolage. ***Administrative Science Quarterly***, (Vol. 50 No. 3): 329–366.

Balakrishnan, K. 2012. Symphony Services — Playing a Different Tune. In S. Yesudian (Hrsg.), ***Innovation in India***, 1–17. London: Springer Nature.

Banerjee, P. M., & Leirner, A. 2014. Frugal innovation and returnee-diaspora entrepreneurship. In Thérin, F. (Hrsg.), ***Handbook of Research on Techno-Entrepreneurship*** (2. Aufl.): 325–336. Edward Elgar Publishing.

Barclay, I. 1992. The new product development process: past evidence and future practical application, Part 1. ***R&D Management***, (Vol. 22 No. 3): 255–264.

Barczak, G. 2012. The Future of NPD/Innovation Research. ***Journal of Product Innovation Management***, (Vol. 29 No. 3): 355–357.

Barczak, G., Griffin, A., & Kahn, K. B. 2009. PERSPECTIVE: Trends and Drivers of Success in NPD Practices: Results of the 2003 PDMA Best Practices Study *. ***Journal of Product Innovation Management***, (Vol 26 No. 1): 3–23.

Barney, J. 1991. Firm Resources and Sustained Competitive Advantage. ***Journal of Management***, (Vol. 17 No. 1): 99–120.

Basu, R., Banerjee, P., & Sweeny, E. 2013. Frugal Innovation: Core Competencies to Address Global Sustainability. ***Journal of Management for Global Sustainability***, (Vol. 1 No. 2): 63–82.

Baxter, P., & Jack, S. 2008. Qualitative Case Study Methodology: Study Design and Implementation for Novice Researchers. ***The Qualitative Report***, (Vol. 13 No. 4): 544–559.

Bayerischer Rundfunk. 2019. ***Elektrofahrzeuge – einfach und günstig. Einfach statt teuer. E-Transporter***; https://www.youtube.com/watch?v=l1iGHtoVMc4, (23.02.2022).

Beise-Zee, R., Herstatt, C., & Tiwari, R. 2018. Call for Papers: Resource Constrained Product Development/Frugal Engineering. ***IEEE Transactions on Engineering Management***, (Vol. 65 No. 2): 347.

Belkadi, F., Buergin, J., Gupta, R. K., Zhang, Y., Bernard, A., Lanza, G., Colledani, M., & Urgo, M. 2016. Co-Definition of Product Structure and Production Network for Frugal Innovation Perspectives: Towards a Modular-based Approach. ***Procedia CIRP***, 50: 589–594.

Bencsik, A., Machová, R., & Tóth, Z. 2016. Cheap and clever – symbiosis of frugal innovation and knowledge management. ***Problems and Perspectives in Management***, (Vol. 14 No. 1): 85–93.

Bernstein, B., & Singh, P. J. 2006. An integrated innovation process model based on practices of Australian biotechnology firms. ***Technovation***, (Vol. 26 No. 5–6): 561–572.

Bessant, J., & Francis, D. 1997. Implementing the new product development process. ***Technovation***, (Vol. 17 No. 4): 189–197.

Bessant, J. R., & Tidd, J. 2015. ***Innovation and Entrepreneurship*** (3. Aufl.). New York: Wiley.

Bhatti, Y. A., & Ventresca, M. 2012. The Emerging Market for Frugal Innovation: Fad, Fashion, or Fit? ***SSRN Electronic Journal***: 1–40.

Bhatti, Y. A., & Ventresca, M. 2013. How Can 'Frugal Innovation' Be Conceptualized? ***SSRN Electronic Journal***: 1–26.

Bhatti, Y. A. 2012. What is Frugal, What is Innovation? Towards a Theory of Frugal Innovation. ***SSRN Electronic Journal***: 1–45.

Bhatti, Y. A., Prime, M., Harris, M., Wadge, H., McQueen, J., Patel, H., Carter, A. W., Parston, G., & Darzi, A. 2017. The search for the holy grail: frugal innovation in healthcare from low-income or middle-income countries for reverse innovation to developed countries. ***BMJ Innovations***, (Vol. 3 No. 4): 212–220.

Bhuiyan, N. 2011. A Framework for successful new product development. ***Journal of Industrial Engineering and Management***, (Vol. 4 No. 4): 746–770.

Bickman, L. 2004. ***Handbook of applied social research methods***. Thousand Oaks: SAGE.

Blumenroth, P. o. J. ***Frugale Innovation – 3 Fragen an Dominik Fries, EVUM Motors GmbH. Warum ist der frugale Ansatz für die EVUM Motors GmbH richtig?***; https://www.bayern-innovativ.de/beratung/uebersicht-technologie-und-innovationsmanagement/frugale-innovationen/seite/frugale-innovation-3-fragen-an-dominik-fries-evum-motors-gmbh, (13.08.2019).

BMBF. 2014. ***Bekanntmachung***; https://www.bmbf.de/foerderungen/bekanntmachung-958.html, (20.10.2020).

Booz, Allen, & Hamilton. 1982. ***New product management for the 1980's.*** New York: Booz, Allen & Hamilton, Inc.

Boscoianu, M., Prelipcean, G., & Lupan, M. 2018. Innovation enterprise as a vehicle for sustainable development – A general framework for the design of typical strategies based on enterprise systems engineering, dynamic capabilities, and option thinking. ***Journal of Cleaner Production***, (Vol. 172 No. 13): 3498–3507.

Bound, K., & Thornton, I. W. B. 2012. Our frugal future: Lessons from India's innovation system: Nesta.

Bramall, D., Mckay, K., Rogers, B., Chapman, P., Cheung, W., & Maropoulos, P. 2003. Manufacturability analysis of early product designs. ***International Journal of Computer Integrated Manufacturing***, (Vol. 16 No. 7–8): 501–508.

Brem, A., & Freitag, F. 2015. Internationalisation of new product development and research & development: Results from a multiple case study on companies with innovation processes in Germany and India. ***International Journal of Innovation Management***, (Vol. 19 No. 1): 1–32.

Brem, A., & Ivens, B. S. 2013. Do Frugal and Reverse Innovation Foster Sustainability? Introduction of a Conceptual Framework. ***Journal of Technology Management for Growing Economies***, (Vol. 4 No. 2): 31–50.

Brem, A., & Wolfram, P. 2014. Research and development from the bottom up – introduction of terminologies for new product development in emerging markets. ***Journal of Innovation and Entrepreneurship***, (Vol. 3 No. 1): 1–22.

Brem, A. 2018. Das Neue in der Betriebswirtschaft: Ansätze zur qualitativen Forschung und Konzeption theoriegenerierender Forschungsstrategien. In Schmeisser, W., Becker, W., Beckmann, M., Brem, A., Eckstein, P. P., & Hartmann, M. (Hrsg.), ***Neue Betriebswirtschaft***: 25–38. München: UVK.

Brem, A., Wimschneider, C., Aguiar Dutra, A. R. de, Vieira Cubas, A. L., & Ribeiro, R. D. 2020. How to design and construct an innovative frugal product? An empirical examination of a frugal new product development process. ***Journal of Cleaner Production***, (Vol. 275): 1–15.

Brettel, M., & Cleven, N. J. 2011. Innovation Culture, Collaboration with External Partners and NPD Performance. ***Creativity and Innovation Management***, (Vol. 20 No. 4): 253–272.

Brown, S. L., & Eisenhardt, K. M. 1995. Product Development: Past Research, Present Findings, and Future Directions. ***The Academy of Management Review***, (Vol. 20 No. 2): 343–378.

Brown, T., & Katz, B. 2011. Change by Design. ***Journal of Product Innovation Management***, (Vol. 28 No. 3): 381–383.

Browning, T. R., & Ramasesh, R. V. 2007. A Survey of Activity Network-Based Process Models for Managing Product Development Projects. ***Production and Operations Management***, (Vol. 16 No. 2): 217–240.

BSH Stories. 2018. ***FreshBox – Die innovative Lösung der BSH, um Nahrungsmittel in ländlichen Gebieten Afrikas ohne Elektrizität länger frisch zu halten***; https://stories.bsh-group.com/de_DE/artikel/freshbox-die-innovative-loesung-der-bsh-um-nahrungsmittel-in-laendlichen-gebieten-afrikas-ohne-elektrizitaet-laenger-frisch-zu-halten-39212, (24.08.2020).

BSH. 2022. ***Unternehmensprofil***. https://www.bsh-group.com/de/ueber-die-bsh/unternehmensprofil, (28.02.2022).

BSH Wiki. ***Hauptseite***. 2022. https://wiki.bsh-group.com/de/wiki/Hauptseite, (28.02.2022).

Bubel, D., Ostraszewska, Z., Turek, T., & Tylec, A. 2015. Innovation in Developing Countries -a New Approach. ***EIRP Proceedings***, (Vol. 10 No. 1): 648–657.

Burgbacher, M. o. J. ***What to do in the sabbatical?***; https://www.trumpf.com/pt_PT/artigos/stories/what-to-do-in-the-sabbatical/, (04.08.2020).

Cadeddu, S. B. M., Donovan, J. D., Topple, C., de Waal, G. A., & Masli, E. K. 2019. ***Frugal Innovation and the New Product Development Process: Insights from Indonesia***. Milton: Routledge.

Cai, Q., Ying, Y., Liu, Y., & Wu, W. 2019. Innovating with Limited Resources: The Antecedents and Consequences of Frugal Innovation. ***Sustainability***, (Vol. 11 No. 20): 1–23.

Camisón-Zornoza, C., Lapiedra-Alcamí, R., Segarra-Ciprés, M., & Boronat-Navarro, M. 2004. A Meta-analysis of Innovation and Organizational Size. ***Organization Studies***, (Vol. 25 No. 3): 331–361.

Chakrabarti, A. K., & Hauschildt, J. 1989. The division of labour in innovation management. ***R&D Management***, (Vol. 19 No. 2): 161–171.

Chen, J., Yin, X., & Mei, L. 2018. Holistic Innovation: An Emerging Innovation Paradigm. ***International Journal of Innovation Studies***, (Vol. 2 No. 1): 1–13.

Chesbrough, H. 2017. The Future of Open Innovation. ***Research-Technology Management***, (Vol. 60 No. 1): 35–38.

Christensen, C. M., Raynor, M. E., & McDonald, R. 2015. What is disruptive innovation? ***Harvard Business Review***, (Vol. 93 No. 12): 44–53.

Conforto, E. C., Amaral, D. C., da Silva, S. L., Felippo, A. D., & Kamikawachi, D. S. L. 2016. The agility construct on project management theory. ***International Journal of Project Management***, (Vol. 34 No. 4): 660–674.

Cook, T. D., & Campbell, D. T. 1979. ***Quasi-experimentation: Design & analysis issues for field settings***. Chicago: McNally.

Cooper, R. G. 1980. Project NewProd: Factors in New Product Success. ***European Journal of Marketing***, (Vol. 14 No. 5 / 6): 277–292.

Cooper, H. M. 1984. ***The integrative research review: A systematic approach***. Beverly Hills: SAGE.

Cooper, R. G. 1988. Predevelopment activities determine new product success. ***Industrial Marketing Management***, (Vol. 17 No. 3): 237–247.

Cooper, R. G. 1994. Third-Generation New Product Processes. ***Journal of Product Innovation Management***, (Vol. 11 No. 1): 3–14.

Cooper, R. G. 1996. Overhauling the new product process. ***Industrial Marketing Management***, (Vol. 25 No. 6): 465–482.

Cooper, R. G. 2000. Winning with new products. ***Ivey Business Journal***, (Vol. July / August): 54–60.

Cooper, R. G. 2008. The Stage-Gate Idea-to-Launch Process – Update, What's New and NexGen Systems. ***Journal of Product Innovation Management***, (Vol. 25 No. 3): 213–232.

Cooper, R. G. 2014. What's Next?: After Stage-Gate. ***Research-Technology Management***, (Vol. 57 No. 1): 20–31.

Cooper, R. G. 2016. Agile–Stage-Gate Hybrids. ***Research-Technology Management***, (Vol. 59 No. 1): 21–29.

Cooper, R. G., Edgett, S. J., & Kleinschmidt, E. J. 2002. Optimizing the Stage-Gate Process: What Best-Practice Companies Do—II. ***Research-Technology Management***, (Vol. 45 No. 6): 43–49.

Cooper, R. G., Edgett, S. J., & Kleinschmidt, E. J. 2004. Benchmarking Best NPD Practices —III. ***Research-Technology Management***, (Vol. 47 No. 6): 43–55.

Cooper, R. G., & Kleinschmidt, E. J. 1987. New products: What separates winners from losers? ***Journal of Product Innovation Management***, (Vol. 4 No. 3): 169–184.

Cooper, R.G. and Kleinschmidt, E.J. 1995. Benchmarking the firm's critical success factors in new product development. ***Journal of Product Innovation Management***, (Vol. 12): 374–391.

Cooper, R. G. 2017. Idea-to-Launch Gating Systems: Better, Faster, and More Agile. ***Research-Technology Management***, (Vol. 60 No. 1): 48–52.

Corbin, J. M., & Strauss, A. L. 2008. Basics of qualitative research: Techniques and procedures for developing grounded theory (3. Aufl.). Los Angeles: SAGE.

Corsi, S., Di Minin, A., & Piccaluga, A. 2014. Reverse Innovation at Speres: A Case Study in China. ***Research-Technology Management***, (Vol. 57 No. 4): 28–34.

Cox, J. F., & Spencer, M. S. 1999. ***The Constraints Management Handbook***. Boca, Raton, FL, USA: St. Lucie Press/APICS.

Craig, A., & Hart, S. 1992. Where to Now in New Product Development Research? ***European Journal of Marketing***, (Vol. 26 No. 11): 2–49.

Creswell, J. W. 2007. ***Qualitative inquiry and research design: Choosing among five approaches***. Thousand Oaks: SAGE.

Creswell, J. W., & Creswell, J. D. 2018. ***Research design: Qualitative, quantitative, and mixed methods approaches*** (5. Aufl.). Los Angeles, London, New Delhi, Singapore, Washington DC, Melbourne: SAGE.

Cromwell, J. 2018. Further unpacking creativity with a problem-space theory of creativity and constraint. ***Academy of Management Proceedings***, (Vol. 2018, No. 1): 1–6.

Crossan, M. M., & Apaydin, M. 2010. A Multi-Dimensional Framework of Organizational Innovation: A Systematic Review of the Literature. ***Journal of Management Studies***, (Vol. 47 No. 6): 1154–1191.

Cunha, M. P. e., Rego, A., Oliveira, P., Rosado, P., & Habib, N. 2014. Product Innovation in Resource-Poor Environments: Three Research Streams. ***Journal of Product Innovation Management***, (Vol. 31 No. 2): 202–210.

Daim, T., Brem, A., & Tidd, J. 2019. Introduction – Managing Innovation: What Do We Know About Innovation Success Factors? In Brem, A., Tidd, J., & Daim, T. (Hrsg.), ***Managing Innovation***, Bd. 33: xv–xix. World Scientific (Europe).

Dangelico, R. M., Pujari, D., & Pontrandolfo, P. 2017. Green product innovation in manufacturing firms: a sustainability-oriented dynamic capability perspective. ***Business Strategy and the Environment***, (Vol. 26 No. 4): 490–506.

Danneels, E. 2002. The dynamics of product innovation and firm competences. ***Strategic Management Journal***, (Vol. 23 No. 12): 1095–1121.

Deming, W. E. 1944. On Errors in Surveys. ***American Sociological Review***, (Vol. 9 No. 4): 359–369.

Denzin, N. K. 1978. ***Sociological methods: A sourcebook*** (2. Aufl.). New York usw.: McGraw – Hill.

Di Benedetto, C. A. 2013. The Emergence of the Product Innovation Discipline and Implications for Future Research. In Kahn, K. B., Kay, S. E., Slotegraaf, R. J., & Uban, S. (Hrsg.), ***The PDMA Handbook of New Product Development***, Bd. 24: 416–426. Hoboken, NJ, USA: John Wiley & Sons, Inc.

Dictionary. 2021.***Frugality***; https://www.dictionary.com/browse/frugality, (10.02.2021).

Dierig, C. 2013. ***Trumpf kauf Konkurrenten aus China***; https://www.welt.de/wirtschaft/article120965615/Trumpf-kauft-Konkurrenten-aus-China.html, (24.02.2022).

Döring, N., & Bortz, J. 2016. ***Forschungsmethoden und Evaluation in den Sozial- und Humanwissenschaften*** (5. Aufl.). Berlin, Heidelberg: Springer.

Dosi, G. 1982. Technological Paradigms and Technological Trajectories: A Suggested Interpretation of the Determinant and Direction of Technological Change, ***Research Policy***, (Vol. 11 No. 3): 147–162.

Dost, M., Pahi, M. H., Magsi, H. B., & Umrani, W. A. 2019. Effects of sources of knowledge on frugal innovation: moderating role of environmental turbulence. ***Journal of Knowledge Management***, (Vol. 23 No. 7): 1245–1259.

Dougherty, D. 1992. Interpretive barriers to successful product innovation in large firms. ***Organization Science***, (Vol. 3 No. 2): 179–202.

Dowling, M., & Hüsig, S. 2004. Die Theorie der "Disruptive Technology". ***Das Wirtschaftsstudium***, (Vol. 33 No. 8–9): 1042–1046.

Dresing, T., & Pehl, T. 2018. ***Praxisbuch Interview, Transkription & Analyse: Anleitungen und Regelsysteme für qualitativ Forschende*** (8. Aufl.). Marburg: Eigenverlag.

Dressler, A., & Bucher, J. 2018. Introducing a Sustainability Evaluation Framework based on the Sustainable Development Goals applied to Four Cases of South African Frugal Innovation. ***Business Strategy & Development***, (Vol. 1 No. 4): 276–285.

Dressler, A., & Hüsig, S. 2019. Potentials of Frugal Innovation to Combine the Social and Economic Objectives in the Marketing of Social Enterprises. In Chiweshe, N., &

Ellis, D. (Hrsg.), ***Strategic Marketing for Social Enterprises in Developing Nations***: 247–268. IGI Global.

Drucker, P. F. 2002. The discipline of innovation. ***Harvard Business Review***, (Vol. 80 No. 8): 95–103.

Duden. 2021. ***Rechtschreibung frugal***; https://www.duden.de/rechtschreibung/frugal, (10.02.2021).

Durst, S., Hinteregger, C., Temel, S., & Yesilay, R. B. 2018. Insights from the later stage of the new product development process: findings from Turkey. ***European Journal of Innovation Management***, (Vol. 21 No. 3): 456–477.

Eagar, R., van Oene, F., Boulton, C., Roos, D., & Dekeyser, C. 2011. ***The Future of Innovation Management: The Next 10 Years***. Verfügbar unter https://www.adlittl e.com/de/node/16080.

Ebert, G., Pleschak, F., & Sabisch, H. 1992. Aktuelle Aufgaben des Forschungs- und Entwicklungscontrolling in Industrieunternehmen. In Gemünden, H. G., & Pleschak, F. (Hrsg.), ***Innovationsmanagement und Wettbewerbsfähigkeit***: 137–157. Wiesbaden: Gabler.

Edmondson, A. C., & Mcmanus, S. E. 2007. Methodological fit in management field research. ***Academy of Management Review***, (Vol. 32 No. 4): 1155–1179.

Edwards, K., Cooper, R. G., Vedsmand, T., & Nardelli, G. 2019. Evaluating the Agile-Stage-Gate Hybrid Model: Experiences From Three SME Manufacturing Firms. ***International Journal of Innovation and Technology Management***, (Vol. 16 No. 8): 1–32.

Ehrenmann, S., & Warschat, J. 2013. Diversity in the Early Phases of Product Development. ***International Journal of Industrial Engineering and Management***, (Vol. 4 No. 1): 19–26.

Eisenhardt, K. M., & Martin, J. A. 2000. Dynamic capabilities: what are they? ***Strategic Management Journal***, (Vol. 21 No. 10–11): 1105–1121.

Eisenhardt, K. M. 1989. Building Theories from Case Study Research. ***The Academy of Management Review***, (Vol. 14 No. 4): 532–550.

Eisenhardt, K.M., & Graebner, M. E. 2007. Theory building from cases: opportunities and challenges. ***Academy of Management Journal***, (Vol. 50 No. 1): 25–32.

Elkington, J. 1998. Partnerships from cannibals with forks: the triple bottom line of 21st-century business. ***Environmental Quality Management***, (Vol. 8 No. 1): 37–51.

Ellmer, U. 2021. ***Evum Motors aCar: Elektrische Arbeitskraft aus Niederbayern***; ht tps://www.nordbayern.de/freizeit-events/auto/evum-motors-acar-elektrische-arbeits kraft-aus-niederbayern-1.11303408; (23.02.2022).

Ellonen, H.-K., Jantunen, A. R., & Kuivalainen, O. 2011. The role of dynamic capabilities in developing innovation-related capabilities. ***International Journal of Innovation Management***, (Vo. 15 No. 3): 459–478.

Ellwood, P., Grimshaw, P., & Pandza, K. 2017. Accelerating the innovation process: a systematic review and realist synthesis of the research literature. ***International Journal of Management Reviews***, (Vol. 19 No. 4): 510–530.

Ernst, H. 2001. ***Erfolgsfaktoren neuer Produkte: Grundlagen für eine valide empirische Forschung***. Wiesbaden: Deutscher Universitätsverlag, 95.

Ernst, H. 2002. Success Factors of New Product Development: A Review of the Empirical Literature. ***International Journal of Management Reviews***, (Vol. 4 No. 1): 1–40.

Ernst, H., Kahle, H. N., Dubiel, A., Prabhu, J., & Subramaniam, M. 2015. The Antecedents and Consequences of Affordable Value Innovations for Emerging Markets. ***Journal of Product Innovation Management***, (Vol. 32 No. 1): 65–79.

Ettlie, J. E., & Elsenbach, J. M. 2007. Modified Stage-Gate regimes in new product development. ***Journal of Product Innovation* Management**, (Vol. 24 No. 1): 20–33.

Evan, W. M., & Black, G. 1967. Innovation in Business Organizations: Some Factors Associated with Success or Failure of Staff Proposals. ***The Journal of Business***, (Vol. 40 No. 4): 519–530.

EVUM. 2018. ***aCar: Ein Elektroauto für Afrika – und den Rest der Welt!***; https://www.youtube.com/watch?v=EfnHUXE8wKk, (23.02.2022).

EVUM. 2019. ***The new aCar. IAA 2019***; https://www.youtube.com/watch?v=wEr450YqdyI, (11.08.2021).

EVUM. 2020a. ***Ein kleiner Transporter erobert Europa. Warum ein ursprünglich für Afrika entwickeltes Nutzfahrzeug-Konzept immer mehr Kunden in Europa begeistert***; https://www.inpactmedia.com/technologie/mobilitaet-der-zukunft/ein-kleiner-transporter-erobert-europa, (11.08.2021).

EVUM. 2020b. ***EVUM Motors – intelligenter Ladeprozess für Elektrofahrzeuge***; https://www.youtube.com/watch?v=_7hnyPRJfaA, (23.02.2022).

EVUM. 2021a. ***Erfolgreicher Serienstart***; https://evum-motors.com/presseinfo/erfolgreicher-serienstart-fuer-evum/, (23.02.2022).

EVUM. 2021b. ***Fokus auf Funktionalität***; https://www.linkedin.com/posts/evum-motors_evummotors-acar-nutzfahrzeug-activity-6815639355923812352-vQ9H, (07.07.2021).

EVUM. 2022a. ***Über uns***; https://evum-motors.com/about/, (23.02.2022).

EVUM. 2022b. ***Einsatzfelder***; https://evum-motors.com/einsatzfelder/, (23.02.2022).

EVUM. 2022c. ***aCar***; https://evum-motors.com/acar/, (23.02.2022).

EVUM. 2022d. ***Corporate Social Responsibility***; https://evum-motors.com/corporate-social-responsibility/, (23.02.2022).

EVUM. 2022e. ***aCar Editionen Vergleich***; https://evum-motors.com/wp-content/uploads/2021/10/aCar-EditionenVergleichen-210928.pdf, (23.02.2022).

EVUM. 2022f. ***Karriere***; https://evum-motors.com/karriere/, (23.02.2022).

Fischer, M. M., & Varga, A. 2002. Technological innovation and interfirm cooperation: an exploratory analysis using survey data from manufacturing firms in the metropolitan region of Vienna. ***International Journal of Technology Management***, (Vol. 24 No. 7 / 8): 724–742.

Flatters, P., & Willmott, M. 2009. Understanding the Post-Recession Consumer. ***Harvard Business Review***, (Vol. 87 No. 7 / 8): 106–112.

Fortwingel, M. 2020. Frugale Innovationen smarte, einfache Lösungen für die Welt von Morgen: 1–43.

Folkerts, L., & Hauschildt, J. 2002. Personelle Dynamik in Innovationsprozessen – neue Fragen und Befunde zum Promotoren-Modell. ***Die Betriebswirtschaft***, (Vol. 62 No. 1): 7–23.

Fraunhofer ISI, & Nesta. 2016. ***A Conceptual Analysis of Foundations, Trends and Relevant Potentials in the Field of Frugal Innovation (for Europe)*** Interim Report for the Project "Study on frugal innovation and reengineering of traditional techniques"; https://www.isi.fraunhofer.de/content/dam/isi/dokumente/ccp/2016/DG-RTD-publication.pdf, (05.04.2020).

Gandenberger, C., Kroll, H., & Walz, R. 2020. The role of frugal innovation in the global diffusion of green technologies. ***International Journal of Technology Management***, (Vol. 83 No. 1 / 3): 97–113.

Gandikota, V. 2021. What, Why, & How Of Frugal Innovation. ***OIC Bielefeld***.

Garcia, R., & Calantone, R. 2002. A critical look at technological innovation typology and innovativeness terminology: a literature review. ***Journal of Product Innovation Management***, (Vol. 19 No. 2): 110–132.

Gardner, P. L. 2002. ***The Globalization of R&D and International Technology transfer in the 21st century***, Presented at ICMIT & ISMOT, Hangzhou City

Garud, R., Tuertscher, P., & van de Ven, A. H. 2013. Perspectives on Innovation Processes. ***The Academy of Management Annals***, (Vol. 7 No. 1): 775–819.

Gaubinger, K., Rabl, M., Swan, S., & Werani, T. 2015a. Integrated Innovation and Product Management: A Process Oriented Framework. In Gaubinger, K., Rabl, M., Swan, S., & Werani, T. (Hrsg.), ***Innovation and Product Management***: 27–42. Berlin, Heidelberg: Springer Berlin Heidelberg.

Gaubinger, K., Rabl, M., Swan, S., & Werani, T. 2015b. The New Product Development. In Gaubinger, K., Rabl, M., Swan, S., & Werani, T. (Hrsg.), ***Innovation and Product Management***: 175–206. Berlin, Heidelberg: Springer Berlin Heidelberg.

Gausemeier, J., Fink, A., & Schlake, O. 1998. Scenario Management. ***Technological Forecasting and Social Change***, (Vol. 59 No. 2): 111–130.

Gemünden, H. G. 1998. Promotoren – Schlüsselpersonen für Entwicklung und Marketing innovativer Industriegüter. In Hauschildt, J., & Gemünden, H. G. (Hrsg.), ***Promotoren: Champions der Innovation***: 43–64. Wiesbaden: Gabler

Gemünden, H. G., & Walter, A. 1998. Beziehungspromotoren–Schlüsselpersonen für innerbetriebliche Innovationsprozesse. In Hauschildt, J., & Gemünden, H. G. (Hrsg.), ***Promotoren: Champions der Innovation***: 111–132. Wiesbaden: Gabler

George, G., McGahan, A. M., & Prabhu, J. 2012. Innovation for Inclusive Growth: Towards a Theoretical Framework and a Research Agenda. ***Journal of Management Studies***, (Vol. 49 No. 4): 661–683.

Gerpott, T. J. 2005. ***Strategisches Technologie- und Innovationsmanagement*** (2. Aufl.). Stuttgart Germany: Schäffer-Poeschel Verlag.

Gerwin, D., & Barrowman, N. J. 2002. An Evaluation of Research on Integrated Product Development. ***Management Science***, (Vol. 48 No. 7): 938–953.

Ghisetti, C., Marzucchi, A., & Montresor, S. 2015. The open eco-innovation mode. An empirical investigation of eleven European countries. ***Research Policy***, (Vol. 44 No. 5): 1080–1093.

Gibbert, M., Hoegl, M., & Valikangas, L. 2014. Introduction to the Special Issue: Financial Resource Constraints and Innovation. ***Journal of Product Innovation Management***, (Vol. 31 No. 2): 197–201.

Giesler, S. 2021. ***Nuss-Snack als nachhaltiges ökologisches Konzept***; https://www.biooekonomie-bw.de/fachbeitrag/aktuell/nuss-snack-als-nachhaltiges-oekologisches-konzept, (09.09.2021).

Godin, B. 2006. The Linear Model of Innovation. ***Science, Technology, & Human Values***, (Vol. 31 No. 6): 639–667.

Götz, K. 2007. ***Integrierte Produktentwicklung durch Value Management***. Berichte aus der Betriebswirtschaft.

Govindarajan, V., & Ramamurti, R. 2011. Reverse innovation, emerging markets, and global strategy. ***Global Strategy Journal***, (Vol. 1 No. 3–4): 191–205.

Granqvist, K. 2016. ***Policy brief: Funding frugal innovation: Lessons on design and implementation of public funding schemes stimulating frugal innovation***. Indigo Policy: Centre for Social Innovation (ZSI).

Grant, R. M. 1991. The resource-based theory of competitive, advantage: implications for strategy formulation. ***California Management Review***, (Vol. 33 No. 3): 114–135.

Gray, L., Wong-Wylie, G., Rempel, G., & Cook, K. 2020. Expanding Qualitative Research Interviewing Strategies: ZoomVideo Communications. ***The Qualitative Report***, (Vol. 25 No. 5): 1292–1301.

Grönlund, J., Sjödin, D. R., & Frishammar, J. 2010. Open Innovation and the Stage-Gate Process: A Revised Model for New Product Development. ***California Management Review***, (Vol. 52 No. 3): 106–131.

Gubrium, J. F., & Holstein, J. A. 2002. ***Handbook of interview research: Context & method***. Thousand Oaks: SAGE.

Gupta, A. 2009. ***Indiens verborgene Brutstätten des Erfindergeists***; https://www.ted.com/talks/anil_gupta_india_s_hidden_hotbeds_of_invention?language=de#t-851363 , (27.08.2020).

Gupta, S., Kumar, V., & Karam, E. 2020. New-age technologies-driven social innovation: What, how, where, and why? ***Industrial Marketing Management***, (Vol. 89): 499–516.

Hage, J. 1972. ***Techniques and problems of theory construction in sociology***. New York: John Wiley & Sons.

Halme, M., & Korpela, M. 2014. Responsible Innovation Toward Sustainable Development in Small and Medium-Sized Enterprises: A Resource Perspective. ***Business Strategy and the Environment***, (Vol. 23 No. 8): 547–566.

Hammond, A., Kramer, W. J., Tran, J., Katz, R., & Walker, C. 2007. ***The next 4 Billion: Market size and business strategy at the base of the pyramid***. World Resources Institute.

Hang, C., Chen, J., & Subramian, A. 2010. Developing Disruptive Products for Emerging Economies: Lessons from Asian Cases. ***Research-Technology Management***, (Vol. 53 No. 4): 21–26.

Hanna, P. 2012. The evolution of simplicity and meaning. ***Journal of Product Innovation Management***, (Vol. 29 No. 3): 352–354.

Hansen, O. E., Sondergard, B., & Meredith, S. 2002. Environmental Innovations in Small and Medium Sized Enterprises. ***Technology Analysis & Strategic Management***, (Vol. 14 No. 1): 37–56.

Hartley, J. 2004. Case study research. In Cassell, C. (Hrsg.), ***Essential guide to qualitative methods in organizational research***: 323–333. London/Thousand Oaks/New Delhi: SAGE.

Haudeville, B., & Le Bas, C. 2016. L'innovation frugale, paradigme technologique naissant ou nouveau modèle d'innovation? ***Innovations***, (Vol. 51 No. 3): 9–25.

Hauschildt, J. 1998. Zur Weiterentwicklung des Promotoren-Modells. In Hauschildt, J., & Gemünden, H. G. (Hrsg.), ***Promotoren. Champions der Innovation***: 235–262. Wiesbaden: Gabler.

Hauschildt, J. 2005. Dimensionen der Innovation. In Albers, S., & Gassmann, O. (Hrsg.), ***Handbuch Technologie- und Innovationsmanagement***: 23–39. Wiesbaden: Gabler.

Hauschildt, J., & Chakrabarti, A. K. 1998. Arbeitsteilung im Innovationsmanagement. In Hauschildt, J., & Gemünden, H. G. (Hrsg.), ***Promotoren. Champions der Innovation***: 67–87. Wiesbaden: Gabler.

Hauschildt, J., & Keim, G. 1997. Vom Promotorenmodell zum Projektmanagement in Innovationsprozessen. In Scholz, C. (Hrsg.), ***Individualisierung als Paradigma: Festschrift für Hans Jürgen Drumm***: 201–222. Stuttgart: Kohlhammer.

Hauschildt, J., & Kirchmann, E. 1998. Zur Existenz und Effizienz von Prozesspromotoren. In Hauschildt, J., & Gemünden, H. G. (Hrsg.), ***Promotoren. Champions der Innovation***: 91–107. Wiesbaden: Gabler.

Hauschildt, J., Salomo, S., Schultz, C., & Kock, A. 2016. ***Innovationsmanagement*** (6. Aufl.). München: Franz Vahlen.

He, F., Miao, X., Wong, C. W., & Lee, S. 2018. Contemporary corporate eco-innovation research: A systematic review. ***Journal of Cleaner Production***, (Vol. 174): 502–526.

Herrmann, A., & Schaffner, D. 2005. Planung der Produkteigenschaften. In Albers, S., & Gassmann, O. (Hrsg.), ***Handbuch Technologie- und Innovationsmanagement***: 379–396. Wiesbaden: Gabler.

Herstatt, C., & Tiwari, R. 2015. Frugale Innovation. ***WiSt – Wirtschaftswissenschaftliches Studium***, (Vol. 44 No. 11): 649–652.

Herstatt, C., & Tiwari, R. 2017. ***Lead Market India: Key Elements and Corporate Perspectives for Frugal Innovations***. Cham: Springer.

Herstatt, C., & Tiwari, R. 2020. Opportunities of frugality in the post-Corona era. ***International Journal Technology Management***, (Vol. 83 No. 1 / 2 / 3): 15–33.

Hippel, E. 1976. The dominant role of users in the scientific instrument innovation process. ***Research Policy***, (Vol. 5 No. 3): 212–239.

Hippel, E. von 1986. Lead Users: A Source of Novel Product Concepts. ***Management Science***, (Vol. 32 No. 7): 791–805.

Höfer, K. M. 2016. ***Weniger ist oft mehr***, https://magazin-forum.de/de/news/wirtschaft/weniger-ist-oft-mehr, (31.10.2020).

Hofmann, K. H., Theyel, G., & Wood, C. H. 2012. Identifying firm capabilities as drivers of environmental management and sustainability practices – evidence from small and medium-sized manufacturers. ***Business Strategy and the Environment***, (Vol. 21 No. 8): 530–545

Holahan, P. J., Sullivan, Z. Z., & Markham, S. K. 2014. Product Development as Core Competence: How Formal Product Development Practices Differ for Radical, More Innovative, and Incremental Product Innovations. ***Journal of Product Innovation Management***, (Vol. 31 No. 2): 329–345.

Holland, S., Gaston, K., & Gomes, J. 2000. Critical success factors for cross-functional teamwork in new product development. ***International Journal of Management Reviews***, (Vol. 2 No. 3): 231–259.

Holm, L. S., Reuterswärd, M. N., & Nyotumba, G. 2019. Design Thinking for Entrepreneurship in Frugal Contexts. ***The Design Journal***, (Vol. 22 No. 1): 295–307.

Hönl, R., & Schleinkofer, U. 2018. ***Frugale Produktion. Es ist wie ein altes Haus neu aufzubauen***. VDMA-Nachrichten: 60–63.

Hossain, M. 2018. Frugal innovation: A review and research agenda. ***Journal of Cleaner Production***, (Vol. 182): 926–936.

Hossain, M. 2020. Frugal innovation: Conception, development, diffusion, and outcome. ***Journal of Cleaner Production***, (Vol. 262): 1–9.

Hossain, M. 2021. Frugal innovation and sustainable business models. ***Technology in Society***, (Vol. 64): 1–7.

Hossain, M., Levänen, J., & Wierenga, M. 2020. Pursuing Frugal Innovation for Sustainability at the Grassroots Level. ***Management and Organization Review***, (Vol. 17 No. 2): 374–381.

Hossain, M., Simula, H., & Halme, M. 2016. Can frugal go global? Diffusion patterns of frugal innovations. ***Technology in Society***, (Vol. 46): 132–139.

Hughes, G. D., & Chafin, D. C. 1996. Turning New Product Development into a Continuous Learning Process. ***Journal of Product Innovation Management***, (Vol. 13 No. 2): 89–104.

Hyypiä, M., & Khan, R. 2018. Overcoming Barriers to Frugal Innovation: Emerging Opportunities for Finnish SMEs in Brazilian Markets. ***Technology Innovation Management Review***, (Vol. 8 No. 4): 38–48.

IfM Bonn. 2016. ***KMU-Definition des IfM Bonn***; https://www.ifm-bonn.org/definitionen-/kmu-definition-des-ifm-bonn/, (26.02.2022).

IfM Bonn. 2022. ***Familienunternehmen-Definition des IfM Bonn***; https://www.ifm-bonn.org/definitionen/familienunternehmen-definition/, (26.02.2022).

Inigo, E. A., Albareda, L., & Ritala, P. 2017. Business model innovation for sustainability: exploring evolutionary and radical approaches through dynamic capabilities. ***Industry and Innovation***, (Vol. 24 No. 5): 515–542.

Inigo, E. A., & Albareda, L. 2019. Sustainability oriented innovation dynamics: Levels of dynamic capabilities and their path-dependent and self-reinforcing logics. ***Technological Forecasting and Social Change***, (Vol. 139): 334–351.

Innofruma. 2018. https://wrs.region-stuttgart.de/aktuell/termine/termin/artikel/innovationsforum-innofruma.html, (04.08.2021).

Institut für Mittelstandsforschung Bonn. 2022. https://www.ifm-bonn.org/definition, (26.02.2022).

Interaktiv IPA Fraunhofer. 2018. ***Frugale Produktionssysteme. Man muss alle mitnehmen***; https://interaktiv.ipa.fraunhofer.de/frugale-produktionssysteme/man-muss-alle-mitnehmen-frugal/, (13.05.2021).

Irani, E. 2019. The Use of Videoconferencing for Qualitative Interviewing: Opportunities, Challenges, and Considerations. ***Clinical nursing research***, (Vol. 28 No. 1): 3–8.

IT&Production. 2016. ***Im Gespräch mit Dr.-Ing. Mathias Kammüller. „Prozesse müssen schneller und durchgängiger werden"***; https://www.it-production.com/allgemein/im-gespraech-mit-dr-ing-mathias-kammuellerprozesse-muessen-schneller-und-durchgaengiger-werden/, (04.08.2021).

Jagtap, S., Larsson, A., Hiort, V., Olander, E., Warell, A., & Khadilkar, P. 2014. How design process for the Base of the Pyramid differs from that for the Top of the Pyramid. ***Design Studies***, (Vol. 35 No. 5): 527–558.

Juhro, S. M., & Aulia, A. F. 2019. New sources of growth: The role of frugal innovation and transformational leadership. ***Bulletin of Monetary Economics and Banking***, (Vol. 22 No. 3): 383–402.

Kahle, H. N., Dubiel, A., Ernst, H., & Prabhu, J. 2013. The democratizing effects of frugal innovation. ***Journal of Indian Business Research***, (Vol. 5 No. 4): 220–234.

Kahn, K. B. 2018. Understanding innovation. ***Business Horizons***, (Vol. 61 No. 3): 453–460.

Kahn, K. B., Kay, S. E., Slotegraaf, R. J., & Uban, S. 2012. ***The PDMA Handbook of New Product Development***. Hoboken, NJ, USA: John Wiley & Sons, Inc.

Kalogerakis, K., Tiwari, R., & Fischer, L. 2017. Potenziale frugaler Innovationen: Handlungsimplikationen für das deutsche Forschungs- und Innovationssystem. ***Hamburg University of Technology (TUHH) Institute for Technology and Innovation Management***, Working Paper (No. 99): 1–19.

Kalogerakis, K., Lüthje, C., & Herstatt, C. 2010. Developing innovations based on analogies: experience from design and engineering consultants. ***The Journal of Product Innovation Management***, (Vol. 27 No. 3): 418–436.

Kaplinsky, R. 2011. Schumacher meets Schumpeter: Appropriate technology below the radar. ***Research Policy***, (Vol. 40 No. 2): 193–203.

Karnani, A. 2011. ***Fighting Poverty Together***. New York: Palgrave Macmillan US.

Karnani, A. 2017. Marketing and Poverty Alleviation: The Perspective of the Poor. ***Markets, Globalization & Development Review***, (Vol. 2 No. 1): 1–18.

Kerler, W. 2021. ***Frugale Innovation statt Over Engineering: „Ich brauch nicht den Schnickschnack, der in Fahrzeuge reingekommen ist“***; https://1e9.community/t/frugale-innovation-statt-over-engineering-ich-brauch-nicht-den-schnickschnack-der-in-fahrzeuge-reingekommen-ist/10124, (13.10.2021).

Kernique. 2022a. ***Wer wir sind***; https://www.kernique.de/katja-und-marcel, (25.02.2022).

Kernique. 2022b. ***Mission***; https://www.kernique.de/mission, (25.02.2022).

Kernique. 2022c. ***Nachhaltigkeit***; https://www.kernique.de/nachhaltigkeit, (25.02.2022).

Kernique. 2022d. ***Das Food Start-up kernique zeigt, wie „KEIN RIEGEL“ für eine bessere Welt sorgt!***; https://www.kernique.de/_files/ugd/b6826f_6a55c0daf5414ec4811d179cc9596b46.pdf, (25.02.2022).

Kernique. 2022e. ***Unsere Zutaten***; https://www.kernique.de/unserezutaten, (25.02.2022).

Kernique. 2022f. ***Presse***; https://www.kernique.de/presse, (25.02.2022).

Kernique. 2022g. ***Interne Dokumentation***.

Ketata, I., Sofka, W., & Grimpe, C. 2015. The role of internal capabilities and firms' environment for sustainable innovation: evidence for Germany. ***R&D Management***, (Vol. 45 No. 1): 60–75.

KfW. 2016. ***Merkblatt KMU-Definition***; https://www.kfw.de/PDF/Download-Center/F%C3%B6rderprogramme-(Inlandsf%C3%B6rderung)/PDF-Dokumente/6000000196_M_F_KMU-Definition.pdf, (26.02.2022).

Khan, R., & Melkas, H. 2020. The social dimension of frugal innovation. ***International Journal of Technology Management***, (Vol. 83 No. 1 / 2 / 3): 160–179.

Khanna, T., & Palepu, K. G. 2006. Emerging giants: Building world-class companies in developing countries. ***Harvard Business Review***, (Vol. 84 No. 10): 60–69.

Khanna, T., & Palepu, K. G. 2010. ***Winning in Emerging Markets: A Road Map for Strategy and Execution***. Boston: Harvard Business Press.

Knapp, O., Zollenkop, M., Durst, S., & Graner, M. 2015. THINK ACT. Frugal. Simply the best: 1–16.

Knapp, O., Gassmann, O., Zollenkop, M., Neumann, L., & Reinhold, T. 2017. ***Frugal: Simply a smart solution***. Roland Berger: 1–32.

Knorringa, P., Peša, I., Leliveld, A., & van Beers, C. 2016. Frugal Innovation and Development: Aides or Adversaries? ***The European Journal of Development Research***, (Vol. 28 No. 2): 143–153.

Koerich, G. V., & Cancellier, É. L. P. D. L. 2019. Frugal Innovation: origins, evolution and future perspectives. ***Cadernos EBAPE.BR***, (Vol. 17 No. 4): 1079–1093.

Kolk, A., Rivera-Santos, M., & Rufín, C. 2014. Reviewing a Decade of Research on the "Base/Bottom of the Pyramid" (BOP) Concept. ***Business & Society***, (Vol. 53 No. 3): 338–377.

Konrad, K., & Wangler, L. U. 2018. Tailor-made Technology: The stretch of Frugal Innovation in the Truck Industry. ***Procedia Manufacturing***, (Vol. 19): 10–17.

Kotsemir, M. N., & Meissner, D. 2013. Conceptualizing the Innovation Process – Trends and Outlook. ***SSRN Electronic Journal***: 1–33.

Krishnan, V., & Ulrich, K. T. 2001. Product Development Decisions: A Review of the Literature. ***Management Science***, (Vol. 47 No. 1): 1–21.

Krohn, M., & Herstatt, C. 2018. The Question of a Frugal Mindset in Western MNCs – Exploring an Emerging Phenomenon with a Systematic Literature Review. ***Hamburg University of Technology (TUHH) Institute for Technology and Innovation Management***, Working Paper (No. 103): 1–26.

Krohn, M., Peters, F., Hochmuth, D., & Herstatt, C. 2020. The Deliberative Frugal Mindset – A Model of Managerial Opportunity Recognition for Frugal Innovation. ***Hamburg University of Technology (TUHH) Institute for Technology and Innovation Management***, Working Paper, (No. 109): 1–35.

Kroll, H., & Gabriel, M. 2020. Frugal innovation in, by and for Europe. ***International Journal of Technology Management***, (Vol. 83 No. 1 / 2 / 3): 34–54.

Kroll, H., Gabriel, M., Braun, A., Muller, E., Neuhäusler, P., Schnabl, E., & Zenker, A. 2016, 2015. ***A conceptual analysis of foundations, trends and relevant potentials***

in the field of frugal innovation (for Europe): Interim report for the project "study on frugal innovation and reengineering of traditional techniques.". Luxembourg: Publications Office.

Kuckartz, U. 2018. ***Qualitative Inhaltsanalyse. Methoden, Praxis, Computerunterstützung*** (4. Aufl.). Weinheim: Beltz.

Kumar, N., & Puranam, P. 2012. Frugal engineering: An emerging innovation paradigm. ***Ivey Business Journal***, (Vol. 76 No. 2): 14–16.

Kuo, A., & Ng, S. 2016. Frugal innovation: A strategy for emerging market penetration and beyond. ***International Journal of Accounting & Business Management***, (Vol. 4 No. 2): 44–52.

Lange, A., Hüsig, S., & Albert, M. 2021. How frugal innovation and inclusive business are linked to tackle low-income markets. ***Journal of Small Business Management***: 1–34.

Lastovicka, J. L., Bettencourt, L. A., Hughner, R. S., & Kuntze, R. J. 1999. Lifestyle of the Tight and Frugal: Theory and Measurement. ***Journal of Consumer Research***, (Vol. 26 No. 1): 85–98.

Lawson, B. 2015. New Product Development Process. In Cooper, C. L. (Hrsg.), ***Wiley Encyclopedia of Management***, (Vol. 10): 1–2. Chichester, UK: John Wiley & Sons, Ltd.

Le Bas, C. 2016a. Frugal innovation, sustainable innovation, reverse innovation: why do they look alike? Why are they different? ***Journal of Innovation Economics***, (Vol. 21 No. 3): 9–26.

Le Bas, C. 2016b. The importance and relevance of frugal innovation to developed markets: milestones towards the economics of frugal innovation. ***Journal of Innovation Economics***, (Vol. 21 No. 3): 3–8.

Le Bas, C. 2020. Frugal innovation as environmental innovation. ***International Journal of Technology Management***, (Vol. 83 No. 1 / 2 / 3): 78–96.

Lechler, T. 1998. Was leistet das Promotoren-Modell für das Projektmanagement? In Hauschildt, J., & Gemünden, H. G. (Hrsg.), ***Promotoren. Champions der Innovation***: 179–209. Wiesbaden: Gabler.

Leech, B. L. 2002. Asking Questions: Techniques for Semistructured Interviews. ***Political Science & Politics***, (Vol. 35 No. 04): 665–668.

Lehner, A.-C. 2016. ***Systematik zur lösungsmusterbasierten Entwicklung von Frugal Innovations***. Paderborn: Universitätsbibliothek.

Lehner, A.-C., Koldewey, C., & Gausemeier, J. 2018. Approach for a Pattern-Based Development of Frugal Innovations. ***Technology Innovation Management Review***, (Vol. 8 No. 4): 14–27.

Lenfle, S., & Loch, C. 2010. Lost Roots: How Project Management Came to Emphasize Control over Flexibility and Novelty. ***California Management Review***, (Vol. 53 No. 1): 32–55.

Levänen, J., Hossain, M., Lyytinen, T., Hyvärinen, A., Numminen, S., & Halme, M. 2016. Implications of Frugal Innovations on Sustainable Development: Evaluating Water and Energy Innovations. ***Sustainability***, (Vol. 8 No. 4): 1–17.

Liefner, I., Losacker, S., & Rao, B. C. 2020. Scale up advanced frugal design principles. ***Nature Sustainability***, (Vol. 3 No. 10): 772.

Lim, C., & Fujimoto, T. 2019. Frugal innovation and design changes expanding the cost-performance frontier: A Schumpeterian approach. ***Research Policy***, (Vol. 48 No. 4): 1016–1029.

Lim, C., Han, S., & Ito, H. 2013. Capability building through innovation for unserved lower end mega markets. ***Technovation***, (Vol. 33 No. 12): 391–404.

Liu, Z., Wang, J., & Feng, L. 2019. Generating creative ideas for new product development in frugal innovation: a hybrid technique of TRIZ contradiction matrix and morphological analysis. ***International Journal of Web Engineering and Technology***, (Vol. 14 No. 3): 280–311.

Liyanage, S., Greenfield, P. F., & Don, R. 1999. Towards a fourth generation R&D management model-research networks in knowledge management. ***International Journal of Technology Management***, (Vol. 18 No. 3 / 4): 372–393.

London, T., & Hart, S. L. 2004. Reinventing strategies for emerging markets: beyond the transnational model. ***Journal of International Business Studies***, (Vol. 35 No. 5): 350–370.

London, T., Hart, S., & Barney, J. 2011. Next generation base of the pyramid strategy. ***Academy of Management Conference, San Antonio***, (Vol. 420).

López Santiago, L. M., Rohmer, S., Díaz Pichardo, R., & Reyes, T. 2019. Exploratory Study of the Integration of Frugal Innovation in the Design of Products for the BoP. In International Conference of Engineering Design ICED19 (Hrsg.), ***Proceedings of the 22nd International Conference on Engineering Design (ICED19). Delft***: 3311–3320.

Mair, J., Martí, I., & Ventresca, M. J. 2012. Building Inclusive Markets in Rural Bangladesh: How Intermediaries Work Institutional Voids. ***Academy of Management Journal***, (Vol. 55 No. 4): 819–850.

Maric, J., Rodhain, F., & Barlette, Y. 2016. Frugal innovations and 3D printing: insights from the field. ***Journal of Innovation Economics & Management***, (Vol. 21 No. 3): 57–76.

Mazzucato, M. 2018. Mission-oriented innovation policies: challenges and opportunities. ***Industrial and Corporate Change***, (Vol. 27 No. 5): 803–815.

McLellan, E., MacQueen, K. M., & Neidig, J. L. 2003. Beyond the Qualitative Interview: Data Preparation and Transcription. ***Field Methods***, (Vol. 15 No. 1): 63–84.

Mergenthaler, E., & Stinson, C. 1992. Psychotherapy Transcription Standards. ***Psychotherapy Research***, (Vol. 2 No. 2): 125–142.

Meyer, C. B. 2001. A Case in Case Study Methodology. ***Field Methods***, (Vol. 13 No. 4): 329–352.

Micaëlli, J.-P., Forest, J., Bonjour, E., & Loise, D. 2016. Frugal innovation or frugal renovation: how can western designers adopt frugal engineering? ***Journal of Innovation Economics & Management***, (Vol. 21 No. 3): 39–56.

Miesler, T., Wimschneider, C., Brem, A., & Meinel, L. 2020. Frugal Innovation for Point-of-Care Diagnostics Controlling Outbreaks and Epidemics. ***ACS biomaterials science & engineering***, (Vol. 6 No. 5): 2709–2725.

Miles, L. D. 1964. ***Value Engineering: Wertanalyse, die praktische Methode zur Kostensenkung***. München: Verlag Moderne Industrie.

Miles, M. B., & Huberman, A. M. 1994. ***Qualitative data analysis: An expanded sourcebook*** (2. Aufl.). Thousand Oaks: SAGE.

Miles, M. B., Huberman, A. M., & Saldaña, J. 2020. ***Qualitative data analysis: A methods sourcebook***. Los Angeles: SAGE.

Miller, W.L. 2001. Innovation for business growth. ***Research Technology Management***, (Vol. September-October): 26–41.

Millson, M.R. 2013. Exploring the moderating influence of product innovativeness on the organizational integration-new product market success relationship. ***European Journal of Innovation Management***, (Vol. 16 No. 3): 317–334.

Mintzberg, H. 1973. ***The Nature of Managerial Work***. New York: Harper & Row.

Möhrle, M. G. 2010. MorphoTRIZ – Solving Technical Problems with a Demand for Multi-Smart Solutions. ***Creativity and Innovation Management***, (Vol. 19 No. 4): 373–384.

Möhrle, M. G. 2005. Werkzeuge für Entwicklungsmethodiken. In Albers, S., & Gassmann, O. (Hrsg.), ***Handbuch Technologie- und Innovationsmanagement. Strategie – Umsetzung – Controlling*** (1. Aufl.): 305–321, Wiesbaden: Springer Gabler. in Springer Fachmedien Wiesbaden GmbH.

Molina-Maturano, J., Bucher, J., & Speelman, S. 2020. Understanding and evaluating the sustainability of frugal water innovations in México: An exploratory case study. ***Journal of Cleaner Production***, (Vol. 274): 1–12.

Moore, K. 2011. ***The Emergent Way: How to Achieve Meaningful Growth in an Era of Flat Growth***. https://iveybusinessjournal.com/publication/the-emergent-way-how-to-achieve-meaningful-growth-in-an-era-of-flat-growth/, (30.12.2020).

Morgan, G., & Smircich, L. 1980. The Case for Qualitative Research. ***The Academy of Management Review***, (Vol. 5 No. 4): 491–500.

Morgan, N. A., Vorhies, D. W., & Mason, C. H. 2009. Market orientation, marketing capabilities, and firm performance. ***Strategic Management Journal***, (Vol. 30 No. 8): 909–920.

Mourtzis, D., Vlachou, E., Boli, N., Gravias, L., & Giannoulis, C. 2016. Manufacturing Networks Design through Smart Decision Making towards Frugal Innovation. ***Procedia CIRP***, (Vol. 50): 354–359.

Mousavi, S., & Bossink, B. A. G. 2017. Firms' capabilities for sustainable innovation: the case of biofuel for aviation. ***Journal of Cleaner Production***, (Vol. 167): 1263–1275.

Mukerjee, K. 2012. Frugal Innovation: The Key to penetrating emerging markets. ***Ivey Business Journal***, Juli/August: o.S.

Mumme, T. 2017. ***aCar. „Einige würden am liebsten gleich morgen 10.000 Fahrzeuge mit uns bauen"***; https://www.businessinsider.de/gruenderszene/allgemein/acar-e-auto-fuer-afrika/, (03.04.2020).

Nakata, C., & Weidner, K. 2012. Enhancing New Product Adoption at the Base of the Pyramid: A Contextualized Model. ***Journal of Product Innovation Management***, (Vol. 29 No. 1): 21–32.

Nakata, C. 2012. From the Special Issue Editor: Creating New Products and Services for and with the Base of the Pyramid. ***Journal of Product Innovation Management***, (Vol. 29 No. 1): 3–5.

Nakata, C. C., & Berger, E. 2011. New Product Development for the Base of the Pyramid: A Theory- and Case-based Framework. In Jain, S., & Griffith, D. (Hrsg.), ***Handbook of Research in International Marketing, Second Edition***: 349–375. Edward Elgar Publishing.

Nambisan, S. 2002. Designing virtual customer environments for new product development: Toward a theory. ***Academy of Management Review***, (Vol. 27 No. 3): 392–413.

Nesta, & Fraunhofer ISI. 2016. ***Cheaper, better, more relevant: Is frugal innovation an opportunity for Europe?;*** https://www.isi.fraunhofer.de/content/dam/isi/dokumente/ccp/2016/FrugalInnovationSummary_ISI_Nesta_mit-ISI.pdf, (05.07.2020).

Neumann, L., Böhm, J., & Wecht, C. H. 2017. Knowledge transfer in the context of frugal innovation. ***International Journal of Technology Transfer and Commercialisation***, (Vol. 15 No. 4): 415–426.

Neumann, L., Winterhalter, S., & Gassmann, O. 2020. Market maketh magic – consequences and implications of market choice for frugal innovation. ***International Journal of Technology Management***, (Vol. 83 No. 1 / 2 / 3): 55–77.

Nielsen, K., Reisch, L., & Thogersen, J. 2016. Sustainable user innovation from a policy perspective: a systematic literature review. ***Journal of Cleaner Production***, (Vol. 133): 65–77.

Niosi, J. 1999. Fourth-generation R&D: from linear models to flexible innovation. ***Journal of Business Research***, (Vol. 45 No. 2): 111–117.

Niroumand, M., Shahin, A., Naghsh, A., & Peikari, H. R. 2021. Frugal innovation enablers, critical success factors and barriers: A systematic review. ***Creativity and Innovation Management***, (Vol. 30 No. 2): 348–367.

Nowlis, S. M., & Simonson, I. 1996. The effect of new product features on brand choice. ***Journal of Marketing Research***, (Vol. 33 No. 1): 36–46.

OECD, & Eurostat. 2018. ***Oslo Manual 2018. Guidelines for Collecting, Reporting and Using Data on Innovation. The Measurement of Scientific, Technological and Innovation Activities*** (4. Aufl.). OECD Publishing.

Ortt, J. R., & van der Duin, P. A. 2008. The evolution of innovation management towards contextual innovation. ***European Journal of Innovation Management***, (Vol. 11 No. 4): 522–538.

Pansera, M., & Owen, R. 2015. Framing resource-constrained innovation at the 'bottom of the pyramid': Insights from an ethnographic case study in rural Bangladesh. ***Technological Forecasting and Social Change***, (Vol. 92): 300–311.

Pansera, M., & Sarkar, S. 2016. Crafting Sustainable Development Solutions: Frugal Innovations of Grassroots Entrepreneurs. ***Sustainability***, (Vol. 8 No. 1): 1–25.

Pansera, M. 2018. Frugal or Fair? The Unfulfilled Promises of Frugal Innovation. ***Technology Innovation Management Review***, (Vol. 8 No. 4): 6–13.

Patton, M. Q. 2015. ***Qualitative research & evaluation methods: Integrating theory and practice***. Los Angeles, London, New Delhi, Singapore, Washington DC: SAGE.

Payne, S. L. 1980. ***The art of asking questions***. Princeton: Princeton University Press.

Penrose, E. T. 2009. ***The theory of the growth of the firm***. Oxford: Oxford University Press.

Perera, R. L., & Badir, Y. F. 2020. ***Proposing managerial implications from the concept of frugal innovation to overcome the challenges facing manufacturing firms due to COVID-19: International Conference on Nation Building***. International Conference on Nation-Building: 1–12.

Petrick, I. J., & Juntiwasarakij, S. 2011. The Rise of the Rest: Hotbeds of Innovation in Emerging Markets. ***Research-Technology Management***, (Vol. 54 No. 4): 24–29.

Piore, Michael J. 1979. Qualitative Research Techniques in Economics. ***Administrative Science Quarterly***, (Vol. 24 No. 4): 560–569.

Pisoni, A., Michelini, L., & Martignoni, G. 2018. Frugal approach to innovation: State of the art and future perspectives. ***Journal of Cleaner Production***, (Vol. 171): 107–126.

Pleschak, F., & Sabisch, H. 1996. ***Innovationsmanagement***. Stuttgart: Schäffer-Poeschel.

Ploeg, M., Knoben, J., Vermeulen, P., & van Beers, C. 2020. Rare gems or mundane practice? Resource constraints as drivers of frugal innovation. ***Innovation***, (Vol. 23 No. 1): 1–34.

Prabhu, J. 2017. Frugal innovation: doing more with less for more. ***Philosophical transactions of the royal society A. Mathematical, physical, and engineering sciences***, (Vol: 375 No. 2095): 1–22.

Praceus, S., & Herstatt, C. 2017. Consumer Innovation in the Poor Versus Rich World: Some Differences and Similarities. In Herstatt, C., & Tiwari, R. (Hrsg.), ***Lead Market India. Key Elements and Corporate Perspectives for Frugal Innovations***: 97–117. Cham: Springer.

Prahalad, C. K. 2010. ***The fortune at the bottom of the pyramid***. Upper Saddle River: Prentice-Hall.

Prahalad, C. K., & Hammond, A. 2002. Serving the World's Poor, Profitably. ***Harvard Business Review Digital Article***: o.S.

Prahalad, C. K., & Hart, S. L. 2002. The fortune at the bottom of the pyramid. ***Strategy + Business***, (Vol. 26 Spring): o.S.

Prahalad, C. K., & Lieberthal, K. 1998. The end of corporate imperialism. ***Harvard Business Review***, (Vol. 76 No. 4): 68–79.

Prahalad, C. K., & Mashelkar, R. A. 2010. Innovation's Holy Grail. ***Harvard Business Review***, (Vol. 88 No. 7 / 8): 132–141.

Prahalad, C. K. 2006. The Innovation Sandbox: To create an impossibly low-cost, high-quality new business model, start by cultivating constraints. ***Tech & Innovation***, (Vol. 44): o.S.

Prahalad, C. K. 2012. Bottom of the pyramid as a source of breakthrough innovations. ***Journal of product innovation management***, (Vol. 29 No. 1): 6–12.

Radjou, N., & Prabhu, J. 2015. ***Frugal Innovation: How to do more with less***. London: The Economist in Association with Profile Books.

Radjou, N. 2020. The Rising Frugal Economy. ***Sloan Management Review***. https://sloanreview.mit.edu/article/the-rising-frugal-economy/?, (28.12.2020).

Radjou, N., Prabhu, J., & Ahuja, S. 2012. Frugal Innovation: Lessons from Carlos Ghosn, CEO, Renault-Nissan. ***Harvard Business Review***, (Juli): o.S.

Rahman, M. N. A., Doroodian, M., Kamarulzaman, Y., & Muhamad, N. 2015. Designing and validating a model for measuring sustainability of overall innovation capability of small and medium-sized enterprises. ***Sustainability***, (Vol. 7 No. 1): 537–562.

Rao, B. C. 2013. How disruptive is frugal? ***Technology in Society***, (Vol. 35 No. 1): 65–73.

Rao, B. C. 2017. Advances in science and technology through frugality. ***IEEE Engineering Management Review***, (Vol. 45 No. 1): 32–38.

Rao, B. C. 2019. The science underlying frugal innovations should not be frugal. ***Royal Society open science***, (Vol. 6 No. 5): 1–8.

Rao, B. C. 2020. On complex systems of adaptive frugal products. ***Royal Society open science***, (Vol. 7 No. 7): 1–11.

Ratten, V. 2019. ***Frugal innovation***. Abingdon, Oxon, New York, NY: Routledge.

Ray, P. K., & Ray, S. 2010. Resource-Constrained Innovation for Emerging Economies: The Case of the Indian Telecommunications Industry. ***IEEE Transactions on Engineering Management***, (Vol. 57 No. 1): 144–156.

Ray, S., & Ray, P. K. 2011. Product innovation for the people's car in an emerging economy. ***Technovation***, (Vol. 31 No. 5–6): 216–227.

Reis, L. P., Fernandes, J. M., & Armellini, F. 2021. Leveraging a Process-Oriented Perspective on Frugal Innovation Through the Linkage of Lean Product Development (LPD) Practices and Waste. ***International Journal of Innovation and Technology Management***, (Vol. 18 No. 7): 1–39.

Roberts, E., & Fusfeld, A. 1980. Critical functions: Needed roles in the innovation process. ***Working Paper. Alfred P. Sloan School of Management***: 1–40.

Rodrigues, B. C. B., & Gohr, C. F. 2021. Dynamic Capabilities and Critical Factors for Boosting Sustainability-Oriented Innovation: Systematic Literature Review and a Framework Proposal. ***Engineering Management Journal***, (Vol. 00 No. 00): 1–29.

Rodrigues, B. C. B., Gohr, C. F., & Calazans, Á. M. B. 2020. Dynamic capabilities for sustainable innovation: the case of a footwear company in Brazil. ***Production***, (Vol. 30): 1–15.

Rogers, D.M.A. 1996. The challenge of fifth generation R&D, ***Research Technology, Management***, (Vol. 39 No. 4): 33–41.

Rogers, E. M. 2003. ***Diffusion of Innovations*** (5. Aufl.). New York: Free Press.

Rosca, E., & Bendul, J. 2015. Combining Frugal Engineering and Effectuation Theory: Insights for Frugal Product Development in Entrepreneurial Context. ***Proceedings of the 14th R&D Management Conference, Pisa (Italy)***: 1–10.

Rosca, E., Arnold, M., & Bendul, J. C. 2017. Business models for sustainable innovation – an empirical analysis of frugal products and services. ***Journal of Cleaner Production***, (Vol. 162): S133–S145.

Rossetto, D. E., Borini, F. M., & Frankwick, G. L. 2018. A new scale proposition for measuring Frugal Innovation: Scale Development Process and Validation. ***Simpósio de Gestão da Inovação Tecnológica***: 1–11.

Rost, J. 2005. Differentielle Indikation und gemeinsame Qualitätskriterien als Probleme der Integration von qualitativen und quantitativen Methoden. Symposium: Qualitative und quantitative Methoden in der Sozialforschung: Differenz und/oder Einheit? ***1. Berliner Methodentreffen Qualitative Forschung***, 24.-25. Juni 2005.

Rothwell, R., & Gardiner, P. 1984. Design and competition in engineering. ***Long Range Planning***, (Vol. 17 No. 3): 78–91.

Rothwell, R. 1974. Factors for success in industrial innovations. ***Journal of General Management***, (Vol. 2 No. 2): 57–65.

Rothwell, R. 1977. The characteristics of successful innovators and technically progressive firms (with some comments on innovation research). ***R&D Management***, (Vol. 7 No. 3): 191–206.

Rothwell, R. 1992. Successful industrial innovation: critical factors for the 1990s. ***R&D Management***, 22(3): 221–240.

Rothwell, R. 1994. Towards the Fifth-generation Innovation Process. ***International Marketing Review***, (Vol. 11 No. 1): 7–31.

Rothwell, R., Freeman, C., Horlsey, A., Jervis, V., Robertson, A. B., & Townsend, J. 1974. SAPPHO updated – project SAPPHO phase II. ***Research Policy***, (Vol. 3 No. 3): 258–291.

Rubenstein, A. H., Chakrabarti, A. K., O'Keefe, R. D., Souder, W. E., & Young, H. C. 1976. Factors Influencing Innovation Success at the Project Level. ***Research Management***, (Vol. 19 No. 3): 15–20.

Santos, L. L., Borini, F. M., & Oliveira Júnior, M. d. M. 2020. In search of the frugal innovation strategy. ***Review of International Business and Strategy***, (Vol. 30 No. 2): 245–263.

Sattler, H. 2005. Präferenzforschung für Innovationen. In Albers, S., & Grassmann, O. (Hrsg.), ***Handbuch für Technologie- und Innovationsmanagement***: 361–378. Wiesbaden: Gabler.

Schanz, C., Hüsig, S., Dowling, M., & Gerybadze, A. 2011. 'Low cost-high tech' innovations for China: why setting up a separate R&D unit is not always the best approach. ***R&D Management***, (Vol. 41 No. 3): 307–317.

Schilling, M. A., & Hill, C. W. L. 1998. Managing the new product development process: Strategic imperatives. ***Academy of Management Perspectives***, (Vol. 12 No. 3): 67–81.

Schleinkofer, U., Herrmann, T., Maier, I., Bauernhansl, T., Roth, D., & Spath, D. 2019. Development and Evaluation of a Design Thinking Process Adapted to Frugal Production Systems for Emerging Markets. ***Procedia Manufacturing***, (Vol. 39): 609–617.

Schonberger, R. 1987. Frugal Manufacturing. ***Harvard Business Review***, (Vol. 65 No. 5): 95–100.

Schulze, A., & Störmer, T. 2012. Lean product development – Enabling management factors for waste elimination. ***International Journal of Technology Management***, (Vol. 57 No. 1 / 2 / 3): 71–91.

Schumacher, E. F. 1973. ***Small is beautiful: A study of Economics as if people mattered***. London: Blond & Briggs.

Schumpeter, J. A. 1939. ***Business cycles: A theoretical, historical, and statistical analysis of the capitalist process***. New York: McGraw-Hill Book Company, Inc.

Schumpeter, J. A. 1912. ***Theorie der wirtschaftlichen Entwicklung***. Leipzig: Duncker und Humblot.

Schurz, K. 2022. ***Gimme your money – Crowdfunding mit kernique***; https://foodinnovationcamp.de/gimme-your-money-crowdfunding-mit-kernique/, (25.02.2022).

Sedighadeli, S., & Kachouie, R. 2013. Managerial factors influencing success of new product development. ***International Journal of Innovation Management***, (Vol. 17 No. 5): 1–23.

Sehgal, V., Dehoff, K., & Panneer, G. 2010. The importance of frugal engineering. ***Strategy + Business***, (Vol. 59): 1–5.

Shankar, V., & Hanson, N. 2013. How Emerging Markets are Reshaping the Innovation Architecture of Global Firms. ***SSRN Electronic Journal***: 1–30.

Sharma, A., & Iyer, G. R. 2012. Resource-constrained product development: Implications for green marketing and green supply chains. ***Industrial Marketing Management***, (Vol. 41 No. 4): 599–608.

Sharma, A., & Jha, S. 2016. Innovation from emerging market firms: what happens when market ambitions meet technology challenges? ***Journal of Business and Industrial Marketing***, (Vol. 31 No. 4): 507–518.

Sharmelly, R., & Ray, P. K. 2018. The role of frugal innovation and collaborative ecosystems. ***Journal of General Management***, (Vol. 43 No. 4): 157–174.

Shekar, A., & Drain, A. 2016. Community engineering: Raising awareness, skills and knowledge to contribute towards sustainable development, ***International Journal of Mechanical Engineering Education***, (Vol. 44 No. 4): 272–283.

Sierra, K. 2005. ***Featuritis vs. the Happy User Peak***; https://headrush.typepad.com/creating_passionate_users/2005/06/featuritis_vs_t.html, (17.11.2020).

Siggelkow, N. 2007. Persuasion with case studies. ***Academy of Management Journal***, (Vol. 50 No. 1): 20–24.

Silverman, D. 2007. ***Doing qualitative research: A practical handbook*** (2. Aufl.). Los Angeles: SAGE.

Simanis, E. 2012. Reality check at the bottom of the pyramid. ***Harvard Business Review***, (Vol. 90 No. 6): 120–125.

Simula, H., Hossain, M., & Halme, M. 2015. Frugal and reverse innovations – Quo Vadis? ***Current Science***, (Vol. 109 No. 9): 1567–1572.

Singh, R., Seniaray, S., & Saxena, P. 2020. A Framework for the Improvement of Frugal Design Practices. ***Designs***, (Vol. 4 No. 3): 1–12.

Sivasubramaniam, N., Liebowitz, S. J., & Lackman, C. L. 2012. Determinants of New Product Development Team Performance: A Meta-analytic Review. ***Journal of Product Innovation Management***, (Vol. 29 No. 5): 803–820.

Sjafrizal, T. 2015. Frugal innovation characteristics: Market, product and business perspective. ***Conference: 8th International Seminar on Industrial Engineering and Management, Malang, Indonesia***: 38–43.

Slappendell, C. 1996. Perspective on innovation in organizations. ***Organization Studies***, (Vol. 17 No. 1): 107–129.

Ślęzak, M., & Jagielski, M. 2020. Manifestations and Measures of Frugal Innovations. ***Journal of Corporate Responsibility and Leadership***, (Vol. 5 No. 4): 81–104.

Šoltés, M., Kappler, D., Koberstaedt, S., & Lienkamp, M. Flexible, User- and Product-Centered Framework for Developing Frugal Products Based on a Case Study of a Vehicle for Sub-Saharan Africa, ***American Society of Mechanical Engineers 2017 – Proceedings of the ASME International***, 1–9.

Sommer, A. F., Hedegaard, C., Dukovska-Popovska, I., & Steger-Jensen, K. 2015. Improved Product Development Performance through Agile/Stage-Gate Hybrids: The Next-Generation Stage-Gate Process? ***Research-Technology Management***, (Vol. 58 No. 1): 34–45.

Soni, P., & T. Krishnan, R. 2014. Frugal innovation: aligning theory, practice, and public policy. ***Journal of Indian Business Research***, (Vol. 6 No. 1): 29–47.

Stake, R. E. 1995. ***The art of case study research***. Thousand Oaks: SAGE.

Subrahmanyan, S., & Tomas Gomez-Arias, J. 2008. Integrated approach to understanding consumer behavior at bottom of pyramid. ***Journal of Consumer Marketing***, (Vol. 25 No. 7): 402–412.

Subramaniam, M., Ernst, H., & Dubiel, A. 2015. From the Special Issue Editors: Innovations for and from Emerging Markets. ***Journal of Product Innovation Management***, (Vol. 32 No. 1): 5–11.

Takeuchi, H., & Nonaka, I. 1986. The New New Product Development Game. ***Harvard Business Review***, (Vol. 64 No. 1): 137–146.

Tatikonda, M. V., & Montoya-Weiss, M. M. 2001. Integrating Operations and Marketing Perspectives of Product Innovation: The Influence of Organizational Process Factors and Capabilities on Development Performance. ***Management Science***, (Vol. 47 No. 1): 151–172.

Teece, D. J. 2007. Explicating dynamic capabilities: the nature and microfoundations of (sustainable) enterprise performance. ***Strategic Management Journal***, (Vol. 28 No. 13): 1319–1350.

Teece, D. J. 2014. The Foundations of Enterprise Performance: Dynamic and Ordinary Capabilities in an (Economic) Theory of Firms. ***Academy of Management Perspectives***, (Vol. 28 No. 4): 328–352.

Teece, D. J., Pisano, G., & Shuen, A. 1997. Dynamic capabilities and strategic management. ***Strategic Management Journal***, (Vol. 18 No. 7): 509–533.

Tellis, W. M. 1997. Introduction to Case Study. ***The Qualitative Report***, (Vol. 3 No. 2): 1–14.

The World Bank. 2020. ***Covid- 19 to plunge global economy into worst recession since World War II***; https://www.worldbank.org/en/news/press-release/2020/06/08/covid-19-to-plunge-global-economy-into-worst-recession-since-world-war-ii, (15.06.2020).

Thom, N. 1980. ***Grundlagen des betrieblichen Innovationsmanagements*** (2.Aufl.). Königstein: Hanstein.

Tiwari, R., & Bergmann, S. 2020. How society perceives frugal innovation: Insights from a content analysis of German-language publications. In McMurray, A., & de Waal, G. (Hrsg.), ***Frugal innovation. A global research companion***, 54–67. Abingdon, Oxon, New York, NY: Routledge.

Tiwari, R., Fischer, L., & Kalogerakis, K. 2017. Frugal Innovation: An Assessment of Scholarly Discourse, Trends and Potential Societal Implications. In Herstatt, C., & Tiwari, R. (Hrsg.), ***Lead Market India. Key Elements and Corporate Perspectives for Frugal Innovations***: 13–35. Cham: Springer.

Tiwari, R., & Herstatt, C. 2012. Frugal Innovation: A Global Networks' Perspective. ***Die Unternehmung***, (Vol. 66 No. 3): 245–274.

Tiwari, R., & Herstatt, C. 2013. 'Too Good' to Succeed? Why Not Just Try 'Good Enough'! Some Deliberations on the Prospects of Frugal Innovations. ***SSRN Electronic Journal***: 2–11.

Tiwari, R., & Herstatt, C. 2018. Call for Papers: Special Issue on: "Emerging Research Issues in the Field of Frugal Innovation". ***International Journal of Technology Management***.

Tiwari, R., & Herstatt, C. 2020. The Frugality 4.0 paradigm. In McMurray, A., & de Waal, G. (Hrsg.), ***Frugal innovation. A global research companion***, 40–53. Abingdon, Oxon, New York, NY: Routledge.

Tiwari, R., & Kalogerakis, K. 2016. A bibliometric analysis of academic papers on frugal innovation. ***Hamburg University of Technology (TUHH) Institute for Technology and Innovation Management***, Working Paper (No. 93): 1–26.

Tiwari, R., & Kalogerakis, K. 2020. What drives frugal innovation in an economically developed economy?: Results of a qualitative study in Germany. In McMurray, A., & de Waal, G. (Hrsg.), ***Frugal innovation. A global research companion***, 108–120. Abingdon, Oxon, New York, NY: Routledge.

Tiwari, R., Kalogerakis, K., & Herstatt, C. 2014. Frugal innovation and analogies: Some propositions for product development in emerging economies. ***Hamburg University of Technology (TUHH) Institute for Technology and Innovation Management***, Working Paper (No. 84): 1–10.

Tiwari, R., Kalogerakis, K., & Herstatt, C. 2016. ***Frugal Innovations in the mirror of scholarly discourse: Tracing theoretical basis and antecedents***. R&D Management Conference, Cambridge.

Tiwari, R., Kalogerakis, K., & Herstatt, C. 2017. Developing Frugal Innovations with Inventive Analogies: Preliminary Evidence from Innovations in India. In Herstatt, C., & Tiwari, R. (Hrsg.), ***Lead Market India. Key Elements and Corporate Perspectives for Frugal Innovations***, 147–162. Cham: Springer.

Trimble, C. 2012. Reverse innovation and the emerging-market growth imperative. ***Ivey Business Journal***: o.S.

Trochim, W. M. 1989. Outcome pattern matching and program theory. ***Evaluation and Program Planning***, (Vol. 12 No. 4): 355–366.

Trott, P. 2008. ***Innovation management and new product development*** (4. Aufl.). Harlow: Financial Times Prentice Hall.

TRUMPF. 2018. ***TRUMPF setzt auf China: Maschinenbauer investiert 20 Millionen Euro in Taicang und bei Tochter JFY in Yangzhou***; https://www.trumpf.com/de_CH/newsroom/pressemitteilungen-global/pressemitteilung-detailseite-global/Press/trumpf-setzt-auf-china-maschinenbauer-investiert-20-millionen-euro-in-taicang-und-bei-tochter-jfy-in-yangzhou/, (24.02.2022).

TRUMPF. 2022a. ***Unternehmensprofil***; https://www.trumpf.com/de_DE/unternehmen/trumpf-gruppe/unternehmensprofil/, (24.02.2022).

TRUMPF. 2022b. ***Standorte***; https://www.trumpf.com/de_DE/unternehmen/trumpf-gruppe/standorte/, (24.02.2022).

TRUMPF. 2022c. ***TRUMPF in Deutschland***; https://www.trumpf.com/de_DE/unternehmen/trumpf-gruppe/unternehmensprofil/trumpf-in-deutschland/, (24.02.2022).

TRUMPF. 2022d. ***Geschichte***; https://www.trumpf.com/de_DE/unternehmen/trumpf-gruppe/meilensteine-in-der-trumpf-geschichte/epoche-2013-heute/, (24.02.2022).

TRUMPF. 2022e. ***Qualität***; https://www.trumpf.com/de_DE/unternehmen/trumpf-gruppe/qualitaet/, (24.02.2022).

TRUMPF. 2022f. ***SYNCHRO***; https://www.trumpf.com/de_DE/unternehmen/trumpf-gruppe/synchro/, (24.02.2022).

TRUMPF. 2022g. ***TRUMPF in Deutschland***; https://www.trumpf.com/de_DE/unternehmen/trumpf-gruppe/unternehmensgrundsaetze/, (24.02.2022).

Ulrich, K. T., & Eppinger, S. D. 1995. ***Product design and development***. New York et al.: McGraw-Hill.

Ulrich, K. T., & Eppinger, S. D. 2012. ***Product design and development*** (5. Aufl.). New York, NY: McGraw-Hill Irwin.

Utterback, J. M., & Abernathy, W. J. 1975. A dynamic model of process and product innovation. ***Omega***, (Vol. 3 No. 6): 639–656.

Vadakkepat, P., Garg, H. K., Loh, A. P., & Tham, M. P. 2015. Inclusive innovation: getting more from less for more. ***Journal of Frugal Innovation***, (Vol. 1 No. 2): 1–2.

Vahs, D., & Brem, A. 2013. ***Innovationsmanagement: Von der Idee zur erfolgreichen Vermarktung*** (4. Aufl.). Stuttgart: Schäffer-Poeschel.

Van de Ven, A. H. 1986. Central Problems in the Management of Innovation. ***Management Science***, (Vol. 32 No. 5): 590–607.

Van de Ven, A. H. 1992. Suggestions for studying strategy process: A research note. ***Strategic Management Journal***, (Vol. 13 Special Issue): 169–188.

Van de Ven, A. H. 2017. The innovation journey: you can't control it, but you can learn to maneuver it. ***Innovation: Organization and Management***, (Vol. 19 No. 1): 39–42.

Van Kleef, J., & Roome, N. J. 2007. Developing capabilities and competence for sustainable business management as innovation: a research agenda. ***Journal of Cleaner Production***, (Vol. 15 No. 1): 38–51.

Verworn, B., & Herstatt, C. 2000. ***(PDF) Modelle des Innovationsprozesses***; https ://www.researchgate.net/publication/37591814_Modelle_des_Innovationsprozesses, (03.12.2019).

Viswanathan, M., & Sridharan, S. 2012. Product Development for the BoP: Insights on Concept and Prototype Development from University-Based Student Projects in India. ***Journal of Product Innovation Management***, (Vol. 29 No. 1): 51–68.

Voith. 2022a. ***Unternehmen***; https://voith.com/corp-de/ueber-voith/unternehmen.html , (26.02.2022).

Voith. 2022b. ***History***; https://voith.com/corp-de/history.html, (26.02.2022).

Voith. 2022c. ***Papierherstellung***; https://voith.com/corp-de/branchen/papierherstellun g.html, (26.02.2022).

Voith. 2022d. ***Märkte & Standorte***; https://voith.com/corp-de/ueber-voith/maerkte-sta ndorte.html, (26.02.2022).

Voith. 2022e. ***Nachhaltige Produktion***; https://voith.com/corp-de/branchen/papierher stellung/nachhaltige-produktion.html, (26.02.2022).

Voith. 2022f. ***BlueLine***; https://voith.com/corp-de/komponenten-die-papierherstellung/ blueline.html, (26.02.2022).

Voith. 2022g. ***Papiermaking Vision***; https://voith.com/corp-de/branchen/papierherstel lung/papermaking-vision.html, (26.02.2022).

Voith. 2022h. ***Nachhaltige Produktion***; https://voith.com/corp-de/branchen/papierher stellung/nachhaltige-produktion.html, (26.02.2022).

Voith. 2022i. ***Forschung und Entwicklung***; https://voith.com/corp-de/branchen/papie rherstellung/forschung-und-entwicklung.html, (26.02.2022).

Voith. 2022j. ***PAPER IS ON***; https://voith.com/corp-de/products-services/papermaking -components/paper-is-on.html, (26.02.2022).

Vorhies, D. W., Harker, M., & Rao, C. P. 1999. The capabilities and performance advantages of market-driven firms. ***European Journal of Marketing***, (Vol. 33 No. 11 / 12): 1171–1202.

Waal, G. A. de, & Mention, A.-L. 2020. A literature review of required adaptations for successful implementation of frugal innovations in emerging and developing markets. In McMurray, A., & de Waal, G. (Hrsg.), ***Frugal innovation. A global research companion***: 150–163. Abingdon, Oxon, New York, NY: Routledge.

Weiss, M., Hoegl, M., & Gibbert, M. 2011. Making Virtue of Necessity: The Role of Team Climate for Innovation in Resource-Constrained Innovation Projects. ***Journal of Product Innovation Management***, (Vol. 28 No. s1): 196–207.

Welt. 2021. ***Der Anti-Tesla ist ein Bayer***; https://www.welt.de/sponsored/kfw/nachhaltigkeit/article233855570/E-Mobilitaet-Der-Anti-Tesla-ist-ein-Bayer.html, (23.02.2022).

Weltkommission für Umwelt und Entwicklung. 1987. ***Report of the World Commission on environment and development: Our common future***; https://www.are.admin.ch/dam/are/de/dokumente/nachhaltige_entwicklung/dokumente/bericht/our_common_futurebrundtlandreport1987.pdf.download.pdf/our_common_futurebrundtlandreport1987.pdf, (24.07.2020).

Weyrauch, T., & Herstatt, C. 2016. What is frugal innovation? Three defining criteria. ***Journal of Frugal Innovation***, (Vol. 2 No. 1): 1–17.

Weyrauch, T. 2018. Frugale Innovationen: Eine Untersuchung der Kriterien und des Vorgehens bei der Produktentwicklung. Wiesbaden: Springer Gabler.

Weyrauch, T., Herstatt, C., & Tietze, F. 2020. The Objective–Conflict–Resolution Approach: A Novel Approach for Developing Radical and Frugal Innovation. ***IEEE Transactions on Engineering Management***: 1–14.

Wheelwright, S. C., & Clark, K. B. 1992a. Creating Project Plans to Focus Product Development. ***Harvard Business Review***, (Vol. 70 No. 2): 70–82.

Wheelwright, S. C., & Clark, K. B. 1992b. Revolutionizing product development: Quantum leaps in speed, efficiency, and quality (7. Aufl.). New York: Free Press.

Wierenga, M. 2015. ***Local frugal innovations: How do resource-scarce innovations emerge in India?*** Aalto University.

Williamson, P. J. 2010. Cost Innovation: Preparing for a 'Value-for-Money' Revolution. ***Long Range Planning***, (Vol. 43 No. 2-3): 343–353.

Winkler, T., Ulz, A., Knöbl, W., & Lercher, H. 2020. Frugal innovation in developed markets – Adaption of a criteria-based evaluation model. ***Journal of Innovation & Knowledge***, (Vol. 5): 251–259.

Winter, A., & Govindarajan, V. 2015. Engineering reverse innovations: Principles for creating successful products for emerging markets. ***Harvard Business Review***, (Vol. 93 No. 7 / 8): 80–89.

Winterhalter, S., Zeschky, M. B., Neumann, L., & Gassmann, O. 2017. Business Models for Frugal Innovation in Emerging Markets: The Case of the Medical Device and Laboratory Equipment Industry. ***Technovation***, (Vol. 66): 3–13.

Wirtschaftsförderung Region Stuttgart GmbH. 2018. ***Innovationsforum „innoFRUMA". Frugale Maschinen, Anlagen und Geräte***; https://wrs.region-stuttgart.de/aktuell/termine/termin/artikel/innovationsforum-innofruma.html, (04.08.2021).

WirtschaftsWoche. 2013. ***Trumpf übernimmt chinesischen Konkurrenten***; https://www.wiwo.de/unternehmen/industrie/maschinenbauer-trumpf-uebernimmt-chinesischen-konkurrenten/8939850.html, (24.02.2022).

Witte, E. 1973. ***Organisation für Innovationsentscheidungen: Das Promotoren-Modell.*** Göttingen: Schwartz.

Witte, E. 1998. Das Promotoren-Modell. In Hauschildt, J., & Gemünden, H. G. (Hrsg.), ***Promotoren. Champions der Innovation***: 9–41. Wiesbaden: Gabler.

Wohlfart, L., Bünger, M., Lang-Koetz, C., & Wagner, F. 2016. Corporate and grassroot frugal innovation A comparison of top-down and bottom-up strategies. ***Technology Innovation Management Review***, (Vol. 6 No. 4): 5–17.

Wohlfart, L., & Fröhlich, F. 2019. Vermarktung frugaler Innovationen: Strategien und Erfolgsfaktoren, In: Gausemeier, J., Bauer, W., & Dumitrescu, R. (Hrsg.), ***Vorausschau und Technologieplanung. 15. Symposium für Vorausschau und Technologieplanung***: 101–119.

Wohlfart, L., Sturm, F., & Wagner, F. 2019. Erschließen neuer Märkte durch frugale Innovationen. In Abele, T. (Hrsg.), ***Fallstudien zum Technologie- & Innovationsmanagement***: 213–225. Wiesbaden: Springer Fachmedien.

Wohlfart, L., & Woyke, I. 2020. Frugale digitale Geschäftsmodell-Innovationen. ***Webinar***: 1–41.

Wolfe, R. A. 1994. Organizational innovation: Review, critique and suggested research directions. ***Journal of Management Studies***, (Vol. 31 No. 3): 405–431.

Wolfram, P., Agarwal, N., & Brem, A. 2018. Reverse technology transfer from the East to the West. ***European Journal of Innovation Management***, (Vol. 21 No. 3): 443–455.

Wooldridge, A. 2010. ***The world turned upside down***; economist.com/node/15879359, (18.04.2020).

Wu, K.-J., Liao, C.-J., Tseng, M.-L., & Chou, P.-J. 2015. Understanding Innovation for Sustainable Business Management Capabilities and Competencies under Uncertainty. ***Sustainability***, (Vol. 7 No. 10): 13726–13760.

Yardley, L. 2017. Demonstrating the validity of qualitative research: Commentary. ***The Journal of Positive Psychology***, (Vol. 12 No. 3): 295–296.

Yin, R. K. 1981. The Case Study Crisis: Some Answers. ***Administrative Science Quarterly***, (Vol. 26 No. 1): 58–65.

Yin, R. K., Bateman, P. G., & Moore, G. B. 1985. Case Studies and Organizational Innovation. ***Knowledge***, (Vol. 6 No. 3): 249–260.

Yin, R. K. 2014. ***Case study research: Design and methods*** (5. Aufl.). Los Angeles, London, New Delhi, Singapore, Washington DC: SAGE.

Yin, R. K. 2018. ***Case study research and applications: Design and methods***. Los Angeles, London, New Dehli, Singapore, Washington DC, Melbourne: SAGE.

Yin, R. 2018a. ***Case Study Research and Applications: Design and Methods. Tutorial 1.1***; https://study.sagepub.com/system/files/tutorial1.1_new_0.docx, (28.04.2020).

Zairi, M. 1997. Business process management: a boundaryless approach to modern competitiveness. ***Business Process Management Journal***, (Vol. 3 No. 1): 64–80.

Zanello, G., Fu, X., Mohnen, P. A., & Ventresca, M. J. 2016. The creation and diffusion of innovation in developing countries: A systematic literature review. ***Journal of economic surveys***, (Vol. 30 No. 5): 884–912.

Zedtwitz, M. von, Corsi, S., Søberg, P. V., & Frega, R. 2015. A Typology of Reverse Innovation. ***Journal of Product Innovation Management***, (Vol. 32 No. 1): 12–28.

Zehetbauer, R. 2013. Frugal Engineering: Wie man neue Produkte für die asiatischen Märkte entwickelt. ***MaschinenMarkt***, (Vol. 2013 No. 49): 22–23.

Zeschky, M. B., Winterhalter, S., & Gassmann, O. 2014. From Cost to Frugal and Reverse Innovation: Mapping the Field and Implications for Global Competitiveness. ***Research-Technology Management***, (Vol. 57 No. 4): 20–27.

Zeschky, M., Widenmayer, B., & Gassmann, O. 2011. Frugal Innovation in Emerging Markets. ***Research-Technology Management***, (Vol. 54 No. 4): 38–45.

Zeschky, M., Widenmayer, B., & Gassmann, O. 2014. Organising for reverse innovation in Western MNCs: the role of frugal product innovation capabilities. ***International Journal of Technology Management***, (Vol. 64 No. 2 / 3 / 4): 255–275.

Zhou, Y., Hong, J., Zhu, K., Yang, Y., & Zhao, D. 2018. Dynamic capability matters: uncovering its fundamental role in decision making of environmental innovation. ***Journal of Cleaner Production***, (Vol. 177 No. 516–526): 516–525.

Žižlavský, O. 2013. Past, Present and Future of the Innovation Process. ***International Journal of Engineering Business Management***, (Vol. 5 No. 47): 1–8.

Abbildungsverzeichnis

Tabellenverzeichnis